U0399578

iOS编程（第6版）

THE BIG NERD RANCH GUIDE

[美] Christian Keur　Aaron Hillegass 著

王凤全 译　　丁道骏 审校

华中科技大学出版社

中国 · 武汉

图书在版编目(CIP)数据

iOS编程 / (美) 克里斯蒂安・科尔, (美) 亚伦・赫乐嘎斯著 ; 王凤全译 . -- 6版. -- 武汉 :华中科技大学出版社, 2019.3

ISBN 978-7-5680-4456-1

Ⅰ.①i… Ⅱ.①克… ②亚… ③王… Ⅲ.①移动终端 - 应用程序 - 程序设计 Ⅳ.①TN929.53

中国版本图书馆CIP数据核字(2019)第049469号

书　　名 iOS编程（第6版）

　　　　 iOS Biancheng

作　　者 [美] Christian Keur　Aaron Hillegass

译　　者 王凤全

审　　校 丁道骏

策划编辑 徐定翔

责任编辑 陈元玉

责任监印 徐　露

出版发行 华中科技大学出版社（中国・武汉）

　　　　 武汉市东湖新技术开发区华工科技园（邮编 430223 电话027-81321913）

录　　排 武汉东橙品牌策划设计有限公司

印　　刷 湖北新华印务有限公司

开　　本 787mm × 960mm 1/16

印　　张 26.75

字　　数 716千字

版　　次 2019年3月第6版第1次印刷

定　　价 112.90元

致谢

Acknowledgments

虽然封面只列出了作者的名字，但是本书的面世离不开幕后很多人的帮助。作者借此表达真诚的谢意。

- 感谢 Joe Conway 为本书前几版作出的贡献。他是前三版的作者并且也为第 4 版作出了很大贡献。本书的很多文字都是沿用他的。
- 不仅在本书，而且在很多方面为我们提供了帮助。感谢他们：Mikey Ward、Juan Pablo Claude 和 Chris Morris。
- 感谢 iOS 新手培训课程的其他教员不断地提供建议和修改意见。他们是 Ben Scheirman、Bolot Kerimbaev、Brian Hardy、Chris Morris、JJ Manton、John Gallagher、Jonathan Blocksom、Joseph Dixon、Juan Pablo Claude、Mark Dalrymple、Matt Bezark、Matt Mathias、Mike Zornek、Mikey Ward、Pouria Almassi、Robert Edwards、Rod Strougo、Scott Ritchie、Step Christopher、Thomas Ward、TJ Usiyan、Tom Harrington 和 Zachary Waldowski。另外非常感谢参加 iOS 新手培训课程的学生们，他们经常提供宝贵的意见。
- 感谢 Big Nerd Ranch 的所有员工，他们帮助审阅本书、提供建议以及修正瑕疵。
- 本书的编辑 Elizabeth Holaday 将原本晦涩难懂的文字润色为通顺流畅的好文。
- Anna Bentley 审阅了全书。
- Ellie Volckhausen 设计了本书封面（照片拍摄的是自行车车架的一个底部支撑脚）。
- 来自 IntelligentEnglish.com 的 Chris Loper 设计并制作了本书的 EPUB 版本和 Kindle 版本。
- 来自 Pearson Technology Group 的团队耐心地指导我们走完整个出版流程。

最后还要感谢我们的学生，他们激发我们编写了本书。

前言

Introduction

要成为一名优秀的 iOS 程序员，需要攻克以下三道难题。

- **必须学会 Swift 语言**。Swift 是 iOS 推荐的开发语言。本书前两章会讲解必要的 Swift 语言知识。

- **必须掌握一些主要概念**。其中包括委托（delegation）机制、固化（archiving）机制，以及如何正确使用视图控制器（view controller）。理解这些技术需要花些时间。当读者将本书读到一半时，就会明白这些概念。

- **必须掌握框架**（framework）。读者的最终目标是了解 iOS 的所有框架，学会如何使用框架中的每一个类和方法。但这几乎是不可能完成的任务：iOS 有几百个类和上千个方法，而且随着 iOS 的版本升级，Apple 公司还会不断地加入新的类和新的方法。本书将会介绍 iOS SDK 中的各个组成部分，但是不会太过深入。作者的目标是带领读者入门，使读者能够自行阅读并理解 Apple 公司的文档。

Big Nerd Ranch 公司采用本书作为“iOS 新手培训课程”的教材。这些内容经过了长期的检验，并且帮助很多人成为 iOS 程序员。真心希望本书也能给你带来帮助。

本书适合哪些读者

本书假设读者已经跃跃欲试，准备开发 iOS 应用，所以不会花费笔墨去证明 iPhone、iPad 和 iPod touch 是很棒的产品。

本书假设读者有一些编程经验并对“面向对象编程”有一定的了解。如果不是，建议读者先阅读《Swift Programming: The Big Nerd Ranch Guide》。

第 6 版有哪些更新

本书中所有代码都已经更新到了 Swift 3.0。对于 Swift 语言，Swift 3.0 是一个重大更新。通过本书，读者会学到如何利用 Swift 语言特性来编写更好的 iOS 应用。我们已经爱上了 Swift，相信你也会的。

其他新增的章节包括调试（debugging）和辅助功能（accessibility），对 Core Data 的介绍也更全面。很多章节都有更新，并且使用了 iOS 10 中的新技术和 API。

第 6 版使用的是 Xcode 8.1 或更新的版本，应用在安装 iOS 10 或更新版本的设备上运行。

除了以上这些明显的变化外，作者还根据读者和学生提出的问题对本书进行了大量修订。可以说与前一版本相比，新版页页都有改进。

教学理念

本书将向读者传授 iOS 编程的基本概念。在阅读的同时，读者还要输入大量的代码，并创建一组应用。这样，完成本书的学习后，读者获得的不仅是知识，还有经验。相信你我多少都有过被灌输知识的痛苦经历，所以本书转而使用“边做边学”的教学方法——概念与代码并重。

多年的 iOS 编程教学工作让作者了解到：

- 某些概念是学习 iOS 编程必须知道的。本书会集中介绍这部分内容。
- 学习能立即派上用处的概念，效果最佳。
- 知识与经验并重时，学习效果最佳。
- 实际操作很重要。本书会要求读者先输入代码，再理解含义。读者可能会觉得这种不明就里的模仿意义不大，但是“找出错误并修正代码”是学习编程的好方法。这种最基础的调试过程不仅不是累赘，反而能帮助读者彻底理解代码。这也是作者鼓励读者自己输入代码的原因。虽然可以直接下载例子代码，但是复制、粘贴不是编程。本书对读者及读者的编程技能有更高的期望。

这种模仿对读者意味着什么？意味着读者不仅要信任本书作者，而且要有耐心。本书会尽可能地将问题讲透，但读者有时只能相信作者的意见（如果读者对此有异议，请往下看——作者列出了若干解决方案，也许能有帮助）。遇到暂时不能理解的概念也不要气馁，因为本书不会将涉及某个概念的所有知识一次全部介绍完，这是有意为之。如果某个概念没有解释清楚，那么很可能会在需要时再提供更详细的介绍。有些初看无法理解的概念，可能会在读者第一次（或第十二次）实际应用时突然变得清晰易懂。

每个人的学习方法不同。读者可能会喜欢本书这种“按需分步介绍概念”的方法，也可能会不喜欢。如果是后者，这里提供若干建议。

- 先不要着急，等待作者在后续的章节中将问题讲透。
- 查阅索引，先阅读相关概念的详细介绍。
- 查阅 Apple 提供的在线文档。这些文档是非常重要的开发工具，需要多多练习使用。读者应该尽早地，也应尽可能多地使用在线文档。
- 如果在学习 Swift 或面向对象的编程概念时遇到困难（或是预感会有困难），那么建议读者先阅读《Swift Programming：The Big Nerd Rand Guide》。

如何使用本书

本书内容基于 Big Nerd Ranch 的培训课程，所以有其特定的阅读方法。

读者可以先设定一个合理的目标，例如“每天阅读一章”。然后在阅读时为自己找一个安静的场所，至少一个小时内不会被打断。关掉 Email、Twitter 客户端和聊天工具——读书无法多任务并行，必须集中精力。

在阅读的同时，读者还需要编写代码。根据读者的喜好，可以先通读整章。但是真正的学习是从编写代码开始的。要真正理解某个概念，需要编写程序并进行实际操作，尤其是调试（debug）程序的过程，会特别有帮助。

书中的部分项目需要使用额外的文件，例如第 1 章的 Quiz 应用需要一个图标文件。本书已经为读者准备好了这些文件，通过以下网址可以下载本书的项目代码和资源文件：*http://www.bignerdranch.com/solutions/iOSProgramming6ed.zip*。

学习分两类。学习历史时，要做的只是在已经理解的知识架构上添加更多细节。我们将这类学习称为简单学习（easy learning）。学习历史的确需要花费很长的时间，但是难度不大。学习 iOS 编程则是困难学习（hard learning），会经常卡壳，尤其是在刚开始的时候。作者编写本书的目的是帮助读者越过难度陡增的学习曲线。下面提供两则建议，希望帮助读者轻松越过障碍。

- 找一位懂 iOS 开发并且愿意回答读者提问的程序员。第一次尝试将应用安装至 iOS 设备时，如果缺少有经验的程序员的协助，就可能会遇到困难。
- 保证足够的睡眠。缺少睡眠将无法记住所学的知识。

本书是如何组织的

本书各章都会先介绍一个或多个 iOS 开发概念，然后给出具体的示例代码。每章末尾有练习，为读者提供编写代码的机会。建议读者至少完成部分的练习，以巩固所学，同时也提升自信。此外，多数章节最后会有一到两个“深入学习”部分，对之前介绍的内容做一些补充。

第 1 章介绍如何创建并安装一个很小的应用，以此带领读者入门 iOS 开发。读者将开始学习如何使用 Xcode 和 iOS 模拟器，以及创建项目和文件所需的全部步骤。第 1 章还会介绍模型-视图-控制器及其在 iOS 开发中的作用。

第 2 章介绍 Swift 的核心，包括基本语法、类型、可选类型、初始化以及 Swift 如何与 iOS 框架交互。读者也会收获使用 playground（Xcode 原型工具）的经验。

第 3 章重点介绍 iOS 的用户界面，通过一个叫 WorldTrotter 的应用来讲解界面以及界面的层次结构。

第 4 章介绍 iOS 重要的设计模式——委托。读者还将学习为 WorldTrotter 应用添加 **UITextField**。

第 5 章通过扩展 WorldTrotter 来学习使用视图控制器控制视图。读者将要练习使用 **UIView** 和 **UIViewController** 以及使用 Tabbar 来切换视图。

第 6 章介绍使用代码来管理视图和视图控制器。通过在 WorldTrotter 上增加一个 **UISegmentControl** 来实现各种类型地图的切换。

第 7 章介绍国际化、本地化相关的概念和技术。读者将学习如何使用 **NSLocale**、字符串对照表（strings table）和 **NSBundle**，完成 WorldTrotter 应用的本地化。

第 8 章介绍动画，并且会在第 1 章创建的 Quiz 应用中加入各种类型的动画。

第 9 章介绍调试中用到的一些工具，以及如何发现并修复代码中的问题。

第 10 章介绍本书最庞大的应用 Homepwner（顺便提一句，Homepwner 并没有拼错。读者可以通过 *www.urbandictionary.com* 找到 pwn 的定义）。Homepwner 的功能是保留一份财产清单，以供发生灾难后核对。本书将用八章的篇幅来介绍 Homepwner。

第 10~12 章介绍如何使用并显示表格。读者将学到 **UITableView**、**UITableViewController** 和数据源机制；学会如何在表格视图中显示数据、如何让用户编辑表格及如何改善相关的界面。

第 13 章介绍 **UIStackView**。它可以轻松地布局复杂界面。读者将会在 Homepwner 中使用 **UIStackView** 创建一个新界面来展示单条信息的详情。

第 14 章以第 5 章的导航机制为基础，介绍 **UINavigationController** 的用法，并为 Homepwner 增加一个垂直（drill-down）界面和一个导航条。

第 15 章介绍摄像头。读者将会在 Homepwner 中实现拍摄、显示以及存储图片。

第 16 章将给 Homepwner 增加持久保存数据和加载数据的功能。

第 17 章介绍 Size Classes。读者将会使用这个技术让 Homepwner 的界面适配各种尺寸的手机屏幕。

第 18、19 章，读者将创建一个名为 TouchTracker 的绘图应用，以介绍触摸事件。读者将学到增加多点触摸功能，以及如何使用 **UIGestureRecognizer** 来响应特定的手势。此外，读者还将了解第一响应对象（first responder）和响应对象链（responder chain），并针对 **NSDictionary** 做更多练习。

第 20 章，通过 Photorama 来介绍网络服务。这个应用使用 **NSURLSession** 来获取服务器数据，使用 **NSJSONSerialization** 来解析 JSON 数据。

第 21 章，通过 Photorama 来学习 **UICollectionView** 和 **UICollectionViewCell**。

第 22、23 章，使用 Core Data 来持久化 Photorama 的数据，使用 **NSManagedObjectContext** 来存储和加载图片以及相关数据。

第 24 章介绍 VoiceOver（语音辅助）。通过加入语音辅助功能，让应用可以被更多人使用。

代码风格

本书包含大量代码，作者希望这些代码及其背后的设计思路能具有参考价值。作者在编写这些代码时，已经尽可能地符合 Cocoa 编程习惯。尽管如此，其中的某些部分还是会和 Apple 的示例代码，或者其他书籍中的代码有一定的差别。在正文开始前，读者应知道本书的绝大部分项目都创建自最简单的项目模板：the single view application（单视图应用）。当读者的应用成功运行时，读者会体会到这并不是项目模板的功劳，而是读者努力的结果。

版式说明

为了方便读者阅读，本书会对某些特定的内容使用专门的字体。其中，类名、类型名、方法名和函数名将采用 **Bitstream Vera Sans Mono** 加粗字体显示。类名和类型名的首字母会用大写，方法名的首字母会用小写。例如，“在 **RexViewController** 类的 **loadView** 方法里，创建一个 **String** 类型的常量。”

变量、常量和文件名采用 Bitstream Vera Sans Mono 字体表示，但是不加粗。例如，“在 ViewController.swift 中增加一个 fido 的变量，并且用 Rufus 初始化。”

应用名、菜单选项和按钮名将采用 Helvetica 字体表示，例如，“打开 Xcode，从 File 菜单选择 New Project...。选择单视图应用后点击 Choose...”。

书中的所有示例代码都将采用 Bitstream Vera Sans Mono 字体表示。需要读者输入的代码会加粗显示,需要读者删除的代码会加上横线。例如下面这段代码，读者需要先删除 import Foundation 然后输入以 **@IBOutlet** 开头的两行代码。其他行列出来是为了让读者知道在哪里加入新代码。

```
import Foundation
import uikit

class uiviewcontroller: uiviewcontroller {

    @IBOutlet var questionLabel: UILabel!
    @IBOutlet var answerLabel: UILabel!

}
```

开发所需的硬件与软件

本书中，开发 iOS 应用要使用运行 OS X Yosemite（10.11.4）或更新系统的 Mac 计算机。读者需要安装 Xcode 8.1（Apple 的集成开发环境），可以从 App Store 下载。Xcode 包含了 iOS SDK、iOS 模拟器以及其他开发工具。

读者还需要加入 Apple 的 iOS 开发者计划，费用为每年 99 美元。这是因为：

- 注册后可以免费下载最新的开发工具。
- 只有会员才能将应用提交至 App Store。

如果读者打算花时间读完本书的全部内容，那么加入 iOS 开发者计划是值得的。注册网站：*http://developer.apple.com/programs/ios/*。

进行 iOS 开发需要准备哪些设备？本书前半部分所涉及的多数应用都是针对 iPhone 的，但是也能在 iPad 上运行。在 iPad 上运行 iPhone 应用时，系统只会以 iPhone 的屏幕尺寸显示。虽然这样无法充分利用 iPad 的大尺寸屏幕，但是在没有 iPhone 的情况下也是一个不错的选择。本书的前几章会集中介绍 iOS SDK 的基础部分，这些内容和设备无关。稍后的章节会介绍若干只针对 iPad 的内容，以及如何让应用能够在所有的 iOS 设备上全屏运行。

读者是否已经准备好了呢？下面开始正文。

目录
Table of Contents

第1章　第一个简单的 iOS 应用　1
1.1　创建 Xcode 项目　2
1.2　模型-视图-控制器　5
1.3　设计 Quiz　6
1.4　Interface Builder　7
1.5　创建界面　8
　创建视图对象　9
　设置视图对象　11
　在模拟器上运行　12
　Auto Layout 简介　13
　创建关联　16
1.6　创建模型对象　21
　实现动作方法　22
　加载第一个问题　22
1.7　编译完成的应用　23
1.8　应用图标　24
1.9　启动画面　26

第2章　Swift 语言　27
2.1　Swift 的数据类型　27
2.2　使用标准类型　28
　推断类型　30
　指定类型　30
　字面量和角标　32
　构造器　33
　属性　34
　实例方法　34
2.3　可选　35
　字典角标　37
2.4　循环和字符串补全　37
2.5　枚举和 Switch　38
　枚举和初始值　39
2.6　查阅 Apple 的 Swift 文档　40

第3章　视图与视图层次结构　41
3.1　视图基础　41
3.2　视图层次结构　42
3.3　创建新项目　43
3.4　视图及 Frame　44
　自定义标签　51
3.5　自动布局系统　53
　对齐矩形与布局属性　54
　约束　55
　通过 Interface Builder 添加约束　57
　内部内容大小　58
　视图位置错误　60
　添加更多约束　61
3.6　初级练习:更多自动布局练习　62

第4章 文本输入与委托 **63**
4.1 文本编辑 63
键盘属性 66
响应 UITextField 文字改变事件 67
隐藏键盘 70
4.2 实现温度转换 71
数字格式化 73
4.3 委托 74
实现协议 75
使用委托 75
更多协议 77
4.3 初级练习:禁止输入字母 77

第5章 视图控制器 **79**
5.1 视图控制器的视图 80
5.2 设置初始视图控制器 80
5.3 UITabBarController 83
UITabBarItem 85
5.4 加载以及展示视图 87
访问子视图 89
5.5 与视图控制器及其视图交互 89
5.6 中级练习：夜间模式 90
5.7 深入学习：高清显示 90

第6章 用代码实现视图 **93**
6.1 使用代码创建视图 94
6.2 代码实现约束 95
锚点 96
激活约束 97
LayoutGuides 98
边距 99
约束的细节 100
6.3 代码实现事件 101
6.4 初级练习:再添加一个 Tab 102
6.5 中级练习:显示用户位置 103
6.6 高级练习:显示地图大头针 103
6.7 深入学习:NSAutoresizingMaskLayoutConstraint 103

第7章 本地化 **105**
7.1 国际化 106
格式化 106
基础国际化 109
准备本地化 110
7.2 本地化 114
NSLocalizedString 以及字符串表 117
7.3 初级练习:增加另外一种语言的本地化 120
7.4 深入学习:Bundle 在国际化中扮演的角色 120
7.5 深入学习:导入和导出 XLIFF 文件 121

第8章 控制动画 **123**
8.1 基础动画 124
闭包 124
8.2 另一个标签 126

8.3 动画完成 129
8.4 对约束作动画 129
8.5 时间方法 133
8.6 初级练习:Spring 动画 135
8.7 中级练习:Layout Guides 135

第9章 调试 137
9.1 Buggy 项目 137
9.2 调试基础 139
解读控制台信息 139
修复第一个问题 141
原始调试 142
9.3 Xcode 的调试器:LLDB 144
设置断点 145
单步调试代码 146
LLDB 控制台 153

第10章 UITableView 与 UITableViewController 155
10.1 编写 Homepwner 应用 156
10.2 UITableViewController 157
创建 UITableViewController 子类 158
10.3 创建 Item 类 159
自定义构造方法 160
10.4 UITableView 数据源 161
让控制器访问 ItemStore 163
实现数据源方法 165
10.5 UITableViewCells 166
创建并获取 UITableViewCell 167
重用 UITableViewCell 169
10.6 内容缩进 171
10.7 初级练习:多个分组 172
10.8 中级练习:固定的行 173
10.9 高级练习:自定义 UITableView 173

第11章 编辑 UITableView 175
11.1 编辑模式 175
11.2 添加行 179
11.3 删除行 181
11.4 移动行 182
11.5 显示弹窗 183
11.6 设计模式 186
11.7 初级练习:修改删除按钮的标题 187
11.8 中级练习:禁止调整顺序 187
11.9 高级练习:真正地禁止调整顺序 187

第12章 创建 UITableViewCell 子类 189
12.1 创建 ItemCell 190
12.2 添加并关联 ItemCell 的属性 191
12.3 使用 ItemCell 192
12.4 动态计算 Cell 高度 194
12.5 动态类型 194
响应用户的修改 196
12.6 初级练习:UITableViewCell 的颜色 197

第13章 UIStackView 199
13.1 使用 UIStackView 200
隐藏的约束 200
内容变多优先级 201
内容变少优先级 202
UIStackView 的分配 202
嵌套的 UIStackView 203
UIStackView 间距 204
13.2 Segues 205
13.3 绑定内容 206
13.4 传递数据 211
13.5 初级练习:更多的 UIStackView 212

第14章 UINavigationController 213
14.1 UINavigationController 214
14.2 使用 UINavigationController 导航 218
14.3 视图的出现和消失 218
14.4 隐藏键盘 219
事件处理基础 220
点击回车键来收起键盘 221
点击任意位置隐藏 221
14.5 UINavigationBar 223
在 UINavigationBar 上添加按钮 225
14.6 初级练习:显示数字键盘 228
14.7 中级练习:自定义 UITextField 228
14.8 高级练习:添加更多 UIViewController 228

第15章 相机 229
15.1 通过 UIImageView 对象显示图片 230
添加相机按钮 232
15.2 通过 UIImagePickerController 拍摄照片 234
设置 UIImagePickerController 对象的源 235
设置 UIImagePickerController 对象的委托 236
以模态的形式显示 UIImagePickerController 对象 237
权限 237
保存图片 240
15.3 创建 ImageStore 240
15.4 让 UIViewController 可以访问 ImageStore 242
15.5 创建并使用键 243
15.6 使用 ImageStore 245
15.7 初级练习:编辑图片 246
15.8 中级练习:删除图片 246
15.9 高级练习:Camera Overlay 246
15.10 深入学习:导航实现文件 246
//MARK: 247

第16章 保存、读取与应用状态 249
16.1 固化 250
16.2 应用沙盒 252
创建文件 URL 253
16.3 NSKeyedArchiver 与 NSKeyedUnarchiver 254
加载文件 257
16.4 应用状态与状态切换 257

16.5 通过 NSData 将数据写入文件 260
16.6 错误处理 263
16.7 初级练习:PNG 265
16.8 深入学习:应用状态切换 265
16.9 深入学习:文件系统读/写 266
16.10 深入学习:应用程序包 268

第17章 Size Classes 271

17.1 为特定的 Size Classes 定制界面 272
17.2 初级练习:垂直排列 UITextField 和 UILabel 276

第18章 触摸事件和 UIResponder 277

18.1 触摸事件 277
18.2 创建 TouchTracker 应用 279
18.3 创建 Line 结构体 280
结构体 281
值类型和指针类型对比 281
18.4 创建 DrawView 281
18.5 使用 DrawView 画图 282
18.6 处理触摸事件并绘制线条 283
处理多点触摸 284
18.7 @IBInspectable 288
18.8 中级练习:颜色 290
18.9 高级练习:圆圈 290
18.10 深入学习:响应对象链 290
18.11 深入学习:UIControl 291

第19章 UIGestureRecognizer 与 UIMenuController 293

19.1 UIGestureRecognizer 子类 294
19.2 使用 UITapGestureRecognizer 检测点击 294
19.3 多个 UIGestureRecognizer 296
19.4 UIMenuController 299
19.5 更多 UIGestureRecognizer 301
UIPanGestureRecognizer 与同时识别 302
19.6 深入学习 UIGestureRecognizer 306
19.7 中级练习:神奇的线条 307
19.8 高级练习:速度和大小 307
19.9 终极练习:颜色 307
19.10 深入学习:UIMenuController 与 UIResponderStandardEditActions 308

第20章 网络服务 309

20.1 开始 Photorama 应用 310
20.2 创建 URL 312
URL 和请求格式 312
URLComponents 313
20.3 发送请求 316
URLSession 317
20.4 创建 Photo 模型 320
20.5 JSON 数据 320
JSONSerialization 321
枚举和相关值 322
解析 JSON 数据 323
20.6 下载并显示图片数据 328

20.7 主线程 331
20.8 初级练习:打印返回信息 332
20.9 中级练习:从 Flickr 获取最新照片 332
20.10 深入学习:HTTP 333

第21章 UICollectionView 335
21.1 显示网格 336
21.2 UICollectionView 数据源 338
21.3 自定义布局 341
21.4 创建自定义的 UICollectionViewCell 343
21.5 下载照片数据 347
扩展 350
照片缓存 352
21.6 查看照片 353
21.7 中级练习:改变 Item 的尺寸 356
21.8 高级练习:自定义布局 356

第22章 Core Data 357
22.1 对象图 357
22.2 实体 358
模型实体 358
可变属性 360
NSManagedObject 和它的子类 360
22.3 NSPersistentContainer 362
22.4 更新数据 363
插入数据 363
保存修改 365
22.5 更新数据源 365
NSFetchRequest 和 NSPredicate 365
22.6 初级练习:照片查看次数 369
22.7 深入学习:Core Data Stack 369
NSManagedObjectModel 369
NSPersistentStoreCoordinator 369
NSManagedObjectContext 370

第23章 Core Data 关系 371
23.1 关系 372
23.2 在界面中添加标签 374
23.3 后台任务 383
23.4 中级练习:收藏 387

第24章 辅助功能 389
24.1 旁白 389
测试旁白 390
在 Photorama 中使用辅助功能 392

第25章 后记 397
25.1 接下来做什么 397
25.2 关注我们 398

索引 399

第1章

第一个简单的iOS应用

A Simple iOS Application

本章介绍如何编写一个简单的iOS应用——Quiz。该应用的功能为：在视图中显示一个问题，用户点击视图下方的按钮，可以显示相应的答案；用户点击上方的按钮，则会显示一个新问题（见图1-1）。

图1-1 第一个应用：Quiz

编写iOS应用时，读者必须先处理以下两个基本问题。

- 如何创建并设置对象（例如，在某处放置一个按钮并将其标题设置为“显示下一个问题”）。
- 如何处理用户交互（例如，当用户按下某个按钮时执行某段代码）。

本书会用大量的篇幅回答这两个问题。

阅读第 1 章时，请读者尽量走完整个流程，但不用试图搞懂每一个细节。模仿是一种有效的学习方式，可以通过模仿学会说话，也可以通过模仿学会 iOS 编程，等读者熟悉了开发环境后，可以再尝试自行开发应用。现在，还请读者跟着本章照做，后续章节会详细介绍细节。

1.1　创建 Xcode 项目

Creating an Xcode Project

运行 Xcode，在 File 菜单中选择 New→Project...（如果 Xcode 打开了欢迎界面，则选择 Create a new Xcode project）。

Xcode 会显示新的工作空间（workspace）窗口，同时工具栏（toolbar）会弹出下拉窗口。选择顶部的 iOS，然后找到窗口中的 Application 区域（见图 1-2），这里有若干应用模板可供选择，请读者选择 Single View Application（单视图应用）。

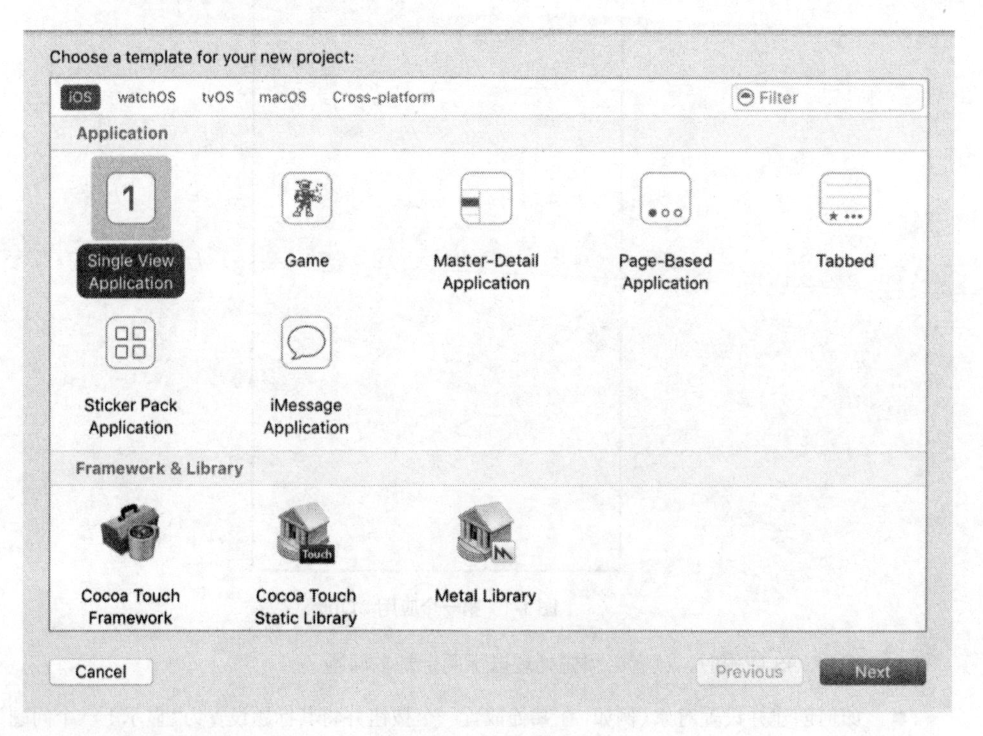

图 1-2　创建新项目

本书中的项目都是使用 Xcode 8.1 创建的。随着新版本 Xcode 的发布，这些模板的名称可能有改动，读者在选择模板时，如果没有找到 Single View Application 模板，则可以选择一种看上去最简单的模板，也可以访问本书原作者提供的论坛（*http://forums.bignerdranch.com*）以获取帮助。

单击 Next 按钮，下一个界面是为新项目设置选项。首先，在 Product Name 文本框中填入 Quiz（见图 1-3）；接下来，Organization Name 和 Organization Identifier 文本框也是必填的，读者可以分别填入 `Big Nerd Ranch` 和 `com.bignerdranch`，也可以填入自己的公司名称和公司的反向域名，如 `com.`*`yourcompanynamehere`*；然后在标题为 Language 的弹出菜单中选择 Swift，在标题为 Devices 的弹出菜单中选择 Universal 并确保 Use Core Data 选择框未被选中。

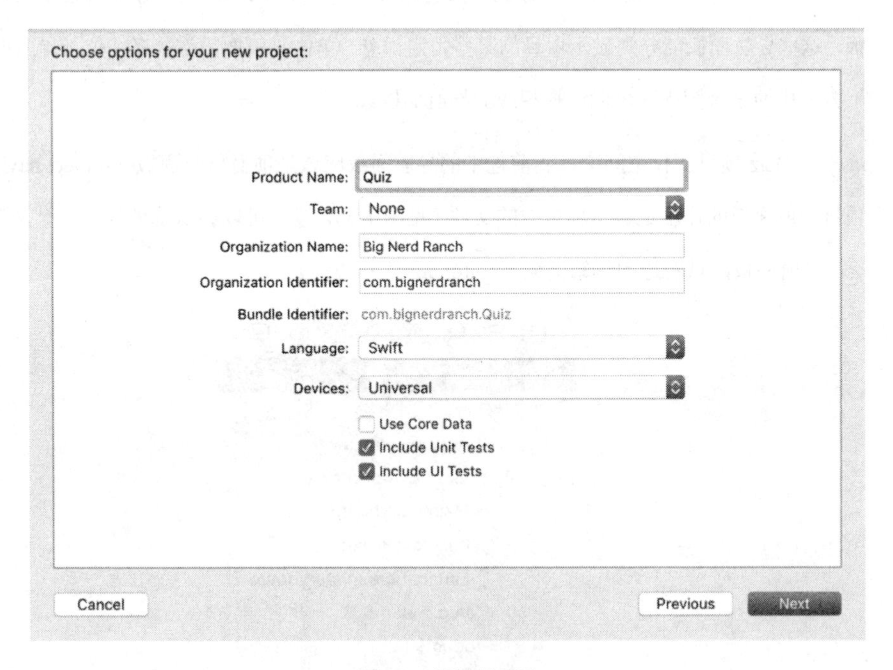

图 1-3 设置新项目

单击 Next 按钮后，Xcode 会显示最后一个界面，并提示读者保存项目。请读者准备好保存本书所有代码的目录，然后将 Quiz 项目保存在该目录下。单击 Create 按钮，Quiz 项目就创建好了。

项目创建完毕后，Xcode 会显示工作空间窗口（见图 1-4）。

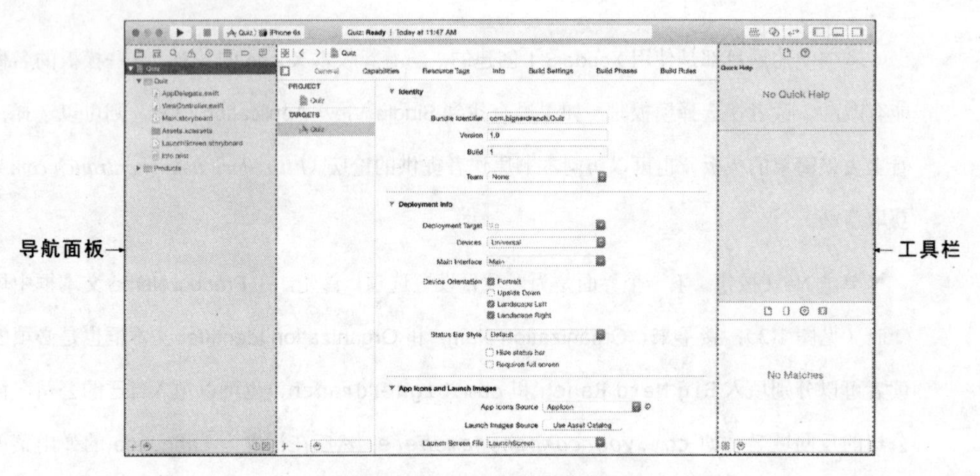

图 1-4　Xcode 工作空间窗口

位于工作空间窗口左侧的是**导航面板区域**（navigator area），负责显示各种不同的**导航面板**，这些导航面板能分别显示项目的某些特定部分。单击导航面板选择条（位于导航面板区域上方）中的某个图标，可以选择相应的导航面板。

在 Quiz 项目工作空间中，当前选中的导航面板应该是**项目导航面板**（project navigator），项目导航面板的作用是显示项目中的文件（见图 1-5）。读者可以尝试选中任意一个文件，文件会在导航面板区域右边的**编辑区域**（editor area）中打开。

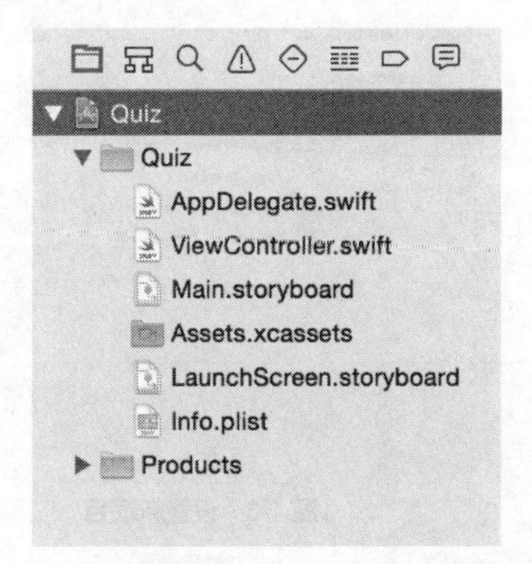

图 1-5　项目导航面板列出的 Quiz 项目中的文件

项目导航面板中的文件可以按目录分组，以帮助整理项目，Xcode 模板已经为 Quiz 项目创建了若干组。读者可以随意修改组名或增加新的组，项目导航面板中的组只用来整理文件，与文件系统无关。

1.2 模型–视图–控制器

Model-View-Controller

模型-视图-控制器（Model-View-Controller，MVC）是 iOS 开发中频繁使用的一种设计模式。其含义是，应用创建的任何一个对象，其类型必定是模型对象、视图对象或控制器对象三种类型中的一种。

- **模型对象**：负责存储数据，与用户界面无关。Quiz 应用中的模型对象是两个包含字符串对象的数组，即 questions 数组和 answers 数组。

  通常情况下，模型对象表示真实世界中与用户相关的事物。例如，读者要为一家保险公司开发应用，那么很可能会设计一个 **InsurancePolicy**（保险协议）类的模型对象。

- **视图对象**：是用户可以看见的对象，例如按钮、文本框、滑动条。视图对象用来构建用户界面，在 Quiz 应用中，显示问题和答案的标签以及标签下方的按钮都是视图对象。

- **控制器对象**：扮演“管家”的角色，它用于控制视图对象为用户呈现的内容，以及确保视图对象和模型对象的数据保持一致。

  一般来说，控制器用来回答：然后会发生什么？例如，用户从列表中选择了一项之后，控制器负责呈现接下来应该看到的内容。

  图 1-6 显示的是应用响应用户操作的流程，例如用户点击了应用界面上的一个按钮。

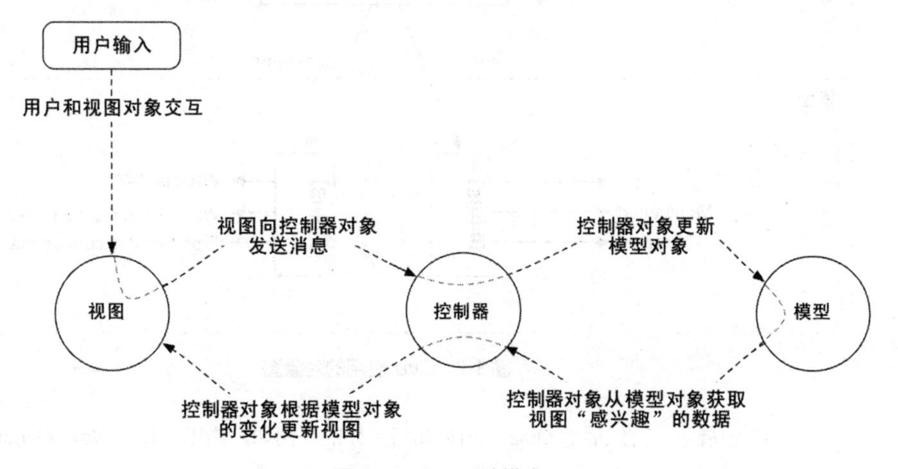

图 1-6 MVC 设计模式

请读者注意，模型对象和视图对象之间没有直接产生联系，而是由控制器对象负责彼此间的消息发送和数据传递。

1.3　设计 Quiz

Designing Quiz

读者将使用 MVC 设计模式开发 Quiz 应用。以下列出了开发中需要使用的对象。

- 两个模型对象：两个 **NSArray** 对象。
- 四个视图对象：**UILabel** 和 **UIButton** 对象各两个。
- 一个控制器对象：**ViewController** 对象一个。

图 1-7 显示的是 Quiz 应用的对象图，图中展示了上述对象及其相互关系。

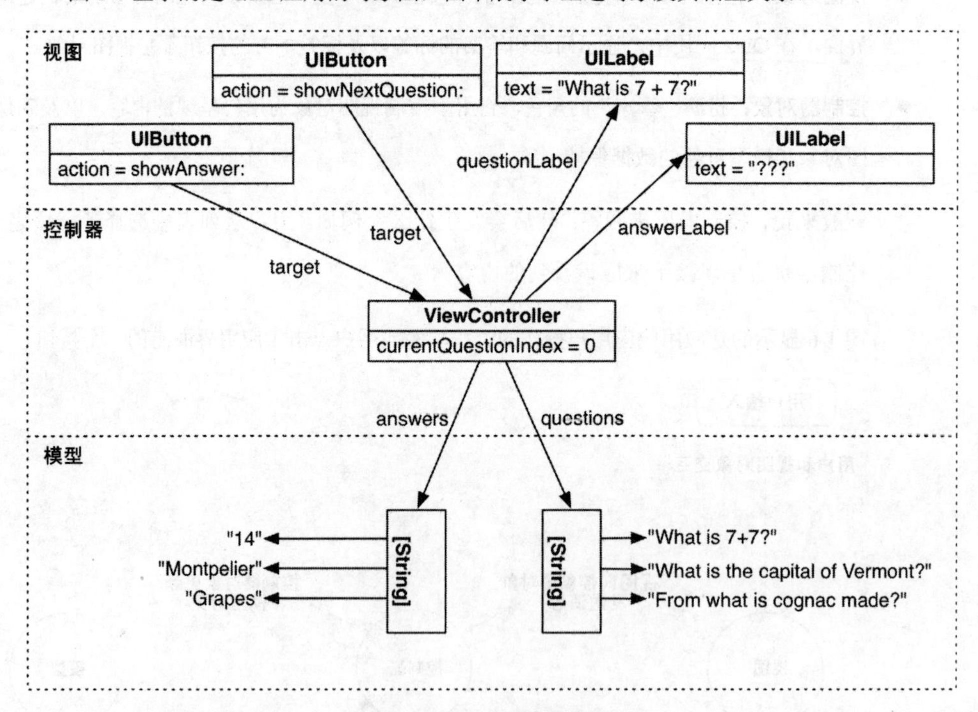

图 1-7　Quiz 应用的对象图

图 1-7 中展示了完成后的 Quiz 应用是如何工作的。例如，当用户按下 Next Question 按钮时，会触发 **ViewController** 对象的一个**方法**（method），方法与非面向对象语言中的函数

（function）类似，都是一系列需要执行的命令。这个方法会从 questions 数组里取出一道新题目，然后通过位于视图上方的标签将题目显示出来。

读者现在可能还无法完全看懂这个对象图，没关系，到本章结尾再回来看这个图时，就能深刻理解 Quiz 应用的工作原理了。

现在请读者跟着本章一步步开发 Quiz 应用，第一步是创建 MVC 设计模式中最直观的部分——视图。

1.4 Interface Builder

Interface Builder

前面使用单视图模板是因为它是 Xcode 提供的最简单的模板，不过，关键部分的代码已经包含在模板中了。现在读者直接使用即可，不需要深入了解工作原理，本书后面会深入讲解。

点一下 `Main.storyboard` 文件，Xcode 会打开一个可视化编辑器——Interface Builder。

Interface Builder 将编辑区域分为两部分：左侧是大纲视图（document outline）文件概述，右侧是画布（canvas）。

如图 1-8 所示，如果读者看到的和图片不一致，可以点一下显示大纲视图（Show Document Outline）按钮（如果除了 Interface Builder 外，还显示了其他界面，也没有关系）。另外，读者可能需要点开大纲视图中的三角形，才能展开隐藏的内容。

Interface Builder 画布上的矩形叫**场景**（scene），它是当前应用唯一的视图（读者创建应用时选择的是单视图模板）。

接下来，读者会学习如何使用 Interface Builde 来创建用户界面。Interface Builder 支持从库中拖控件来创建界面，并且也支持设置控件和代码的关联，关联之后就可以通过控件调用代码了。

Interface Builder 中的一个重要特点是，它并不是将其他代码文件的内容以图像形式展现出来；相反，Interface Builder 是一个可以创建对象、维护对象属性的编辑器。当读者完成界面的编辑之后，它并不会另外创建代码文件来存储这些信息，`.storyboard` 就是一个管理对象的文件，它会在需要的时候把对象加载到内存中。

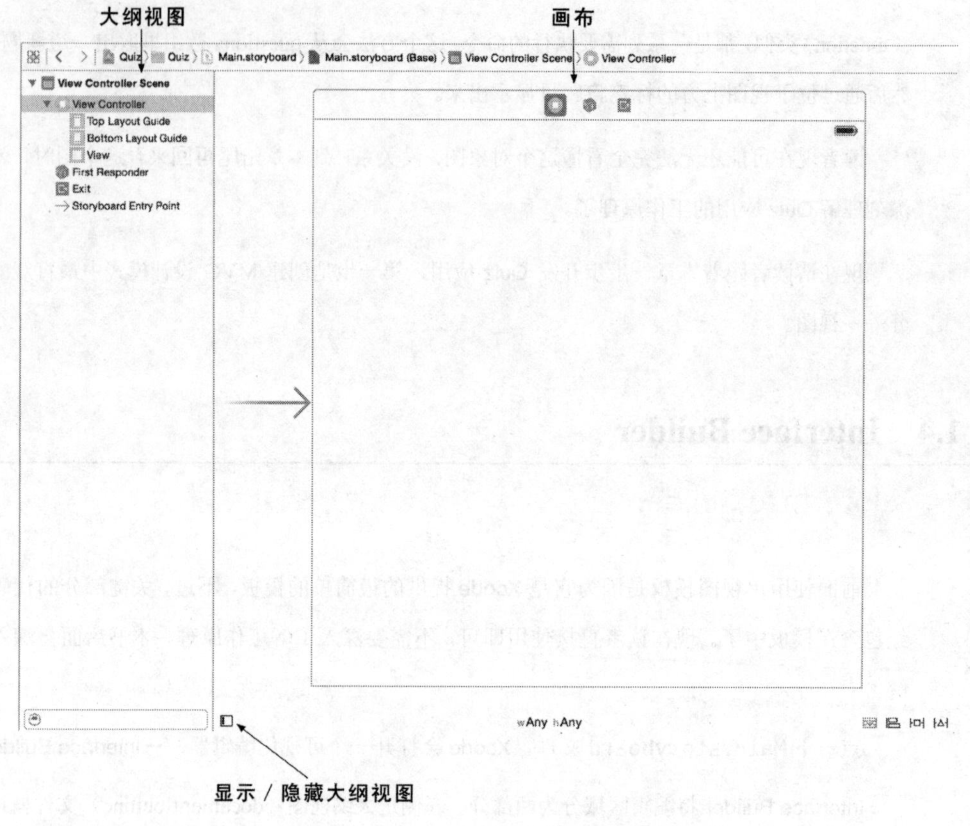

图 1-8　Interface Builder 中的 Main.storyboard

1.5　创建界面

Building the Interface

点击 `Main.storyboard`，让场景显示在画布上（见图 1-9）。

开始之前，先确定当前的场景是 iPhone 7 的尺寸。在画布的底部，找到 View as 按钮，目前显示的应该是 View as: iPhone 7(wC hR)（现在先不需要关心 wC hR，第 17 章中会详细讲解），如果不是，先点击 View as 按钮，然后选择从左数的第 4 个设备（这个设备表示 iPhone 7）（见图 1-10）。

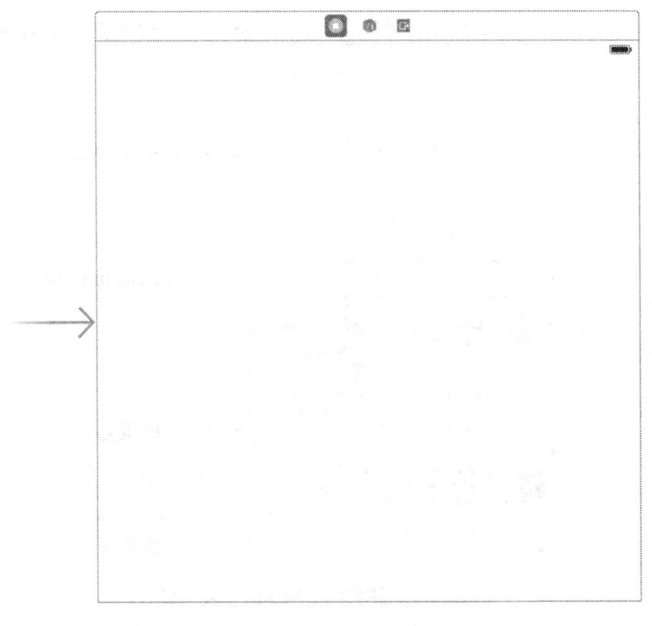

图 1-9 Main.storyboard 中的场景

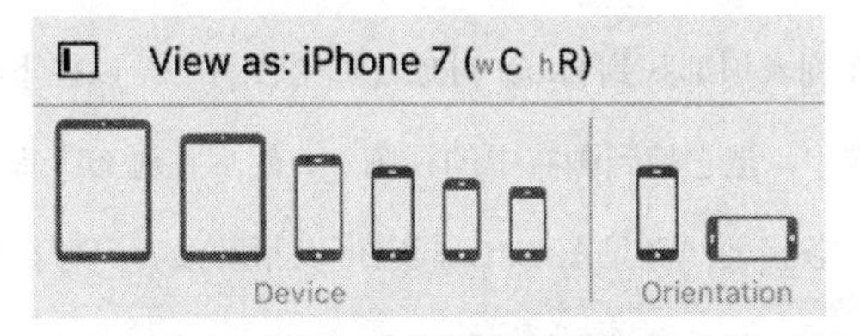

图 1-10 iPhone 7 视图场景

接下来，开始添加视图对象。

创建视图对象

要添加这些视图对象，需要打开**工具区域**（utility area）的对象库（object library）。右上角的按钮可以控制各个区域的显示或隐藏，工具区域位于编辑器区域的右侧，因此应该点击最右边的按钮。工具区域分上下两部分：检视面板（inspector）和库面板（library）。上方的检视面板负责显示编辑器区域当前选中的文件或对象的各种设置；下方的库面板则会列出可以加入文件或项目的资源（例如对象或代码）。

这两个面板的顶部都有一个选择条，可以用来选择各种不同类型的面板（见图 1-11）。

当前应用需要四个视图对象：两个按钮，用来响应用户的点击操作；两个标签，用来展示信息。点击按钮可以打开对象库面板（见图 1-11）。

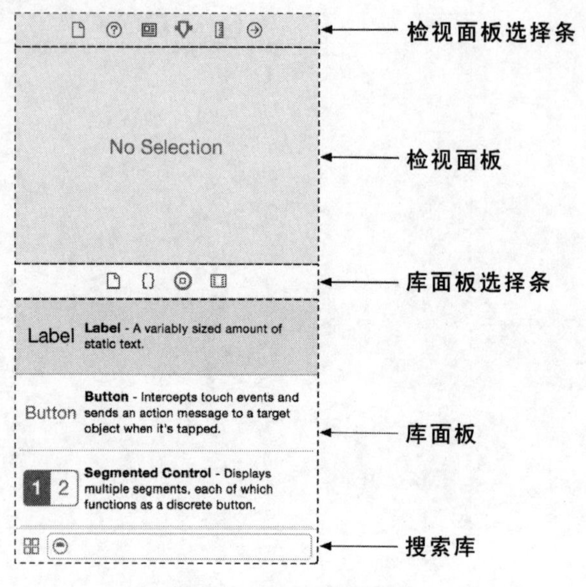

图 1-11 Xcode 工具区域

对象库中包含了可添加到storyboard的对象，这些对象最终组成了展示的界面。找到Label对象（应该可以在列表顶部找到Label对象，如果没有，可以往下滚动列表，或者使用面板底部的搜索框）并选中，把它拖到画布中的视图上，然后在画布上拖动标签，当标签接近画布的中间时，会出现一条辅助线（见图1-12），它可以帮助读者更容易布局界面。

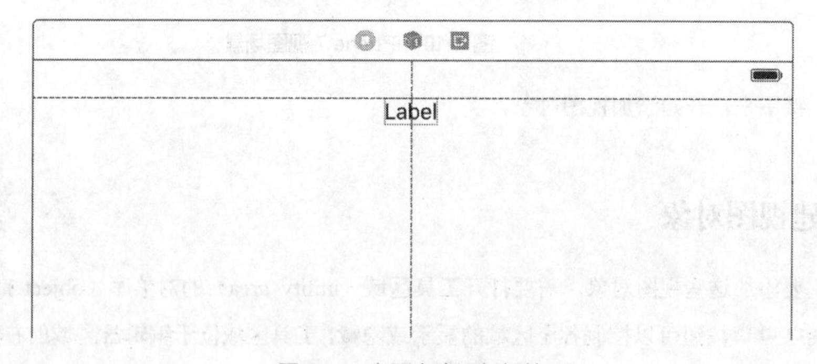

图 1-12 在画布中添加标签

如图1-12所示，使用辅助线，把标签放置在水平居中并接近顶部的地方，这个标签会用来显示问题；再拖一个标签到视图上，放置在水平居中并在垂直方向接近中间的地方，这个标签会用来显示答案。

接下来，在对象库中找到Button对象，拖两个按钮到视图中，每个标签下面放一个。

现在读者已经在 **ViewController** 的界面中增加了四个视图对象，它们也会显示在大纲视图中。读者完成的界面应该和图 1-13 所示的界面类似。

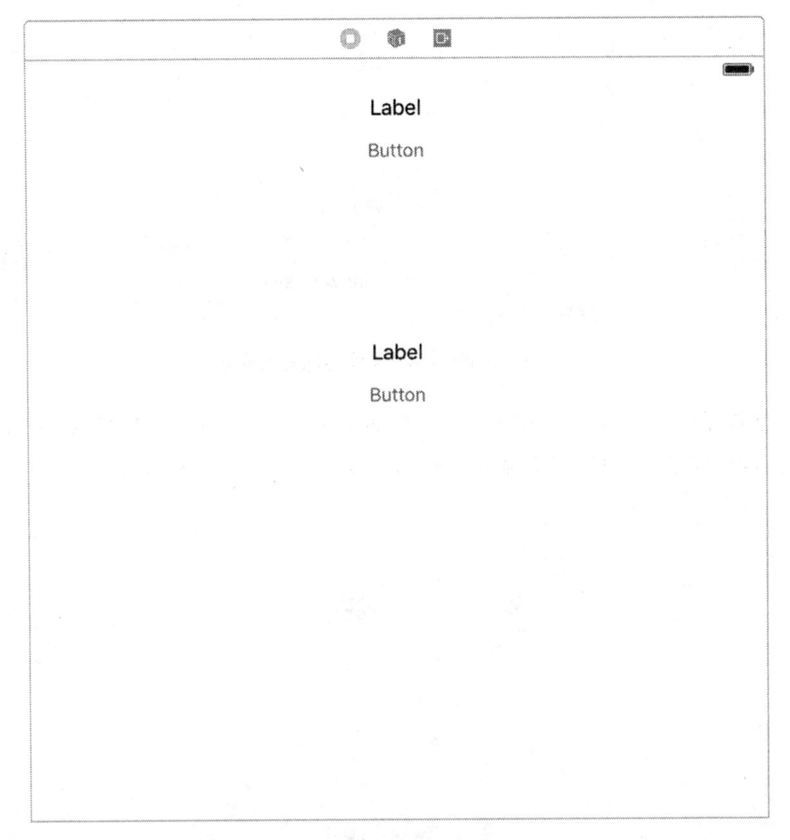

图 1-13 创建 Quiz 界面

设置视图对象

视图对象已经全部创建好了，接下来应该设置对象的属性。部分属性，如大小、位置和文本可以在画布中直接编辑，例如，在画布中选择一个对象（或者在大纲视图中选择），拖动它的边和角，就可以改变它的大小和位置了。

首先从改变标签和按钮的文本开始。分别双击两个标签，把文本改为???；双击上面的按钮，把文本改为 Next Question（下一题）；再双击下面的按钮，把文本改为 Show Answer（显示答案）。下面是改好之后的界面（见图 1-14）。

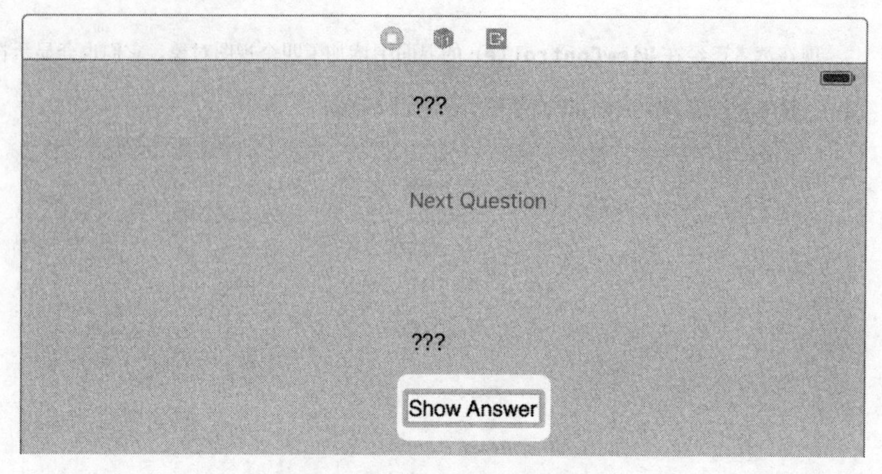

图 1-14　重命名标签和按钮

读者可能已经注意到，修改标签和按钮的文本会改变它们的宽度，导致现在没有水平居中。请读者选中它们，并且把它们拖回到水平居中的位置，如图 1-15 所示。

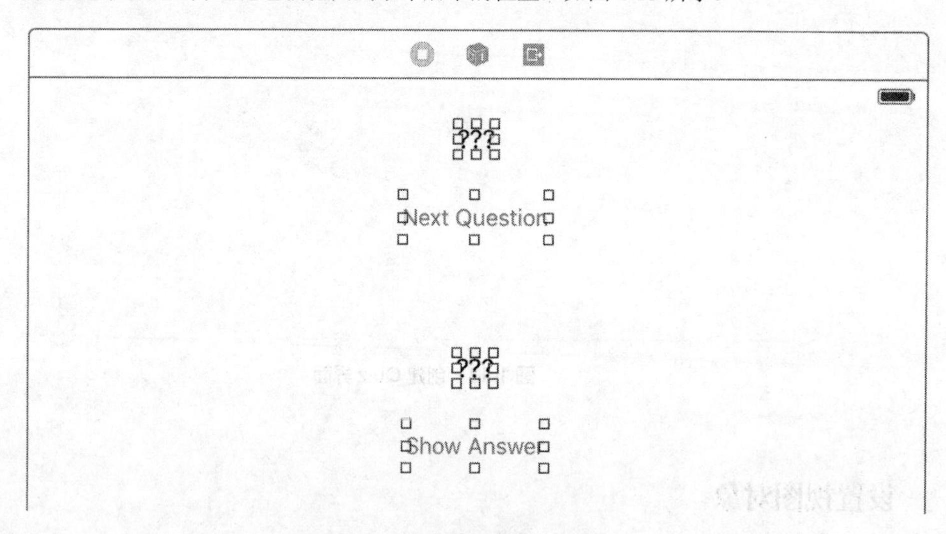

图 1-15　水平居中标签和按钮

在模拟器上运行

可以在 Xcode 的模拟器上运行应用来测试界面。

要让 Quiz 在模拟器上运行，首先要在 Xcode 工具条中找到 schema 弹出菜单，如图 1-16 所示。

图 1-16 选中 iPhone 7 schema

如果 scheme 菜单显示 iPhone 7，那么工程将会在模拟器上运行；如果显示的是类似 Christian's iPhone 这样的文字，那么从 schema 菜单中选择 iPhone 7。本书所有工程默认使用 iPhone 7 模拟器。

点击工具栏中的三角形按钮，应用就会先进行编译，然后运行。读者会经常使用这个功能，也可以使用键盘快捷键 Command+R。

模拟器启动后，读者就会看到前面添加的所有视图，它们都正确地水平居中了。

下面回到 scheme 菜单，选择 iPhone 7 Plus 模拟器并再次运行。读者发现仍然会显示前面添加的所有视图，但是没有水平居中——这是因为界面中的标签和按钮是按照固定位置摆放的，所以它们不会在所有屏幕上都居中，读者可以使用 Auto Layout 技术修复这个问题。

Auto Layout 简介

到目前为止，界面虽然在 Interface Builder 的画布上显示正常，但是 iOS 设备的屏幕尺寸多种多样，应用可能需要支持所有尺寸的屏幕和各种屏幕方向（可能还会有不止一种类型的设备）。读者需要保证应用在各种设备的各种屏幕上的界面都正确显示，于是 Auto Layout 技术应运而生了。

Auto Layout 的工作原理是，给界面中的所有视图对象指定位置和大小约束（constraint），这些约束可以与相邻的视图对象相关，也可以与父容器相关。容器是指包含了另一个视图对象的视图对象，例如，查看 `Main.storyboard` 的大纲视图（见图 1-17）。

读者从大纲视图中可以看到，前面添加的标签和按钮处于同一级缩进，被包含在同一视图对象中，这个视图对象就是标签和按钮的容器。这些对象可以根据容器来设置位置和大小。

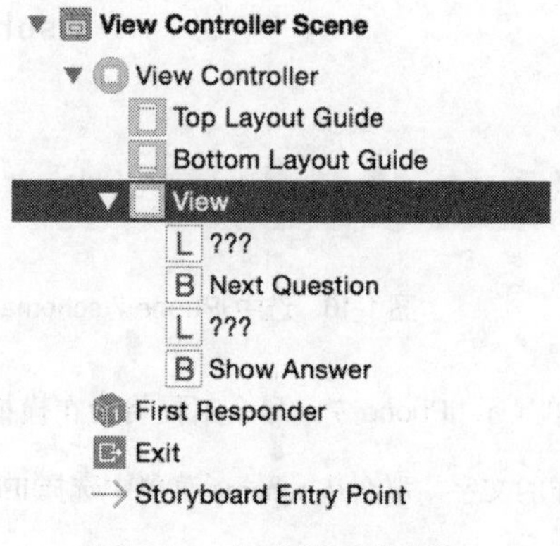

图 1-17 大纲试图中的容器

在画布上选中最上面的标签（或者通过大纲视图选中），画布的底部会出现 Auto Layout 菜单，如图 1-18 所示。

图 1-18 Auto Layout 菜单

保持最上面的标签是选中状态，点击图标，则会出现如图 1-19 所示的对齐菜单。

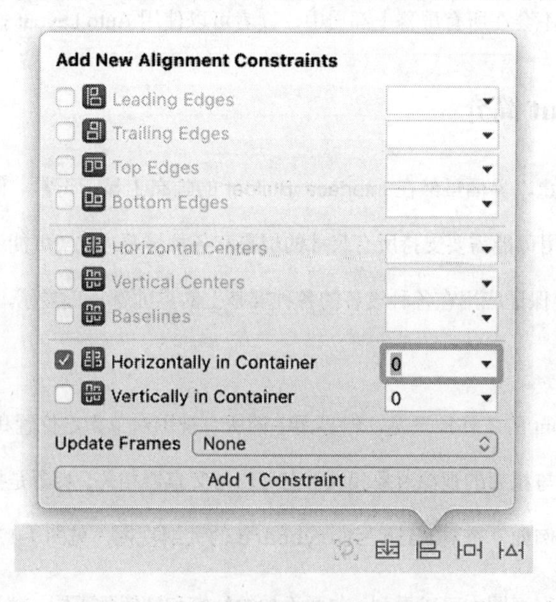

图 1-19 让顶部标签在容器中水平居中

在对齐菜单中，选中 Horizontally in Container（在容器中水平居中）复选框，然后点击

Add 1 Constraint（添加 1 个约束）按钮。这个约束会确保在任何设备的屏幕上标签都是水平居中的。

读者需要添加更多的约束，让其他的标签和按钮都水平居中，并且以最上面的标签为基准，锁定其他对象的间距。选中这四个视图（按住 Command，然后逐个点击），点击 图标来打开如图 1-20 所示的 Pin 菜单。

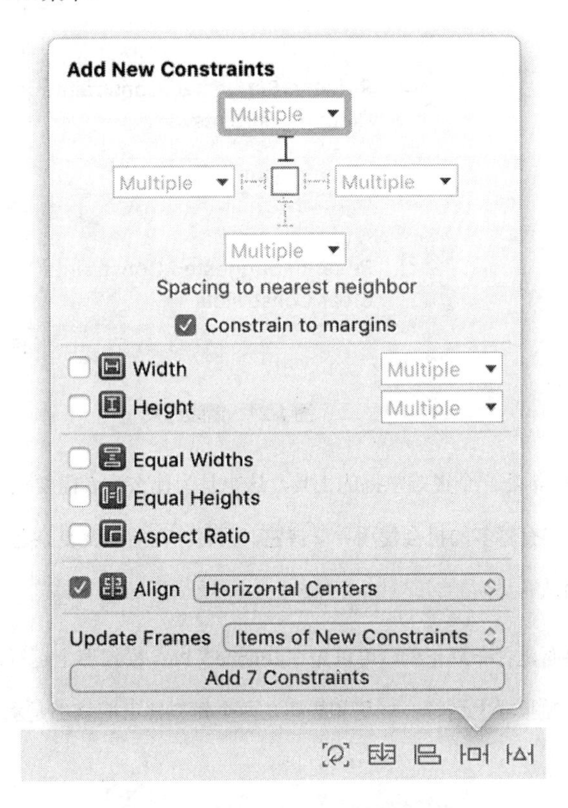

图 1-20 设置水平居中以及视图间距

如图 1-20 所示，点击菜单最上面的竖直红色虚线，点击之后，它就变成了实线，表示每个视图和它上面的最近视图的距离是固定的。然后点击 Align（对齐）弹出框，选择 Horizontal Centers（水平居中）。接下来点击 Update Frames（更新 Frame）弹出框，选择 Items of New Constraints（增加了新约束的视图）。最后点击菜单底部的 Add 7 Constraints（添加 7 个约束）按钮。

如果添加约束的过程中出错，则视图中显示红色或橙色的线条（正确的是蓝色）。这时读者可以清除已经添加的约束，按照前面的步骤重新做一遍。对于清除约束，首先选择背景（容器）视图，然后点击 图标打开 Resolve Auto Layout Issues（解决自动布局问题）菜单，选择 All Views（所有视图）下面的 Clear Constraints（清除约束）选项（见图 1-21）。这样可以清除前面添加的所有约束，然后从头再来一遍。

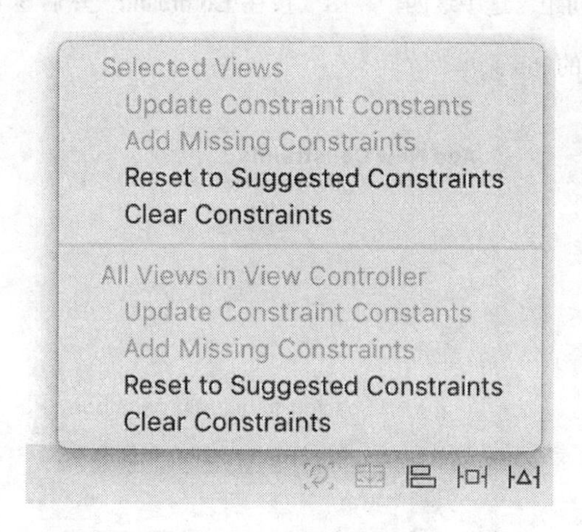

图 1-21　清除约束

Auto Layout 是一个很难掌握的工具，这也是为什么读者需要从第 1 章就开始学习——越早开始，读者就有越多的机会使用并掌握它。同时，在问题变复杂之前将其处理掉，也会让读者学习如何调试布局问题。

要确认界面是否布局正确，可以先在 iPhone 7 Plus 模拟器上运行，确认界面布局正确，然后在 iPhone 7 模拟器上运行。标签和按钮在两个模拟器上应该都是水平居中的。

创建关联

通过关联（connection），一个对象可以知道另一个对象在内存中的位置，从而使这两个对象可以协同工作。在 Interface Builder 中可以创建两种关联：插座变量（outlets）和动作（actions）。插座变量是一种指向对象的指针；动作是一种方法，这种方法在视图对象和用户发生交互时会被调用，例如点击按钮、拖曳滑动条、滚动选择器等。

现在请读者离开可视化的 Interface Builder，开始尝试编写一些代码。首先，创建两个指向 `UILabel` 对象的插座变量。

声明插座变量

在项目导航面板中选择 ViewController.swift 文件，编辑区域会自动从 Interface Builder 切换到 Xcode 代码编辑器。

在 ViewController.swift 文件中，删除 class ViewController: UIViewController {和}之间所有应用模板自动生成的代码，这时文件看起来应该是这样：

```
import UIKit

class ViewController: UIViewController {

}
```

（为了看起来更简洁，后面再次显示这个文件时，就不重复显示 import UIKit 了。）

现在，添加声明两个插座变量的代码（本书中，需要读者添加的新代码会加粗显示；需要读者删除的代码会加横线），读者可能看不懂这些代码，不用担心，请先输入代码。

```
class ViewController: UIViewController{

    @IBOutlet var questionLabel: UILabel!
    @IBOutlet var answerLabel: UILabel!
}
```

新添加的代码为所有 **ViewController** 对象增加了一个 questionLabel 插座变量和 answerLabel 插座变量。视图控制器可以使用一个插座变量对应一个特定的 **UILabel** 对象（比如视图中的问题标签）。@IBOutlet 关键字告诉 Xcode，之后会使用 Interface Builder 关联插座变量。

设置插座变量

在项目导航面板中选择 Main.storyboard，Xcode 会重新打开 Interface Builder。

下面将插座变量 questionLabel 指向视图上方的 **UILabel** 对象。

在大纲视图中找到 View Controller Scene（View Controller 场景）。在当前项目中，视图控制器是一个 **ViewController** 实例，负责管理 Main.storyboard 中定义的界面。

按住 Control（或者按住鼠标右键），从大纲视图中的 View Controller 拖到视图上方的标签上，当标签显示高亮时，松开鼠标和键盘，这时会出现一个黑色的面板。选择 questionLabel，插座变量就设置好了，如图 1-22 所示。

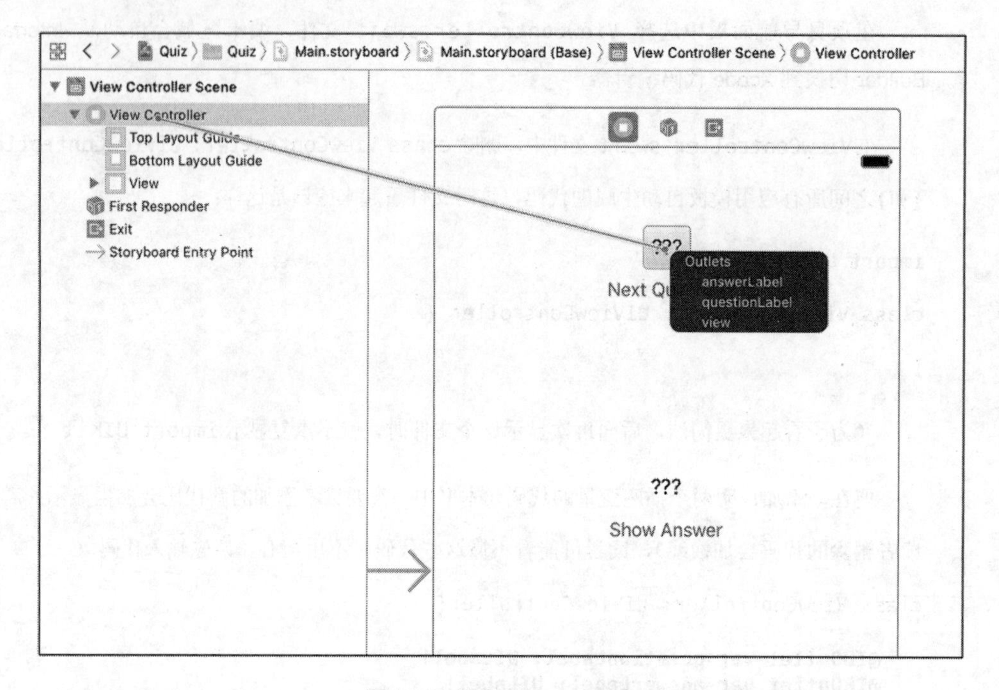

图 1-22 设置 questionLabel

（如果读者的关联面板中没有显示 questionLabel，则检查 ViewController.swift 中有没有拼写错误。）

现在，当应用载入 storyboard 时，**ViewController** 对象的 questionLabel 插座变量会自动指向位于视图上方的 **UILabel** 对象。通过这个关联，**ViewController** 对象就能在应用运行时管理该标签显示的问题。

使用同样的方法创建另外一个关联：按住 Control，从 **ViewController** 拖到下方的 **UILabel** 上，然后选择 answerLabel（见图 1-23）。

注意，这里的**起点**是拥有插座变量的对象，**终点**是插座变量指向的对象。

所有的插座变量都已经设置好了，下一步是关联两个按钮，让它们可以响应用户点击操作。

声明动作方法

点击 **UIButton** 对象时，该按钮可以调用某个对象的一个方法，被调用的对象称为**目标**（target），被调用的方法称为**动作**（action）。动作是调用方法的名称，调用方法包含响应按钮点击事件的代码。

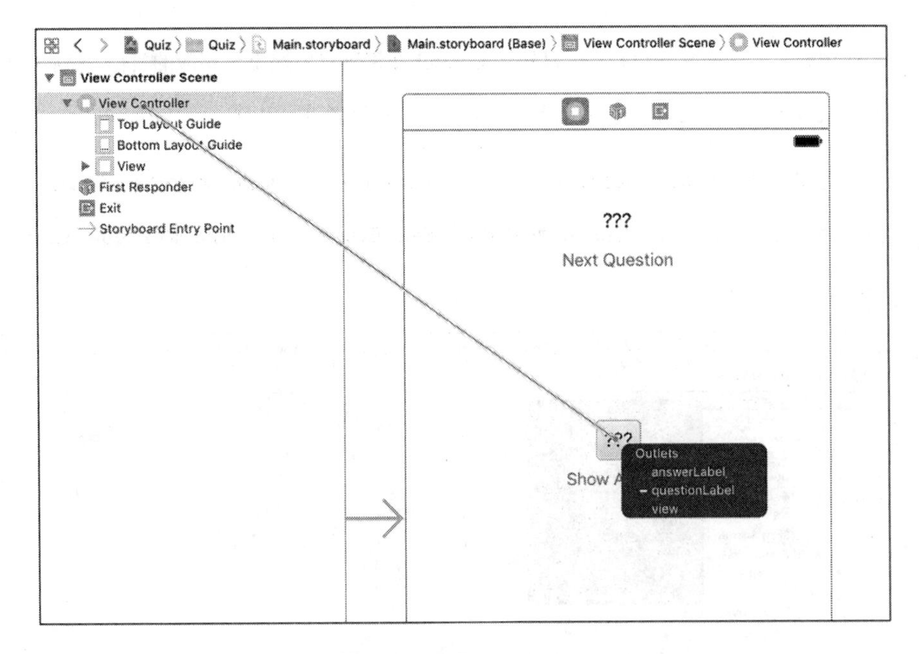

图 1-23 设置 answerLabel

在 Quiz 应用中，两个按钮的目标都是 **ViewController** 对象，但是每个按钮的动作不一样，首先请读者定义两个动作方法 **showNextQuestion(_:)**和 **showAnswer(_:)**。

打开 ViewController.swift，在插座变量下面添加两个动作方法，代码如下：

```
class ViewController: UIViewController {

    @IBOutlet var questionLabel: UILabel!
    @IBOutlet var answerLabel: UILabel!

    @IBAction func showNextQuestion(sender: AnyObject) {

    }

    @IBAction func showAnswer(sender: AnyObject) {

    }
}
```

方法的具体实现将在关联动作之后添加。@IBAction 关键字告诉 Xcode，之后会使用 Interface Builder 关联该动作。

设置目标和动作

回到 Main.storyboard，将 Next Question 按钮的目标设置成 **ViewController** 对象，将动作设置成 **showNextQuestion(_:)**。

要设置某个对象的目标，可以按住 Control 并将该对象拖曳至相应的目标，然后松开鼠标，目标就设置好了。这时 Xcode 会弹出新菜单，提示读者选择动作。

选中画布中的 Next Question 按钮，按住 Control 并拖至 View Controller。当 View Controller 高亮显示时，松开鼠标，然后选择弹出框中 Sent Events 下面的 **showNextQuestion:**（见图 1-24）。

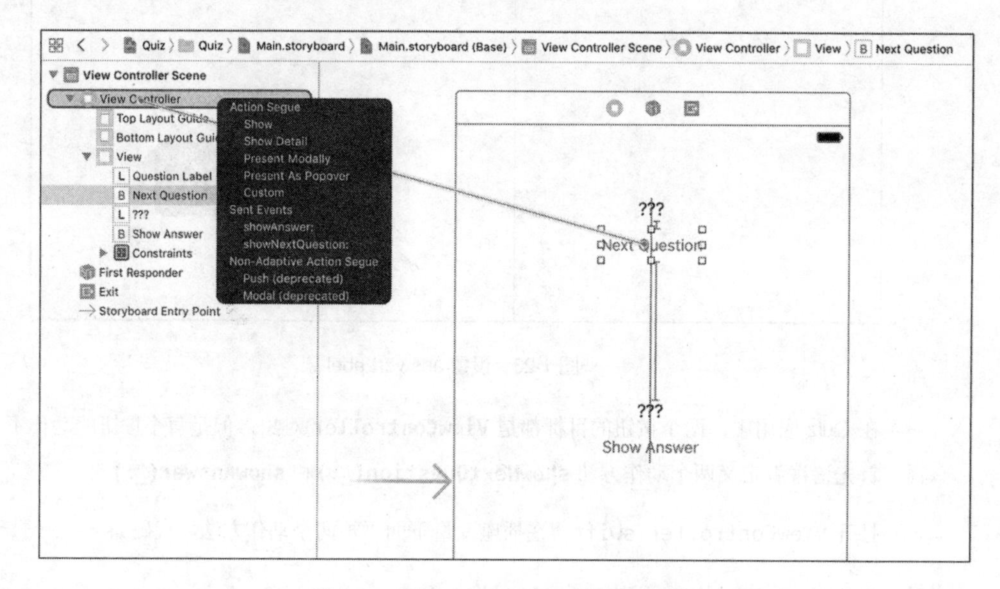

图 1-24　设置 Next Question 的目标/动作

下面设置 Show Answer 按钮的目标和动作。选中按钮，按住 Control 并拖曳至 View Controller 上，选择弹出菜单中的 **showAnswer:**。

Quiz 中的关联

现在 **ViewController** 对象和视图对象之间一共有五个关联。**ViewController** 对象的两个属性——answerLabel 和 questionLabel 指向相应的 **UILabel** 对象；视图上的两个 **UIButton** 对象，其目标都是 **ViewController** 对象；项目模板还创建了一个额外的关联，即名为 view 的插座变量，指向作为应用背景的 **UIView** 对象。

读者可以通过**关联检视面板**（connections inspector）查看这些关联。选中大纲视图中的 View Controller，在检视面板中点击 ◎ 图标，打开关联检视面板（见图 1-25）。

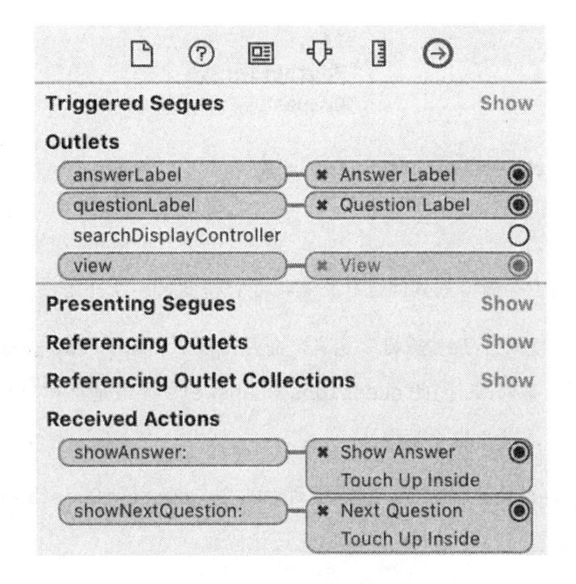

图 1-25　通过关联检视面板查看关联

以上完成了 Quiz 应用的 storyboard 文件，读者创建并设置了应用所需的视图对象，并为视图对象和控制器对象创建了所有必需的关联。下面开始创建模型对象。

1.6　创建模型对象

Creating the Model Layer

视图对象构成了用户界面，开发者通常在 Interface Builder 中创建、设置和关联视图对象。而模型对象则是通过编写代码创建的。

在项目导航面板中选择 `ViewController.swift` 文件，添加以下代码，声明一个整型变量和两个数组对象：

```
class ViewController: UIViewController {
    @IBOutlet var questionLabel: UILabel!
    @IBOutlet var answerLabel: UILabel!

    let questions: [String] = [
                                "From what is cognac made?",
                                "What is 7+7?",
                                "What is the capital of Vermont?"
    ]
    let answers: [String] = [
```

```
                                    "14",
                                    "Montpelier",
                                    "Grapes"
    ]
    var currentQuestionIndex: Int = 0
    ...
}
```

两个数组用于存储一系列问题和答案，而整型变量用于跟踪用户正在回答的问题。

注意，数组使用了 let 关键字定义，而整型变量使用了 var 关键字定义。常量使用 let 关键字定义，不能被修改，因此 questions 和 answers 数组是常量。Quiz 应用中的 questions 和 answers 不会改变，也不能改变。

变量使用 var 关键字定义，它的值可以改变。currentQuestionIndex 设置为变量，是因为在用户切换题目和答案时，需要用它记录位置。

实现动作方法

现在已经定义了 questions 和 answers，读者可以开始实现动作方法了。在 ViewController.swift 中更新 **showNextQuestion(_:)** 和 **showAnswer(_:)**。

```
…
@IBAction func showNextQuestion(sender: AnyObject){
    ++currentQuestionIndex
    if currentQuestionIndex == questions.count{
        currentQuestionIndex = 0
    }

    let question: String = questions[currentQuestionIndex]
    questionLabel.text = question
    answerLabel.text = "???"
}

@IBAction func showAnswer(sender: AnyObject){
    let answer: String = answers[currentQuestionIndex]
    answerLabel.text = answer
}
```

加载第一个问题

应用启动之后，读者需要从数组中取出第一个问题，然后替换掉 questionLabel 的占位符“???”。最好的方法是**重载**（重载的意思是为一个方法提供自定义的实现）**ViewController**

的 **viewDidLoad()**方法。在 ViewController.swift 中添加以下代码：

```
class ViewController: UIViewController {
    …
    override func viewDidLoad() {
        super.viewDidLoad()
        questionLabel.text = questions[currentQuestionIndex]
    }
}
```

现在应用的所有代码就全部完成了。

1.7 编译完成的应用

Building the Finished Application

与之前一样，在 iPhone 7 模拟器上编译并运行应用。

如果编译过程中出现任何错误，读者都可以点击导航面板选择条中的⚠图标，打开问题导航面板（issue navigator）并查看，如图 1-26 所示。

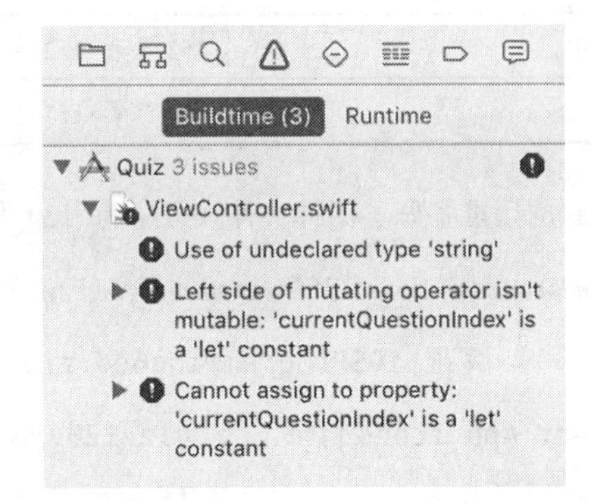

图 1-26 列出错误和警告信息的问题导航面板

点击问题导航面板列出的条目，可以打开相应的文件，并定位到产生问题的行。请读者参考本书中的代码，找到并修正所有的错误（例如输入错误），然后重新运行应用。重复这个过程，直到编译通过为止。

编译通过后，Xcode 会启动 iOS 模拟器。现在请读者体验自己开发的应用：按下 Next Question 按钮，视图上方的标签会显示一道新题目；按下 Show Answer 按钮，则会显示正确的答案。如果 Quiz 应用不能正常工作，请检查 Main.storyboard 中的关联。

虽然应用已经正常工作了，但是还可以再打磨打磨。

1.8 应用图标

Application Icons

运行 Quiz 应用时，在模拟器菜单中选择 Hardware→Home，可以看到 Quiz 的图标是默认图标。下面为 Quiz 设置一个更好的图标。

应用图标（application icon）是一张图片，用于在主屏幕上指代应用。不同的设备对图标的尺寸要求也不同，表 1-1 中展示了其中一部分。

表 1-1 不同设备的应用图标尺寸

设 备	应用图标尺寸
5.5 英寸的 iPhone	180 像素×180 像素(@3x)
4.7 英寸和 4.0 英寸的 iPhone	120 像素×120 像素(@2x)
7.9 英寸和 9.7 英寸的 iPad	152 像素×152 像素(@2x)
12.9 英寸的 iPad	167 像素×167 像素(@2x)

本书已经为 Quiz 应用准备好了图标文件（大小为 120 像素×120 像素）。读者可以从 *http://www.bignerdranch.com/solutions/iOSProgramming6ed.zip* 下载该图标（该文件还包括了其他章节所需要的资源）。解压 iOSProgramming6ed.zip，在解压后的文件夹里找到 0-Resources/Project App Icons 目录下的 Quiz-120.png。

下面要将这个图标资源（resource）加入程序包。应用中的文件通常可以分为代码和资源两类，程序本身由代码构成（例如 ViewController.swift），资源则是图片和声音这类应用运行时用到的文件。

选中项目导航面板中的 Assets.xcassets 条目，再选中位于编辑器区域左侧资源列表中的 AppIcon（见图 1-27）。

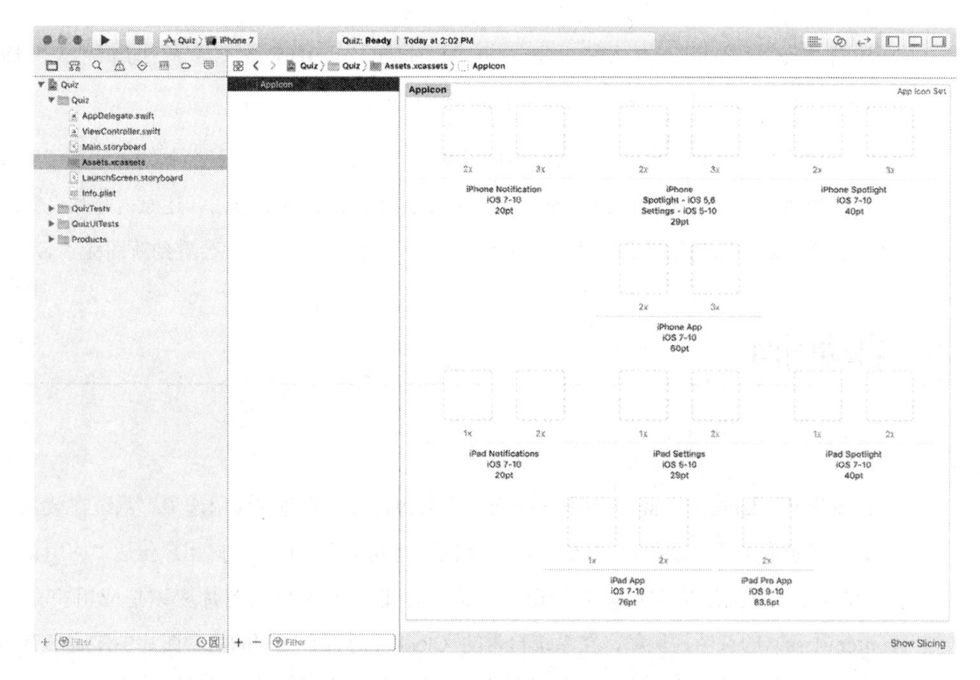

图 1-27　打开资源目录

这个面板叫**资源目录**（asset catalog），读者可以在这里管理项目需要用到的所有图片。

将 `Quiz-120.png` 从 Finder 拖至 AppIcon 区域“iPhone App iOS 7-10 60pt”上方的 2x 虚线框内（见图 1-28）。Xcode 会将文件拷贝至存放 Quiz 项目的目录上，并在资源目录中加入相应的引用（references）。要确认 Xcode 是否正确复制了图标文件，可以按住 Control 键单击资源目录中的图标文件，然后选择弹出菜单中的 Show in Finder。

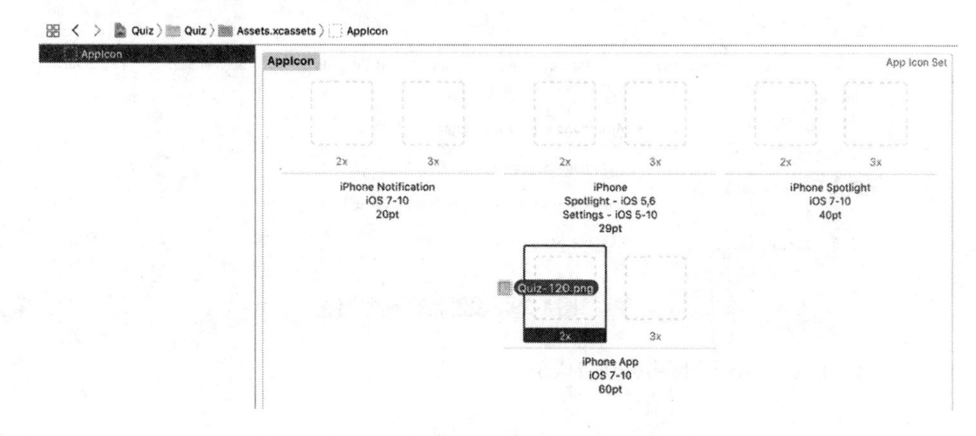

图 1-28　在资源目录中添加应用图标

构建并运行应用。点击模拟器菜单的 Hardware→Home（或者使用键盘快捷键Command+Shift+H）切换到主屏幕，就可以看到新图标了。

（如果没有看到新图标，请删除应用后重新运行应用。还有一个最简单的方法是还原模拟器，在模拟器菜单中选择 iOS Simulator→Reset Content and Settings...（还原内容和设置...），这样会将模拟器还原到默认设置并删除所有应用，再次运行应用，就会看到新图标了。）

1.9　启动画面

Launch Screen

启动图片（launch image）是另一个可以在资源目录中管理的应用选项。系统在载入应用时，会先显示应用的启动图片。iOS 中的启动图片有其特定的作用：向用户传达“应用正在启动”的信息，并描绘应用启动后的用户界面。因此，好的启动图片应该是应用空白界面（content-less）的截图。例如，在系统自带的 Clock（时钟）应用的启动图片中，底部有四个选项卡，全部处于未选中状态；在应用启动完成后，用户上一次选择的选项卡会被选中，同时也会显示出用户界面（注意，系统会在应用启动完成后替换掉启动图片，启动图片不会成为应用的背景图片）。

可以使用**启动画面文件**（launch screen file）让 Xcode 生成需要用到的启动图片。

在项目导航面板中，点击最上面的 Quiz 条目会打开项目设置。在 App Icons and Launch Images（应用图标和启动图片）部分，找到 Launch Screen File（启动画面文件），点击下拉框并选择 `Main.storyboard`（见图 1-29），启动图片就会通过 `Main.storyboard` 生成了。

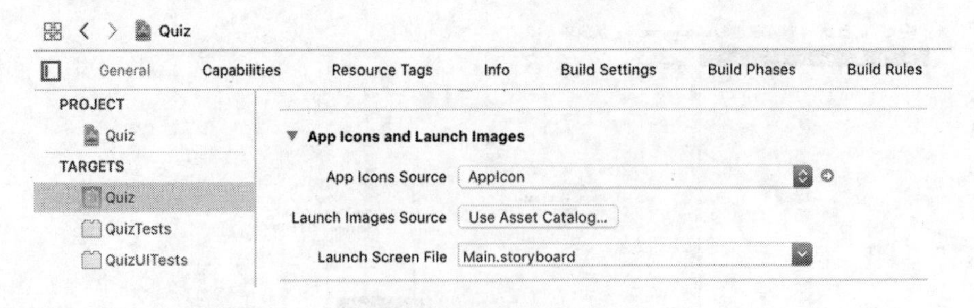

图 1-29　设置启动画面文件

恭喜读者，第一个应用大功告成了！

第2章

Swift 语言

The Swift Language

Swift 是 Apple 公司于 2014 年推出的新语言，它取代了 Objective-C 语言，成为 iOS 和 Mac 推荐的开发语言。本章中，读者会学习必要的 Swift 语言的基础知识。后面章节中，读者在学习 iOS 开发的同时，会学习到更多的 Swift 知识。

Swift 语言在兼容 Objective-C 语言的同时，语法上更安全、更简洁并且可读性更好。它增强了类型安全，很多特性功能也更强大，比如可选（optionals）、泛型（generics）、复杂数据结构以及枚举（enumerations）。更重要的是，Swift 可以在大家熟悉的现有 iOS 框架上使用这些新特性。

如果读者学习过 Objective-C 语言，那么面临的挑战就是，使用 Swift 语言把已经会的内容再学习一遍。刚开头可能会遇到一些困难，但是我们已经爱上了 Swift，相信读者也会的。

如果读者觉得在学习 iOS 开发的同时学习 Swift 有难度，则可以先学习《Swift Programming: The Big Nerd Ranch Guide》，或者在 *http://developer.apple.com/swift* 查看 Apple 公司的 Swift 教程。如果读者有开发经验，或者想边做边学，那么现在就可以开始学习了。

2.1 Swift 的数据类型

Types in Swift

Swift 的数据类型分为三类：**结构体**（structures）、**类**（classes）和**枚举**（enumerations）（见图 2-1）。三种数据类型都会有：

- **属性**（properties）：相关的一些值。
- **构造器**（initializers）：初始化实例的代码。

- **实例方法**（instance methods）：通过当前类型的实例调用的方法。
- **类**（classes）或**静态方法**（static methods）：通过当前类型调用的方法。

Structures

```
struct MyStruct {
    // properties
    // initializers
    // methods
}
```

Enumerations

```
enum MyEnum {
    // properties
    // initializers
    // methods
}
```

Classes

```
class MyClass: SuperClass {
    // properties
    // initializers
    // methods
}
```

图 2-1　Swift 基础类型

Swift 的结构体和枚举比绝大多数语言强大很多。除了支持属性、构造器和方法外，还可以支持协议和继承。

Swift 把一些标准类型实现为了结构体，比如数字类型和布尔值类型。下面这些类型都是结构体：

- 数字：Int、**Float**、**Double**。
- 布尔值：**Bool**。
- 文字：**String**、**Character**。
- 集合：**Array<T>**、**Dictionary<K:Hashable, V>**、**Set<T:Hashable>**。

这意味着标准类型也拥有属性、构造器和方法，并且支持协议和继承。

最后，Swift 的一个重要属性是**可选**（optionals）。**可选**支持向一个对象赋值或不赋值。后面章节中会学到更多**可选**的相关知识，以及它们在 Swift 中扮演的角色。

2.2　使用标准类型

Using Standard Types

本节将介绍在 Xcode 的 playground 中尝试标准类型。通过 playground，读者不用运行应用就可以看到所写代码的执行结果。

在 Xcode 菜单中选择 File→New→Playground...，文件名可以使用默认值，确保平台选择 iOS（见图 2-2）。

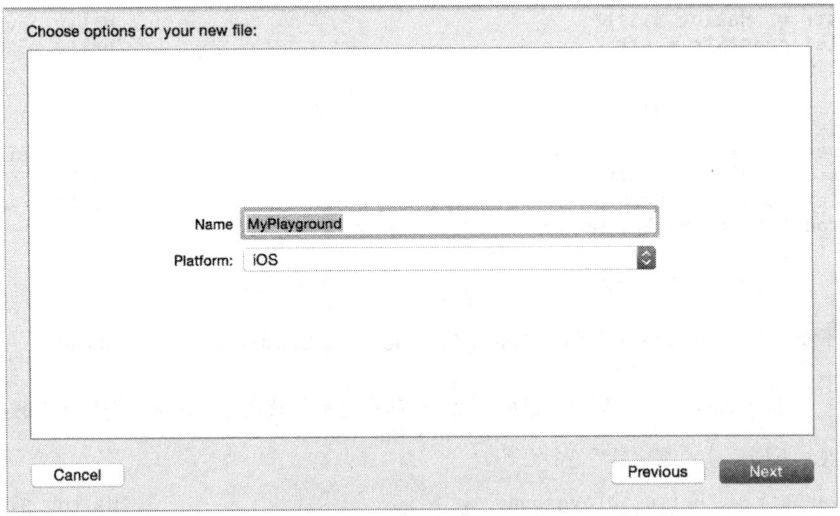

Choose options for your new file:

Name MyPlayground

Platform: iOS

Cancel Previous Next

图 2-2 配置 playground

点击 Next 按钮，把文件保存在一个合适的位置。

打开 playground 后，会看到 playground 分为两部分（见图 2-3），左边较大的白色区域是代码编辑器，右边是一个灰色的侧边栏。playground 编译执行代码之后，会把每一行的结果显示在侧边栏里。

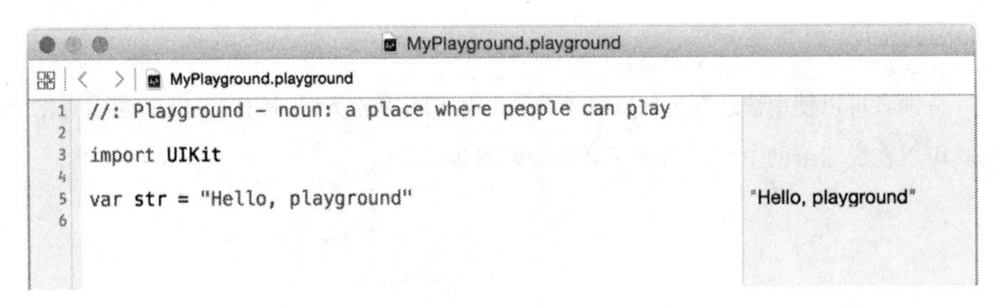

图 2-3 playground

示例代码中，var 关键字表示 str 是一个变量，所以 str 的值可以修改。在下面输入修改 str 值的代码，会发现结果显示在右边的侧边栏中。

```
var str = "Hello, playground"                          "Hello, playground"
str = "Hello, Swift"                                   "Hello, Swift"
```

（注意，这里把右边的结果显示出来，是为了方便没有输入代码的读者查看。）

let 关键字用来定义常量，常量不能被修改。在 Swift 代码中，应该尽量使用常量。常量和变量可以混合使用：

```
var str = "Hello, playground"                          "Hello, playground"
```

```
str = "Hello, Swift"                                   "Hello, Swift"
let constStr = str                                     "Hello, Swift"
```

constStr是常量，修改它的值会导致系统报错。

```
var str = "Hello, playground"                          "Hello, playground"
str = "Hello, Swift"                                   "Hello, Swift"
let constStr = str                                     "Hello, Swift"
constStr = "Hello, world"
```

左侧的红色标志表示出错了。点击它可以获得更详细的错误信息。现在的错误提示信息是：不能给常量constStr赋值（Cannot assign to value: 'constStr' is a 'let' constant）。

playground在一行代码报错后，就不会执行之后的代码了。通常我们要马上解决出现的错误。下面请读者删除最后一行代码。

```
var str = "Hello, playground"                          "Hello, playground"
str = "Hello, Swift"                                   "Hello, Swift"
let constStr = str                                     "Hello, Swift"
constStr = "Hello, world"
```

推断类型

现在，读者可能已经注意到，不管是常量constStr还是变量str都没有指定类型。这并不意味着它们没有类型。编译器会从它们的初始值推断它们的类型。这就叫**类型推断**（type inference）。

读者可以使用快速帮助（Quick Help）查看推断出的类型。按住Option，然后点击constStr就可以在快速帮助中查看当前变量了（见图2-4）。

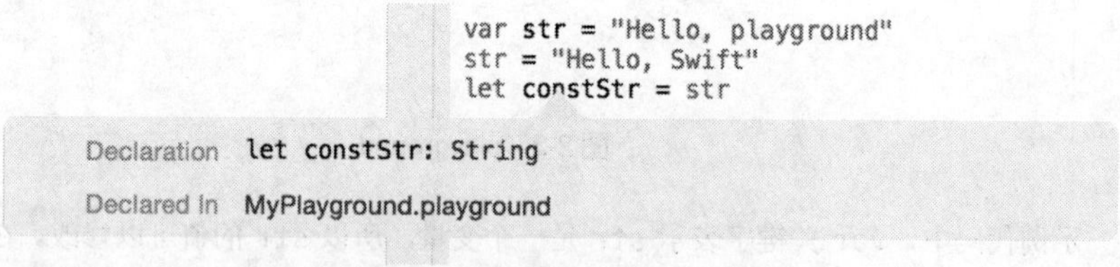

```
var str = "Hello, playground"
str = "Hello, Swift"
let constStr = str
```

Declaration let constStr: String

Declared In MyPlayground.playground

图2-4 constStr是String类型

按住Option点击可以显示所有对象的快速帮助。

指定类型

如果变量或常量有初始值，则可以依赖类型推断确定类型。如果没有初始值，但是也想要指定类型，那么可以在声明时定义一个类型。

添加指定类型的变量如下：

```
var str = "Hello, playground"                    "Hello, playground"
str = "Hello, Swift"                             "Hello, Swift"
let constStr = str                               "Hello, Swift"

var nextYear: Int
var bodyTemp: Float
var hasPet: Bool
```

这些变量还没有赋值，所以侧边栏中暂时没有显示内容。

下面请读者学习如何使用这些新类型。

数字和布尔类型

最常用的数字类型是 **Int**。根据数字大小的不同，Swift 也提供了其他数字类型。Apple 推荐使用 **Int** 类型，除非读者有特殊要求。

对于浮点数，Swift 提供三种精度的浮点数类型：**Float** 是 32 位浮点数，**Double** 是 64 位浮点数，**Float80** 是 80 位浮点数。

Swift 使用 **Bool** 表示布尔类型。**Bool** 类型的值为 `true` 或 `false`。

集合类型

Swift 标准库提供了三种集合类型：**数组**（arrays）、**字典**（dictionarys）和**集合**（sets）。

数组是一个有序集合。数组类型可以定义为 **array<T>**，T 表示数组中元素的类型。数组中可以存放任何类型元素，包括基础类型、结构体和类。

添加一个存放数字的数组：

```
var hasPet: Bool
var arrayOfInts: Array<Int>
```

数组是类型敏感的。只要声明了数字类型的数组，就不能向数组中添加字符串类型的元素。

声明数组有一个简洁的语法：使用方括号包含类型就可以了。下面请读者使用新方法声明数组：

```
var hasPet: Bool
var arrayOfInts: Array<Int>
var arrayOfInts: [Int]
```

字典是无序键-值对的集合。值可以是任何类型，包括结构体和类。键也可以是任何类型，但是必须是唯一的。键必须要支持哈希，这样设计是为了保证字典中键的唯一性，并且读取速度也更快。Swift 的基础类型，像 **Int**、**Float**、**Character** 和 **String** 类型都支持哈希。

与数组一样，字典也是类型敏感的，只能添加声明的键、值类型。例如，读者设计了一个存储国家首都城市的字典。键名是国家名，值是城市名，键、值都是字符串类型。键或值不是字符串类型的元素就不能添加到字典里。

请读者添加一个字典：

```
var arrayOfInts: [Int]
var dictionaryOfCapitalsByCountry: Dictionary<String, String>
```

声明字典也有简洁的语法。下面使用简洁的语法声明字典：

```
var arrayOfInts: [Int]
var dictionaryOfCapitalsByCountry: Dictionary<String, String>
var dictionaryOfCapitalsByCountry: [String: String]
```

集合和数组相似，也可以存放类型相同的元素。但是集合是无序的，值必须唯一并且可被哈希。这样设计可以更快地判断集合中是否包含某元素。下面添加一个集合变量：

```
var winningLotteryNumbers: Set<Int>
```

与数组和字典相比，集合没有简洁的语法。

字面量和角标

标准类型可以用**字面量**（literal）赋值。例如，str 是用字符串字面量赋值的。字符串字面量两边用双引号包围。相对于用字面量赋值的 str，constStr 不是用字面量赋值的。

```
var str = "Hello, playground"                     "Hello, playground"
str = "Hello, Swift"                              "Hello, Swift"
let constStr = str                                "Hello, Swift"
```

在 playground 中添加两个数字字面量：

```
let number = 42                                   42
let fmStation = 91.1                              91.1
```

数组和字典也可以用字面量赋值。数组字面量和字典字面量的写法与它们的简洁语法很像。

```
let countingUp = ["one", "two"]                   ["one", "two"]
let nameByParkingSpace = [13: "Alice", 27: "Bob"] [13: "Alice", 27: "Bob"]
```

Swift 可以通过角标访问数组中的元素，在数组名后面加上带角标的方括号就可以了。

```
let countingUp = ["one", "two"]                   ["one", "two"]
```

```
let secondElement = countingUp[1]                    "two"
…
```

注意，1 取的是第二个元素。数组的角标是从 0 开始计算的。

通过角标获取数组元素时，应确保角标是有效的。运行时，越界的角标会导致未知错误，进而导致应用停止运行。

字典类型也可以使用角标，本章后面会讲解这方面的知识。

构造器

现在，读者已经初始化了常量和变量。初始化的时候，读者也创建了指定类型的实例。实例就是一个特定类型的对象。以前实例只是应用在类上，在 Swift 中，也可以用在结构体和枚举上。例如，`secondElement` 常量保存了一个 **`String`** 的实例。

另一个创建实例的方式是使用类型的构造器。构造器负责初始化类型新实例的内容。构造器执行完之后，实例就创建好了。使用构造器创建实例的方法是，使用类型名加上一对圆括号，有的构造器还需要在圆括号中加上参数。

有些类型的构造器不传参数时会返回空字面量。下面请读者在 playground 中加入一个空字符串和空数组。

```
let emptyString = String()                           ""
let emptyArrayOfInts = [Int]()                       0 elements
let emptySetOfFloats = Set<Float>()                  0 elements
```

其他类型有默认值：

```
let defaultNumber = Int()                            0
let defaultBool = Bool()                             false
```

类型可以有多个构造器。例如，**`String`** 的构造器可以接收 **`Int`** 作为参数，然后根据 **`Int`** 的值创建字符串。

```
let number = 42                                      42
let meaningOfLife = String(number)                   "42"
```

创建集合，可以传入一个字面量给 **`Set`** 的构造器：

```
let availableRooms = Set([205, 411, 412])            {412, 205, 411}
```

`Float` 有很多种构造器。没有参数的构造器返回一个默认值。也可以传一个浮点数字面量给构造器。

```
let defaultFloat = Float()                          0.0
let floatFromLiteral = Float(3.14)                  3.14
```

如果对浮点数字面量使用类型推断，则得到的类型是 **Double**。下面是使用浮点数字面量创建的常量：

```
let easyPi = 3.14                                   3.14
```

向 **Float** 构造器中传一个 **Double** 值，可以从 **Double** 创建 **Float** 对象：

```
let easyPi = 3.14                                   3.14
let floatFromDouble = Float(easyPi)                 3.14
```

在声明时指定类型也可以达到同样的效果。

```
let easyPi = 3.14                                   3.14
let floatFromDouble = Float(easyPi)                 3.14
let floatingPi: Float = 3.14                        3.14
```

属性

属性是指类型实例的一个值。例如，**String** 有一个 isEmpty 属性，表示字符串是否为空的布尔值。**Array<T>**有一个 count 属性，表示数组中元素个数的整型数字。下面请读者使用 playground 访问属性：

```
let countingUp = ["one", "two"]                     ["one", "two"]
let secondElement = countingUp[1]                   "two"
countingUp.count                                    2

…

let emptyString = ""
emptyString.isEmpty                                 true
```

实例方法

实例方法是指通过类的实例调用的方法。试试调用 **Array<T>**类型的 **append(_:)**方法。首先读者需要把 countingUp 数组从常量改为变量。

```
let countingUp = ["one", "two"]
var countingUp = ["one", "two"]                     ["one", "two"]
let secondElement = countingUp[1]                   "two"
countingUp.count                                    2

countingUp.append("three")                          ["one", "two", "three"]
```

append(_:)方法接收一个数组元素类型的参数，并且把它添加到数组末尾。作者会在第 3 章中讨论方法以及命名。

2.3 可选

Optionals

Swift 的类型可以是可选的，使用类型名加上“？”表示。

```
var anOptionalFloat: Float?
var anOptionalArrayOfStrings: [String]?
var anOptionalArrayOfOptionalStrings: [String?]?
```

可选表示变量中可能没有值。可选的值要么是指定类型的实例，要么是 nil。

本书中，读者有很多机会使用可选。下面介绍一个例子，让读者尽快熟悉可选。

假设有一组仪表数据：

```
var reading1: Float
var reading2: Float
var reading3: Float
```

有时候仪器出故障，就不会显示数据了。这时候，当然不希望仪器显示 0.0，最好是显示一些特殊意义的内容来提醒操作人员检查仪器。

读者可以设置仪表数据类型为可选。

```
var reading1: Float?                                    nil
var reading2: Float?                                    nil
var reading3: Float?                                    nil
```

由于是可选浮点数，因此数据要么是一个浮点数，要么是 nil。如果没有赋初始值，则默认值就是 nil。

可选类型的赋值和其他类型的一样。下面使用浮点数赋值：

```
reading1 = 9.8                                          9.8
reading2 = 9.2                                          9.2
reading3 = 9.7                                          9.7
```

虽然浮点数和可选浮点数都用浮点数赋值，但是它们的使用还是有区别的。读取可选类型时，要先查看值是否为 nil，这个过程叫**解包**（unwrapping）。

我们会介绍两种解包可选值的方法：正常解包和强制解包。下面先介绍强制解包。先介绍强制解包并不是说它更好，相反，它更不安全。先介绍强制解包会让读者意识到强制解包的危险性，以及为什么正常解包更好。

强制解包需要在变量名后面加一个“!”。首先，请读者像非可选类型一样，计算它们的平均值：

```
reading1 = 9.8                                                   9.8
reading2 = 9.2                                                   9.2
reading3 = 9.7                                                   9.7
let avgReading = (reading1 + reading2 + reading3) / 3
```

系统报错了，因为可选类型需要解包。下面请读者使用强制解包来修复这个错误：

```
let avgReading = (reading1 + reading2 + reading3) / 3
let avgReading = (reading1! + reading2! + reading3!) / 3        9.566667
```

一切都看着很正常，侧边栏也显示了正确结果，但是代码有潜在问题。强制解包，相当于告诉编译器，可选值肯定不为 nil，可以当做正常浮点数处理。如果值为 nil 呢？试试注释掉 reading3 赋值的代码，reading3 就会返回默认值 nil 了。

```
reading1 = 9.8                                                   9.8
reading2 = 9.2                                                   9.2
reading3 = 9.7
//reading3 = 9.7
```

系统报错了。在 Xcode 的菜单中，选择 Debug Area（调试区）→Show Debug Area（显示调试区），可以查看控制台的详细错误信息：

```
fatal error:  unexpectedly found nil while unwrapping an Optional value
```

如果强制解包一个可选值，正好这个可选值为 nil，则会导致出现错误，应用停止运行。

正常解包是更安全的方式。使用 if-let 语句，先把可选值赋给对应的非可选临时常量，如果可选值有值，那么赋值是有效的，使用非可选临时常量执行后面的代码；如果可选值是 nil，那么在 else 中处理这种情况。

下面请读者使用 if-let 语句测试可选值为 nil 的情况。

```
let avgReading = (reading1! + reading2! + reading3!) / 3
if let r1 = reading1,
    r2 = reading2,
    r3 = reading3 {
        let avgReading = (r1 + r2 + r3) / 3
} else {
    let errorString = "Instrument reported a reading that was nil."
}
```

reading3 现在是 nil，所以 r3 赋值失败，侧边栏显示了错误提示。

恢复 reading3 的赋值代码，就可以看到正常执行的结果了。现在三个 reading 变量都有值，三个赋值都能成功，侧边栏就会显示三个数的平均值了。

字典角标

回顾一下，数组角标越界会导致异常。字典则不同，通过角标获取的结果是一个可选值。

```
let nameByParkingSpace = [13: "Alice", 17: "Bob"]    [13: "Alice", 17: "Bob"]
let space13Assignee: String? = nameByParkingSpace[13]     "Alice"
let space42Assignee: String? = nameByParkingSpace[42]     nil
```

如果键名在字典中不存在，则返回的结果是 nil。为了处理这种情况，通常使用 if-let 语句配合字典角标一起使用。

```
let space13Assignee: String? = nameByParkingSpace[13]
if let space13Assignee = nameByParkingSpace[13] {
    print("Key 13 is assigned in the dictionary!")
}
```

2.4 循环和字符串补全

Loops and String Interpolation

其他语言中的循环语句，Swift 同样支持，比如 if-else、while、for、for-in、repeat-while 及 switch。虽然很相似，但实现起来还是有些细微差别的。与 C 语言相比，Swift 的主要区别是表达式中没有圆括号，另外，while 的判断条件必须是布尔值。

Swift 中的循环和传统的 C 语言风格不太相同。Swift 使用 **Range** 类型和 for-in 语句，这样代码会更简洁：

```
let rang = 0..< countingUp.count
for i in range{
     let string = countingUp[i]
     //使用 'string'
}
```

枚举数组是最直接的遍历数组方式。

```
for string in countingUp{
     //使用 'string'
}
```

如果需要同时获得元素索引，Swift 的 **enumerate()** 方法可以返回索引和值：

```
for (i, string) in countingUp.enumerate(){
    // (0, "one"), (1, "two")
}
```

读者可能会疑惑这里为什么有括号。这是因为 **enumerate()** 方法返回了一个元组（tuples）。元组是一组有序的值，与数组很相似，不同的是这些值可以有不同的类型。例子中的元组是（**Int,String**）类型。本书中不详细介绍元组，因为它们在 iOS API 中没有使用（Objective-C 语言不支持元组），但它们在 Swift 中很好用。

另一个元组的应用是枚举字典的元素：

```
let nameByParkingSpace = [13: "Alice", 27: "Bob"]

for (space, name) in nameByParkingSpace.enumerate(){
    let permit = "Space \(space): \(name) "
}
```

读者有没有注意到字符串中神奇的结构，这就是 Swift 字符串的补全功能。“\(”和“)”之间的表达式会在运行时替换成值。前面例子中的局部变量可以使用任何有效的 Swift 表达式，甚至方法调用。

要在 playground 中查看 permit 变量值，可以按住 Control 点击结果，然后选择历史值（value history）。如果没有看到结果，则点击显示结果（show result）的圆圈（见图 2-5）。这对于在 playground 中查看循环中值的变化过程非常有用。

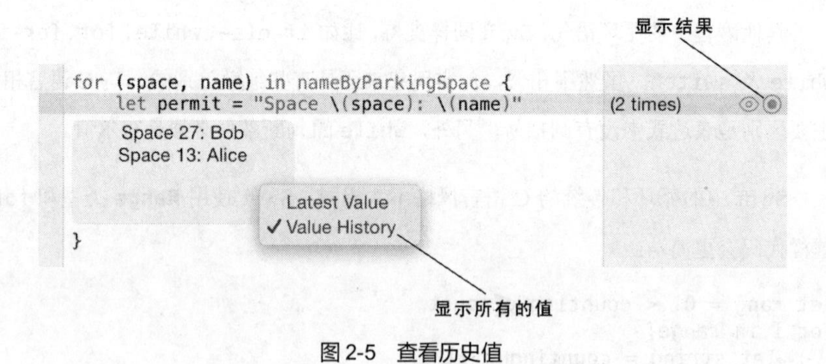

图 2-5　查看历史值

2.5　枚举和 Switch

Enumerations and the Switch Statement

枚举是一组离散值的集合。下面定义一个 Pie 的枚举：

```
enum PieType {
    case Apple
    case Cherry
    case Pecan
}

let favoritePie = PieType.Apple
```

Swift 有一条很强大的 switch 语句，匹配枚举值非常方便。

```
let name: String
switch favoritePie {
case .Apple:
    name = "Apple"
case .Cherry:
    name = "Cherry"
case .Pecan:
    name = "Pecan"
}
```

Switch 的条件是必须详细：每个可能的条件都要走到，要么通过明确的指定，要么通过默认值（case）。与 C 语言不一样，Swift 只会执行明确指定条件部分的代码，执行完后不会继续执行下一个条件（如果希望像 C 语言一样执行下一个条件，则可以使用 `fallthrough` 关键字实现）。

Switch 的条件可以是很多类型，甚至是范围：

```
let macOSVersion: Int = …
switch macOSVersion {
case 0…8:
    print("A big cat")
case 9:
    print("Mavericks")
case 10:
    print("Yosemite")
case 11:
    print("El Capitan")
case 12:
    print("Sierra")
default:
    print("Greetings, people of the future! What's new in 10.\(macOSVersion)?")
}
```

更多关于 Switch 语句的知识，请查看《The Swift Programming Language》中的流程控制章节（Control Flow Section）。

枚举和初始值

Swift 枚举可以给每个条件设置初始值：

```
enum PieType: Int {
    case Apple = 0
```

```
    case Cherry
    case Pecan
}
```

指定类型后，可以访问 **PieType** 的初始值，然后用这个值初始化枚举类型。获取初始值会返回一个可选类型，有些条件可能没有初始值，因此做一次解包是一个非常好的习惯。

```
let pieRawValue = PieType.Pecan.rawValue
// pieRawValue 值为 2 的 Int 类型

if let pieType = PieType(rawValue: pieRawValue){
    // 获取一个有效的'pieType'!
}
```

枚举的初始值通常是 **Int**，但也可以是任何浮点数，甚至是 **String** 和 **Character** 类型。

当初始值是整型时，后面的条件如果没有明确指定，则会自动递增。例如在 **PieType** 中，只指定 **apple** 的值，**cherry** 和 **pecan** 会分别得到 1 和 2 的初始值。

枚举的每个条件都可以指定一个值，在第 20 章中会学习到更多枚举的相关知识。

2.6 查阅 Apple 的 Swift 文档

Exploring Apple's Swift Documentation

访问 *http://developer.apple.com/swift* 可以查阅 Apple 的 Swift 文档，主要有两种资源。建议读者收藏这个地址，想回顾所学概念和深入了解时，可以随时查阅。

《The Swift Programming Language》	介绍了很多 Swift 特性，从最基础的概念开始讲解，同时包含一些基础代码，也介绍了 Swift 基础语法
《Swift Standard Library Reference》	详细介绍了 Swift 的类型、协议以及开发的方法

读者的家庭作业是浏览《Swift Standard Library Reference》的类型（Types）部分，以及《The Swift Programming Language》的基础（Basics）、字符串（Strings）、字符（Characters）和集合类型（Collection Types）部分，巩固所学并且了解这些资料中的内容。如果读者学会了查阅资料，学习的压力就会少很多，可以把更多精力放在 iOS 开发上。

第3章

视图与视图层次结构

Views and the View Hierarchy

接下来的 5 章会创建一个 WorldTrotter 应用，WorldTrotter 可以用来转换华氏度和摄氏度。本章通过制作应用界面来学习视图与视图层次结构，制作完成后的应用界面如图 3-1 所示。

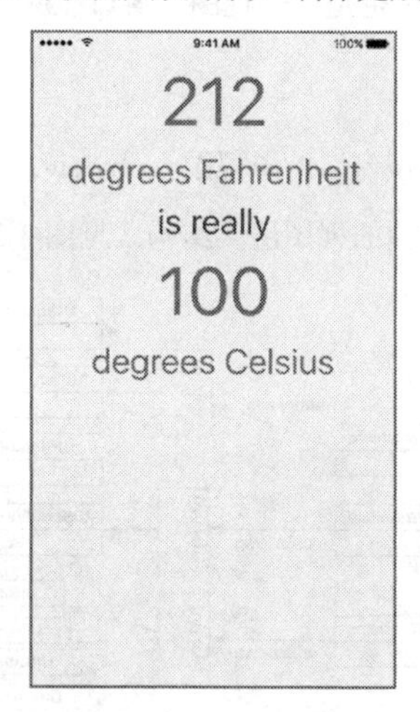

图 3-1　WorldTrotter 应用界面

首先介绍一些与视图和视图层次结构相关的理论知识。

3.1　视图基础

View Basics

回顾第 1 章，视图是对用户可见的对象，例如按钮、输入框以及滑动条等。视图对象组成了应用的界面，具有如下特性。

- `UIView` 对象或 `UIView` 子类对象。
- 自身知道如何绘制。
- 可以处理事件，比如触摸事件。
- 会按照层次结构排列，位于视图层次结构顶端的是应用窗口。

下面详细介绍视图层次结构。

3.2　视图层次结构

The View Hierarchy

每个应用都有一个 `UIWindow` 对象，称为应用的**窗口**，窗口是所有视图的容器。`UIWindow` 是 `UIView` 的子类，因此窗口也是一个视图。窗口在应用启动时创建，窗口创建完成后，就可以在窗口上添加其他视图了。

加入窗口的视图会成为该窗口的**子视图**（subview）。窗口的子视图还可以有自己的子视图，从而形成一个以窗口为根视图的视图层次结构（见图 3-2）。

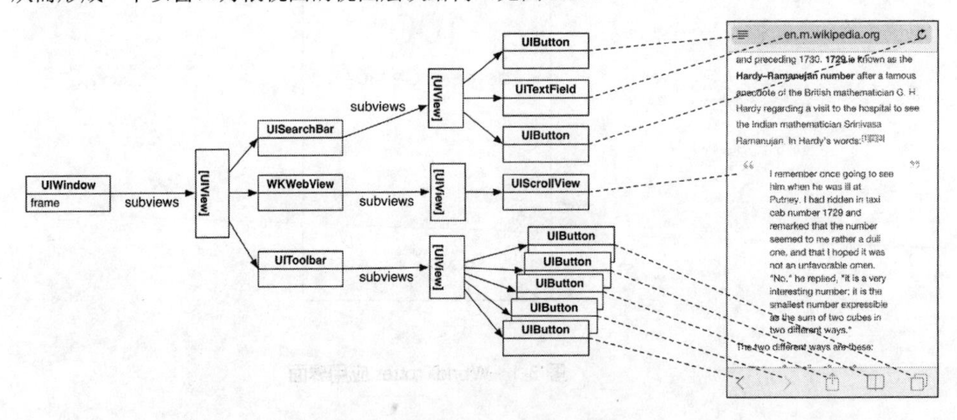

图 3-2　视图层次结构与对应界面示例

视图层次结构形成之后，系统会将其绘制到屏幕上，绘制过程可以分为以下两步。

- 层次结构中的每个视图（包括窗口）分别绘制自己。视图会将自己绘制到图层（layer）上，每个 `UIView` 对象都有一个图层属性，指向一个 `CALayer` 对象。读者可以将图层看成是一个位图图像（bitmap image）。
- 所有视图的图层组合成一个图像，绘制到屏幕上。

图 3-3 使用计算器应用的视图层次结构展示了上述绘制步骤。

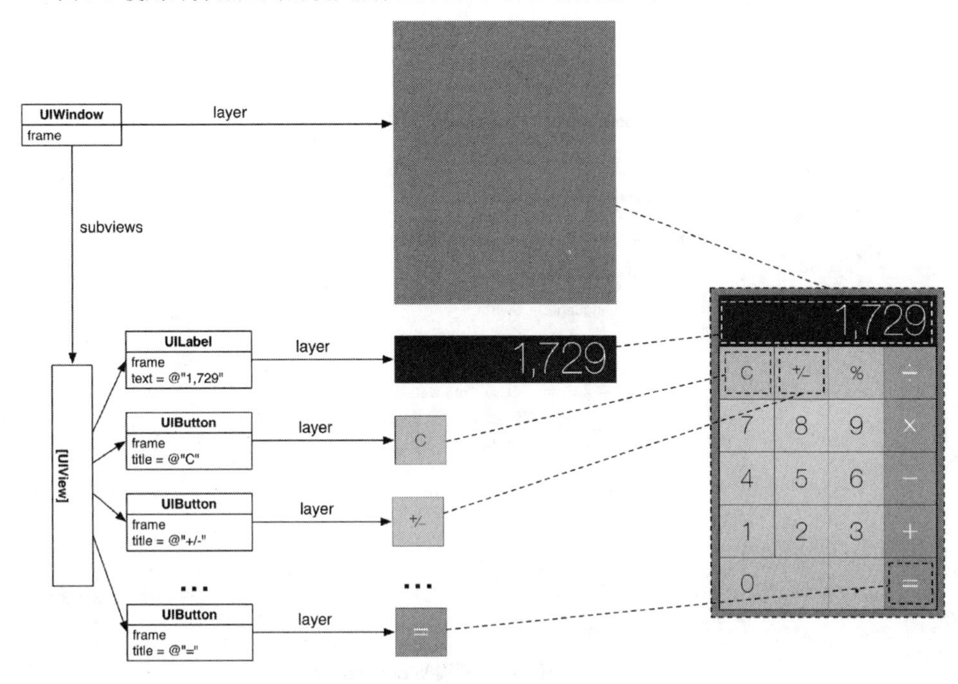

图 3-3 视图绘制和组合

在 WorldTrotter 中，读者会使用不同类型的视图对象完成界面，界面中会有四个 **UILabel** 对象和一个输入华氏度的 **UITextField** 对象。我们开始吧。

3.3 创建新项目

Creating a New Project

在 Xcode 中，选择 File→New→Project…（或者使用键盘快捷键 Command+Shift+N），选择顶部的 iOS 部分，再选择 Application 下面的 Single View Application（单视图应用）模板，最后点击 Next 按钮。

在下一个界面中，输入 WorldTrotter 作为项目名，在 Language 下拉框中选择 Swift，在 Devices 下拉框中选择 Universal，不勾选 Use Core Data（见图 3-4）。配置完成后点击 Next 按钮。

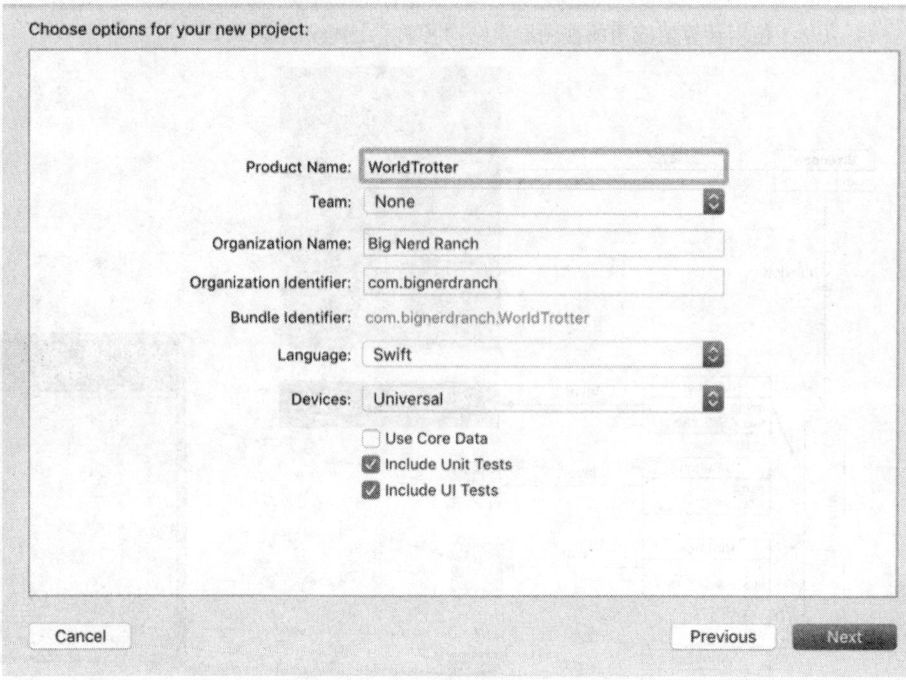

图 3-4　配置 WorldTrotter

3.4　视图及 Frame

Views and Frames

使用 **init(frame:)** 构造方法，可以通过代码初始化视图。该方法需要一个 **CGRect** 参数，该参数会被赋给 **UIView** 的 frame 属性。

```
var frame: CGRect
```

视图的 frame 属性保存的是视图的大小和相对父视图的位置。由 frame 可知，视图对象的形状一定是矩形。

CGRect 结构包含另外两个结构：origin 和 size。origin 的类型是 **CGPoint** 结构，该结构包含两个 **CGFloat** 类型的成员 x 和 y；size 的类型是 **CGSize** 结构，该结构也包含两个 **CGFloat** 类型的成员 width 和 height（见图 3-5）。

应用启动后，会先把根视图控制器的视图添加到窗口上。当前应用的根视图控制器是 ViewController.swift 文件中定义的 **ViewControler** 类。第 5 章会详细讨论视图控制器，现在只需要有一个概念：视图控制器有一个视图，根视图控制器的视图会被应用添加到窗口上。

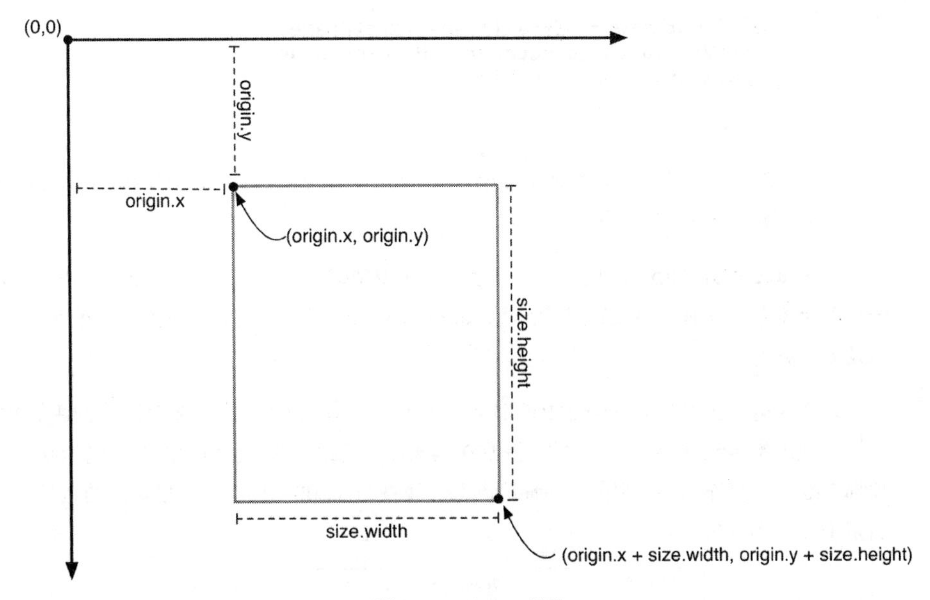

图 3-5 CGRect 结构

创建 WorldTrotter 的视图之前，先尝试用代码任意添加一些视图，熟悉视图的属性以及应用的界面是如何创建的。

打开 ViewController.swift，删除模板自动生成的方法。删完后的代码如下：

```
import UIKit

class ViewController: UIViewController {

}
```

（import UIKit 是什么意思呢？UIKit 是一个框架（framework），框架是相关类和资源的集合。UIKit 框架定义了很多用户可见的界面元素，以及一些 iOS 相关的类。本书中，读者会使用多种不同的框架。）

视图加载到内存后，**viewDidLoad()**方法会立即被调用。这是自定义视图以及视图层次结构的好机会，也是添加视图的好地方。

在 ViewController.swift 中，重载 **viewDidLoad()**方法，创建一个 **CGRect** 用来表示视图的 frame，然后创建一个 **UIView** 实例，通过 backgroundColor 属性把背景设置为蓝色。最后把它添加到视图控制器的视图上，这样新创建的视图就可以被用户看见了。（这个过程读者可能还不熟悉，别着急，读者输完代码后本书会详细解释。）

```
class ViewController: UIViewController {

    override func viewDidLoad(){
        super.viewDidLoad()

        let firstFrame = CGRect(x: 160, y: 240, width: 100, height: 150)
```

```
        let firstView = UIView(frame:firstFrame)
        firstView.backgroundColor = UIColor.blue
        view.addSubview(firstView)
    }
}
```

通过 **CGRect** 的构造器，传入 origin.x、origin.y、size.width 和 size.height 的值，可以创建 **CGRect** 的实例。

通过 **UIColor** 的 blue 属性，可以获取一个 **UIColor** 对象。这是已经预先初始化好了的 **UIColor** 对象，并且已经设置成了蓝色。**UIColor** 还有很多常用的类属性，如 green、black 以及 clear。

编译并运行应用（Command+R）。读者会看到一个蓝色的矩形，它就是刚才创建的 **UIView** 实例。视图 frame 的 origin 属性是(160，240)，因此矩形左上角距离左右侧 160 点，距离顶部 240 点；此外，因为视图 frame 的 size 属性是（100，150），所以矩形的宽是 100 点，高是 150 点（见图 3-6）。

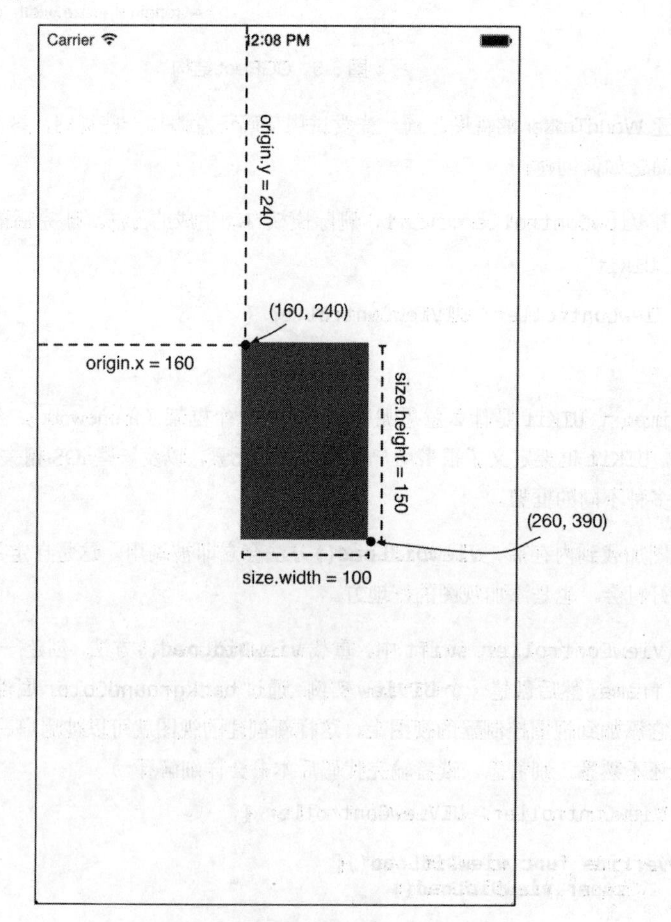

图 3-6　WorldTrotter 中的一个 UIView

请注意这些值的单位是点（points），不是像素（pixels）。如果单位是像素，那么视图在 Retina 和非 Retina 显示屏上的大小无法保持一致；相反，点的大小与设备分辨率相关，取决于屏幕以多少像素显示一个点。为了保持应用界面在不同分辨率的屏幕上看起来一致，大小、位置、直线和曲线都使用点为单位。

图 3-7 展示了当前视图层次结构。

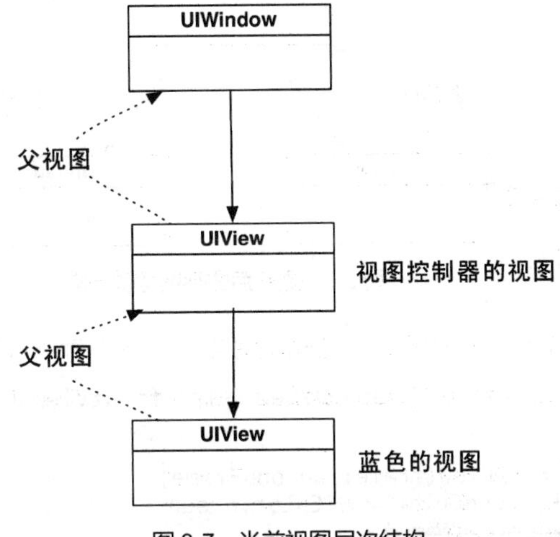

图 3-7　当前视图层次结构

每个 **UIView** 对象都有一个 superview 属性，当应用将一个视图作为子视图加入另一个视图时，会自动将 superview 属性指向该视图的父视图。在本例中，**UIView** 的 superview 属性指向应用的 **UIWindow** 对象。

下面继续学习视图层次结构。在 ViewController.swift 中使用不同的 frame 和背景颜色再创建一个视图，代码如下：

```
class ViewController: UIViewController {
    override func viewDidLoad(){
        super.viewDidLoad()

        let firstFrame = CGRect(x: 160, y: 240, width: 100, height: 150)
        let firstView = UIView(frame:firstFrame)
        firstView.backgroundColor = UIColor.blue
        view.addSubview(firstView)

        let sceondFrame = CGRect(x: 20, y: 30, width: 50, height: 50)
        let secondView = UIView(frame: secondFrame)
        secondView.backgroundColor = UIColor.green
        view.addSubview(secondView)
    }
}
```

再次编译并运行应用。这次除了之前的蓝色矩形外，还在窗口的右上角看到了一个绿色矩形，图 3-8 显示的是更新后的视图层次结构。

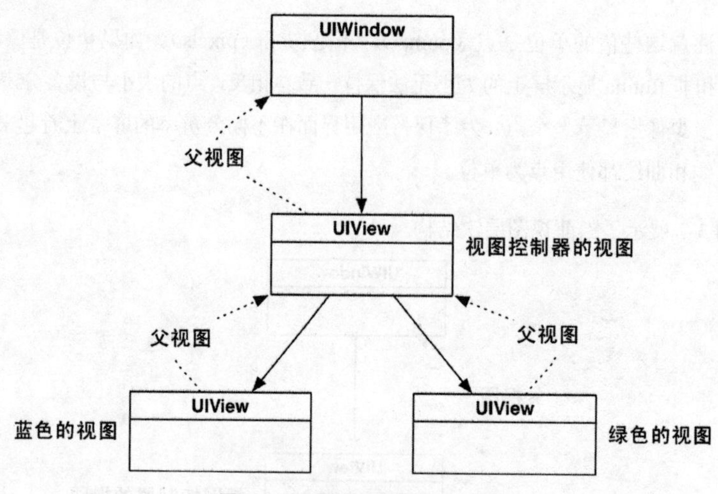

图 3-8 更新后的视图层次结构

下面请读者调整一下视图层次结构，将第二个视图添加为第一个视图的子视图。在ViewController.swift中将**secondView**添加为**firstView**的子视图，代码如下：

```
...
let secondView = UIView(frame: secondFrame)
secondView.backgroundColor = UIColor.green
view.addSubview(secondView)
firstView.addSubview(secondView)
```

现在视图层次有四层了（见图 3-9）。

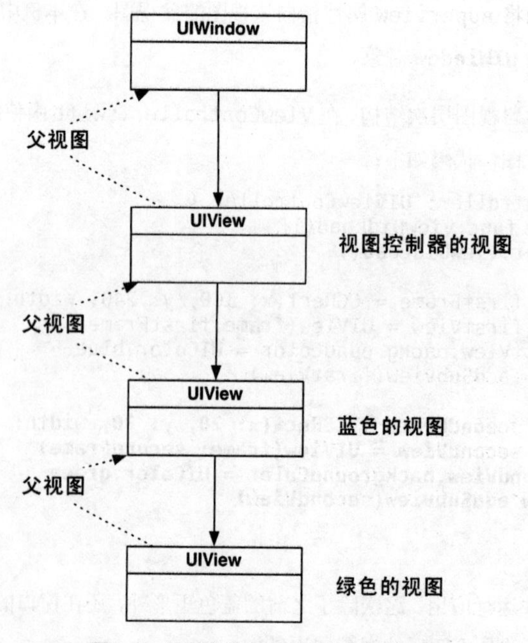

图 3-9 视图作为另一个视图的子视图

编译并运行应用。请注意 secondView 在屏幕上的位置发生了变化（见图 3-10）。视图的 frame 所代表的位置是相对于其父视图的，所以 secondView 的左上角将以 firstView 的左上角位置为起点，偏移（20，30）点。

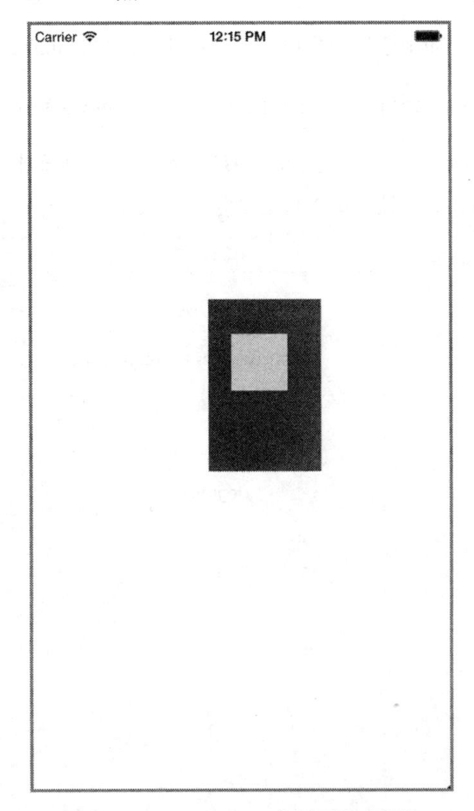

图 3-10 WorldTrotter 新视图层次结构

（如果读者觉得绿色矩形比之前的小，这是由于该视图位于更小的区域而产生的一种错觉。它的大小其实没有改变。）

现在读者已经熟悉了视图和视图层级结构的基础知识，下面可以开始 WorldTrotter 的界面制作了。现在我们不使用代码创建视图，而使用第 1 章中学到的 Interface Builder 创建视图。

打开 ViewController.swift，删除测试代码：

```
override func viewDidLoad(){
    super.viewDidLoad()

    let firstFrame = CGRect(x: 160, y: 240, width: 100, height: 150)
    let firstView = UIView(frame:firstFrame)
    firstView.backgroundColor = UIColor.blue
    view.addSubview(firstView)
```

```
    let sceondFrame = CGRect(x: 20, y: 30, width: 50, height: 50)
    let secondView = UIView(frame: secondFrame)
    secondView.backgroundColor = UIColor.green
    firstView.addSubview(secondView)
}
```

现在请读者在界面上添加一些视图，并且设置它们的 frame。

打开 Main.storyboard，在画布的底部，确认 View as 按钮选择的是 iPhone 7。

从对象库（object library）中拖五个 **UILabel** 对象到画布上，然后把它们放在界面的上半部分并且居中对齐，最后按照图 3-11 设置它们的文字。

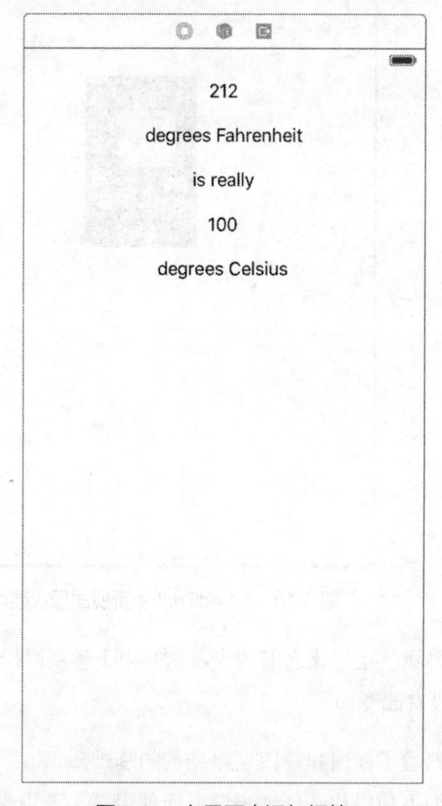

图 3-11　在界面中添加标签

选中最上面的标签，打开位于工具区域（utilities area）第五个标签的大小检视面板（size inspector），可以在 Interface Builder 中查看它的 frame。（读者可能已经注意到了，工具区域的键盘快捷键是 Command+Option+Tab 的位置数。大小检视面板在第五个，因此键盘快捷键是 Command+Option+5。）

在 View（视图）部分找到 Frame Rectangle（如果没有找到，可能需要从弹出菜单中选择）。这些值是视图的 frame，它们指定了视图在父视图中的位置（见图 3-12）。

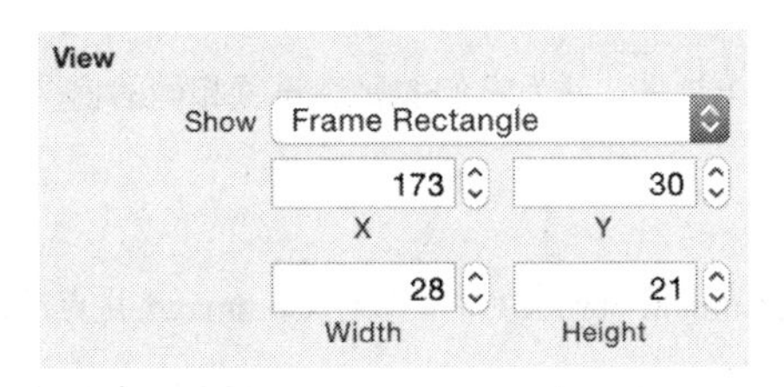

图 3-12 视图的 frame 值

编译并在 iPhone 7 模拟器上运行应用。模拟器中的界面会与 Interface Builder 中的完全相同。

自定义标签

通过自定义视图属性，可以让界面看起来更漂亮。

在 `Main.storyboard` 中选择背景视图，打开属性检视面板（attributes inspector），给视图设置一个新的背景颜色：找到 Background（背景）下拉菜单，点击菜单中的 Other（其他）按钮，在弹出的颜色选择器中选中第二个标签——Color Sliders（颜色滑块）标签，然后输入十六进制颜色#F5F4F1（见图 3-13），这样就会把背景颜色设置为暖灰色了。

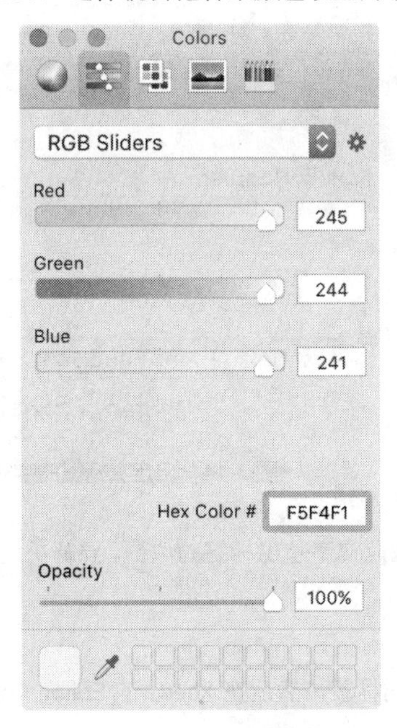

图 3-13 修改背景颜色

可以同时选中多个视图，并为它们的属性设置相同的值。下面使用这个方法修改标签的字体和颜色。

在文件大纲（document outline）中，按住 Command 并点击最上面两个和最下面两个标签，然后打开属性检视面板（attributes inspector）。首先修改文字颜色：在 Label（标签）部分找到 Color（颜色）下拉菜单，再次点击菜单中的 Other 按钮并选中 Color Sliders 标签，然后输入 #E15829。

接下来修改字体：选中文字为 `212` 和 `100` 的标签，在属性检视面板中的 Label 部分找到 Font（字体），然后点击旁边的“T”图标，在弹出的菜单中，在 Font 下选择 System - System，Size 选择 70（见图 3-14）。接下来选中剩下的三个标签，打开它们的字体弹出菜单，Font 选择 System - System，Size 选择 36。

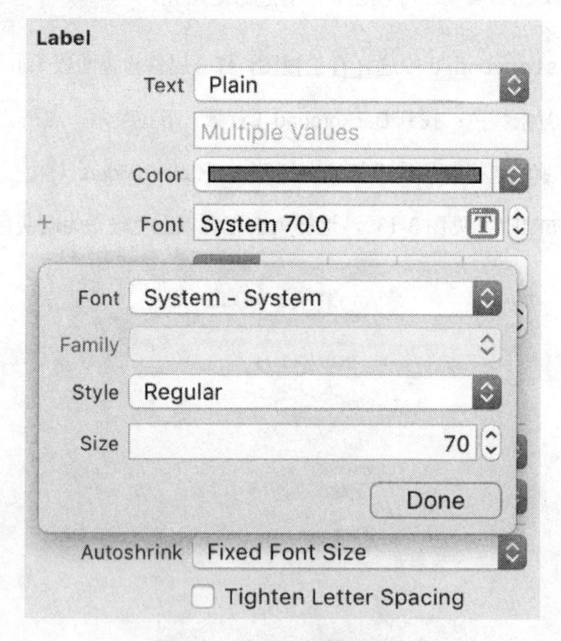

图 3-14　自定义标签的字体

现在字体变大了，因此文字超出标签的边框。要解决这个问题，可以手动调整标签的大小，但是还有更简单的方法。

选择画布中最上面的标签，然后在 Xcode 的 Editor（编辑）菜单中选择 Size to Fit Content（Command-=），这样会将标签的大小调整到刚好可以放下文字。接下来对另外四个标签执行相同的操作（也可以同时选中四个标签统一调整），最后调整标签的垂直间距并让它们在父视图中水平居中，如图 3-15 所示。

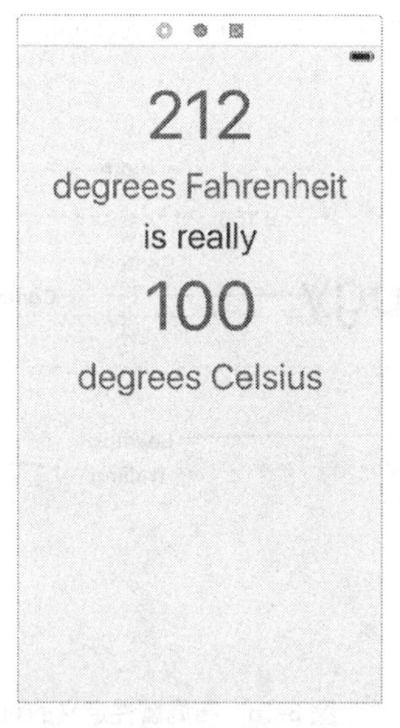

图 3-15 更新标签的 frame

编译并在 iPhone 7 模拟器上运行应用。注意，现在标签不居中了，看起来偏左了一些。

出现这种问题有两个主要原因：第一，内容改变的时候（改变字体的时候），frame 不会自动更新；第二，视图没有适配不同尺寸的屏幕。

总的来说，视图布局时不要使用绝对的 frame，应该通过自动布局系统（Auto Layout System）来灵活地设置各个视图的 frame。例如，对于 WorldTrotter，期望的是所有标签相对顶部保持固定距离，并且居中对齐，当字体或文字改变时，标签的 frame 应该自动更新。这是接下来要学习的内容。

3.5 自动布局系统

The Auto Layout System

为了能灵活地布局标签，读者需要学习一些自动布局系统的理论。就像在第 1 章看到的，绝对的 frame 让布局很脆弱，它只能在固定大小的屏幕上正常显示。

通过自动布局系统可以定义一个相对布局，让视图在应用运行时根据屏幕尺寸动态地计算 frame。

对齐矩形与布局属性

自动布局系统是基于**对齐矩形**(alignment rectangle)的,这个矩形是由一些布局属性(layout attributes)定义的(见图 3-16)。

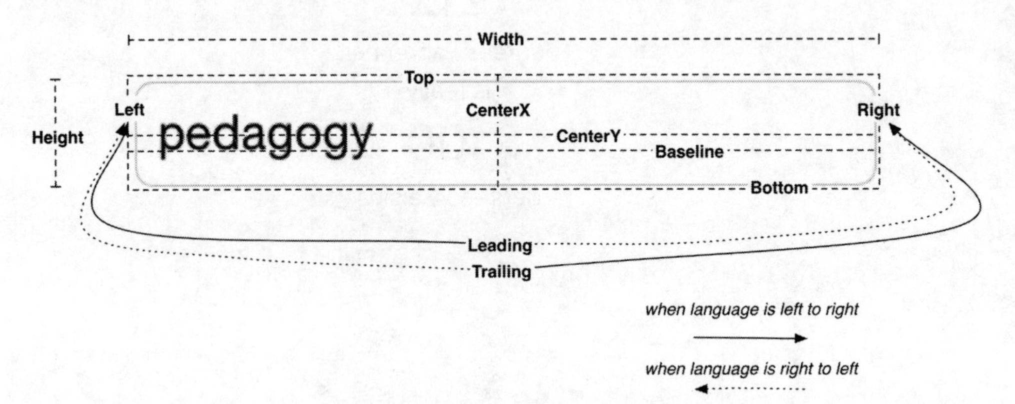

图 3-16 布局属性定义的对齐矩形

Width/Height	这些值定义了矩形的大小
Top/Bottom/Left/Right	这些值定义了当前矩形与其他对齐矩形之间的间距
CenterX/CenterY	这些值定义了矩形的中心点
FirstBaseline/LastBaseline	大部分情况下,这些值的作用与 Bottom 属性的一样。但是也有例外,比如在 **UITextField** 中,Baseline 指的是文字的底部,而不是对齐矩形的底部,这是为了让下行字母(比如 g 和 p)能被 **UITextField** 覆盖在矩形内。对于多行的 **UILabel** 和 **UITextView**, FirstBaseline 和 LastBaseline 分别指的是第一行和最后一行文字的底部。在其他情况下, FirstBaseline 和 LastBaseline 是相同的
Leading/Trailing	这些值是与语言相关的属性。如果用户设置了从左向右阅读的语言(比如英语),那么 Leading 和 Left 相同,Trailing 和 Right 相同;如果用户设置了从右向左阅读的语言(比如阿拉伯语),那么 Leading 和 Right 相同,Trailing 和 Left 相同。在 Interface Builder 中,Leading/Trailing 的优先级比 Left/Right 的高

默认情况下,每个视图都有一个对齐矩形,每个视图层次结构都使用了自动布局系统。

对齐矩形与 frame 相似，且大部分情况下是相同的。但是 frame 是包括整个视图的，对齐矩形只包含用来对齐的部分，图 3-17 展示了 frame 和对齐矩形的区别。

图 3-17 frame 与对齐矩形

由于没有足够的信息（比如屏幕大小），因此对齐矩形不能直接设置；相反，应该为视图添加约束，让系统通过约束计算视图的各个布局属性，进而确定对齐矩形。

约束

约束指定了视图层次结构中的一种关系，可以用来决定视图的一个或多个布局属性。例如可以添加一个这样的约束:“两个视图之间的垂直间距为 8 点”,或者“这些视图有相同的宽度”。约束也可以是固定值，例如“视图的高度为 44 点”。

并不需要为每个布局属性都设置约束，有些布局属性是通过约束直接确定的，还有些则可以通过计算其他布局属性确定。例如，一个视图设置了左边距和宽度的约束，那么右边距就已经确定了（左边距加上宽度可以计算出右边距）。总体上，一个纬度（水平和垂直）至少需要两个约束。

如果设置了约束后仍然不能完全确定所有布局属性，那么自动布局系统就会报错，并且界面在设备上也不会达到预期的效果。调试问题很重要，本章中读者将会做一些相关练习。

下面通过布局画布上已有的标签来学习如何添加约束。

首先，描述一下完成后的界面。对于最上面的标签，会是以下情况。

- 距屏幕上边距 8 点。
- 在父视图中水平居中。
- 宽高和文字内容大小相同。

下面在 Interface Builder 中把描述转为约束，首先要明白**最近相邻视图**（nearest neighbor）的概念，最近相邻视图是指在特定方向上距离最近的兄弟视图（见图 3-18）。

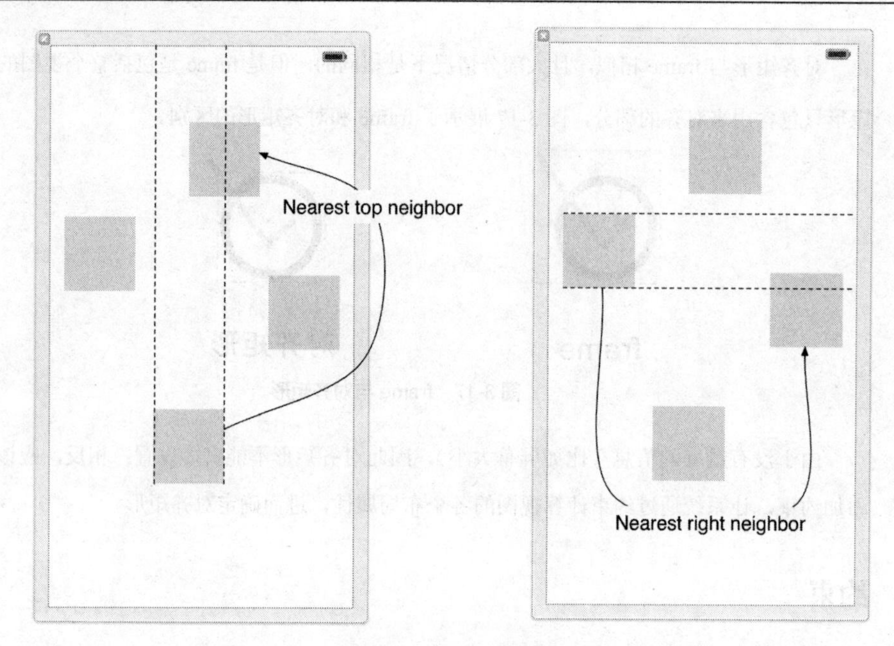

图 3-18 最近相邻视图

如果视图在特定方向上没有兄弟视图，那么该方向上的最近相邻视图就是父视图，也就是它的容器。

最上面标签的约束可以解读如下。

（1）标签的顶部距离最近相邻视图（这里是它的容器，**ViewController** 的视图）8 点。

（2）标签的水平中心点（CenterX）与父视图的相同。

（3）标签的宽度与文字按照字体大小渲染后的宽度相同。

（4）标签的高度与文字按照字体大小渲染后的高度相同。

结合第 1 个和第 4 个约束，就没有设置底部边距的必要了，可以根据顶部边距和高度计算确定。同样，第 2 个和第 3 个约束可以确定右边距。

现在约束方案已经确定，可以添加它们了。约束可以在 Interface Builder 中添加，也可以通过代码添加，Apple 公司建议尽量通过 Interface Builder 添加，本章也将介绍这种添加方式。但是，如果视图是通过代码创建的，那么只能通过代码添加约束了，第 6 章会介绍这方面的知识。

通过 Interface Builder 添加约束

首先为最上面的标签添加约束。

在画布中选中最上面的标签，然后在画布的右下角找到自动布局的约束菜单（Auto Layout Constraint Menu），如图 3-19 所示。

图 3-19　自动布局的约束菜单

点击 ⊢□⊣ 图标（从左数第四个）可以打开 Add New Constraints（添加新约束）菜单，这个菜单会显示标签当前的大小和位置。

菜单的上半部分显示了四个值，分别表示标签的上、下、左、右四个方向上与最近相邻视图的间距。对于这个标签，只需要关注位于上方的值（表示顶部约束）就可以了。

点击菜单中方格和值之间的虚线，就可以把这个值转换为约束，点击后可以发现虚线变成实线了。

在菜单的中间部分找到 Width（宽）和 Height（高），Width 和 Height 旁边的值表示标签在画布中当前的宽度和高度。点击 Width 和 Height 左边的复选框，可以将宽和高的值转换为约束，这时可以发现菜单最下面的按钮显示为 Add 3 Constraints（添加 3 个约束），点击这个按钮。

现在还没有足够的约束来确定标签的对齐矩形，Interface Builder 会帮助读者发现问题。

在 Interface Builder 右上角有一个黄色警告标志（见图 3-20），点击它可以显示问题的原因："Horizontal position is ambiguous for "212"（212 标签的水平位置不明确）"。

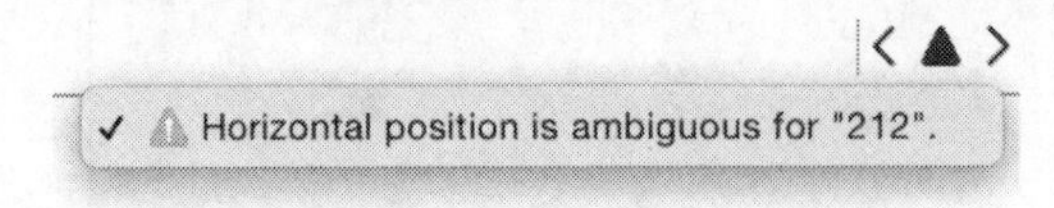

图 3-20　水平位置不明确

刚才添加了两个垂直方向的约束（顶部间距和高度），但是只添加了一个水平方向的约束（宽度），水平方向的约束只有一个，因此导致了标签水平位置不明确。为了解决这个问题，可以为标签添加一个在父视图中水平居中的约束。

确认标签处于选中状态，然后点击 图标（自动布局菜单左数第一个）打开 Align（对齐）菜单。如果同时选中了多个视图，则可以设置这些视图之间的对齐方式；如果只选中一个（例如这里只选中一个标签），则会设置它在父视图中的对齐方式。

在 Align 菜单中，选中 Horizontally in Container（在容器中水平居中）。注意，先不要立刻点击 Add 1 Constraint（添加 1 个约束）按钮——添加这个约束之后，就有足够的约束确定对齐矩形了，为了确保标签的约束效果与预期的相同，可以打开 Update Frames（更新 frame）弹出框，选择 Items of New Constraints（添加了新约束的视图），这样会根据添加的约束来更新视图的 frame。点击 Add 1 Constraint（添加 1 个约束）按钮。

现在标签的约束都变成了蓝色，对齐矩形也可以完全确定了。另外，Interface Builder 右上角的警告也消失了。

编译并在 iPhone 7 和 7 Plus 模拟器上运行应用，可以看到，最上面的标签在两种模拟器上都是居中的。

内部内容大小

虽然最上面标签的位置可以自动调整了，但是它的大小还不行。由于前面添加了明确的宽度和高度约束，如果文字或者字体改变，标签位置和大小并不会根据内容的变化而变化。

内部内容大小（intrinsic content size）可以想象为视图期望展示多大。对于标签，是文字根据字体渲染后的展示大小；对于图片，是图片自身的大小。

视图的内部内容作用和设置宽高约束很像，如果不明确指定宽度或高度约束，视图会使用内部内容大小的宽度或高度。

学习了这个知识后，就可以删除最上面标签的宽度和高度约束，让它的宽度和高度更灵活。

在`Main.storyboard`中，首先选中标签的宽度约束（可以在画布上点击约束，或者在文件大纲中点开标签旁边的三角形按钮，在展开的约束中选中，见图3-21），然后按键盘的Delete（删除）键，接下来对高度约束执行相同的操作。

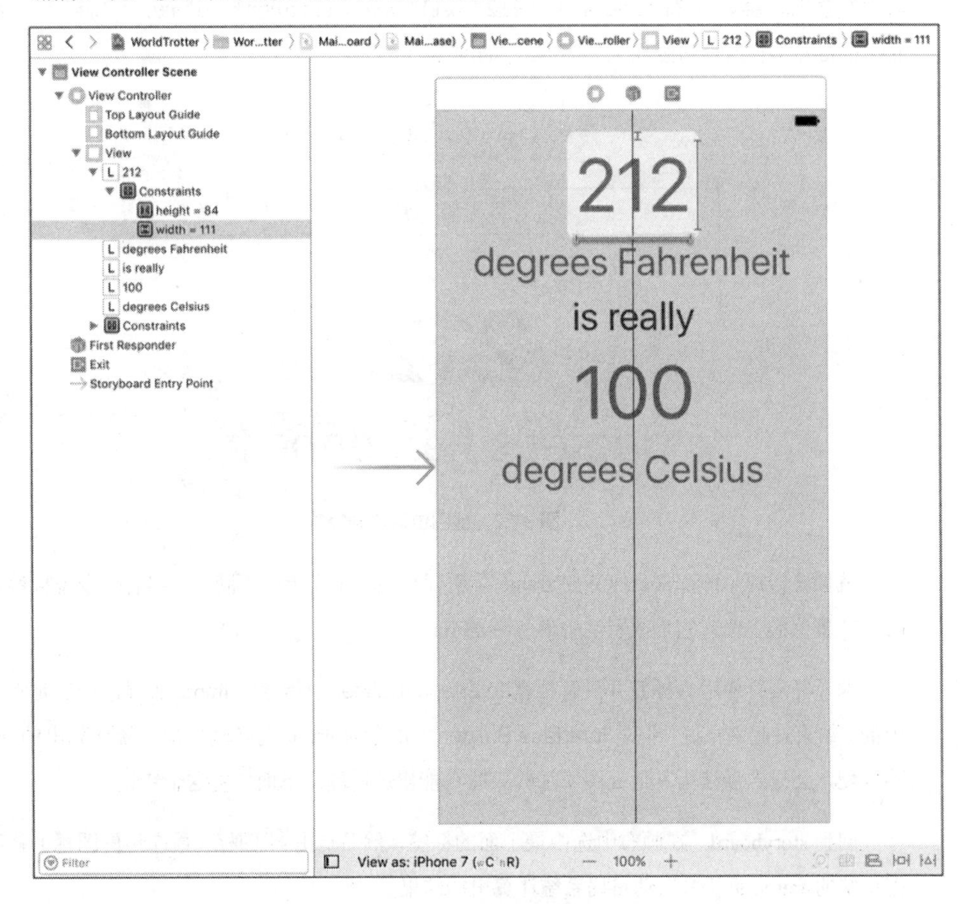

图3-21 选中宽度约束

现在标签的约束仍然是蓝色的，因为标签的大小已经改为使用内部内容大小来确定，所以仍然可以完全确定标签的对齐矩形。

视图位置错误

如前面看到的，蓝色的约束表示视图的对齐矩形是明确的；相反，橙色的约束表示视图的位置错误（misplaced views），它表示 Interface Builder 中视图的 frame 与自动布局系统计算出的 frame 不同。

在使用自动布局时，经常会碰到视图位置错误，这个错误也很容易修复。

改变最上面标签的大小，让它出现视图位置错误。画布右上角会出现一个黄色的警告，点击黄色警告，会显示“`Frame for "212" will be different at run time.`”（`"212"` 的 frame 在运行时会与画布上的不同），如图 3-22 所示。

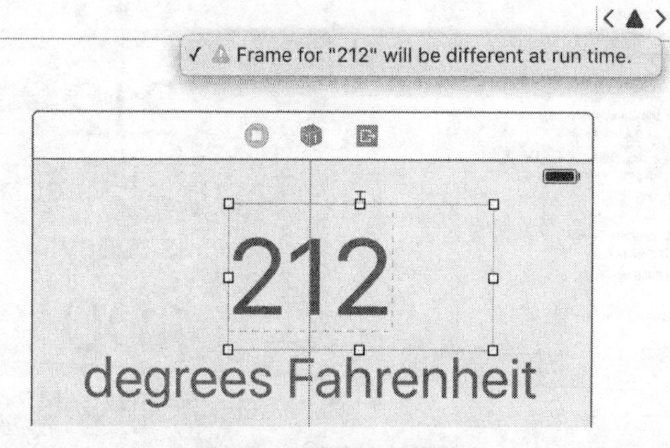

图 3-22 视图位置错误警告

就像警告提示的那样，标签的 frame 在运行时会和画布上的不同。仔细看会发现标签周围有一些橙色的虚线，它们表示运行时标签的 frame。

编译并运行应用。标签并没有根据 Interface Builder 中指定的 frame 布局，仍然是水平居中的。结果看起来很好，但是 Interface Builder 中指定的 frame 与自动布局系统计算出的 frame 不匹配，会导致后续为其他视图添加约束时可能出现问题。下面修复这个错误。

回到 storyboard，在画布中选中最上面的标签，然后点击 图标（最左边的图标）就可以把标签的 frame 更新成自动布局系统计算出的结果了。

在使用自动布局时，经常会用到 Update Frames。如果更新约束不完整的视图，那么肯定不会得到期望的结果。在这种情况下，需要先撤销更新，然后检查视图还缺少哪些约束。

现在最上面的标签显示正常了，标签有足够的约束来确定对齐矩形按照预期布局了。

自动布局需要多加练习才能熟练掌握，因此接下来请读者清除最上面标签的约束，然后为所有标签添加约束。

添加更多约束

下面准备为其他标签添加约束。开始之前，首先清除最上面标签的约束。

选中画布上最上面的标签，然后点击 图标（自动布局菜单组右数第一个）打开 Resolve Auto Layout Issues（解决自动布局问题）菜单，选择 Selected Views（选中的视图）部分中的 Clear Constraints（清除约束），如图 3-23 所示。

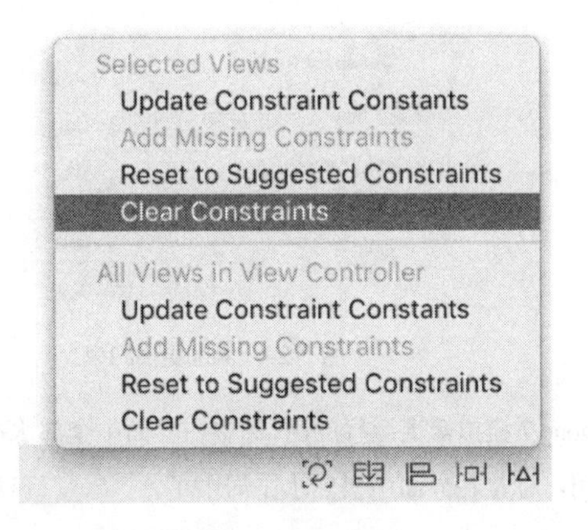

图 3-23 清除约束

为这些标签添加约束可分为两步：首先让最上面的标签在父视图中水平居中；然后让其他标签顶部相对最近相邻视图保持固定间距，并且全部水平居中对齐。

选中最上面的标签，打开 Align 菜单，填入 `0` 并选中 Horizontally in Container（在容器中水平居中），同时确保 Update Frames 选择的是 None——记住，不要在视图约束不完整的情况下更新 frame，现在只有 1 个约束，肯定不能确定标签的对齐矩形。点击 Add 1 Constraint 按钮。

现在选中画布上的 5 个标签。同时为多个视图添加约束非常方便，打开 Add New Constraints 菜单，做以下修改。

（1）点击最上面的红色虚线，并且填入 8。

（2）在菜单下方找到并选中 Align，对齐方式选择 Horizontal Centers（水平居中对齐）。

（3）点击 Align 下方标题为 Update Frames 的弹出菜单，选择 Items of New Constraints。

编辑完之后的菜单应该类似图 3-24。最后，点击 Add 9 Constraints（添加 9 个约束）按钮，这样会为所有标签添加约束，并且更新它们的布局。

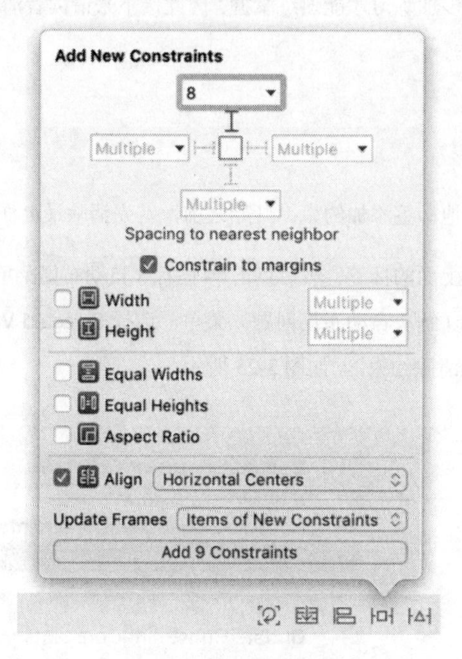

图 3-24　添加更多约束

编译并在 iPhone 7 模拟器上运行应用，标签在界面中全部水平居中了；然后在 iPhone 7 Plus 模拟器上运行应用，标签在界面中仍然水平居中了。

自动布局可以在各种尺寸的屏幕上灵活地布局界面。对于每个 iOS 开发者来说，自动布局的使用都是必须掌握的，掌握的方法就是多练习。通过学习本书，读者将获得大量自动布局的使用经验。

3.6　初级练习：更多自动布局练习

Bronze Challenge:More Auto Layout Practice

删除 **ViewController** 界面中的所有约束，然后尝试在不看本书的情况下重新添加一遍。

第4章

文本输入与委托

Text Input and Delegation

WorldTrotter 看起来挺好，但是还不具备实际的功能。本章将向 WorldTrotter 应用添加一个 **UITextField**。**UITextField** 可以让用户输入华氏度，应用会将其转换成摄氏度并且显示在界面上（见图 4-1）。

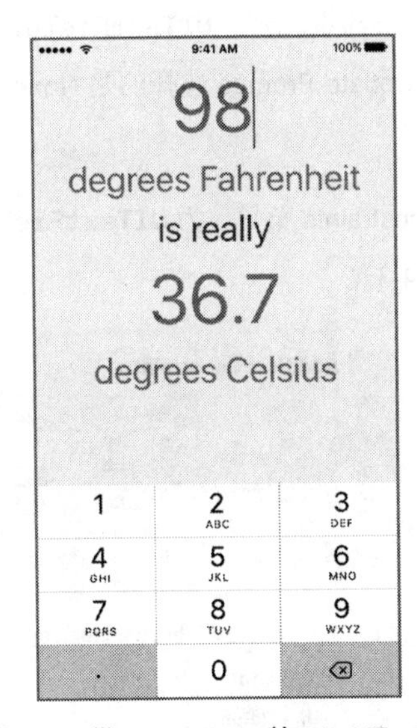

图 4-1　带 UITextField 的 WorldTrotter

4.1　文本编辑

Text Editing

首先在界面上添加一个 **UITextField** 并且设置约束。**UITextField** 将会替代当前界面中显示“212”的标签。

打开 `Main.storyboard`，选中最上面的标签，按键盘的 Delete 键删除标签。现在其他标签的约束变红了，因为它们的约束直接或间接地依赖这个标签的约束（见图 4-2）。下面将很快修复它们。

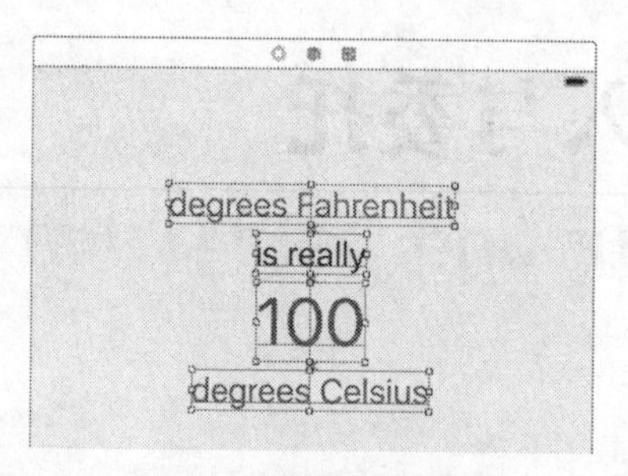

图 4-2　约束出错的标签

打开对象库，拖一个 **UITextField** 放在之前标签的位置。

为 **UITextField** 设置好约束。选中 **UITextField**，在对齐菜单中填入常量 0，选中在容器中水平居中对齐。确保 Update Frames 选择的是 None，然后点击 Add 1 Constraint（添加 1 个约束）按钮。

现在打开 Add New Constraints 菜单，为 **UITextField** 添加一些约束：上边距 8 点，下边距 8 点，宽 250 点（见图 4-3）。

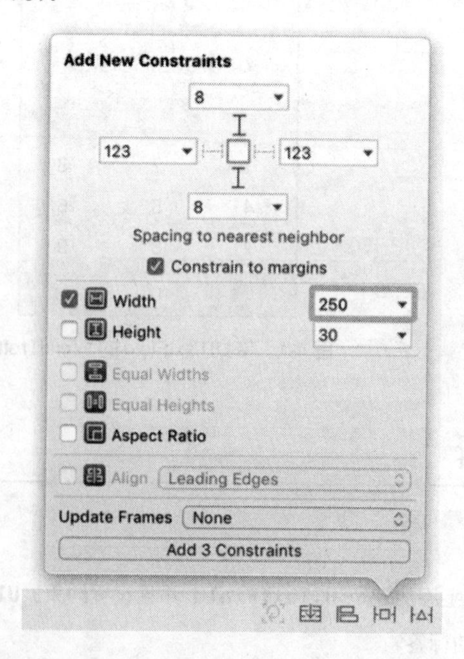

图 4-3　UITextField 的 Add New Constraints 菜单

最后，选中 **UITextField** 和下面的标签，打开对齐菜单，填入常量 0，设置水平居中。Update Frames（更新 Frames）选择 All Frames in Container（容器中所有的 Frames），然后点击 Add 1 Constraint（添加 1 个约束）按钮（见图 4-4）。

Add New Alignment Constraints
Leading Edges 0
Trailing Edges 0
Top Edges 0
Bottom Edges 0
Horizontal Centers 0
Vertical Centers 0
Baselines 0
Horizontally in Container 0
Vertically in Container 0
Update Frames All Frames in Container
Add 1 Constraint

图 4-4 UITextField 对齐

下面设置一些 **UITextField** 的属性。打开 **UITextField** 对应的属性检视面板，做下面的修改。

- 设置文字颜色为橙色（在颜色菜单中设置）。
- 设置字体为 70 号的系统字体。
- 设置居中对齐。
- 设置占位符文字为 **value**。这个值会在用户未输入内容时显示。
- 设置 Border Style（边框样式）为 none（后面第一个虚线框的元素）。

设置好之后，属性检视面板如下（见图 4-5）。

由于 **UITextField** 的字体改变了，因此画布上的视图布局就错乱了。选中灰色背景视图，打开 Resolve Auto Layout Issue（解决自动布局问题）菜单，选择 All Views in View Controller（视图控制器中的所有视图）部分的 Update Frames（更新 Frames）。**UITextField** 和 **UILabel** 就会重新按照约束布局了（见图 4-6）。

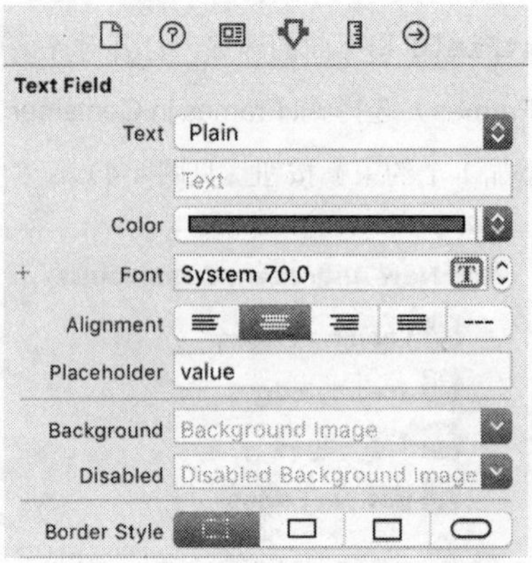

图 4-5　UITextField 属性检视面板

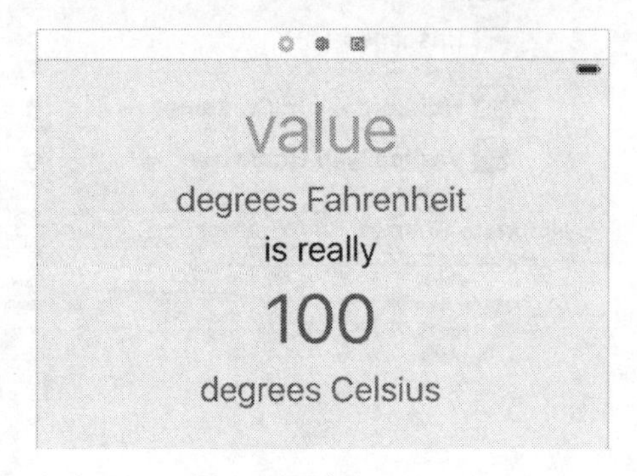

图 4-6　更新 Frames

编译并运行应用。点击 **UITextField** 试着输入一些文字。如果没有看到键盘，点击模拟器的 Hardware（硬件）菜单，点击 Keyboard（键盘）→Toggle Software keyboard（切换模拟器软键盘），或者使用键盘快捷键 Command+K。默认情况下，模拟器把电脑的键盘当做连接模拟器的蓝牙键盘。期望的是，模拟没有外接设备的 iOS 设备，显示屏幕软键盘。

键盘属性

点击 **UITextField** 之后，键盘自动地升起来了（后面的章节会介绍原理）。**UITextField** 的 **UITextInputTraits** 协议中的属性决定了键盘的外观。**UITextInputTraits** 其中的一个属性决定了键盘的类型。本应用使用 Decimal Pad（小数键盘）。

在 **UITextField** 的属性检视面板（attributes inspector）中，找到 Keyboard Type 属性，然后选择 Decimal Pad（小数键盘）。在同样的地方，还可以设置其他键盘属性。将 Correction（自动修正）和 Spell Checking（拼写检查）设置为 No（见图 4-7）。

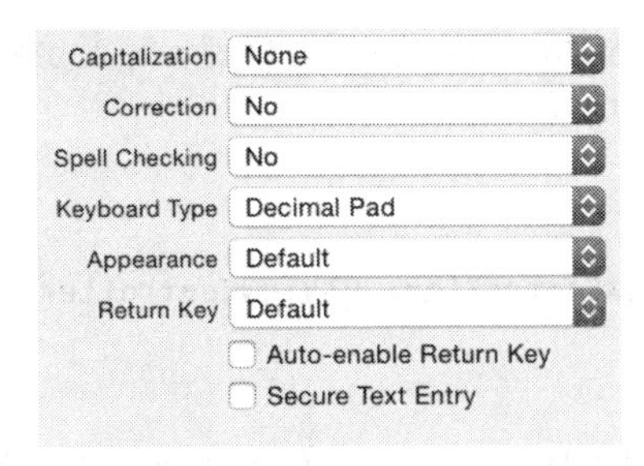

图 4-7 键盘文字输入属性

编译并运行应用。现在点击 **`UITextField`** 会显示小数键盘了。

响应 UITextField 文字改变事件

下一步是，当 **`UITextField`** 文字改变时，摄氏度标签文字对应地改变。需要在界面对应的视图控制器子类中编写一些代码才能实现这个功能。

当前对应的是 `ViewController.swift` 中的 **`ViewController`** 类。但是，对于管理华氏度与摄氏度转换的视图控制器，**`ViewController`** 并不是一个直观的名字。随着项目越来越大，直观的名字让项目维护更容易。下面请读者删除 `ViewController.swift` 文件，重新创建一个更直观的类。

在 project navigator（项目导航面板）中，找到 `ViewController.swift` 并删除它。然后通过选择 File→New→File...（或者键盘快捷键 Command+N）创建新文件。先选中顶部的 iOS，再选择 Source（源代码）下面的 Swift File，然后点击 Next（下一步）按钮。

在下一个面板中，把文件命名为 `ConversionViewController`。确保勾选了 WorldTrotter（见图 4-8），然后把文件保存在 WorldTrotter 项目的 WorldTrotter 组下面。点击 Create（创建）按钮，Xcode 会在编辑器中打开 `ConversionViewController.swift`。

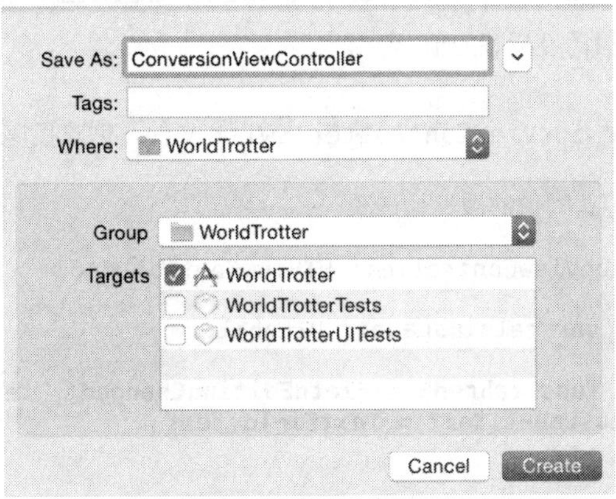

图 4-8 保存 Swift 文件

在 ConversionViewController.swift 中，导入 UIKit 库并且定义一个视图控制器：**ConversionViewController**。

```
import Foundation
import UIKit

class ConversionViewController: UIViewController{

}
```

现在需要把 Main.storyboard 中创建的界面和 **ConversionViewController** 关联起来。

打开 Main.storyboard，通过文件大纲（document outline）或者点击界面上的黄色圆圈选中 View Controller（视图控制器）。

打开检视面板（identity inspector），这是工具视图（utilities view）的第三个标签（键盘快捷键为 Command+Option+3）。在最上面，找到 Custom Class（自定义类）部分，把类改为 ConversionViewController（见图 4-9）。在第 5 章读者会对此理解得更透彻。

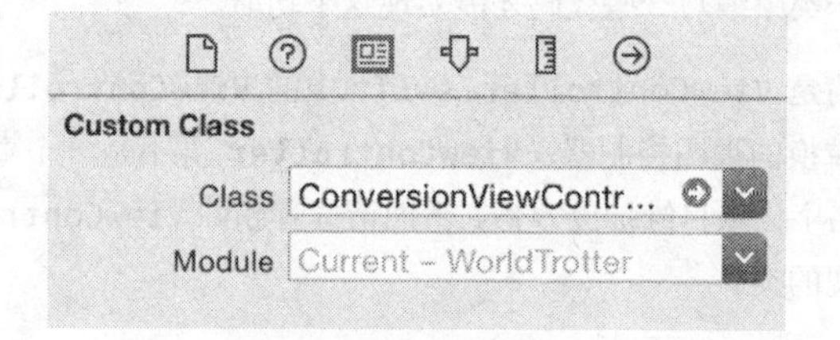

图 4-9 修改自定义类

第 1 章中读者已经学习了点击 **UIButton** 对象的时候，视图控制器会收到一个事件。**UITextField** 与 **UIButton** 类似，也是一种控件（**UIButton** 和 **UITextField** 都是 **UIControl** 的子类），并且可以在文字改变时发送一个事件。

要让功能工作起来，需要为摄氏度标签创建一个插座变量。这样才能在 **UITextField** 文字改变时，更新摄氏度标签的值。

打开 ConversionViewController.swift 文件，创建插座变量和动作。标签的值将会随着 **UITextField** 的值的改变而改变。

```
class ConversionViewController: UIViewController{

    @IBOutlet var celsiusLabel: UILabel!

    @IBAction func fahrenHeitFieldEditingChanged(_ textField: UITextField){
        celsiusLabel.text = textField.text
    }
}
```

打开 Main.storyboard 来为它们建立连接。插座变量的连接和第 1 章中学到的一样。按住 Control，然后从 Conversion View Controller 拖到摄氏度标签上（显示“100”的那个标签），并且与 celsiusLabel 连接起来。

动作需要在文字编辑时触发，因此创建的方式稍微不同。

在画布上选中 **UITextField**，打开工具区域（utility area）中最右边的连接检视面板（connection inspector）（键盘快捷键为 Command+Option+6）。连接检视面板是建立连接以及查看建立了哪些连接的地方。

下面让 **UITextField** 文字改变时调用 **ConversionViewController** 中定义的方法。在连接检视面板中，找到 Send Events（发送事件）中的 Editing Changed（文字内容改变）事件。按住 Editing Changed 右边的圆圈，并且拖动到 Conversion View Controller 上，松开鼠标，在弹出框中选择 fathrenheitFieldEditingChanged:动作（见图 4-10）。

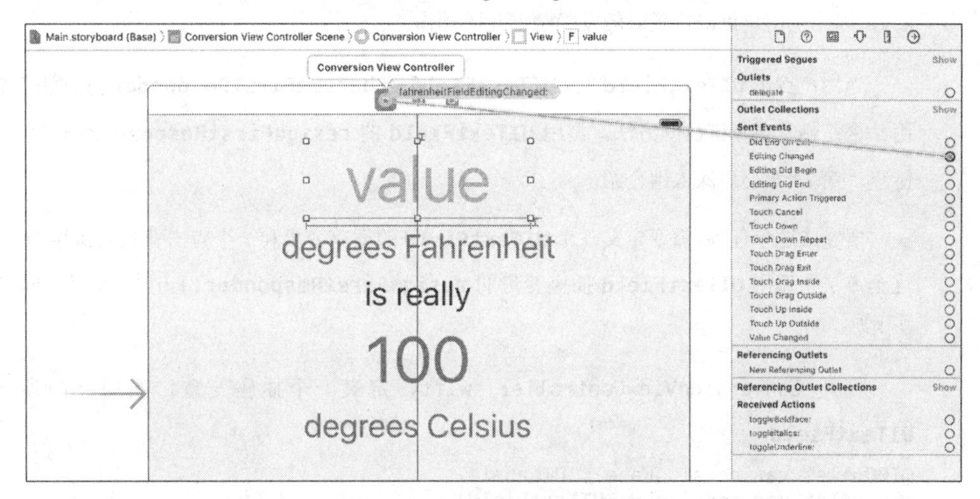

图 4-10 连接文字内容改变事件

编译并运行应用。点击 **UITextField** 并输入一些数字。摄氏度标签同步显示了输入的内容。现在清空 **UITextField** 的内容，摄氏度标签看起来不见了。这是因为，当文字为空时，标签固有内部大小的宽度和高度都为 0，导致下面的标签上移了。下面修复这个问题。

在 ConversionViewController.swift 中，修改 **fahrenheitFieldEditingChanged(:)** 方法，让摄氏度标签文字为空时显示“???”。

```
@IBAction func fahrenHeitFieldEditingChanged(_ textField: UITextField){
    celsiusLabel.text = textField.text

    if let text = textField.text where !text.isEmpty{
        celsiusLabel.text = text
    } else {
```

```
        celsiusLabel.text = "???"
    }
}
```

如果 **UITextField** 有一个不为空的字符串，那么摄氏度标签会显示这个字符串。如果条件不满足，那么摄氏度标签显示“???”。

编译并运行应用。输入一些文字，然后清空它。确认当文字为空时，摄氏度标签是否显示了“???”。

隐藏键盘

下面添加隐藏键盘的功能。通常做法是，当用户点击了Return key（回车键）时，触发隐藏键盘的动作。读者会在第14章中学习这个方法。由于当前应用中使用的小数键盘，没有Return key，因此在用户点击背景时触发隐藏键盘的动作。

当用户点击 **UITextField** 时，**UITextField** 的 **becomeFirstResponder()** 方法会被调用。这是触发显示键盘的方法。调用 **UITextField** 的 **resignFirstResponder()** 可以隐藏键盘。第14章会更深入地介绍。

要完成这个任务，需要定义一个 **UITextField** 的插座变量和一个点击背景后调用的方法。这个方法会调用 **UITextField** 插座变量的 **resignFirstResponder()** 方法。让我们先从代码开始。

打开 ConversionViewController.swift，定义一个插座变量，指向界面顶部的 **UITextField**。

```
@IBOutlet var celsiusLabel: UILabel!
@IBOutlet var textField: UITextField!
```

现在实现点击背景后隐藏键盘的方法。

（上面的代码中，显示了已有代码，这是为了方便读者找到新代码的输入位置。下面的代码没有显示已有代码，是因为新代码的位置不那么重要，只要在 **ConversionViewController** 类中就可以了。输入新代码时，建议在类的末尾添加，也就是类最后的花括号之前。在第15章中，读者会学到当类文件越来越大、越来越复杂时，如何快速地寻找方法。）

```
@IBAction func dismissKeyboard(_ sender: UITapGestureRecognizer){
    textField.resignFirstResponder()
}
```

还有两件事要做：将 textField 插座变量和 storyboard 关联；添加调用 **dismissKeyboard(:)** 方法的方式。

首先完成第一个，打开 `Main.storyboard` 并且选择 Conversion View Controller。按住 Control 并且从 Conversion View Controller 拖到画布的 **`UITextField`** 上，连接 `textField` 插座变量。

现在需要调用刚才实现的方法。可以使用**手势识别**（gesture recognizer）来完成这个任务。

手势识别是 **`UIGestureRecognizer`** 的子类，可以识别一组特定的触摸事件，并且在识别成功后调用指定的方法。有很多种类的手势识别，比如点击、滑动及长按等。本章使用 **`UITapGestureRecognizer`** 来检测用户点击了背景视图。在第 19 章中，读者会学到更多手势识别的相关知识。

打开 `Main.storyboard`，在对象库（object library）中找到 Tap Gesture Recognizer（点击手势识别），把它拖到 Conversion View Controller 的背景视图上。这时场景的对象列表（最上面的一排图标中）会显示手势识别。

按住 Control，从手势识别拖到 Conversion View Controller 上，并与 dismissKeyboard:方法关联起来（见图 4-11）。

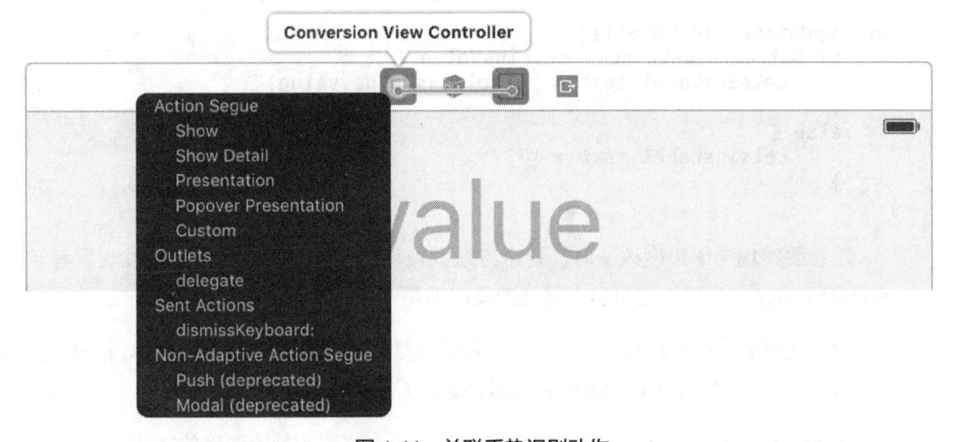

图 4-11 关联手势识别动作

4.2 实现温度转换

Implementing the Temperature Conversion

界面实现好之后，就可以开始实现华氏度转换为摄氏度了。首先存储华氏度的值，并且在华氏度改变时计算摄氏度的值。

在 `ConversionViewController.swift` 中，添加一个华氏度值的属性。这个属性是一个可选 Measurement 类型（**`Measurement<UnitTemperature>?`**）。

```
@IBOutlet var celsiusLabel: UILabel!
```

```
var fahrenHeitValues: Measurement<UnitTemperature>?
```

这个属性是可选值的原因：用户有可能还没有输入数字，与前面修复的空字符串问题相似。

下面添加一个摄氏度属性，摄氏度的值会根据华氏度来计算。

```
var fahrenHeitValues: Measurement<UnitTemperature>?

var celsiusValue: Measurement<UnitTemperature>? {
    if let fahrenheitValue = fahrenheitValue {
        return fahrenheitValue.converted(to: .celsius)
    }
    else {
        return nil
    }
}
```

首先查看华氏度的值是否为空。如果有值，则转化为对应的摄氏度值。如果没有，就不能计算，返回 nil。

任何时候华氏度的值改变了，摄氏度的值都要随着更新。

在 **ConversionViewController** 中添加一个方法来更新摄氏度标签。

```
func updateCelsiusLabel(){
    if let celsiusValue = celsiusValue {
        celsiusLabel.text = "\(celsiusValue.value)"
    }
    else {
        celsiusLabel.text = "???"
    }
}
```

现在要实现当华氏度改变时，这个方法就被调用的功能。可以使用**属性观察者**（propery observer）方法来实现，它可以在属性改变时调用一块代码。

属性观察者是在属性声明后，紧跟着使用花括号定义的。在花括号内部，根据属性改变之前或者之后，分别使用 **willSet** 或者 **didSet** 方法。

为 fahrenheitValue 添加属性观察者，并添加值改变后的调用的方法。

```
var fahrenheitValue: Double? {
    didSet {
        updateCelsiusLabel()
    }
}
```

（小提示：构造器中改变属性的值，不会触发属性观察者的方法。）

逻辑加好后，就可以在 **UITextField** 的值改变后更新华氏度的值了（之后会触发摄氏度标签值的改变）。

在 **fahrenHeitFieldEditingChanged(_:)**方法中，删除之前的代码，添加更新华氏度值的代码如下：

```
@IBAction func fahrenHeitFieldEditingChanged(textField: UITextField){
    if let text = textField.text where !text.isEmpty {
```

```
        celsiusLabel.text = text
    }
    else {
        celsiusLabel.text = "???"
    }

    if let text = textField.text, value = Double(text) {
        fahrenheitValue = Measurement(value: value, unit: .fahrenheit)
    }
    else {
        fahrenheitValue = nil
    }
}
```

首先检查 **UITextField** 是否有文字。如果有，检查文字是否能转化为 **Double**。例如，“3.14”可以被转化为 **Double**，但是“three”和“1.2.3”不能。如果两个检查都通过，则华氏度的值会被设置为这个 **Double** 值创建的 **Measurement** 对象。如果任何一个失败，华氏度的值就会设置为 nil。

编译并运行应用。用户输入了有效的数字后，华氏度和摄氏度转换成功了（但是小数的位数比预期的多，后面会优化这个问题）。

如果应用启动后，摄氏度标签不是显示默认值“100”，而是显示真实的摄氏度就更好了。

下面重载 **viewDidLoad()** 方法来设置初始值，和第 1 章类似。

```
override func viewDidLoad(){
    Super.viewDidLoad()

    updateCelsiusLabel()
}
```

本章后面的内容将要优化 WorldTrotter 两个问题：把摄氏度的值格式化为最多 1 位小数；禁止用户输入 1 个以上小数点。

虽然应用中还有其他可以优化的地方，但是现在先处理这两个问题，其他问题将作为本章末尾的挑战练习。现在先从更新摄氏度精度开始。

数字格式化

可以使用**数字格式化类**（number formatter）来自定义显示的数字。Swift 也提供了其他类型的格式化方法，例如 dates（日期）、energy（能量）、mass（质量）、length（长度）以及 measurements（度量衡）等。

在 ConversionViewController.swift 中创建一个 **NSNumberFormatter** 常量，代码如下：

```
let numberFormatter: NSNumberFormatter = {
    let nf = NSNumberFormatter()
```

```
        nf.numberStyle = .decimal
        nf.minimumFractionDigits = 0
        nf.maximumFractionDigits = 1
        return nf
}()
```

这里使用了闭包（closure）来创建 **NSNumberFormatter** 对象，并且设置显示不超过 1 位小数。第 16 章中会学到更多使用闭包声明属性的知识。

现在修改 **updateCelsiusLabel()**方法，代码如下：

```
func updateCelsiusLabel(){
    if let celsiusValue = celsiusValue {
        celsiusLabel.text = "\( celsiusValue.value)"
        celsiusLabel.text = numberFormatter.string(from: NSNumber(value:
celsiusValue.value)
    }
    else {
        celsiusLabel.text = "???"
    }
}
```

编译并运行应用。试着输入一些值测试 **NSNumberFormatter** 常量是否正常工作。现在在摄氏度标签里不会看到超过 1 位的小数了。

下面将实现 **UITextField** 最多只接收 1 个小数点。为了实现这个功能，将使用一种 iOS 常用的设计模式——委托（delegation）。

4.3　委托

Delegation

委托是一种回调方式。回调是提前给事件提供一个方法，每次事件触发时都调用这个方法。有些对象需要给多个事件提供回调。例如，**UITextField** 在用户输入文字和用户点击 Return key（回车键）时都需要回调。

但是，设计 iOS 系统的时候，一个回调不能同时指向两个（或多个）对象。这是委托的一个问题——一个委托只能指定一个对象来接收所有相关事件的回调。这个委托对象根据回调的信息进行存储、计算、展示等相应的操作。

当用户在 **UITextField** 中输入文字时，**UITextField** 会询问委托是否接受文字修改。对于 WorldTrotter，如果用户输入了 2 个小数点，就拒绝修改。当前 **UITextField** 的委托是 **ConversionViewController** 对象。

实现协议

让 **ConversionViewController** 成为 **UITextField** 委托的第一步是，让 **Conversion-ViewController** 实现 **UITextFieldDelegate** 协议。每个委托都有对应的协议，协议中定义了委托对象可以实现的方法。

UITextFieldDelegate 协议是这样的：

```
protocol UITextFieldDelegate: NSObjectProtocol {
   optional func textFieldShouldBeginEditing(textField: UITextField) -> Bool
   optional func textFieldDidBeginEditing(textField: UITextField)
   optional func textFieldShouldEndEditing(textField: UITextField) -> Bool
   optional func textFieldDidEndEditing(textField: UITextField)
   optional func textField(textField: UITextField,
      shouldChangeCharactersInRange range: NSRange,
      replacementString string: String) -> Bool
   optional func textFieldShouldClear(textField: UITextField) -> Bool
   optional func textFieldShouldReturn(textField: UITextField) -> Bool
}
```

定义这个协议时，通过 protocol 紧跟协议名 **UITextFieldDelegate** 来定义，其他协议类似。冒号后面的 **NSObjectProtocol** 指的是 **NSObject** 协议，意味着 **UITextFieldDelegate** 首先继承了 **NSObjectProtocol** 的所有方法，然后 **UITextFieldDelegate** 再定义它特有的方法。

协议不能直接创建为对象，它只是一些属性和方法的集合。协议的实现由需要实现协议的类来完成。

类的定义中，要声明类实现了某个协议，可以在父类名（如果有父类）后加上逗号，再加上协议名。下面以 ConversionViewController.swift 为例声明 **ConversionViewController** 支持 **UITextFieldDelegate** 协议。

```
class ConversionViewController: UIViewController, UITextFieldDelegate {
```

用作委托的协议称为**委托协议**（delegate protocols）。委托协议命名习惯是委托的类名加上 delegate（委托）。并不是所有的协议都是委托协议，第 16 章中会介绍其他类型的协议。目前为止讨论的协议都是 iOS SDK 自带的，读者也可以创建自己的协议。

使用委托

现在已经声明了 **ConversionViewController** 支持 **UITextFieldDelegate** 协议，可以设置 **UITextField** 的 delegate（委托）属性了。

打开 Main.storyboard，按住 Control，从 **UITextField** 上拖到 Conversion View Controller 上，在弹出框中选择 delegate，这样就可以把 **ConversionViewController** 类和 **UITextField** 的 delegate 属性连接起来了。

下面开始实现 **UITextFieldDelegate** 的方法：**textField(_:shouldChangeCharacters-InRange:replacementString)**。**UITextField** 会调用委托的这个方法，因此需要在 ConversionViewController.swift 中实现它。

在 ConversionViewController.swift 中先让 textField(_:shouldChangeCharacters-InRange:replacementString)打印出当前文字和将要替换的文字，并且返回 true。

```
func textField(textField: UITextField,
        shouldChangeCharactersInRange range: NSRange,
        replacementString string: String) -> Bool {
    print("Current text: \(textField.text)")
    print("Replacement text: \(string)")

    return true
}
```

因为 **ConversionViewController** 声明了支持 **UITextFieldDelegate** 协议，所以输入代码时 Xcode 会自动补全方法。先声明支持协议，再实现协议方法是一个好习惯，这样就可以使用 Xcode 的补全功能了。

编译并运行应用。在 **UITextField** 中输入一些文字，观察 Xcode 的控制台（console）中的输出（见图 4-12）。它输出了 **UITextField** 的当前文字和将要替换的文字。

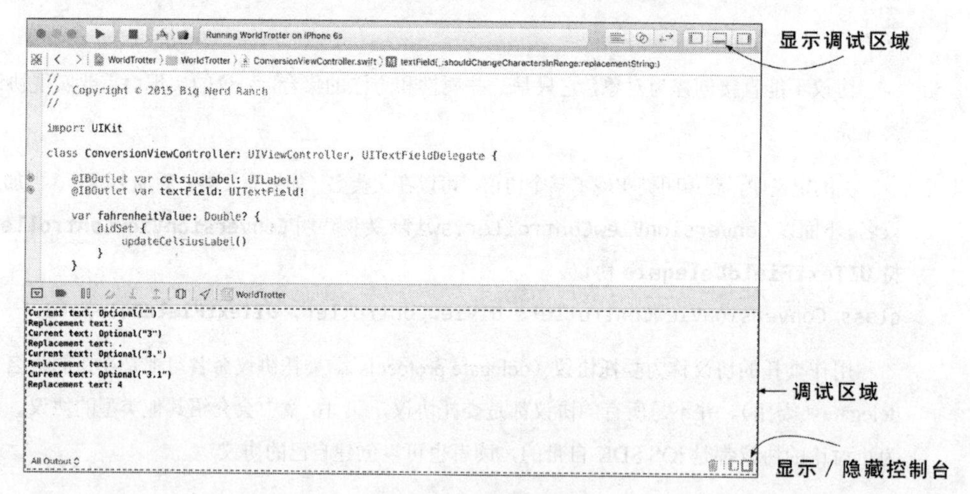

图 4-12　打印到终端

想一想如何利用当前文字（current text）和替换文字（replacement text）来实现禁止输入多个小数点的功能。从逻辑上来说，如果当前文字已经有 1 个小数点并且替换文字中也有 1 个小数点，就应该拒绝这个修改。

使用上面的这个逻辑来修改 **textField(_:shouldChangeCharactersInRange:replacementString:)**，代码如下：

```
func textField(textField: UITextField,
       shouldChangeCharactersInRange range: NSRange,
       replacementString string: String) -> Bool {

    print("Current text: \(textField.text)")
    print("Replacement text: \(string)")

    return true

    let existingTextHasDecimalSeparator = textField.text?.range(of: ".")
    let replacementTextHasDecimalSeparator = string.range(of: ".")

    if existingTextHasDecimalSeparator != nil,
       replacementTextHasDecimalSeparator != nil {
        return false
    }
    else {
        return true
    }
}
```

编译并运行应用。试着输入多个小数点，应用会禁止输入第 2 个小数点。

更多协议

在 **UITextFieldDelegate** 协议中有两类方法：一类处理信息更新，一类处理输入请求。例如，协议的 **textFieldDidBeginEditing()** 方法可以在用户点击 **UITextField** 时通知应用。

另外，**textField(:_shouldChangeCharactersInRange:replacementString:)** 方法处理了输入请求。**UITextField** 会调用这个方法，询问是否能进行修改。方法返回了一个布尔值。

协议中定义的方法可以是必需的，也可以是可选的。默认情况是必需的，这就意味着实现协议的类必须实现这些方法。如果协议方法是可选的，方法声明之前会有一个 optional 标识。查看 **UITextFieldDelegate** 协议的代码，会发现它的所有方法都是可选的。

4.3 初级练习：禁止输入字母

Bronze Challenge: Disallow Alphabetic Characters

现在，用户可以通过键盘输入或者粘贴字母到 **UITextField** 中，请读者尝试修复这个问题。提示：可以使用 **NSCharacterSet** 类。

第5章

视图控制器

View Controllers

视图控制器是**`UIViewController`**或其子类的对象。视图控制器会管理视图的层次结构。视图控制器负责创建视图层次结构中的视图，以及处理视图层次结构中的事件。

到目前为止，WorldTrotter只有一个视图控制器**`ConversionViewController`**。本章会使用到多个视图控制器。用户可以在两个视图控制器之间切换：一个是**`ConversionViewController`**，另一个是用来显示地图的视图控制器（见图5-1）。

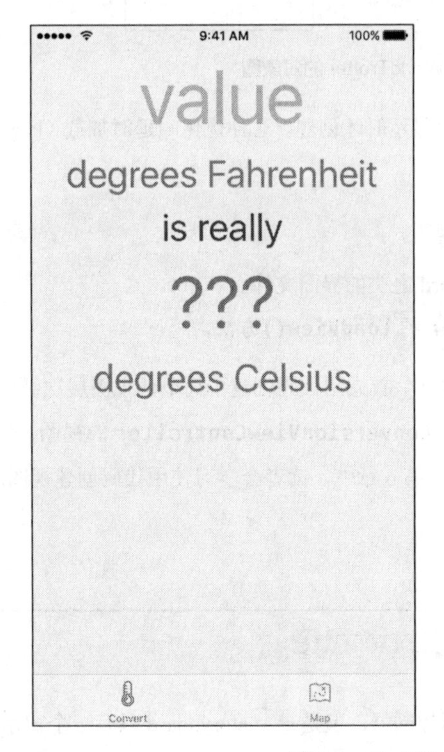

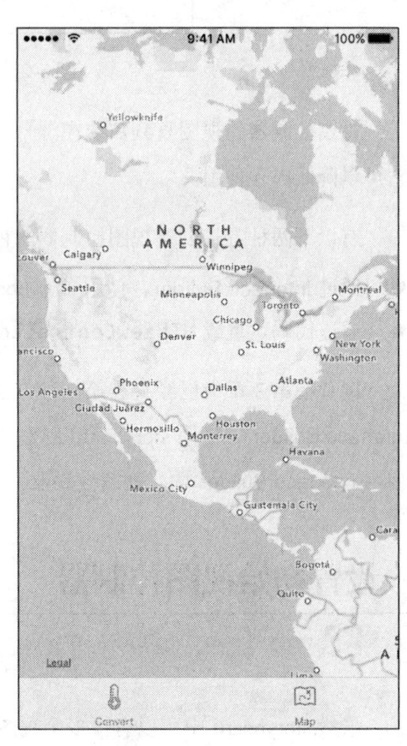

图5-1　WorldTrotter的两个界面

5.1 视图控制器的视图

The View of a View Controller

作为 **UIViewController** 或其子类，所有的视图控制器都有一个重要属性：

```
var view: UIView!
```

这个属性指向一个 **UIView** 对象，它是视图控制器视图层次结构的根视图。当视图控制器的 view 被添加到窗口时，整个视图层次结构就被加到窗口了（见图 5-2）。

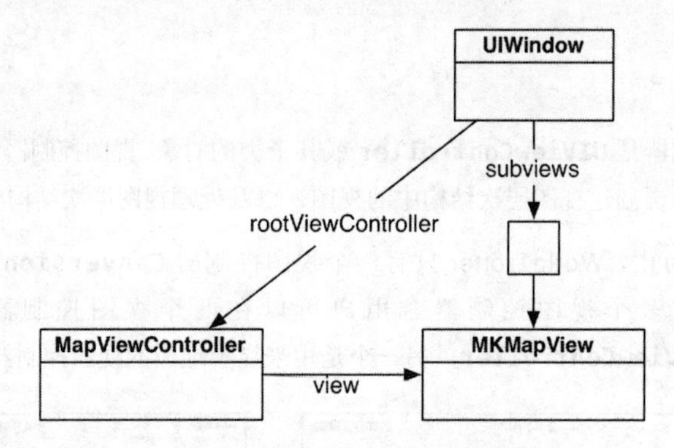

图 5-2 WorldTrotter 的对象图

视图控制器的视图直到需要在屏幕上显示时才创建。这种优化叫**延时加载**（lazy loading），它可以降低内存使用。

有以下两种方式创建视图控制器的视图。

- 通过 Interface Builder，使用 storyboard 之类的界面文件。
- 通过代码，重载 **UIViewContreller** 的 **loadView()**方法。

读者在第 3 章中已经见过第一种方法了，首先用代码创建了简单的视图层次结构，然后在 Interface Builder 中使用 storyboard 创建了 **ConversionViewController** 的视图。本章将继续使用 Interface Builder 学习视图控制器。在第 6 章中，读者会学习使用代码创建视图的知识。

5.2 设置初始视图控制器

Setting the Initial View Controller

虽然 storyboard 中可以有很多个视图控制器，但是一个 storyboard 只有一个初始视图控制器。初始视图控制器是 storyboard 的入口。请读者在 storyboard 的画布上再添加一个视图控制器，并把它设置为初始视图控制器。

打开 `Main.storyboard`，从对象库（object library）中拖一个视图控制器到画布上（见图 5-3）。如果读者的屏幕没有足够的空间显示了，则可按住 Control 后再点击背景来调整缩放级别。

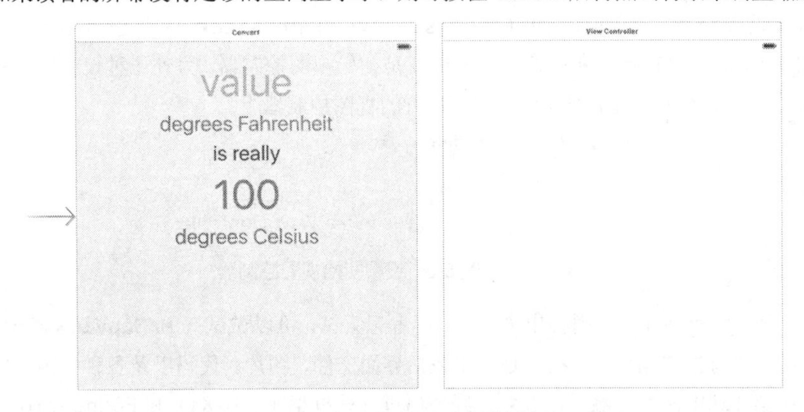

图 5-3 在画布上添加视图控制器

应用的视图控制器并不应该显示白色，而是应该显示 **`MKMapView`**（一个显示地图的类）。

选择 **`UIViewController`** 的视图（不是选择 **`UIViewController`**），按下 Delete（删除）键从画布中删除视图。然后从对象库中拖一个 Map Kit View（地图视图）到 **`UIViewController`** 中，并且设置为 **`UIViewController`** 的视图（见图 5-4）。

图 5-4 向画布中添加地图视图

现在选中 **UIViewController**，打开它的属性检视面板（attributes inspector）。在 View Controller（视图控制器）部分，选中 Is Initial View Controller（初始视图控制器）旁边的复选框（见图 5-5）。之前指向 **ConversionViewController** 的灰色箭头现在指向当前的 **UIViewController**。灰色箭头表示的就是初始视图控制器。另外一种设置初始视图控制器的方法是，直接在画布上把箭头拖到想设置的视图控制器上。

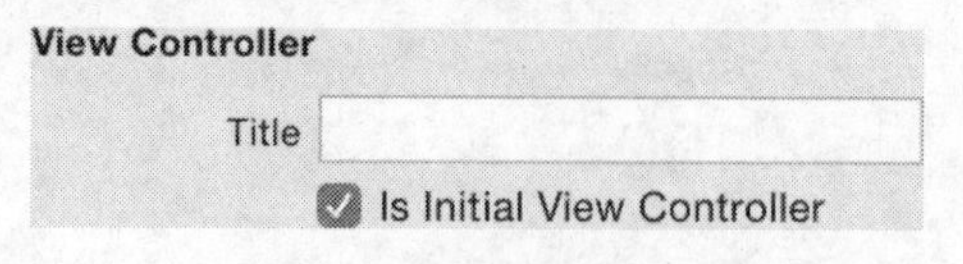

图 5-5 设置初始视图控制器

现在运行应用，应用会出错（如果读者想尝试，可以试试）。**MKMapView** 属于另一个框架，应用还没有把它加进来。框架是一个包括界面文件、图片、代码以及各种资源的集合。读者已经在第 3 章中简单接触过，并且已经使用过一些框架了。UIKit 和 Foundation 都是框架。

目前，读者在应用中已经使用过 import 关键字来引入框架了，比如：

```
import UIKit
```

引入 MapKit 框架之后才能使用 **MKMapView**。通过使用 import 关键字引入 MapKit 框架，如果不在代码中使用，则编译器优化时会去掉它，尽管在 storyboard 中使用了地图视图也不影响。

同时，需要手动在应用中添加 MapKit 框架。

打开项目导航面板（project navigator），通过点击最上面的 WorldTrotter 项目来打开项目设置。找到并打开设置中的 General（常规）选项卡，向下滚动，找到 Linked Frameworks and Libraries 部分。点击底部的加号，搜索 MapKit.framework，最后选中并添加它（见图 5-6）。

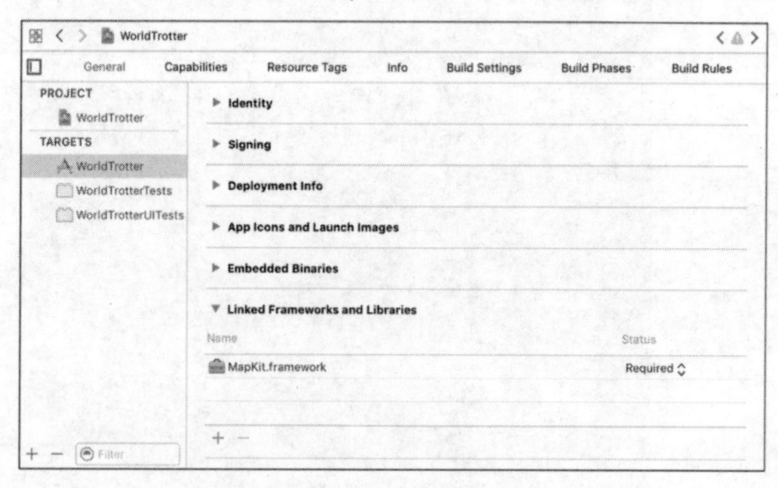

图 5-6 添加 MapKit Framework

现在可以运行应用了。由于改变了初始视图控制器，因此应用启动后会直接显示地图视图。

就像前面所说的，storyboard 中只能设置一个初始视图控制器。当设置了地图为初始视图控制器后，**ConversionViewController** 就不是初始视图控制器了。下面看看 **UIWindow** 是如何把初始视图控制器的视图加到窗口上的。

UIWindow 有一个 rootViewController 属性。当 **UIViewController** 设置为 **UIWindow** 的 rootViewController 时，**UIViewController** 的视图就会添加到 **UIWindow** 上。设置这个属性时，**UIWindow** 上的子视图会被移除，然后 **UIViewController** 的视图会使用合适的布局约束添加到 **UIWindow** 上。

每个应用都有一个主界面。当应用启动时，初始视图控制器会被设置为 **UIWindow** 的 rootViewController，其视图就是应用的主界面。

应用的主界面是在项目中设置的。在项目设置的 General（常规）选项卡中找到 Deployment Info（部署信息）部分，可以看到主界面的设置（见图 5-7）。这里设置的 Main，也就是对应的 Main.storyboard。

▼ Deployment Info
Deployment Target 9.0
Devices iPhone
Main Interface Main
Device Orientation Portrait
Upside Down
Landscape Left
Landscape Right
Status Bar Style Default
Hide status bar
Requires full screen

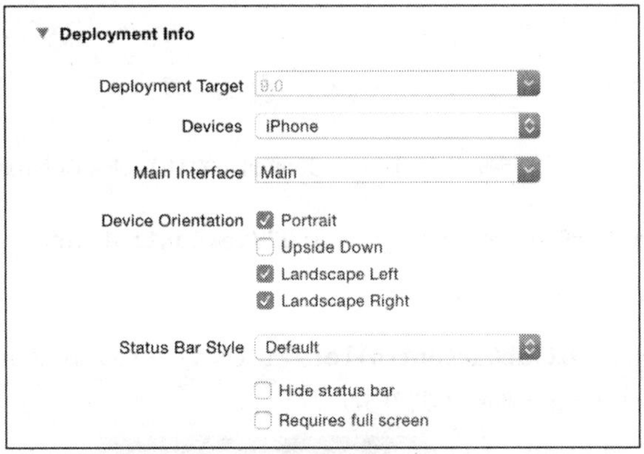

图 5-7 应用的主界面

5.3 UITabBarController

UITabBarController

如果允许用户在不同的 **UIViewController** 之间切换，那么应用的用户体验会更好。在本书中，读者会学到很多切换 **UIViewController** 的方法。本章会让读者创建一个 **UITabBarController** 来支持在 **ConversionViewController** 和显示地图的 **UIViewController** 之间切换。

UITabbarController 保存了一个 **UIViewController** 数组。同时也在屏幕底部显示了一个标签栏，数组中的每个 **UIViewController** 对应着标签栏上的一个标签。点击标签会显示对应 **UIViewController** 的视图。

打开 Main.storyboard 并且选中 View Controller，在 Editor（编辑）菜单中选择 Embed In（嵌入）→Tab Bar Controller。这样可以把 **UIViewController** 加入 **UITabBarController** 的 **UIViewController** 数组。可以查看从 **UITabBarController** 指向 **UIViewController** 的关系箭头图（见图 5-8）。另外，Interface Builder 会把 **UITabBarController** 作为 storyboard 的初始视图控制器。

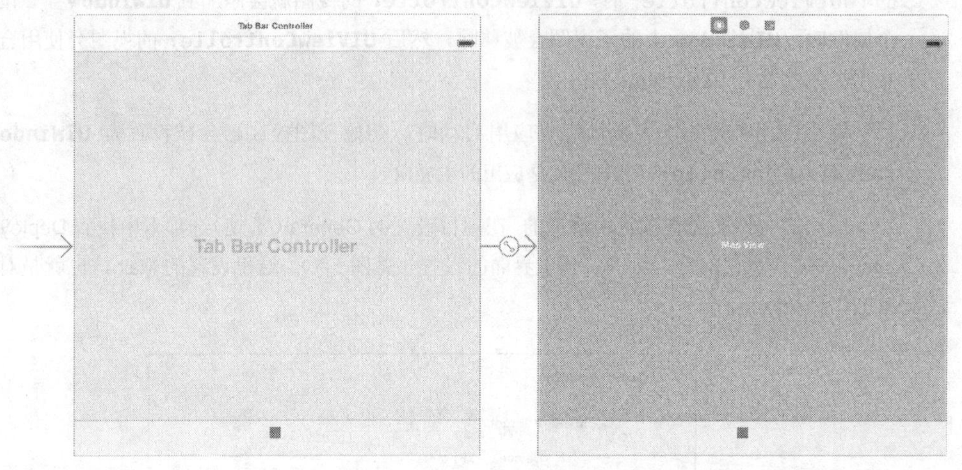

图 5-8　一个 UIViewController 的 UITabBarController

现在 **UITabBarController** 只有一个 **UIViewController**，下面把 **ConversionView-Controller** 也加进来。

按住 Control，从 **UITabBarController** 拖到 **ConversionViewController**，在 Relationship Segue 中选择 view controllers（见图 5-9）。

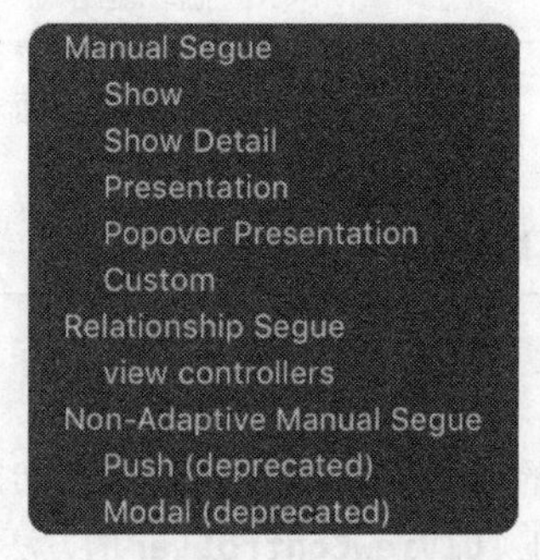

图 5-9　在 UITabBarController 中添加 UIViewController

编译并运行应用。试着点击底部的标签切换 **UIViewController**。现在下面的标签都显示为“Item”，不够直观。下面会介绍如何修改它们。

UITabBarController 也是 **UIViewController** 的子类。**UITabBarController** 的视图带有两个子视图：一个是标签栏，一个是选中的 **UIViewController** 的视图（见图 5-10）。

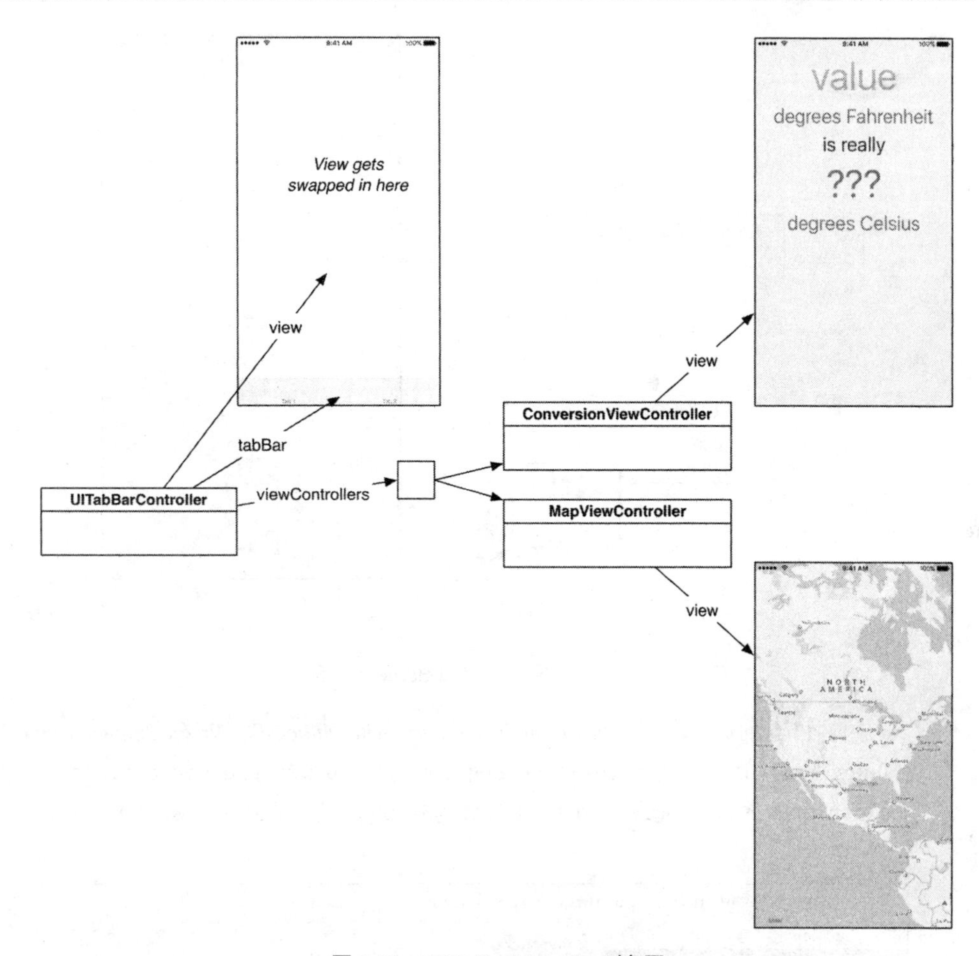

图 5-10 UITabBarController 对象图

UITabBarItem

每个标签栏上的标签都可以显示一个标题和一张图片，每个 **UIViewController** 都为此设计了一个 tabBarItem 属性。当 **UIViewController** 放入 **UITabBarController** 时，它的 tabBarItem 就会显示在标签栏上。图 5-11 展示了 iPhone 的电话应用的例子。

首先要把标签的图片添加到工程中，在项目导航面板（project navigator）中点击 Assets.xcassets 打开 Asset Catalog（资产目录）。

Asset 是一组文件，应用运行时会根据用户设备的配置，从 asset 中选择一个合适的文件（本章末尾会详细介绍）。下面添加一个 ConvertIcon asset 和一个 MapIcon asset，asset 中将会存放不同尺寸的图片。

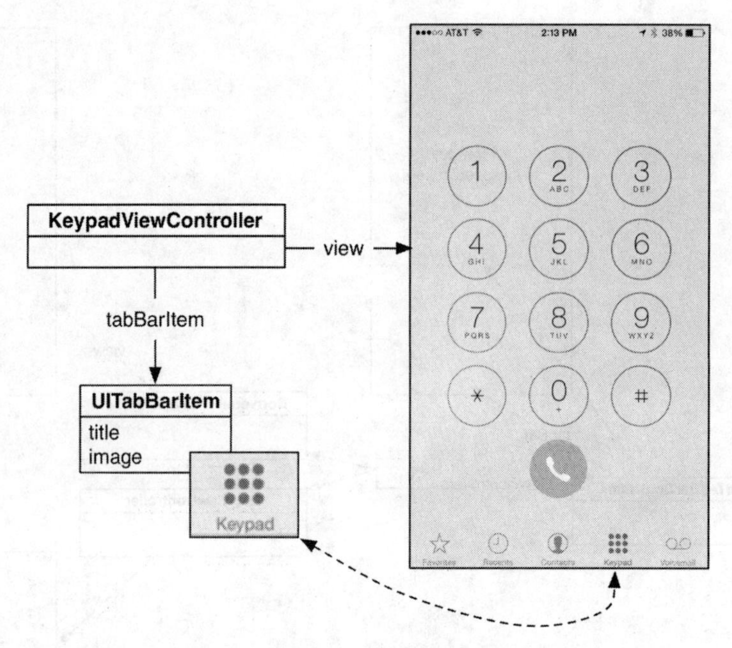

图 5-11　UITabBarItem 示例

在前面下载的资源文件（*http://www.bignerdranch. com/solutions/iOSProgramming6ed.zip*）下找到 0-Resources 文件夹中的 `ConvertIcon.png`、`ConvertIcon@2x.png`、`ConvertIcon@3x.png`、`MapIcon.png`、`MapIcon@2x.png` 和 `MapIcon@3x.png`。把它们拖到 Asset Catalog 中（见图 5-12）。

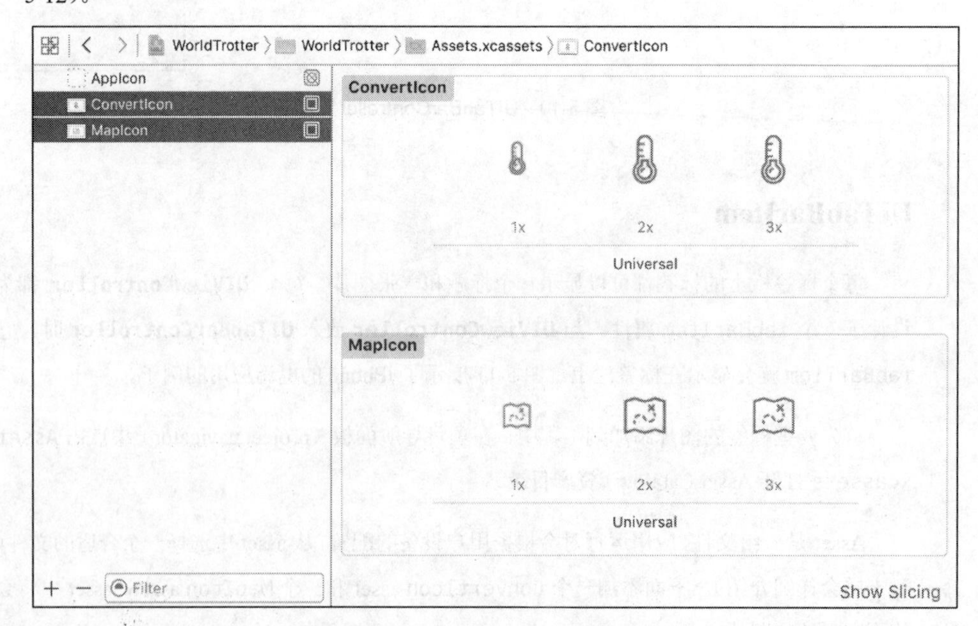

图 5-12　向 Asset Catalog 中添加图片

UITabBarItem 可以通过代码设置，也可以通过 storyboard 设置。UITabBarItem 的属性都是不变的，storyboard 是设置 UITabBarItem 的好地方。

在 Main.storyboard 中找到 View Controller。可以看到，将要加入 **UITabbarController** 的 **UIViewController** 的界面下面显示了一个带 UITabBarItem 的 **UITabBar**。这对于布局界面非常有帮助。

选中这个 UITabbarItem，打开属性检视面板（attributes inspector）。在 Bar Item 部分，把 Title（标题）改为“Map”，在 Image（图片）菜单中选择 MapIcon。也可以通过双击画布上的标题文字来修改标题。下面是修改后的效果（见图 5-13）。

图 5-13 视图控制器的标签

现在找到 **ConversionViewController**，选中它的 **UITabBarItem**。把标题改为 Convert，图片改为 ConvertIcon。

下面把 **ConvertViewController** 调整为第一个标签。标签的顺序由 **UITabBarController** 的 viewControllers 数组决定。可以通过在 storyboard 中拖动 **UITabBarController** 底部的标签来调整顺序。

在画布中找到 **UITabBarController**，并把 **ConversionViewController** 拖到第一个位置。

编译并运行应用。标签栏变直观了，而且 **ConversionViewController** 也到第一个位置了（见图 5-14）。

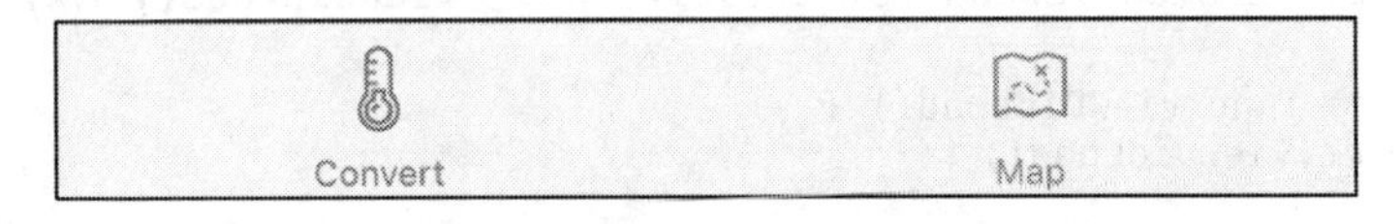

图 5-14 带标题和图片的 UITabBarItem

5.4 加载以及展示视图

Loaded and Appearing Views

现在有两个 **UIViewController** 了，前面提到的延时加载技术就更重要。应用启动时，

UITabBarController会默认加载数组中的第一个**UIViewController**，也就是**ConversionViewController**。只有当用户点击地图标签时，才需要加载**MapViewController**。

读者可以测试一下。当 **UIViewController** 加载完视图时，会调用 **viewDidLoad()** 方法，可以在这个方法中向控制台输入一条消息，这样就可以知道 **viewDidLoad()**方法被调用了。

下面为两个视图控制器添加代码。由于目前所有地图相关的配置都是在 storyboard 中完成的，因此代码文件中还没有地图视图控制器相关的代码。创建一个 **UIViewController** 的子类，与 storyboard 中的地图视图控制器关联起来。

创建一个新的 Swift 文件（键盘快捷键为 Command+N），命名为 **MapViewController**。打开 MapViewController.swift，再定义一个 **UIViewController** 的子类 **MapViewController**。

```
import Foundation
import UIKit

class MapViewController: UIViewController {

}
```

打开 Main.storyboard，选中地图视图控制器。打开标识查看器（identity inspector），把类名改为 **MapViewController**。

现在，**MapViewController** 类与画布上的界面关联起来了。下面在 **ConversionViewController** 和 **MapViewController** 的 **viewDidLoad()**方法中，增加向控制台打印消息的代码。

在 ConversionViewController.swift 中重载 **viewDidLoad()**方法，代码如下：

```
override func viewDidLoad() {
    super.viewDidLoad()

    print("ConversionViewController loaded its view.");

    updateCelsiusLabel()
}
```

在 MapViewController.swift 中做同样的操作。

```
override func viewDidLoad() {
    super.viewDidLoad()

    print("MapViewController loaded its view.");
}
```

编译并运行应用。控制台立刻就显示 **ConversionViewController** 界面加载了。点击 **MapViewController** 标签，控制台才会显示 **MapViewController** 加载。现在两个界面都加载，切换标签不会再触发 **viewDidLoad()**方法（读者可以自己试试）。

访问子视图

在 Interface Builder 中定义视图后，有时候还需要在视图展示之前做一些额外调整。在什么地方调整好呢？根据具体需求的不同，有以下两个选择。第一个选择是前面用到的 **viewDidLoad()**。这个方法会在界面加载后被调用，这时视图控制器的所有插座变量都已被赋值。另外一个选择是 **viewWillAppear(:)**方法。这个方法会在视图添加到 **UIWindow** 之前被调用。

该如何选择呢？在 App 运行期间，如果配置只需要执行一次，那么使用 **viewDidLoad()** 方法。如果配置需要在每次视图显示之前都执行，那么使用 **viewWillAppear(:)**方法。

5.5 与视图控制器及其视图交互

Interacting with View Controllers and Their Views

下面看一下视图控制器生命周期中调用的方法。有一些方法读者已经见过了，有一些方法是新的。

- **init(coder:)**是 **UIViewController** 从 storyboard 创建的构造方法。

  当 **UIViewController** 实例从 storyboard 创建时，**init(coder:)**会被调用一次。第 16 章会深入介绍它。

- **init(nibName:bundle:)**是 **UIViewController** 的构造方法。

  当 **UIViewController** 不是从 storyboard 创建时，**init(nibName:bundle:)**会被调用一次。在有些 App 中，会创建多个相同 **UIViewController** 类的实例。每个 **UIViewController** 对象创建时，它们的 **init(nibName:bundle:)**都会被调用一次。

- 重载 **loadView()**可以用代码创建 **UIViewController** 的视图。

- 重载 **viewDidLoad()**方法可以配置 Interface Builder 中加载的视图。这个方法会在 **UIViewController** 的视图加载后调用。

- 重载 **viewWillAppear(:)**方法可以配置 Interface Builder 中加载的视图。

`viewWillAppear(_:)`和 `viewDidAppear(_:)`在视图每次显示于屏幕上之后调用，`viewWillDisappear(_:)`和`viewDidDisappear(_:)`在视图每次从屏幕上移除时调用。

5.6　中级练习：夜间模式

Silver Challenge: Dark Mode

当 **ConversionViewController** 显示时，可根据当前时间来更新背景颜色。可在晚上更新背景颜色为深色，白天更新为亮色。可以重载 **viewWillAppear(_:)**来实现这个功能（读者也可以在每次显示的时候都改变背景颜色）。

5.7　深入学习：高清显示

For the More Curious: Retina Display

随着 iPhone 4 的发布，Apple 为 iPhone 和 iPod touch 引入了 Retina 显示屏。Retina 显示屏的分辨率比之前的显示屏的更高。下面介绍如何适配两种显示屏。

对于矢量图，读者不需要做任何额外工作，程序会自动显示到最清晰的程度。使用 Core Graphics 方法画出的图形，在设备上显示会有差别。在 Core Craphics（也就是 Quartz）中，直线、曲线、文字等都是以点为单位计算的。在非 Retina 屏幕上，1 点是 1 像素。在大部分 Retina 屏幕上，1 点是 2×2 像素（见图 5-15）。在 iPhone 6 Plus 和 iPhone 6s Plus 上，1 点是 3×3 像素。

图 5-15　不同分辨率的渲染

由于这些区别，位图图片（如 JPEG、PNG 文件）如果不对设备适配的话，则会变得模糊。如果程序包含一张 25 像素×25 像素的图片，且图片显示在 2 倍的 Retina 屏幕上，则图片会被拉伸到 50 像素×50 像素。这时，系统对图片执行了一个反锯齿的操作，这样图片就不会有锯齿，但是会变得模糊（见图 5-16）。

图 5-16 拉伸后变模糊的图片

如果使用大图片，在为非 Retina 屏幕做图片压缩时，也会导致其他问题。唯一的解决方法是，在程序包中放两种图片，普通屏幕使用一种，Retina 屏幕使用一种。

指定设备加载哪种图片，并不需要写额外的代码，只需要在 Asset Catalog 中放入不同分辨率的图片。当使用 **`UIImage`** 类的 **`init(named:)`** 方法加载图片时，系统会自动根据当前的设备来选择合适的图片。

第6章 用代码实现视图

Programmatic Views

本章继续使用 WorldTrotter 程序讲解使用代码实现 **MapViewController** 的视图（见图6-1）。这个过程中，读者会学习到更多 **UIViewController** 的相关知识，以及如何使用代码设置约束和控件（比如按钮）。

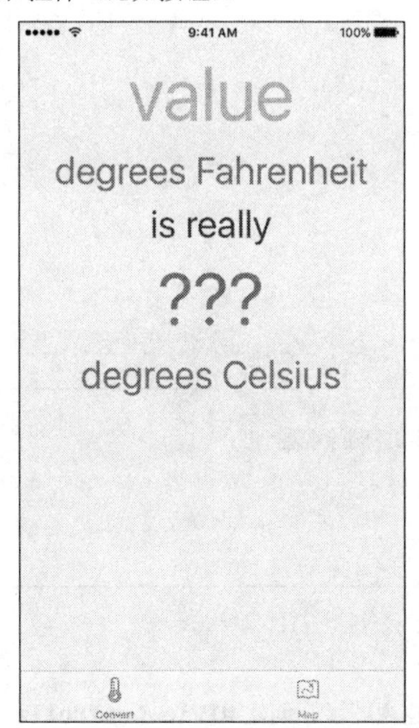

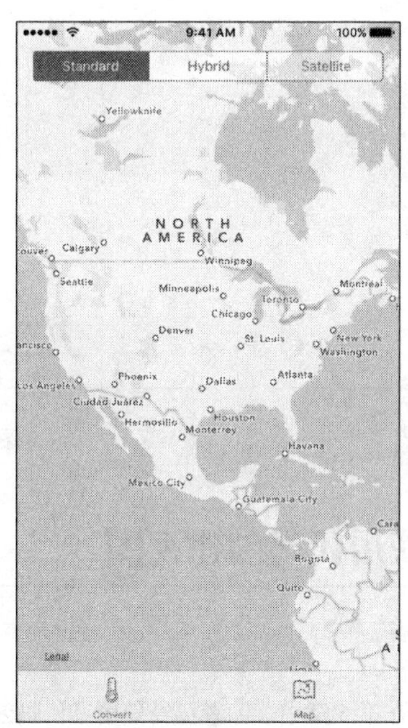

图 6-1 使用代码实现 WorldTrotter 视图

目前 **MapViewController** 的视图是在 storyboard 中定义的。第一步要在 storyboard 中删掉这个视图，然后才能用代码来实现。

在 Main.storyboard 中选中 **MapViewController** 对应的视图，按下键盘上的 Delete（删除）键（见图 6-2）。

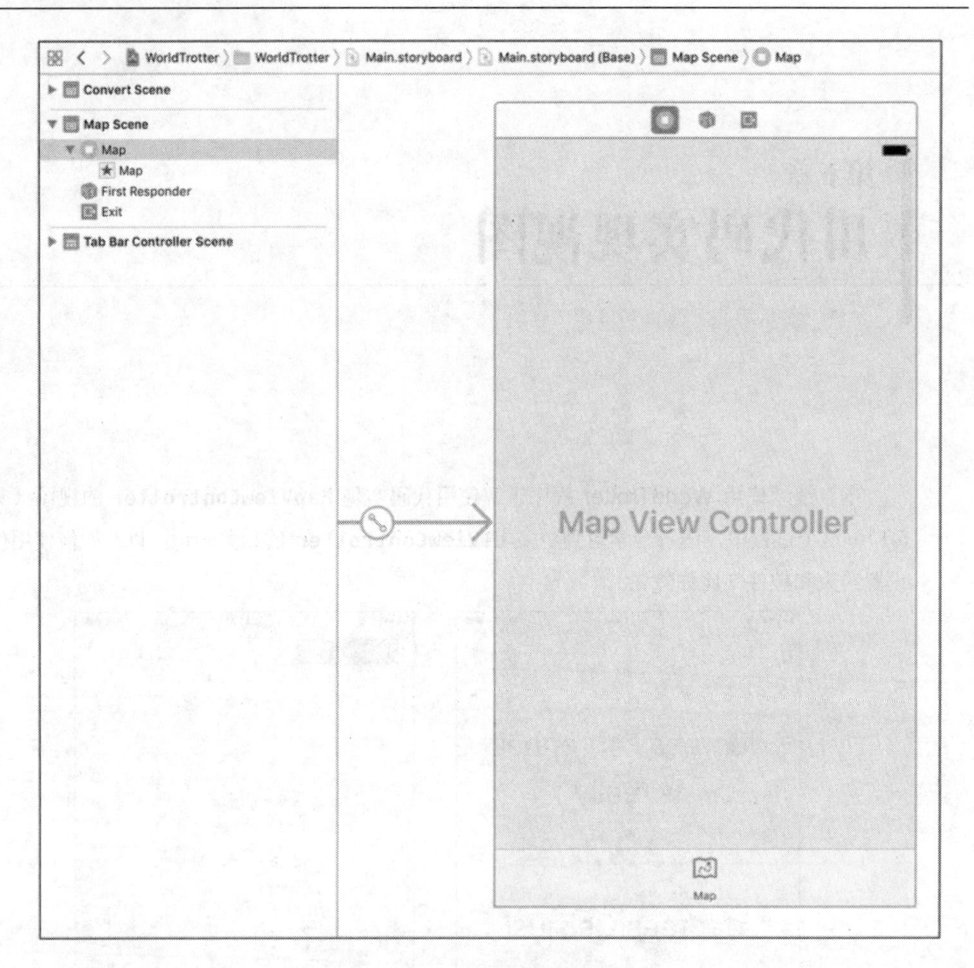

图 6-2 删除视图

6.1 使用代码创建视图

Creating a View Programmatically

在第 5 章中，读者已经使用过代码创建视图了，创建 **UIViewController** 的视图需要重载 **loadView()**方法。

打开 MapViewController.swift，重载 **loadView()**方法创建一个 **MKMapView** 实例，并把它设置为视图控制器的视图。后面需要引用地图视图，因此这里先创建一个属性。

```
import UIKit
import MapKit

class MapViewController: UIViewController {
```

```
    var mapView: MKMapView!

    override func loadView(){
        //创建一个地图视图
        mapView = MKMapView()

        //设置视图控制器的视图
        view = mapView
    }

    override func viewDidLoad(){
        super.viewDidLoad()

        print("MapViewController loaded its view.")
    }
}
```

视图控制器创建后，它的 `view` 属性初始值为 `nil`。如果访问视图控制器的 `view` 属性并且它为 `nil`，这时就会调用 **`loadView()`** 方法了。

编译并运行应用。虽然应用看起来是一样的，但是，现在地图视图不是通过 Interface Builder 创建的，而是通过代码创建的。

6.2 代码实现约束

Programmatic Constraints

第 3 章中，读者学习了自动布局约束，以及如何使用 Interface Builder 添加约束。本章中，读者将会学习如何使用代码添加约束。

Apple 公司推荐读者尽量使用 Interface Builder 来添加约束。但是，如果视图是用代码创建的，约束就需要用代码创建了。**`MapViewController`** 的视图是用代码创建的，下面使用它来练习。

首先在 **`MapViewController`** 的界面上添加一个 **`UISegmentedControl`**。它可以让用户进行选择，这里允许用户选择地图类型，即标准地图、混合地图和卫星地图。

在 `MapViewController.swift` 中更新 **`loadView()`** 方法，添加一个 **`UISegmentedControl`**。

```
override func loadView(){
    //创建一个地图视图
    mapView = MKMapView()

    //设置视图控制器的视图
    view = mapView

    let segmentedControl = UISegmentedControl(items:["Standard", "Hybrid",
```

```
    "Satellite"])
  segmentedControl.backgroundColor =
    UIColor.whiteColor().colorWithAlphaComponent(0.5)
  segmentedControl.selectedSegmentIndex = 0

  segmentedControl.translatesAutoresizingMaskIntoConstraints = false
  view.addSubview(segmentedControl)
}
```

（由于印刷版面宽度的限制，这里有些代码分为两行显示了。读者可以写成一行。）

translatesAutoresizingMaskIntoConstraints 属性的作用是兼容老系统的布局方式。在引入自动布局之前，iOS 应用使用 autoresizing mask 在运行时动态拉伸视图尺寸。

每个视图都有 autoresizing mask。默认情况下，iOS 会创建与 autoresizing mask 对应的约束，然后添加到视图上。但是这个转换有时会有冲突，导致约束出错。为了修复这个问题，可以把 translatesAutoresizingMaskIntoConstraints 设置为 false（本章末尾会详细介绍这个问题）。

锚点

使用代码创建约束时，会用到**锚点**（anchors）。锚点是视图的一个属性，可以与另一个视图的锚点属性建立约束关系。比如，设置一个视图的 Leading 锚点和另一个视图的 Leading 锚点相同。这个约束会影响两个视图开头的边距。

下面添加以下约束。

- 设置 **UISegmentControl** 的上边距锚点与其父视图的上边距锚点相同。
- 设置 **UISegmentControl** 的左边距锚点与其父视图的左边距锚点相同。
- 设置 **UISegmentControl** 的右边距锚点与其父视图的右边距锚点相同。

打开 MapViewController.swift，在 **loadView()** 方法中创建这些约束。

```
let segmentedControl = UISegmentedControl(items:["Standard", "Hybrid",
  "Satellite"])
segmentedControl.backgroundColor =
  UIColor.whiteColor().colorWithAlphaComponent(0.5)
segmentedControl.selectedSegmentIndex = 0

segmentedControl.translatesAutoresizingMaskIntoConstraints = false
  view.addSubview(segmentedControl)

let topConstraint =
  segmentControl.topAnchor.constraint(equalTo:view.topAnchor)
let leadingConstraint =
  segmentControl.leadingAnchor.constraint(equalTo:view.leadingAnchor)
```

```
let trailingConstraint = segmentControl.trailingAnchor.constraint(equalTo:
  view.trailingAnchor)
```

Xcode 现在每行提示了一条警告信息，后面就会修复它们。

锚点类有一个方法 **constraint(equalTo:)**，该方法可以在两个锚点之间建立一个约束。**NSLayoutAnchor** 类有很多约束方法，有的可以支持传递常量参数：

```
func constraint(equalTo anchor: NSLayoutAnchor<AnchorType>,
  constant c: CGFloat) -> NSLayoutConstraint
```

激活约束

现在已经创建了三个 **NSLayoutContraint** 实例，但是它们并没有生效，只有把它们的 active 属性设置为 true 时它们才会生效，同时也会消除 Xcode 的警告信息。

在 MapViewController.swift 中，在 **loadView()** 方法末尾加上激活约束的代码。

```
let topConstraint = segmentControl.topAnchor.constraint(equalTo:
  view.topAnchor)
let leadingConstraint = segmentControl.leadingAnchor.constraint(equalTo:
  view.leadingAnchor)
let trailingConstraint = segmentControl.trailingAnchor.constraint(equalTo:
  view.trailingAnchor)

topConstraint.isActive = true
leadingConstraint.isActive = true
trailingConstraint.isActive = true
```

约束会被加到相关视图的最近公共祖先上。图 6-3 展示了一个视图树，以及两个视图的最近公共祖先。

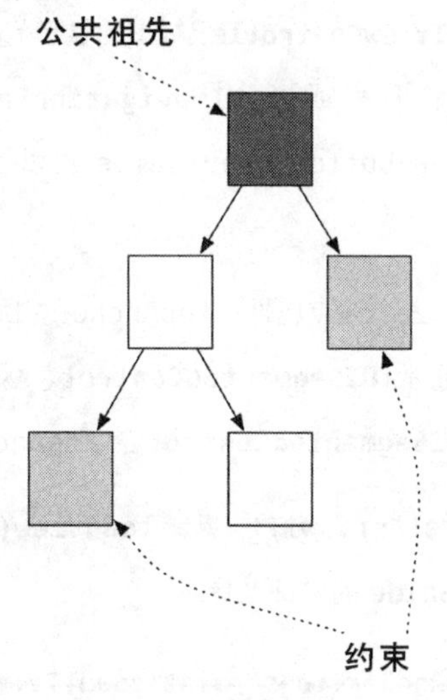

图 6-3 最近公共祖先

如果约束只有一个视图（比如设置高度或宽度的约束），那么该视图就是最近公共祖先。

通过设置 active 属性为 true，约束就会找到最近公共祖先并且添加约束。约束会自动调用对应视图的 **addConstraint(_:)** 方法。相对于直接调用 **addConstraint(_:)** 或 **removeConstraint(_:)** 方法，设置 active 属性是一个更好的选择。

编译并运行应用。切换到 **MapViewController**，**UISegmentedControl** 已经按照设置的约束在正确位置显示出来了（见图 6-4）。

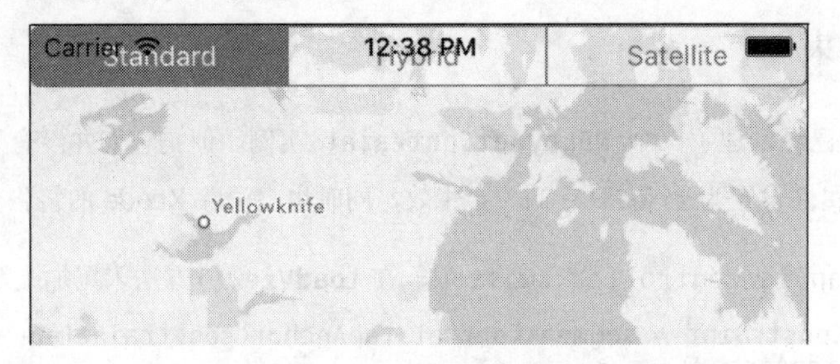

图6-4　屏幕上的 UISegmentedControl

虽然约束正常工作了，但是界面还是不好看。**UISegmentedControl** 显示在状态栏下面，如果状态栏没有挡住 **UISegmentedControl**，则会更好看。下面来修复这个问题。

LayoutGuides

UIViewController 有两个 LayoutGuide 属性：topLayoutGuide 和 bottomLayoutGuide。LayoutGuide 用于指定 **UIViewController** 视图的显示范围。使用 topLayoutGuide 可以控制内容不被屏幕上方的状态栏或者 **UINavigationBar** 挡住（将会第 14 章中学习 **UINavigationBar**）。使用 bottomLayoutGuide 可以控制内容不被屏幕下方的 **UITabBar** 挡住。

LayoutGuide 暴露了三个锚点属性：topAnchor、bottomAnchor 和 heightAnchor。由于想要在状态栏下面显示 **UISegmentedControl**，因此这里使用 topLayoutGuide 的 bottomAnchor 属性和 **UISegmentedControl** 的 topAnchor 属性。

打开 MapViewController.swift，更新 **loadView()** 方法中的约束，让 **UISegmentedControl** 离 **topLayoutGuide** 的底部 8 像素。

```
let topConstraint =
  segmentControl.topAnchor.constraint(equalTo:view.topAnchor)
let topConstraint = segmentedControl.topAnchor.constraint(equalTo:
  topLayoutGuide.bottomAnchor, constant: 8)
```

```
let leadingConstraint =
  segmentControl.leadingAnchor.constraintEqualToAnchor(view.leadingAnchor)
let trailingConstraint =
  segmentControl.trailingAnchor.constraintEqualToAnchor(view.trailingAnchor)

topConstraint.active = true
leadingConstraint.active = true
trailingConstraint.active = true
```

编译并运行应用。**UISegmentedControl** 显示在状态栏下方了。使用 LayoutGuide 可以让视图根据内容自动适配。

下面设置 **UISegmentedControl** 开头和末尾的边距。

边距

虽然可以使用约束常量来设置**UISegmentedControl**的边距，但是使用**UIViewController**的 margins 属性是一个更好的选择。

每个视图都有一个 layoutMargins 属性，用来定义布局内容的边距。这个属性是一个 **UIEdgeInsets** 实例，也可以认为是 frame 类型。可以使用 layoutMarginsGuide 来添加约束，它的一些属性与 layoutMargins 是相关联的。

使用 margins 的主要好处是，margins 会根据设备的不同（iPad 或 iPhone）以及设备尺寸的不同自动变化，可以让内容在任何设备上都正常显示。

在 **loadView()**方法中，使用 margins 来更新 **UISegmentedControl** 的约束。

```
let topConstraint =
  segmentedControl.topAnchor.constraint(equalTo:
  topLayoutGuide.bottomAnchor,constant: 8)

let leadingConstraint =
  segmentControl.leadingAnchor.constraint(equalTo:view.leadingAnchor)
let trailingConstraint =
  segmentControl.trailingAnchor.constraint(equalTo:view.trailingAnchor)

let margins = view.layoutMarginsGuide
let leadingConstraint = segmentedControl.leadingAnchor.constraint(equalTo:
  margins.leadingAnchor)
let trailingConstraint = segmentedControl.trailingAnchor.constraint(equalTo:
  margins.trailingAnchor)

topConstraint.active = true
leadingConstraint.active = true
trailingConstraint.active = true
```

编译并运行应用。**UISegmentedControl** 和屏幕之间有边距了（见图 6-5）。

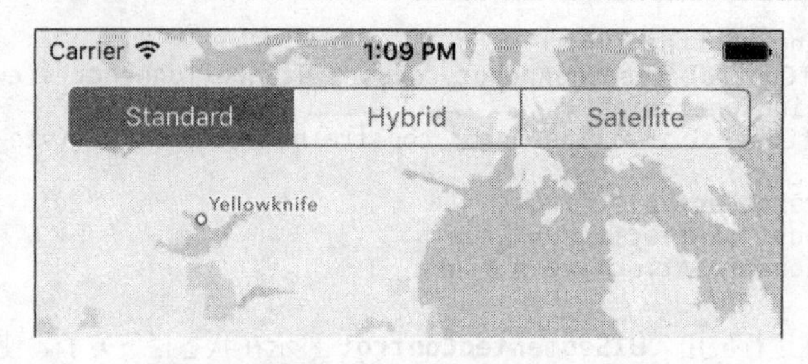

图 6-5　更新约束后的 UISegmentedControl

约束的细节

了解前面用到的方法是如何创建约束的，对开发很有帮助。

NSLayoutConstraint 有这样的构造方法：

```
convenience init(item view1: Any,
   attribute attr1: NSLayoutAttribute,
   relatedBy relation: NSLayoutRelation,
   toItem view2: Any?,
   attribute attr2: NSLayoutAttribute,
   multiplier: CGFloat,
   constant c: CGFloat)
```

这个构造方法使用两个视图的两个布局属性创建一个约束。multiplier 是一个常量比例。constant 是浮点数常量，与之前使用间距约束时用到的一样。

NSLayoutAttribute 是 **NSLayoutConstraint** 类中定义的常量。

- NSLayoutAttribute.Left；
- NSLayoutAttribute.Right；
- NSLayoutAttribute.Leading；
- NSLayoutAttribute.Trailing；
- NSLayoutAttribute.Top；
- NSLayoutAttribute.Bottom；
- NSLayoutAttribute.Width；
- NSLayoutAttribute.Height；
- NSLayoutAttribute.CenterX；
- NSLayoutAttribute.CenterY；
- NSLayoutAttribute.firstBaseline；
- NSLayoutAttribute.lastBastline。

还有控制视图边距的属性，例如 NSLayoutAttribute.LeadingMargin。

假设有这样一个需求，设置图片的宽度是高度的 1.5 倍，则可以这样创建约束：

```
let aspectConstraint = NSLayoutConstraint(item: imageView,
    attribute: .Width,
    relateBy: .Equal,
    toItem: imageView,
    attribute: .Height,
    multiplier: 1.5,
    constant: 0.0)
```

为了更好地理解它是如何工作的，可以把这个约束想象成图 6-6 中的公式。

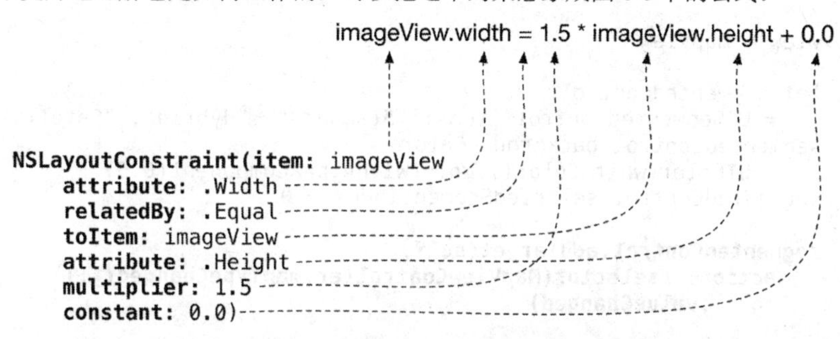

图 6-6 NSLayoutConstraint 公式

这里视图的布局属性使用一个系数与另一个视图的布局属性关联，并且添加了一个常量来创建约束。

6.3 代码实现事件

Programmatic Controls

下面实现用户点击 **UISegmentedControl** 后，改变地图的类型。

UISegmentedControl 是 **UIControl** 的子类。第 1 章中使用过另一个 **UIControl** 的子类：**UIButton** 类。**UIControl** 负责在触发事件时调用对应的方法。

事件是 **UIControlEvents** 类型的。下面这些是常用的事件：

UIControlEvents.touchDown	按下事件
UIControlEvents.touchUpInside	按下后紧接着在控件范围内松开的事件
UIControlEvents.valueChanged	点击导致控件值改变的事件
UIControlEvents.editingChanged	**UITextField** 内容改变的事件

第1章中使用了 **UIButton** 的 **.TouchUpInside** 事件（在 Interface Builder 中通过拖动连接动作时默认使用 **.touchUpInside** 事件），第4章中使用了 **.editingChanged** 事件。对于 **UISegmentedControl**，需要使用 **.valueChanged** 事件。

在 MapViewController.swift 中更新 **loadView()** 方法，为 **UISegmentedControl** 添加一个 **.valueChanged** 事件对应的方法。

```
override func loadView() {
    //创建一个地图视图
    mapView = MKMapView()
    //
    view = mapView

    let segmentedControl
        = UISegmentedControl(items:["Standard", "Hybrid", "Satellite"])
    segmentedControl.backgroundColor
        = UIColor.whiteColor().colorWithAlphaComponent(0.5)
    segmentedControl.selectedSegmentIndex = 0

    segmentedControl.addTarget(self,
        action: #selector(MapViewController.mapTypeChanged(_:)),
        for: .valueChanged)
    …
```

下面实现响应事件的方法。这个方法会查看选中的类型并且更新地图。

```
func mapTypeChanged(_ segControl: UISegmentedControl) {
    switch segControl.selectedSegmentIndex {
    case 0:
        mapView.mapType = .standard
    case 1:
        mapView.mapType = .hybrid
    case 2:
        mapView.mapType = .satellite
    default:
        break
    }
}
```

编译并运行应用。改变 **UISegmentedControl** 的值，地图就会对应地改变了。

6.4 初级练习：再添加一个 Tab

创建一个新的 **UIVIewController**，并添加到 **UITabBarController** 上。在 **UIView-Controller** 中放入一个 **WKWebView**，**WKWebView** 是用来显示网页内容的，并且让网页显示 *http://www.bignerdranch.com*。

6.5 中级练习：显示用户位置

Silver Challenge: User's Location

在**MapViewController**上增加一个**UIButton**。点击按钮后让地图移动到用户当前位置。读者可能需要使用委托来完成这个任务。请参考**MKMapViewDelegate**文档。

6.6 高级练习：显示地图大头针

Gold Challenge: Dropping Pins

MKMapView可以显示大头针，它们是**MKPinAnnotationView**的实例。在地图上添加三个大头针：一个在读者的出生位置，一个在读者的当前位置，一个在读者觉得好玩的位置。然后添加一个按钮，点击按钮后显示这三个大头针。接着不断点击按钮，可以让地图在三个位置之间按顺序切换。

6.7 深入学习：NSAutoresizingMaskLayoutConstraint

For the More Curious:NSAutoresizingMaskLayoutConstraint

之前提到在自动布局出现之前，iOS 应用使用 autoresizingMask 来布局。每个视图都有一个 autoresizingMask 属性来约束它与父视图之间的关系，但是并不能约束兄弟视图之间的关系。

默认情况下，视图会根据 autoresizingMask 来添加约束。但是，根据 autoresizingMask 添加的约束经常会与 storyboard 中的约束冲突，最终导致界面布局不正确。

下面演示注释掉 **loadView()**方法中阻止转换约束的代码。

```
//segmentedControl.translatesAutoresizingMaskIntoConstraints = false
view.addSubview(segmentedControl)
```

现在 **UISegmentedControl** 就会自动把 autoresizingMask 转换为约束了。编译并运行应用，切换到地图界面。界面布局出错了，控制台中也显示了问题以及解决方法。

```
Unable to simultaneously satisfy constraints.
Probably at least one of the constraints in the following list is one you don't
want. Try this: (1) look at each constraint and try to figure out which you don't
expect; (2) find the code that added the unwanted constraint or constraints and
fix it. (Note: If you're seeing NSAutoresizingMaskLayoutConstraints that you
don't
understand, refer to the documentation for the UIView property
translatesAutoresizingMaskIntoConstraints)
(
    "<NSAutoresizingMaskLayoutConstraint:0x7fb6b8e0ad00
```

```
        h=--& v=--& H:[UISegmentedControl:0x7fb6b9897390(212)]>",
    "<NSLayoutConstraint:0x7fb6b9975350
UISegmentedControl:0x7fb6b9897390.leading
     == UILayoutGuide:0x7fb6b9972640'UIViewLayoutMarginsGuide'.leading>",
    "<NSLayoutConstraint:0x7fb6b9975460
UISegmentedControl:0x7fb6b9897390.trailing
     == UILayoutGuide:0x7fb6b9972640'UIViewLayoutMarginsGuide'.trailing>",
    "<NSLayoutConstraint:0x7fb6b8e0b370 'UIView-Encapsulated-Layout-Width'
     H:[MKMapView:0x7fb6b8d237c0(0)]>",
    "<NSLayoutConstraint:0x7fb6b9972020 'UIView-leftMargin-guide-constraint'
     H:|-(0)-[UILayoutGuide:0x7fb6b9972640'UIViewLayoutMarginsGuide'](LTR)
     (Names: '|':MKMapView:0x7fb6b8d237c0 )>",
    "<NSLayoutConstraint:0x7fb6b9974f50 'UIView-rightMargin-guide-constraint'
     H:[UILayoutGuide:0x7fb6b9972640'UIViewLayoutMarginsGuide']-(0)-|(LTR)
     (Names: '|':MKMapView:0x7fb6b8d237c0 )>"
)
Will attempt to recover by breaking constraint
<NSLayoutConstraint:0x7fb6b9975460
UISegmentedControl:0x7fb6b9897390.trailing
  == UILayoutGuide:0x7fb6b9972640'UIViewLayoutMarginsGuide'.trailing>

Make a symbolic breakpoint at UIViewAlertForUnsatisfiableConstraints to catch
this in the debugger.
The methods in the UIConstraintBasedLayoutDebugging category on UIView listed
in <UIKit/UIView.h> may also be helpful.
```

下面看一下控制台的输出。自动布局报告显示“Unable to simultaneously satisfy constraints（无法同时满足约束）”。这个错误会在视图约束有冲突的时候提示。

接下来控制台输出了处理问题的提示、相关的约束信息以及约束的描述信息。这些提示的格式看起来与下面的很相似。

```
<NSLayoutConstraint:0x7fb6b9975350 UISegmentedControl:0x7fb6b9897390.leading
  == UILayoutGuide:0x7fb6b9972640'UIViewLayoutMarginsGuide'.leading>
```

描述的意思是约束的内存地址为 0x7fb6b9897390，约束设置了 **UISegmentedControl** 的 leading，与 **UILayoutGuide** 的 margin 的 leading 相同。

描述中有 5 个 **NSLayoutConstraint** 约束和 1 个 **NSAutoresizingMaskLayoutConstraint** 约束。**NSAutoresizingMaskLayoutConstraint** 约束就是 autoresizingMask 自动生成的。

最后通过自动忽视一些约束来解决了冲突，并且列出了忽视的约束。但是并没有忽视 **NSAutoresizingMaskLayoutConstraint** 类型的约束，而是忽视了 **NSLayoutConstraint** 类型的约束。因此导致了界面布局不正确。

控制台的提示信息非常有用，需要删除 **NSAutoresizingMaskLayoutConstraint** 约束。可以恢复 **loadView()** 中的代码，以防止自动添加这个约束。

```
//segmentedControl.translatesAutoresizingMaskIntoConstraints = false
view.addSubview(segmentedControl)
```

第 7 章

本地化

Localization

iOS 的出现就是为了服务全球用户。iOS 用户居住在很多不同的国家，说着不同的语言，只要对应用进行国际化和本地化的处理，就可以让应用服务全球化。

国际化主要是确保与当地文化相关的信息（比如语言、货币符号、时间格式、数字格式等）不被硬编码到应用中，而本地化就是根据用户的语言和地区设置展示合适的数据。可以在 iOS 的设置应用中找到这些设置（见图 7-1），选择 General（通用）后再选择 Language & Region（语言与地区）就可以进入了。

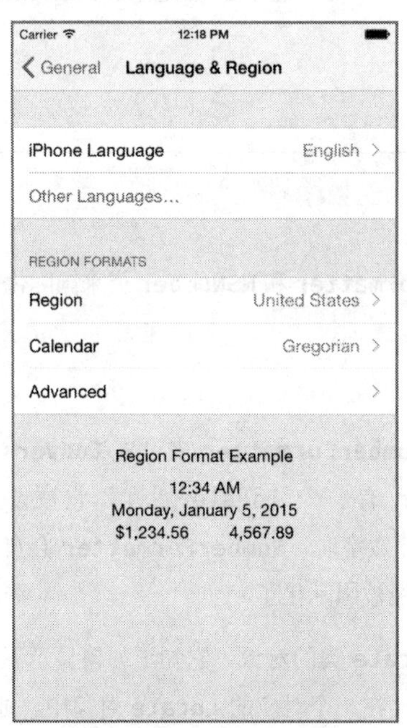

图 7-1 语言和地区设置

用户可以在这里选择地区，比如 United States（美国）或者 United Kingdom（英国）。（为什么使用地区而不使用国家呢？因为有些国家包含不止一个地区，读者可以查看设置的选项。）

Apple 公司让应用本地化的过程非常方便，并不需要为不同语言或地区重新编译应用。

本章首先让 WorldTrotter 支持国际化，然后让它支持西班牙语（见图 7-2）。

图 7-2　本地化 WorldTrotter

7.1　国际化

Internationalization

首先使用 **NumberFormatter** 和 **NSNumber** 类来国际化 **ConversionViewController**。

格式化

第 4 章中使用了 **NumberFormatter** 来设置 **ConversionViewController** 的摄氏度标签，**NumberFormatter** 有一个 `locale` 属性，它被设置为了设备当前的地区。当使用 **NumberFormatter** 创建数字时，**NumberFormatter** 会自动根据 `locale` 属性设置对应的格式，因此摄氏度标签已经被国际化了。

`locale` 属性是 **Locale** 类的对象，它知道如何显示不同地区的符号、时间、数字等，每个地区的这些设置都存储在一个对应的 **Locale** 对象中。通过 **Locale** 类的 `current` 属性，可以获得当前地区的 **Locale** 对象，有了这个对象之后，就可以获得各种本地相关的信息了。

```
let currentLocale = Local.current
let isMetric = currentLocale.usesMetricSystem
let currencySymbol = currentLocale.currencySymbol
```

虽然摄氏度标签已经国际化了，但仍然会有些问题，把系统地区切换为西班牙就会发现。点击当前的 Scheme，在弹出框中选择 Edit Scheme...（编辑 Scheme，见图 7-3）。

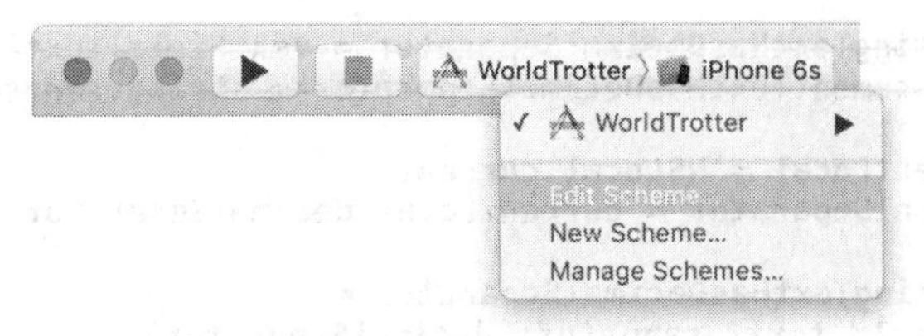

图 7-3 编辑 scheme

首先确认选中了左侧的 Run（运行），然后选中顶部的 Option（选项），在 Application Region（应用地区）弹出框中选择 Europe（欧洲），再选择 Spain（西班牙）（见图 7-4），最后关掉窗口。

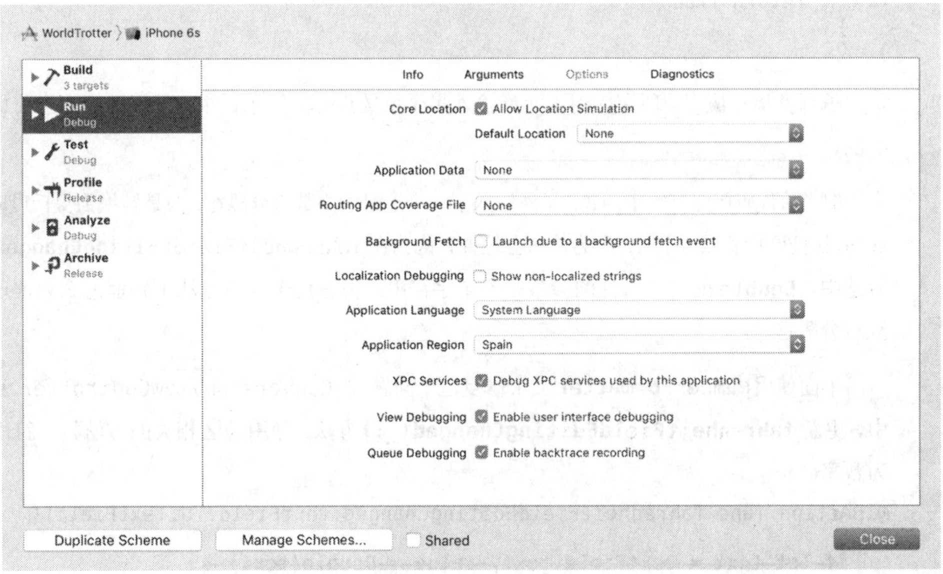

图 7-4 选择不同的地区

编译并运行应用，在 **ConversionViewController** 中点击 **UITextField**，让键盘弹出来，就可以发现区别了。在西班牙语中，小数点是逗号，而不是点号（千分位是点号，而不是逗号），英文的数字 123,456.789 在西班牙语中是 123.456,789。

试着输入多个小数点分隔符（逗号），应用允许输入了。不允许输入多个小数点分隔符的代码检查的是点号，而不是本地化的小数点分隔符。下面修复这个问题。

打开 `ConversionViewController.swift`，更新 **`textfield(_:shouldChangeCharactersInRange:replacementString:)`** 方法，使用本地化的小数点分隔符。

```
func textField(textField: UITextField,
        shouldChangeCharactersInRange range: NSRange,
        replacementString string: String) -> Bool{

    let existingTextHasDecimalSeparator = textField.text?.range(of:'.')
    let replacementTextHasDecimalSeparator = string.range(of:'.')

    let currentLocal = NSLocal.current
    let decimalSeparator = currentLocal.decimalSeparator ?? "."

    let existingTextHasDecimalSeparator =
        textField.text?.range(of: decimalSeparator)
    let replacementTextHasDecimalSeparator =
        string.range(of: decimalSeparator)

    if existingTextHasDecimalSeparator != nil &&
        replacementTextHasDecimalSeparator != nil {
        return false
    }
    else {
        return true
    }
}
```

编译并运行应用。现在应用不允许输入多个小数点分隔符了，并且是根据用户当前地区判断的。

但当前代码仍然有一个问题：虽然输入了一个逗号的小数点分隔符，但是转换为摄氏度时没有成功，摄氏度标签显示了"???"。为什么会这样？因为在 **fahrenheitFieldEditingChanged(_:)** 方法中，**Double** 的构造方法的参数是一个字符串，但是这个构造方法不知道怎么处理逗号小数点分隔符。

下面使用 **NumberFormatter** 类来修复这个问题。在 ConversionViewController.swift 中，更新 **fahrenheitFieldEditingChanged(_:)** 方法，使用地区相关的方法将字符串转换为数字。

```
@IBAction func fahrenheitFieldEditingChanged(textField: UITextField){

    if let text = textField.text, value = Double(text) {
        fahrenheitValue = Measurement(value: value, unit: .fahrenheit)
    if let text = textField.text, number = numberFormat.number(from: text){
        farenheitValue = Measurement(value:number.doubleValue,
        unit: .fahrenheit)
    } else {
        fahrenheitValue = nil;
    }
}
```

这里使用了 **NumberFormatter** 的实例方法 **number(from:)** 来转换，**NumberFormatter** 是与地区相关的，如果字符串是有效的数字，则这个方法会返回一个 **NSNumber** 实例。**NSNumber** 类可以表示很多数字类型，包括 **Int**、**Float**、**Double** 等，可以根据类型从 **NSNumber** 中获取对应的值，例如，以上代码获取了 **Double** 类型的 **doubleValue**。

编译并运行应用。现在数字的转换与地区相关了，**UITextField** 的值正确地转换为摄氏度值了（见图 7-5）。

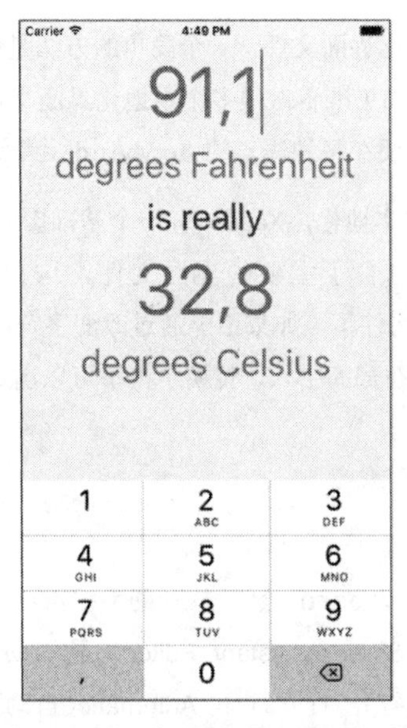

图 7-5 转化带逗号的数字

基础国际化

进行国际化时，可以查询 **Locale** 的一些变量，但是 **Locale** 与地区相关的变量很少，因此为应用做本地化（为不同的区域或语言设置做定制）很有必要。本地化通常要对不同的地区使用不同的资源（比如图片、声音、界面文件），或者对不同的语言使用不同的字符串表（本章后面会介绍）来翻译。

在开始本地化资源之前，首先要了解 iOS 是如何处理本地化资源的。

在 Xcode 进行编译时，应用包就被创建好了，所有要添加的资源都被复制到了包里，也包括应用的可执行文件。这个包在运行时可以使用一个 **Bundle** 对象来引用，很多类都通过 **Bundle** 来加载资源。

在对资源本地化时，不同的本地化资源都需要单独加入应用包中，这些资源被放到了语言相关的文件夹下，也就是 `lproj` 文件夹。每个文件夹的名字都是地区名字加上 `lproj`，比如美国使用英语的地区是 `en_US`，`en` 是英语的代号，`US` 是美国的地区代号，因此美国英语资源的文件夹是 `en_US.lproj`（如果不需要对地区定制，则地区符号可以忽略）。语言和地区的符号是所有平台通用的，不仅仅是在 iOS 中。

当通过 **Bundle** 来获取文件资源路径时，应用首先在根目录下根据名字查询文件，如果没有找到，则会查询设备的语言和地区设置，找到合适的 lproj 文件夹，然后在这个文件夹下查找。只要本地化了资源，应用就会自动加载正确的文件。

另一方面，对于本地化界面文件，一个简单的方法是创建不同的 storyboard 文件，然后手动编辑每个文件。但是，如果准备做很多个本地化界面文件，则这个方法不好扩展。如果要添加一个标签或按钮，则需要在每种语言的 storyboard 上都添加一个。

为了简化界面文件的本地化，Xcode 有一个基础国际化的功能。基础国际化创建了一个 Base.lproj 文件夹，包含了主要的界面文件，这样，本地化界面文件就只需要创建 Localizable.string 文件了。如果不能通过改变字符串来满足需求，也可以单独创建界面文件，实际上，随着自动布局的引入，替换字符串可以满足绝大部分本地化需求。下面将使用自动布局为本地化做准备。

准备本地化

首先打开 Main.storyboard，然后打开助手编辑器（通过点击 View（视图）→Assistant Editor（助手编辑器）→Show Assistant Editor（显示助手编辑器），或者通过键盘快捷键 Option+Command+Return 打开）打开。点击 Automatic（自动匹配），在弹出的菜单中选择 Preview（预览），如图 7-6 所示。通过预览助手（preview assistant）界面可以方便地查看不同尺寸、不同方向以及不同语言下的界面。

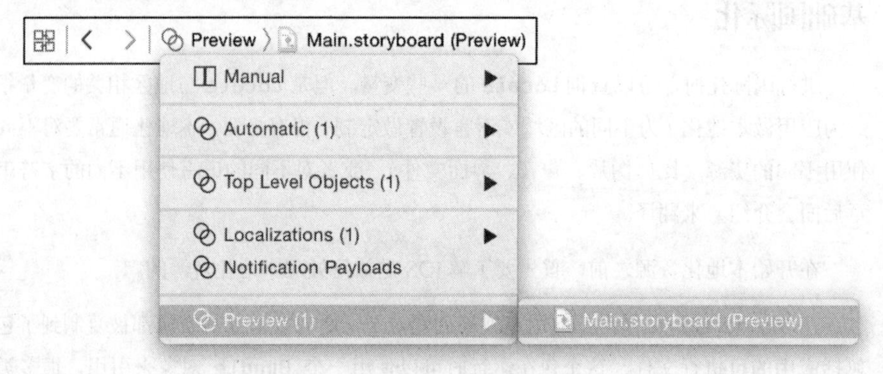

图 7-6 打开预览助手

在 storyboard 中选择 **ConversionViewController** 来查看预览（见图 7-7）。

注意看预览助手底部工具栏两侧的按钮：通过左侧的“+”按钮，可以在预览画布上添加不同尺寸的预览界面，这样可以方便同时查看不同尺寸和不同方向上的界面效果；通过右侧的按钮可以选择预览界面的语言。

（如果预览助手界面中没有 iPhone 7，则可以使用“+”按钮添加一个。要删除的话，选中任何一个预览界面，然后按键盘上的 Delete 键就可以删除了。）

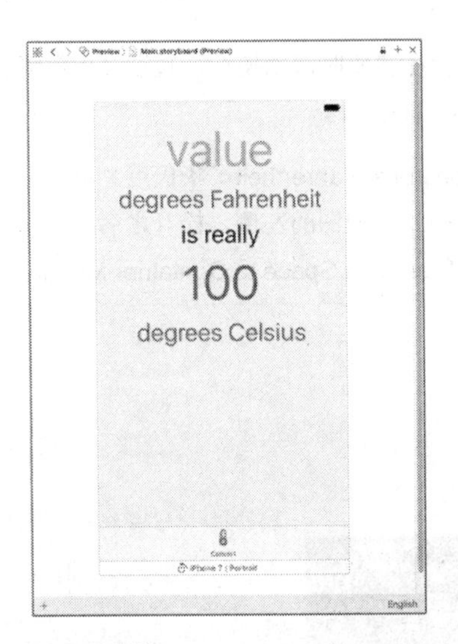

图 7-7 预览 ConversionViewController

如果应用还没有国际化为其他语言，Xcode 也提供了一种称为“伪语言（pseudolanguage）”的临时解决方案，在没有翻译完所有字符串之前，可以使用伪语言来国际化应用。Xcode 内置了三种伪语言，本章将介绍其中一种，名为 Double-Length Pseudolanguage（双倍长度伪语言），它通过重复控件中的字符串来模仿一些冗长语言，例如，把“is really”变为“is really is really”。

点击 English（英文）按钮，在弹出框中选择 Double-Length Pseudolanguage（双倍长度伪语言），标签中的文字都变为双倍长度了（见图 7-8）。

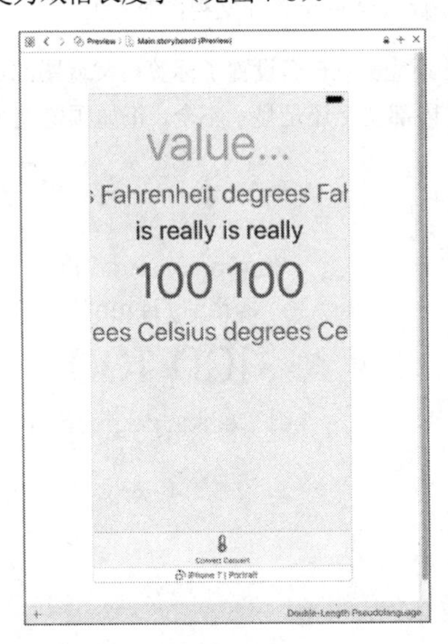

图 7-8 双倍长度的字符串

双倍长度伪语言马上就暴露出了一个问题：标签上的文字超出了屏幕的两边，无法查看完整的字符串。为了解决这个问题，可以先限制标签的两边不能超出其父视图，再将标签的行数设置为 0（0 表示标签会在需要时自动换行，且没有行数限制）。首先尝试修复其中一个标签，然后对其他标签执行相同的操作。

在画布上，选中 degrees Fahrenheit（华氏度）标签。下面用一种新的方式添加约束：按住 Control 后从标签上拖到父视图的左侧，松开之后，会出现一个与拖动方向相关的弹窗（见图 7-9），在弹窗中选择 Leading Space to Container Margin（起始位置和容器对齐）。

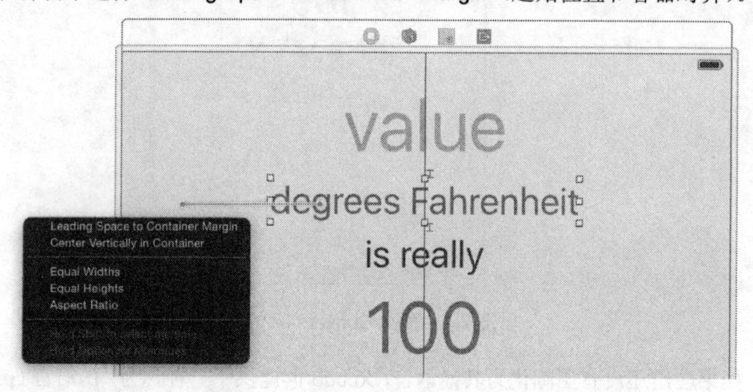

图 7-9　通过按住 Control 拖动添加约束

拖动的方向会影响弹框中的约束选项：水平拖动会显示水平相关的约束，竖直拖动会显示竖直相关的约束，斜着拖动会同时显示水平和竖直相关的约束，这在设置很多约束时非常方便。

现在按住 Control 从 degrees Fahrenheit（华氏度）标签拖到父视图的右侧，然后选择 Trailling Space to Container Margin（结束位置和父视图对齐）。

以上添加的约束并不完美。它们设置了标签与父视图的边距是固定值，导致虽然标签两侧仍然有富余空间，但是内部文字还是显示不全，正如预览助手界面中看到的效果（见图 7-10）。

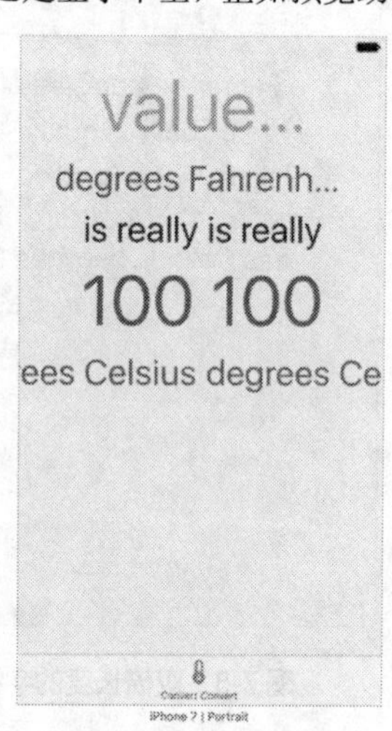

图 7-10　预览添加了新约束后的界面

更好的实现方式是让标签与父视图的边距大于或等于 `0`，这里需要使用不等约束。

点击标签左侧的 I 按钮来选中 leading 约束，打开检视面板，把 Relation（关系）改为 Greater Than or Equal（大于或等于），并且把 Constant 改为 `0`（见图 7-11）。

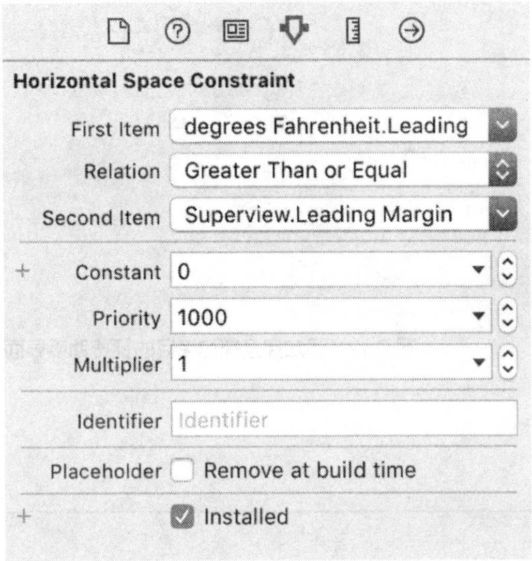

Horizontal Space Constraint

First Item degrees Fahrenheit.Leading
Relation Greater Than or Equal
Second Item Superview.Leading Margin
Constant 0
Priority 1000
Multiplier 1
Identifier Identifier
Placeholder Remove at build time
Installed

图 7-11 不等约束

对 trailing 约束做相同的操作，完成后再看一下预览助手界面——现在看起来好多了，但仍然有部分标签显示不全。

再次选中 degrees Fahrenheit 标签，然后打开属性检视面板，把 Lines（行数）改为 `0`。现在再看一下预览助手界面——文字已经分两行显示，并且展示完全。由于其他标签的位置是与它们上面的标签相关的，因此它们的位置自动向下移动了。

对其他标签做相同的操作，需要做以下工作。

- 为每个标签添加 leading 和 trailing 的约束。
- 设置约束的关系为大于等于 `0` 或小于等于 `0`（双击约束可以快速进入属性检视面板）。
- 设置标签的行数为 `0`。

全部完成之后，使用双倍长度伪语言的预览助手界面看起来应该与图 7-12 类似。

现在，需要用到预览助手的工作已经全部完成，读者可以点击右上角的 **X** 关闭预览助手。

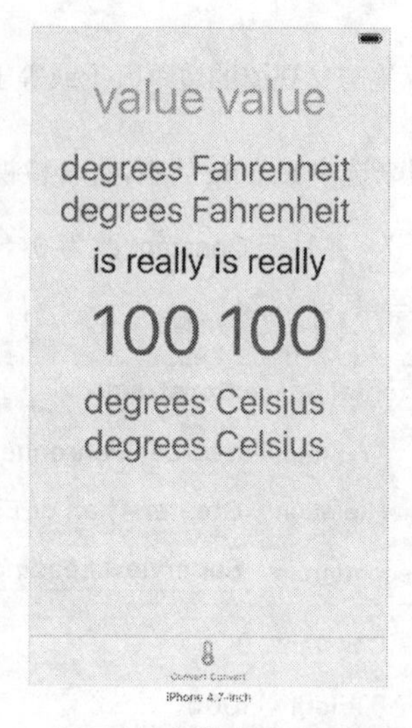

图 7-12　添加完全部约束后的预览助手界面

7.2　本地化

Localization

WorldTrotter 现在已经完成国际化，它的界面可以适配各种语言和地区了。下面开始本地化应用，也就是为特定语言指定字符串和资源。本节将会介绍如何为 WorldTrotter 的界面，也就是 `Main.storyboard` 文件添加英语和西班牙语的本地化资源，并对应地创建两个 `lproj` 文件夹。

先从本地化 storyboard 文件开始。在项目导航面板中选中 `Main.storyboard`。

打开文件检视面板（点击□标签，或者使用键盘快捷键 Option+Command+1），找到 Localization（本地化），选中 English（英文）复选框，确保后面的下拉框选择的是 Localizable Strings（本地化字符串）（见图 7-13）。这样就会创建应用本地化的字符串表了。

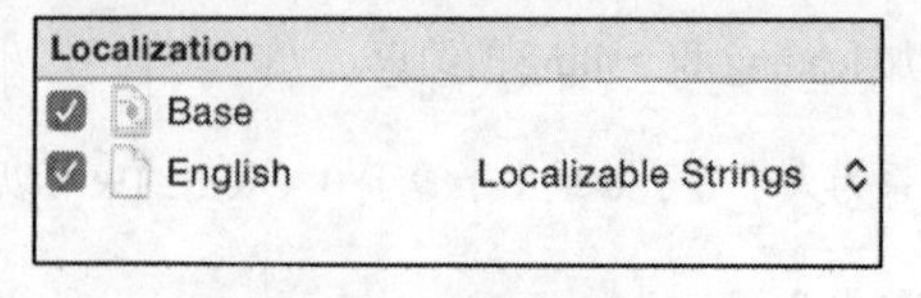

图 7-13　本地化为英文

在项目导航面板（project navigator）中，选中顶部的 WorldTrotter 项目，然后在侧边栏的 Project（项目）中选中 WorldTrotter，最后选中 Info 标签。（如果找不到侧边栏，可以使用左上角的 Show projects and targets（现实项目和目标）按钮来打开侧边栏，如图 7-14 所示。）

图 7-14 显示项目和目标

首先点击 Localizations（本地化）下面的“+”按钮，选择 Spanish(es)；接下来在弹出框中取消选择 `LanunchScreen.storyboard`，选中 `Main.storyboard`；然后确认 Reference Language（引用语言）为 Base，file type（文件类型）为 Localizable Strings（本地化字符串）；最后点击 Finish（完成）按钮。这样会生成一个 `es.lproj` 文件夹，并且生成一个包含界面文件中的字符串的 `Main.strings` 文件。本地化配置看起来与图 7-15 类似。

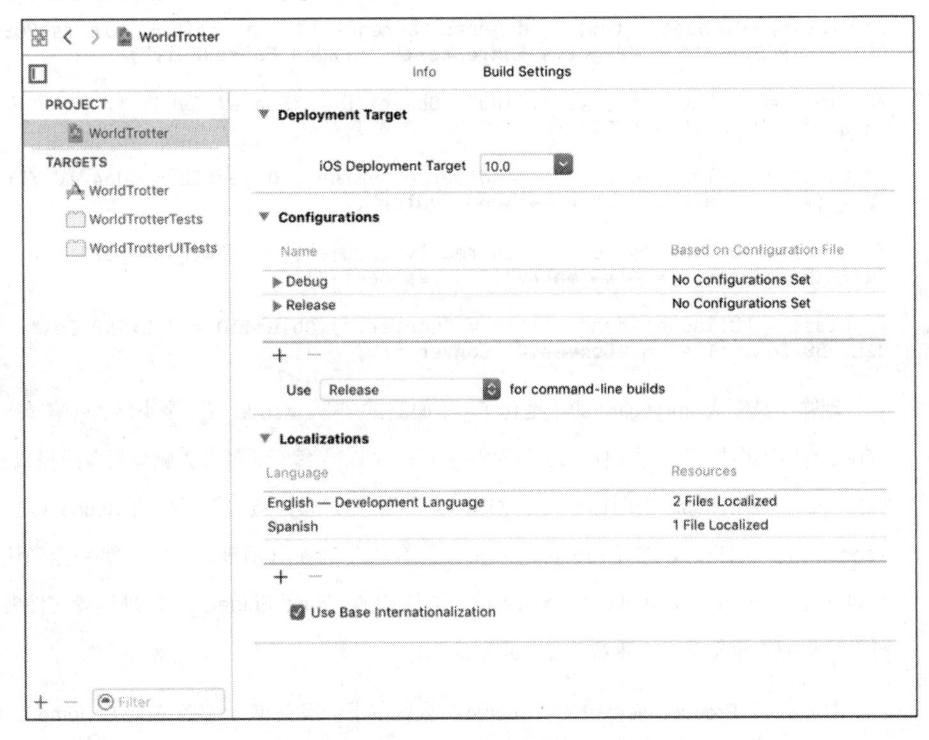

图 7-15 本地化

打开项目导航面板，点击 `Main.storyboard` 旁边的三角形按钮（见图 7-16）。Xcode 把 `Main.storyboard` 文件移动到了 `Base.lproj` 文件夹中，并且在 `es.lproj` 文件夹中创建了一个 `Main.strings` 文件。

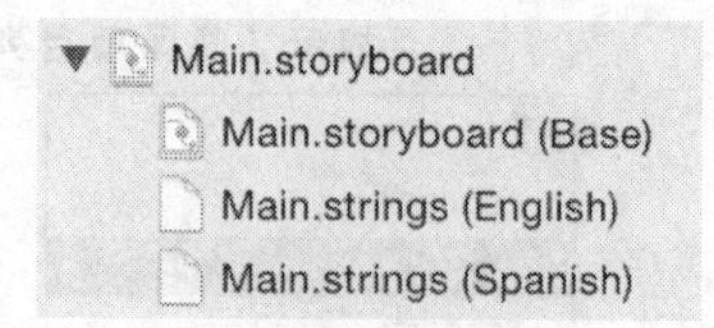

图7-16 项目导航面板中的本地化storyboard文件

在项目导航面板中，点击西班牙语的 `Main.strings` 文件。打开文件之后，文字不是西班牙语的，需要读者自己把文字翻译为西班牙语——Xcode 没有那么聪明。

请读者按照下面的文字编辑文件，以下内容中的 `ObjectID` 与顺序可能和读者的不同，但是通过注释中的 `text` 和 `title` 字段就可以找到对应的翻译。

```
/* Class = "UITabBarItem"; title = "Map"; ObjectID = "6xh-o5-yRt"; */
"6xh-o5-yRt.title" = "Map" "Mapa";

/* Class = "UILabel"; text = "degrees celsius"; ObjectID = "7la-u7-mx6"; */
"7la-u7-mx6.text" = "degrees Celsius" "grados Celsius";

/* Class = "UILabel"; text = "degrees fahrenheit"; ObjectID = "Dic-rs-P0S"; */
"Dic-rs-P0S.text" = "degrees Fahrenheit" "grados Fahrenheit";

/* Class = "UILabel"; text = "100"; ObjectID = "Eso-Wf-EyH"; */
"Eso-Wf-EyH.text" = "100";

/* Class = "UITextField"; placeholder = "value"; ObjectID = "On4-jV-YlY"; */
"On4-jV-YlY.placeholder" = "value" "valor";

/* Class = "UILabel"; text = "is really"; ObjectID = "wtF-xR-gbZ"; */
"wtF-xR-gbZ.text" = "is really" "es realmente";

/* Class = "UITabBarItem"; title = "Convert"; ObjectID = "zLY-50-CeX"; */
"zLY-50-CeX.title" = "Convert" "Convertir";
```

现在已经完成storyboard的本地化了，下面测试一下。Xcode 有一个小问题：编译应用时，Xcode 有时不会更新资源文件。为了确保应用每次都完全编译，最好先删除设备或模拟器上的应用（长按应用图标，当图标开始抖动时，点击删除按钮）；然后重新启动 Xcode（对，退出 Xcode，再重新打开），选择 Product（产品）菜单中的 Clean（清理）；最后，要完全确认的话，可以在打开 Product 菜单时按住 Option 键，选择 Clean Build Folder...（清理编译文件夹）。这样会确保应用重新编译、重新打包、重新安装。

首先选择 Product 菜单中的 Scheme，然后在下一级菜单中选择 Edit Scheme...（编辑 Scheme...）。在弹出的编辑界面中选择左侧的 Run 后，再选择 Options（选项）标签，先打开 Application Language（应用语言）弹出框，选择 Spanish（西班牙语）；然后确认 Application Region（应用地区）选择的是 Spain（西班牙），最后关掉窗口。

编译并运行应用，切换到 **`ConversionViewController`** 的界面，可以看到现在的界面是西班牙语了。由于前面修改了标签的约束，因此标签会自适应文字的长度，效果如图 7-17 所示。

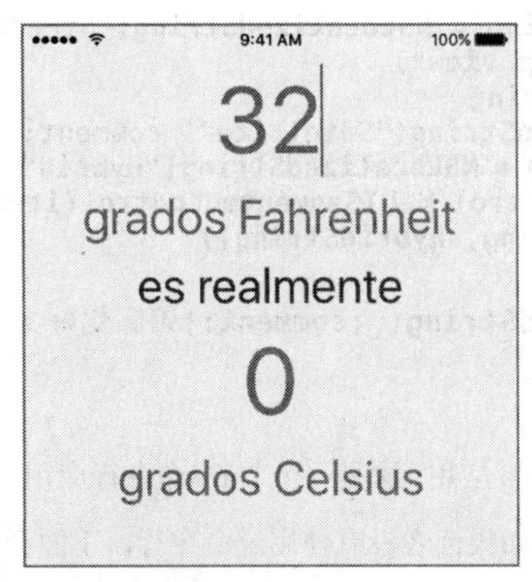

图 7-17　西班牙语的 ConversionViewController

NSLocalizedString 以及字符串表

编写应用时可能有很多地方需要动态创建 **String** 实例或者在 UI 上直接使用字符串字面量（string literals）。对于这类字符串，为了展示其翻译之后的版本，需要使用字符串表。字符串表是一个字符串键-值对文件，包含应用会用到的所有字符串，及其翻译后的版本。它是应用中的一个文件，添加起来并不复杂。

代码中可能会像这样使用字符串：

```
let greeting = "Hello! "
```

使用 **NSLocalizedString(_:comment:)** 方法可以国际化字符串。

```
let greeting = NSLocalizedString("Hello!", comment:"The greeing for the user")
```

这个方法需要两个参数：一个键名和一个描述字符串。键名会用来查询表中的字符串，运行时，**NSLocalizedString(_:comment:)** 会先在应用包中查询符合当前语言的字符串表文件，然后在字符串表中根据键名找到翻译后的字符串。

下面国际化 **MapViewController** 中的 **UISegmentedControl**。在 MapViewController.swift 中找到 **loadView()** 方法，使用本地化字符串更新 **UISegmentedControl** 的初始化方法。

```
override func loadView() {
    //创建一个地图视图
    mapView = MKMapView()

    view = mapView
```

```
~~let segmentedControl
        = UISegmentedControl(items: ["Standard", "Satellite", "Hybrid"])~~

let standardString = NSLocalizedString("Standard", comment:
    "Standard map view")
let satelliteString
    = NSLocalizedString("Satellite", comment: "Satellite map view")
let hybridString = NSLocalizedString("Hybrid", comment: "Hybrid map view")
let segmentedControl = UISegmentedControl(items: [standardString,
    satelliteString, hybridString])
```

使用 **NSLocalizedString(_:comment:)** 国际化好文件之后，可以使用命令行应用创建字符串表。

打开 Terminal（终端）应用，这是一个 Unix 命令行应用。首先进入 MapViewController.swift 所在的文件夹，如果读者没有使用过命令行，下面会一步步地讲述：

```
cd
```

紧接着输入一个空格（现在不要按回车）。

接下来打开 Finder，找到 MapViewController.swift 以及它的文件夹，把文件夹图标拖到 Terminal 窗口中，Terminal 就会自动填充文件路径了，看起来应该与以下内容类似：

```
cd /Users/cbkeur/iOSDevelopment/WorldTrotter/WorldTrotter/
```

按下回车，Terminal 的工作文件夹就是 MapViewController.swift 所在的文件夹了。

使用命令行 ls 可以列出当前文件夹中的内容，确认 MapViewController.swift 文件在列表中。

在命令行中输入下面的内容，就可以生成字符串表了：

```
genstrings MapViewController.swift
```

生成的 Localizable.strings 文件包含了 **MapViewController** 中的字符串。把这个文件从 Finder 中拖到项目导航面板中（或者使用 File→Add Files to “WorldTrotter”...菜单），应用编译之后，该文件就会被拷贝到安装包中。

打开 Localizable.strings，文件内容如下：

```
/* Hybrid map view */
"Hybrid" = "Hybrid";

/* Satellite map view */
"Satellite" = "Satellite";

/* Standard map view */
"Standard" = "Standard";
```

字符串上面的注释是 **NSLocalizedString(_:comment:)** 方法的第二个参数。虽然这个方法并没有要求必须传第二个参数，但是传第二个参数用于注释会让本地化更容易。

现在已经创建了 `Localizable.strings`，读者需要在 Xcode 中本地化这个文件。打开文件检视面板，然后点击 Localization（本地化）部分的 Localize...（本地化该文件...）按钮；接下来在弹出框中选择 Base，并点击 Localize；最后选中 Spanish 和 English 旁边的复选框来支持西班牙语和英语。

在项目导航面板中，点击 `Localizable.strings` 旁边的三角符号，点击 `Localizable.strings(Spanish)` 打开西班牙语版本的文件。文件中左边的字符串是传入 **`NSLocalizedString(_:comment:)`** 方法的键名，右边的字符串是返回值。请读者将右边的字符串替换为如下的西班牙语（要输入带音标的字母，比如“é”，可以先长按对应的字母，然后输入弹出框上需要的字母所对应的数字）。

```
/* Hybrid map view */
"Hybrid" = "Hybrid" "Híbrido";

/* Satellite map view */
"Satellite" = "Satellite" "Satélite";

/* Standard map view */
"Standard" = "Standard" "Estándar";
```

编译并运行应用。所有的字符串，包括 **`UISegmengtedControl`** 上的标题都显示为西班牙语了（见图 7-18）。如果没有显示西班牙语，则尝试删除应用，清理项目，然后重新编译并运行应用（或者检查一下 scheme 编辑界面中的语言设置）。

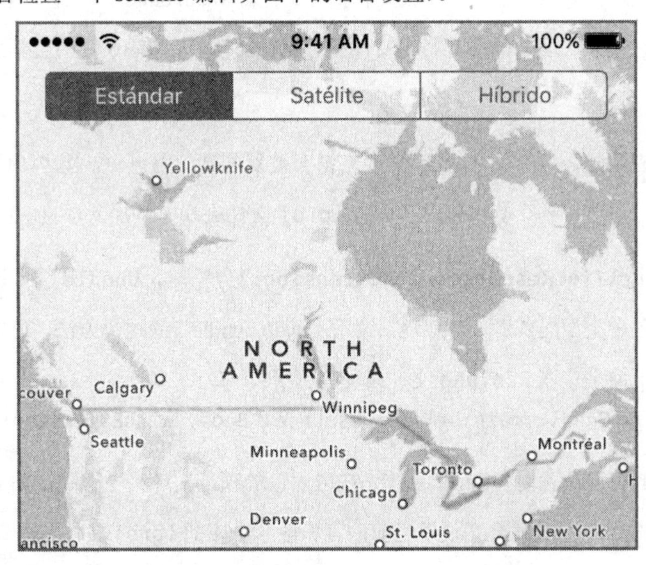

图 7-18 西班牙语版本的 MapViewController

国际化和本地化对于提升应用的用户量很有帮助，正如本章开头讲述的，如果没有国际化，其他国家的用户可能无法使用应用。本书后面的应用也都需要国际化。

过去的5章中，读者已经创建了一个很棒的应用，可以把华氏度转化为摄氏度，并且可以通过几种不同的方式展示地图。更棒的是，应用不仅可以适配所有尺寸的 iPhone 屏幕，而且可以支持另外一种语言。恭喜读者！

7.3 初级练习：增加另外一种语言的本地化

Bronze Challenge: Another Localization

熟能生巧。将 WorldTrotter 本地化为另一种语言，可以使用翻译网站来翻译语言。

7.4 深入学习：Bundle 在国际化中扮演的角色

For the More Curious: Bundle's Role in Internationalization

真正的本地化工作是由 **Bundle** 类完成的，一个 **Bundle** 对象代表设备磁盘上的一个文件夹路径，该路径下包含编译好的代码和资源文件。“main bundle（主程序包）”是应用包的另一种说法，它包含了应用的所有资源文件和可执行文件，在第16章中会学到更多关于应用包的知识。

编译应用时，所有的 `lproj` 文件夹都会被复制到应用包中。图7-19展示了 WorldTrotter 的应用包，可以看到，其中包含了所有 `lproj` 文件夹和一些加入项目的图片。

使用 **`url(forResource:withExtension:)`** 方法时，**Bundle** 会知道如何搜索本地化的文件夹和各种类型的资源。对应地，调用“main bundle”的这个方法，可以获得应用包中资源的路径，下面是获取 `Boo.png` 文件路径的例子：

```
let path = Bundle.main.url(forResource:"Boo", withExtension: "png")
```

在获取资源位置时，**Bundle** 首先在应用包的顶层文件夹中查找，如果存在，就返回文件的URL；如果不存在，就会在设备当前语言和地区对应的 `lproj` 文件夹中查找，然后生成URL；如果仍然不存在，就会在 `Base.lproj` 文件夹中查找；如果还是没有找到文件，就会返回 `nil`。

以图7-19的应用包为例，如果用户的语言设置为西班牙语，则 **Bundle** 会在顶层目录中

找到 `Boo.png`、在 `es.lproj` 中找到 `Tom.png`，以及在 `Base.lproj` 中找到 `Hat.png`。

WorldTrotter

Name	Date Modified	Size	Kind
▼ Base.lproj	Today, 11:14 AM	--	Folder
Hat.png	Today, 11:14 AM	3.5 MB	PNG image
LaunchScreen.storyboardc	Today, 11:14 AM	3 KB	Interfa...ument
Localizable.strings	Today, 10:53 AM	77 bytes	text
Main.storyboardc	Today, 11:14 AM	8 KB	Interfa...ument
Tom.png	Today, 11:14 AM	5 MB	PNG image
Boo.png	Today, 11:14 AM	3.8 MB	PNG image
▼ en.lproj	Today, 11:14 AM	--	Folder
Localizable.strings	Today, 10:53 AM	77 bytes	text
Main.strings	Sep 24, 2015, 8:48 AM	754 bytes	text
Tom.png	Today, 11:14 AM	5 MB	PNG image
▼ es.lproj	Today, 11:14 AM	--	Folder
Localizable.strings	Today, 10:53 AM	129 bytes	text
Main.strings	Sep 24, 2015, 8:48 AM	758 bytes	text
Tom.png	Today, 11:14 AM	5 MB	PNG image
▶ Frameworks	Today, 11:14 AM	--	Folder
Info.plist	Today, 10:53 AM	1 KB	property list
PkgInfo	Today, 10:53 AM	8 bytes	TextEd...ument
WorldTrotter	Today, 10:53 AM	96 KB	Unix E...le File

图 7-19　应用包

在项目中添加新的本地化文件时，Xcode 不会自动删除顶层文件夹。这就是为什么本地化文件时需要清理项目——不清理的话，未本地化的文件仍然存在于顶层文件夹中，即使应用包中有 `lproj` 文件夹，**`Bundle`** 还是会先找到顶层文件夹中的文件。

7.5　深入学习：导入和导出 XLIFF 文件

For the More Curious: Importing and Exporting as XLIFF

工业化标准的本地化数据格式是 XLIFF（XML Localisation Interchange File Format，XML 本地化交换文件格式）。当读者与翻译家合作时，可以把应用需要翻译的 XLIFF 文件发给他们，然后导入他们发回的翻译好的 XLIFF 文件。

Xcode 支持导入和导出 XLIFF 文件。导出的过程包括查找和导出本地化字符串，前面是使用 `genstrings` 命令行应用完成的。

导出 XLIFF 文件时，可以选中项目导航面板中的项目（WorldTrotter），然后选择 Editor（编辑）菜单，并在菜单中选择 Export For Localization...（为本地化导出...），接下来在弹出框中选择是否包括已有的翻译（在“Include：”弹出框中选择 Existing Translations，这样可以节省翻译家的工作），以及选择导出哪种语言（见图 7-20）。

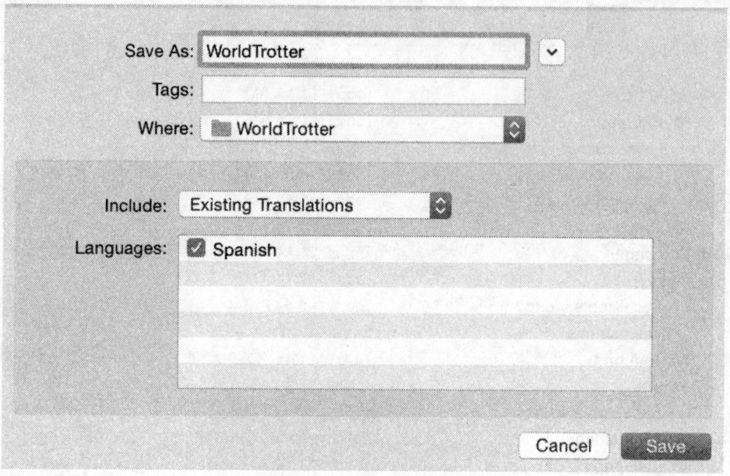

图 7-20 导出 XLIFF 文件

导入 XLIFF 文件时，可以先选中项目导航面板中的项目（WorldTrotter），然后选择 Editor→Import Localizations…（导入本地化文件…），选择文件后，可以确认导入的内容。

第8章

控制动画

Controlling Animations

“animation（动画）”这个单词是从拉丁语引入的，意思是“the act of bringing to life（为无生命的物体注入灵魂）”。在应用中，动画可以把界面元素平滑地展示到屏幕上，可以让可操作的元素吸引用户的注意，以及展示用户点击之后应用会如何响应。本章会返回到Quiz应用，在应用中使用一些动画技术。

在编写程序之前，我们首先看一下关于动画的文档。打开Xcode的Help（帮助）菜单，选择Documentation and API Reference（文档和API参考），就可以打开文档了。Xcode会在一个新窗口中显示文档。

打开文档之后，使用顶部的搜索栏搜索“UIView”。在搜索结果中找到API Reference（API参考）分类，点击其中的UIView可以打开UIView Class Reference（**UIView**类参考），向下滚动到标题为Animations（动画）的部分。这里给出了一些与动画相关的建议（本书也会参考这些建议），并且列出了**UIView**的哪些属性可以制作动画（见图8-1）。

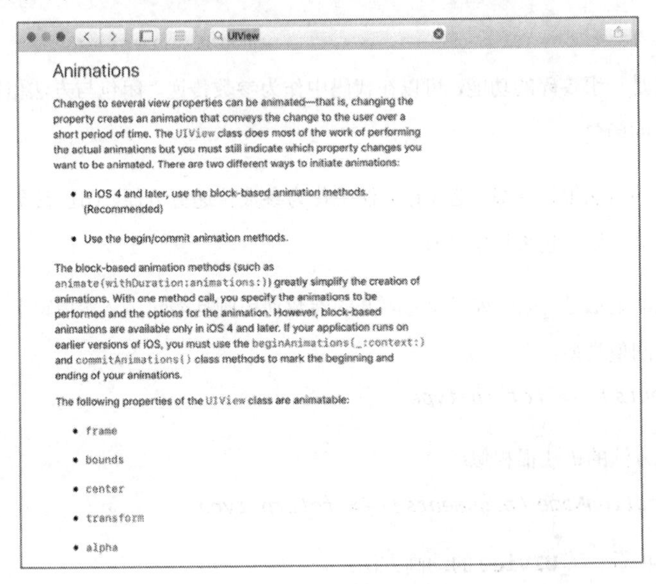

图8-1 UIView动画文档

8.1 基础动画

Basic Animations

文档一直是学习任何 iOS 技术的最好起点。下面给 Quiz 应用添加一些动画。读者将要使用的第一种动画类型是**基础动画**（basic animation）。基础动画是指在一个开始值和结束值之间制作动画（见图 8-2）。

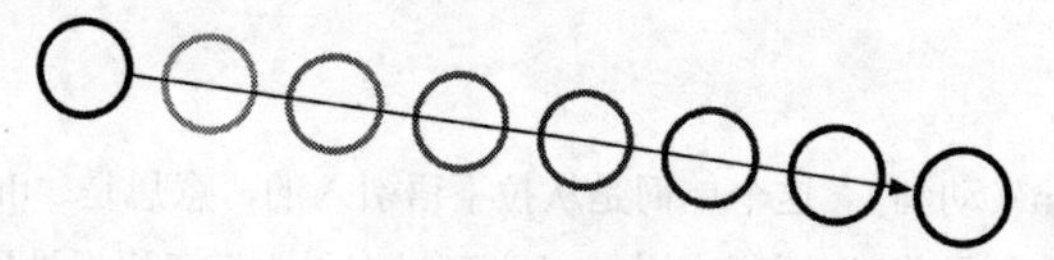

图 8-2 基础动画

首先对 **ViewController** 中的问题标签的 alpha（视图的透明度）属性添加动画。当用户切换到下一个问题时，使用动画让标签逐渐隐藏。**UIView** 有一些类方法可以实现这个需求，最简单的类方法如下：

```
class func animate(withDuration duration: NSTimeInterval, animations: ()->void)
```

这个类方法接收两个参数：duration 是 **NSTimeInterval**（它也属于 **Double** 类型）类型，animations 是一个闭包。

闭包

闭包是一组零碎的功能，可以在代码中作为参数传递。闭包与方法相似。实际上，方法是特殊类型的闭包。

闭包的语法很轻量级，这样在方法中作为参数传递更方便。闭包甚至可以作为方法的返回值。本节会使用闭包来指定动画。

闭包的语法是，把一列以逗号隔开的参数使用圆括号包围，然后跟上一个返回值箭头，以及一个返回值类型：

```
(arguments) -> return type
```

它与方法的语法很相似：

```
func functionName (arguments) -> return type
```

下面再看一下 **UIView** 的动画方法：

```
class func animate(withDuration duration: TimeInterval, animations: ()->Void)
```

这个闭包不需要任何参数，也没有返回值（有些返回值的表达式是()，与 Void 的含义是一样的）。

闭包的语法很直接，但是代码中具体怎样定义一个闭包呢？代码如下：

```
{ (arguments) -> return type in
    // code
}
```

闭包指的是花括号内的表达式。闭包的参数在圆括号内，参数后面是返回值。in 关键字用来把参数、返回值和闭包主体分开。

打开 Quiz.xcodeproj，在 ViewController.swift 中创建一个新方法来处理动画，并且创建一个没有参数也没有返回值的闭包。

```
func animateLabelTransitions() {

    let animationClosure = { () -> Void in

    }
}
```

现在有一个闭包常量了，但是它什么功能都没实现。下面给闭包增加一些功能：把问题标签的透明度变为 1，然后把闭包作为参数传递给 **animate(withDuration:animations:)** 方法。

```
func animateLabelTransitions() {

    let animationClosure = { () -> Void in
        self.questionLabel.alpha = 1
    }

    //对透明度制作动画
    UIView.animate(withDuration: 0.5, animations: animationClosure)
}
```

现在屏幕上的问题标签透明度已经是 1 了，因此，如果现在编译运行应用，就看不到任何动画。要处理这个问题，需要重载 **viewWillAppear(_:)** 方法，在每次 **ViewController** 的视图出现之前，将问题标签的透明度设置为 0。

```
override func viewWillAppear(animated: Bool){
    super.viewWillAppear(animated)

    //设置标签的初始透明度
    questionLabel.alpha = 0
}
```

虽然代码看起来很好了，但是仍然有一些冗长。下面让代码变得更简洁。

```
func animateLabelTransitions() {
    let animationClosure = { () -> Void in
        self.questionLabel.alpha = 1
    }

    //对透明度制作动画
    UIView.animate(withDuration:0.5, animations animationClosure)

    UIView.animateWithDuration(0.5, animations:{
        self.questionLabel.alpha = 1
    })
}
```

这里做了两个改变：第一个是传递了一个匿名闭包（也就是直接把闭包传递给方法，不使用常量或者变量保存）。第二个是去掉了返回值的相关信息，闭包可以根据上下文推断出返回值。

下面在用户点击下一题按钮时调用 **animationLabelTranstion()** 方法。

```
@IBAction func showNextQuestion(sender: AnyObject){
    ++currentQuestionIndex
    if currentQuestionIndex == questions.count {
        currentQuestionIndex = 0
    }

    let question: String = questions[currentQuestionIndex]
    questionLabel.text = question

    answerLabel.text = "???"

    animateLabelTransitions()
}
```

编译并运行应用。当用户点击下一题按钮时，标签就会渐渐地显示在屏幕上。动画让用户体验变得更柔和。

8.2　另一个标签

Another Label

第一次点击下一题按钮时，动画展示得非常好，但是再点击下一题按钮时，就没有动画了，因为标签的透明度已经是 1。本节将会在界面上再添加一个标签，点击下一题时，现有的标签会渐渐消失，新的标签（显示了下一题的文字）会渐渐出现。

在 ViewController.swift 的顶部，把单个标签的定义换成两个标签，代码如下：

```
@IBOutlet var questionLabel: UILabel!
@IBOutlet var currentQuestionLabel: UILabel!
@IBOutlet var nextQuestionLabel: UILabel!
@IBOutlet var answerLabel: UILabel!
```

Xcode标出了4个出错的地方，需要把questionLabel换为新的标签。在**viewDidLoad()**中使用 currentQuestionLabel，在 **viewWillAppear(_:)**和 **showNextQuestion(_:)**中使用 nextQuestionLabel，代码如下：

```
func viewDidLoad() {
    super.viewDidLoad()
    questionLabel.text = questions[currentQuestionIndex]
    currentQuestionLabel.text = questions[currentQuestionIndex]
}

override func viewWillAppear(animated: Bool){
    super.viewWillAppear(animated)

    //设置标签的初始透明度
    questionLabel.alpha = 0
    nextQuestion.alpha = 0;
}

@IBAction func showNextQuestion(sender: AnyObject){
    ++ currentQuestionIndex
    if currentQuestionIndex == questions.count{
        currentQuestionIndex = 0
    }

    let question: String = questions[currentQuestionIndex]
    questionLabel.text = question
    nextQuestionLabel.text = question
    answerLabel.text = “???”

    animateLabelTranstions()
}
```

下面更新 **animateLabelTransitions()**，让两个标签都做动画。让 currentQuestionLabel 渐渐消失，nextQuestionLabel 渐渐出现。

```
func animateLabelTransitions() {

    //对透明度制作动画
    UIView.animateWithDuration(0.5, animations:{
        self.questionLabel.alpha = 1
        self.currentQuestionLabel.alpha = 0
        self.nextQuestionLabel.alpha = 1
    })
}
```

代码中已经更新了标签，现在打开 Main.storyboard 更新连接。按住 Control 再点击 View

Controller 可以查看所有的连接。可以看到删除的 questionLabel 仍然存在，且旁边有一个黄色的警告图标（见图 8-3）。点击 X 按钮删除这个连接。

图 8-3　缺失的连接

拖动 currentQuestionLabel 旁边的小圆圈到画布的问题标签上，这样就可以把它们连接起来。

现在在界面上拖入一个新标签，放在现有的问题标签旁边。把新标签和 nextQuestionLabel 连接起来。

下面把新标签放在与问题标签相同的位置，通过约束来实现是最好的方法。按住 Control，从 nextQuestionLabel 上拖到 currentQuestionLabel 上，然后在弹出框中选择 Top（顶部）。按住 Control，从 nextQuestionLabel 拖到父视图上，然后在弹出框中选择 Center Horizontally in Container（在容器中水平居中）。

现在 nextQuestionLabel 的位置是不正确的。选中这个标签，打开 Resolve Auto Layout Issues（处理自动布局问题）菜单，选择 Update Frames（更新 Frame）。现在标签的位置就正确了。

编译并运行应用。点击下一题，会看到两个标签都有动画了。

如果再点一次下一题，由于 `nextQuestionLabel` 的透明度已经是 1 了，所以不会有动画。要修复这个问题，需要交换两个标签的引用关系。在动画完成后，设置 `currentQuestionLabel` 指向屏幕上的标签，`nextQuestionLabel` 指向隐藏的标签。这需要一个动画完成的处理程序来实现。

8.3 动画完成

Animating Completion

调用 **animate(withDuration:animations:)**后，方法会立即返回。也就是说，调用后会立即开始动画，但是并不会等待动画完成。知道动画什么时候完成是很有用的，比如，需要执行一连串的动画，或者在动画完成时更新另一个对象。要想知道动画什么时候结束，可以在制作动画时传递一个完成的闭包参数。可以在这时交换两个标签的引用关系。

在 ViewController.swift 中更新 **animateLabelTransitions()**，使用 **UIView** 中与动画相关参数最多的方法，其中包含完成参数。

```
func animateLabelTransitions() {

    //对透明度制作动画
    UIView.animate(withDuration:0.5, animations:{
        self.currentQuestionLabel.alpha = 0
        self.nextQuestionLabel.alpha = 1
    })
    UIView.animate(withDuration:0.5,
        delay: 0,
        options: [],
        animations: {
            self.currentQuestionLabel.alpha = 0
            self.nextQuestionLabel.alpha = 1
        },
        completions: { _in
            swap(&self.currentQuestionLabel, &self.nextQuestionLabel)
    })
}
```

延时（delay）参数表示系统需要等多久才开始执行动画。options（选项）参数会在后面讨论，现在传递的是空数组。

在完成的闭包中，我们需要告诉系统下一个 currentQuestionLabel 是当前的 nextQuestionLabel，以及下一个 nextQuestionLabel 是当前的 currentQuestionLabel。这里使用 **swap(_:_:)**方法来实现，它可以接收两个参数后交换它们。

编译并运行应用。现在所有的问题标签都有动画了。

8.4 对约束作动画

Animating Constraints

本节将继续增强动画，在点击下一题按钮时，让 nextQuestionLabel 从左侧飞入屏幕、

currentQuestion 从右侧飞出屏幕。要完成这个功能，需要学习对约束进行动画。

首先需对将要修改的约束添加引用。到目前为止，所有的@IBOutlets（插座变量）都是针对视图对象的。但是插座变量并不局限于视图对象，任何界面上的元素都可以与插座变量关联，包括约束。

可在 ViewController.swift 中定义两个插座变量来引用标签的居中约束，代码如下：

```
@IBOutlet var currentQuestionLabel: UILabel!
@IBOutlet var currentQuestionLabelCenterXConstraint: NSLayoutConstraint!
@IBOutlet var nextQuestionLabel: UILabel!
@IBOutlet var nextQuestionLabelCenterXConstraint: NSLayoutConstraint!
@IBOutlet var answerLabel: UILabel!
```

打开 Main.storyboard，把这两个变量和对应的约束连接起来。最简单的方法是使用文件大纲（document outline）来完成。点击 Constraints（约束）旁边的三角号展开约束，找到 Current Question Label CenterX Constraint（当前问题标签的居中对齐约束）。按住 Control 并拖动到 View Controller 上（见图 8-4），然后选择正确的插座变量。对 Next Question Label CenterX Constraint（下一个问题标签的居中对齐约束）执行相同的操作。

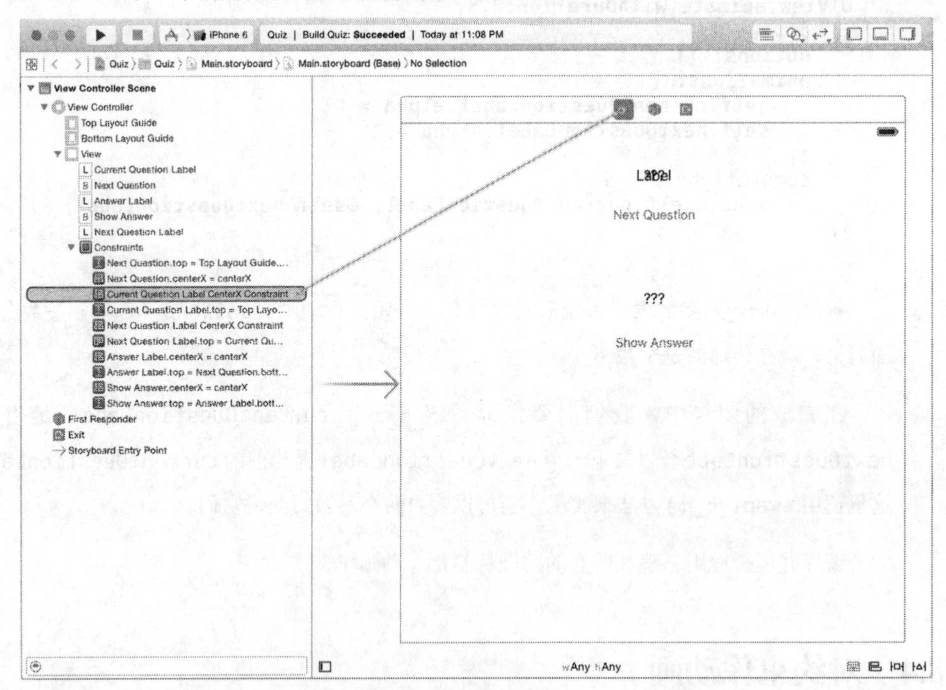

图 8-4　连接约束变量

现在，下一题按钮和按钮的居中对齐约束是与当前问题标签相关的。在对当前问题标签制作动画（让它飞入屏幕）时，其他相关视图都会一起飞入屏幕，这并不是期望的结果。

选中下一题按钮的 X 居中对齐约束，并且删除它。然后按住 Control，从下一题按钮拖到它的父视图上，选择 Center Horizontally in Container（在容器中水平居中）。

下面让两个问题的标签和屏幕一样宽。`nextQuestionLabel` 的中心在屏幕的左边，与左边的距离是屏幕宽度的一半。`currentQuestionLabel` 的中心在它当前的位置、屏幕的中间。

当动画触发时，两个标签都向右移动，移动距离为屏幕的宽度。这时，`nextQuestionLabel` 的位置在屏幕的中间，`currentQuestionLabel` 的中心在屏幕的右边，距离右边的距离是屏幕宽度的一半（见图 8-5）。

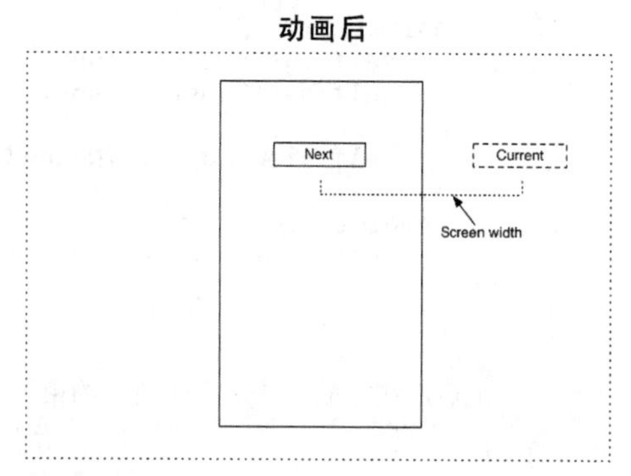

图 8-5 标签动画

要完成这个任务，首先要在 **`ViewController`** 加载视图时把 `nextQuestionLabel` 移到屏幕的左边。

在 `ViewController.swift` 中添加一个方法，并且在 **`viewDidLoad()`** 中调用它。

```
func viewDidLoad() {
    super.viewDidLoad()
    currentQuestionLabel.text = questions[currentQuestionIndex]

    updateOffScreenLabel()
}

func updateOffScreenLabel(){
    let screenWidth = view.frame.width
    nextQuestionLabelCenterXConstraint.constant = -screenWidth
}
```

下面添加标签的动画。对约束制作动画和对属性制作动画有些不同。如果在动画的代码中修改约束，并不会出现动画。为什么？因为在修改约束之后，系统需要根据修改来调整视图树中所有相关视图的位置。如果任何修改都触发这个机制，那么对系统资源的消耗会很大（如果只修改了一点约束，那么可能并不需要每次修改之后都更新位置）。因此需要在调整完位置之后，通知系统更新。可以调用视图的 **`layoutIfNeeded()`** 方法来完成这个任务，这个方法会让系统根据最新的约束来布局视图。

在 ViewController.swift 中更新 **animateLabelTransitions()**方法，让它修改约束并通知系统。

```
func animateLabelTransition() {

    //对透明度和 CenterX 约束制作动画
    let screenWidth = view.frame.width
    self.nextQuestionLabelCenterXConstraint.constrant = 0
    self.currentQuestionLabelCenterXConstraint.constant += screenWidth

    UIView.animateWithDuration(0.5,
        delay: 0,
        options: [],
        animations: {
            self.currentQuestionLabel.alpha = 0
            self.nextQuestionLabel.alpha = 1

            self.view.layoutIfNeeded()
        },
        completions: { _in
            swap(&self.currentQuestionLabel, &self.nextQuestionLabel)
    })
}
```

最后，在完成方法里交换两个约束变量的引用，然后把 nextQuestionLabel 放在屏幕的左边。

```
func animateLabelTransitions() {

    //对透明度和 CenterX 约束制作动画
    let screenWidth = view.frame.width
    self.nextQuestionLabelCenterXConstraint.constrant = 0
    self.currentQuestionLabelCenterXConstraint.constant += screenWidth

    UIView.animateWithDuration(0.5,
        delay: 0,
        options: [],
        animations: {
            self.currentQuestionLabel.alpha = 0
            self.nextQuestionLabel.alpha = 1

            self.view.layoutIfNeeded()
        },
        completions: { _in
            swap(&self.currentQuestionLabel, &self.nextQuestionLabel)
            swap(&self.currentQuestionLabelCenterXConstraint,
                &self.nextQuestionLabelCenterXConstraint)

            self.updateOffScreenlabel()
    })
}
```

编译并运行应用。动画几乎完美，标签的位置和透明度都有动画了。

还有一个小问题，但是很难发现。打开模拟器调试菜单中的 Slow Animations（慢动画，快捷键为 Command+T），可以更容易发现问题。所有标签的宽度也参与了动画（点一下显示答案按钮，再点下一题按钮，就会发现答案标签的宽度也参与了动画)。这是因为当标签的文字改变时，宽度也随着改变。可以让视图在动画之前就布局好，也就是让所有标签根据将要显示的文字先布局好位置和宽度，然后再开始播放透明度动画和滑动动画，这样就可以解决这个问题了。

更新 **animateLabelTransitions()**，让视图先布局，再制作动画。

```
func animateLabelTransitions() {

    //强制更新界面布局
    view.layoutIfNeeded()

    //对透明度和 CenterX 约束制作动画
    let screenWidth = view.frame.width
    self.nextQuestionLabelCenterXConstraint.constrant = 0
    self.currentQuestionLabelCenterXConstraint.constant += screenWidth

    UIView.animateWithDuration(0.5,
        delay: 0,
        options: [],
        animations: {
            self.currentQuestionLabel.alpha = 0
            self.nextQuestionLabel.alpha = 1

            self.view.layoutIfNeeded()
        },
        completions: { _in
            swap(&self.currentQuestionLabel, &self.nextQuestionLabel)
            swap(&self.currentQuestionLabelCenterXConstraint,
                 &self.nextQuestionLabelCenterXConstraint)

            self.updateOffScreenlabel()
    })
}
```

编译并运行应用，观察题目和答案标签，这个细微的动画问题也解决了。

8.5 时间方法

Timing Functions

动画的加速和减速是由时间方法控制的。默认情况下，动画会使用渐入/渐出的时间方法。使用驾驶类比的话，就好像平滑地从静止加速到一定速度，然后开始减速，逐渐回到静止状态。

还有很多其他时间方法，比如线性时间（从头到尾都是相同的速度）、渐入（平滑地加速到一定速度）、渐出（从一个初始速度平滑地减速到静止状态）。

在 ViewController.swift 中更新 **animateLabelTransitions()**，使用线性时间制作动画。

```
UIView.animateWithDuration(0.5,
   delay: 0,
   options: [.curveLinear],
   animations: {
      self.currentQuestionLabel.alpha = 0
      self.nextQuestionLabel.alpha = 1

      self.view.layoutIfNeeded()
   },
   completions: { _in
      swap(&self.currentQuestionLabel, &self.nextQuestionLabel)
      swap(&self.currentQuestionLabelCenterXConstraint,
         &self.nextQuestionLabelCenterXConstraint)

      self.updateOffScreenlabel()
   })
```

现在，和渐入/渐出动画不同，动画变为线性的了。区别虽然不大，但是仔细看还是可以看出来的。

options 接受一个 **UIViewAnimationOptions** 类型的参数。为什么这个参数带方括号呢？除了时间方法，动画还可以设置其他参数，因此需要一种指定多个参数的方法，也就是数组。**UIViewAnimationOptinos** 遵循 **OptionSet** 协议，这个协议允许在数组中使用多个值。

下面是一些动画参数。

时间方法选项

这些参数控制了动画的时间方法：

（1）UIViewAnimationOptions.curveEaseInOut;
（2）UIViewAnimationOptions.curveEaseIn;
（3）UIViewAnimationsOptions.curveEaseOut;
（4）UIViewAnimationsOptions.curveLinear。

UIViewAnimationOptions.allowUserInteraction

默认情况下，用视图制作动画时是不允许交互操作的。指定这个值会覆盖默认值，且这个值对于连续的动画很有用。

UIViewAnimationOptions.repeat

无限循环动画。通常这个值与 UIViewAnimationOptions.autoreverse 一起用。

UIViewAnimationOptions.autoreverse

先制作动画，动画完成后，再制作一个恢复到以前状态的动画。

查看 UIView Class Reference（**UIView** 参考）的 Constants（常量）部分，可以看到完整的参数。

8.6 初级练习：Spring 动画

Bronze Challenge: Spring Animations

iOS 自带了强大的物理引擎。spring 动画使用的就是这个引擎。

```
// UIView

class func animate(withDuration duration: TimeInterval,
    delay: TimeInterval,
    usingSpringWithDamping dampingRatio: CGFloat,
    initialSpringVelocity velocity: CGFloat,
    options: UIViewAnimaationOptions,
    animations: () ->Void,
    completion: ((Bool) -> Void)?)
```

采用 spring 动画的方式实现两个问题标签的动画。可以参考 **UIView** 的文档来理解每个参数的作用。

8.7 中级练习：Layout Guides

Silver Challenge: Layout Guides

如果把屏幕旋转为横屏，就会看到 nextQuestionLabel 了。不要使用硬编码来设置标签的布局，而是使用 **UILayoutGuide** 来设置两个标签的布局。**UILayoutGuide** 有一个 width 属性，它与 **UIViewController** 视图的宽度相等，使用它可以保证 nextQuestionLabel 不制作动画时一定位于屏幕之外。

第9章 调试

Debugging

编写代码时，总会出现各种问题，更糟糕的情况下，有时在制作应用界面时也会出现问题。Xcode 的调试器（LLDB）是一个可以帮助读者发现并解决问题的基础工具，本章将详细介绍 Xcode 的调试器及其基础功能。

9.1 Buggy 项目

A Buggy Project

下面创建一个简单的项目来介绍 Xcode 的调试器。打开 Xcode 并使用单视图应用模板（single view application）创建一个 iOS 项目，项目名称设置为 Buggy，语言设置为 Swift，设备设置为 iPhone 并且不选择 Use Core Data、Include Unit Tests 和 Include UI Tests（见图 9-1），最后点击 Next（下一步）按钮。

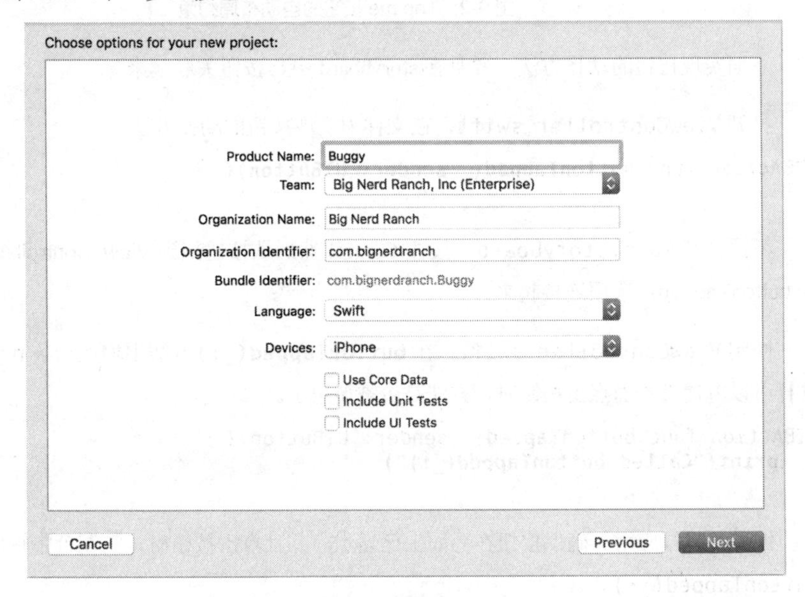

图 9-1 配置 Buggy

编写这个应用的代码时，可能会故意输入一些错误的代码。读者不要主动修复这些问题，通过这些问题才能更好地学习调试技术。

首先，打开 Main.storyboard 并拖一个按钮到画布上，然后双击按钮把标题改为“Tap me!”。继续选中按钮，打开自动布局的 Align（对齐）菜单，选中 Horizontally in Container（在父视图中水平居中），然后点击 Add 1 Constraint（添加 1 个约束）。接下来打开 Add New Constraints（添加新约束）菜单，设置它到父视图顶部的距离，选中 Width（宽度）和 Height（高度）前面的复选框，最后点击 Add 3 Constraints（添加 3 个约束）。

结果看起来应该与图 9-2 差不多，如果实际大小和间距与图上有一些不同也没关系。

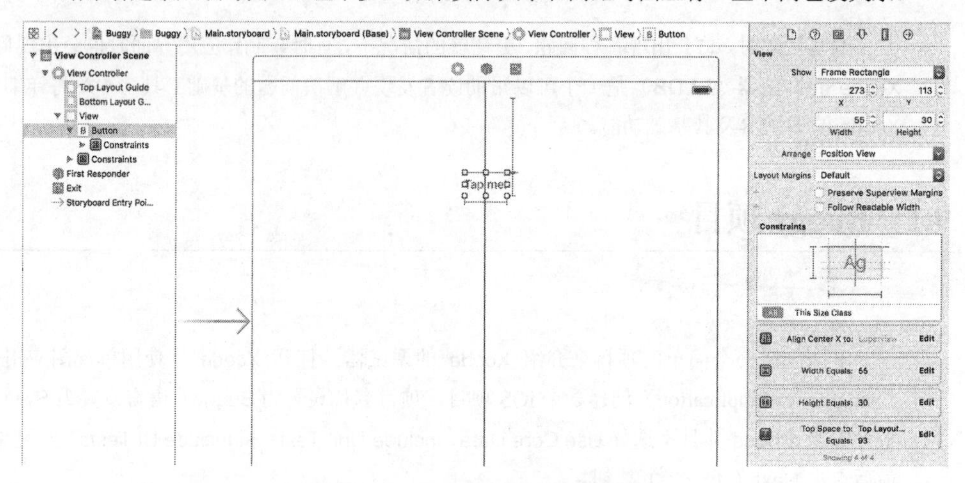

图 9-2　Tap me 按钮的自动布局约束

下面实现按钮的动作方法，并且在 storyboard 中与按钮关联起来。

打开 ViewController.swift，在文件中实现按钮的动作方法。

```
@IBAction func buttonTapped(_ sender: UIButton){
}
```

下面打开 Main.storyboard，按住 Control 然后从按钮拖到 View Controller 上，将按钮和 buttonTapped：选项连接起来。

回到 ViewController.swift，在 **buttonTapped(_:)** 方法中增加一条 **print()** 语句，这样可以方便查看当点击按钮时，方法是否被调用了。

```
@IBAction func buttonTapped(_ sender: UIButton){
    print("Called buttonTapped(_:)")
}
```

编译并运行应用。确保按钮在界面上已显示，并且点击按钮时，控制台中输出了 Called buttonTapped(_:)。

9.2 调试基础

Debugging Basics

最简单的调试方式是使用控制台。例如当应用崩溃时，可以通过控制台中的信息来查找崩溃原因；当代码运行出错时，可以主动向控制台输出信息来分析错误原因。下面通过一些例子来讲解如何通过控制台调试代码。

解读控制台信息

下面为 Buggy 项目制造一些错误。假如在查看了应用界面之后，觉得使用 **UISwitch** 比 **UIButton** 更合适，于是打开 ViewController.swift，对 **buttonTapped(_:)**方法做了如下修改：

```
~~@IBAction func buttonTapped(_ sender: UIButton){~~
@IBAction func switchToggled(_ sender: UISwitch){
    print("Called buttonTapped(_:)")
}
```

这里修改了控件的动作方法，并且把 sender 的类型改为了 **UISwitch**。

但是我们忘了修改 Main.storyboard 中的关联。编译并运行应用，然后点击按钮，这时应用就会崩溃了，并且会在控制台中输出一些与下面类似的信息。（为了排版方便，这里对信息做了一些裁剪。）

```
2016-08-24 12:52:38.463 Buggy[1961:47078] -[Buggy.ViewController
buttonTapped:]:unrecognized selector sent to instance 0x7ff6db708870
2016-08-24 12:52:38.470 Buggy[1961:47078] *** Terminating app due to uncaught
exception 'NSInvalidArgumentException',
reason: '-[Buggy.ViewController buttonTapped:]: unrecognized selector sent to
instance 0x7ff6db708870'
*** First throw call stack:
(
  0  CoreFoundation [...]   __exceptionPreprocess + 171
  1  libobjc.A.dylib[...]   objc_exception_throw + 48
  2  CoreFoundation [...]   -[NSObject(NSObject) doesNotRecognizeSelector:]+132
  3  CoreFoundation [...]   ___forwarding___ + 1013
  4  CoreFoundation [...]   _CF_forwarding_prep_0 + 120
  5  UIKit          [...]   -[UIApplication sendAction:to:from:forEvent:] + 83
  6  UIKit          [...]   -[UIControl sendAction:to:forEvent:] + 67
  7  UIKit          [...]   -[UIControl _sendActionsForEvents:withEvent:] + 444
  8  UIKit          [...]   -[UIControl touchesEnded:withEvent:] + 668
  9  UIKit          [...]   -[UIWindow _sendTouchesForEvent:] + 2747
  10 UIKit          [...]   -[UIWindow sendEvent:] + 4011
  11 UIKit          [...]   -[UIApplication sendEvent:] + 371
  12 UIKit          [...]   __dispatchPreprocessedEventFromEventQueue + 3248
  13 UIKit          [...]   __handleEventQueue + 4879
  14 CoreFoundation [...]   __CFRUNLOOP_IS_CALLING_OUT_TO_A_SOURCE0_PERFORM_FUNCTION
```

```
  15 CoreFoundation [...]   __CFRunLoopDoSources0 + 556
  16 CoreFoundation [...]   __CFRunLoopRun + 918
  17 CoreFoundation [...]   CFRunLoopRunSpecific + 420
  18 GraphicsServices[...]   GSEventRunModal + 161
  19 UIKit          [...]   UIApplicationMain + 159
  20 Buggy          [...]   main + 111
  21 libdyld.dylib  [...]   start + 1
)
libc++abi.dylib: terminating with uncaught exception of type NSException
```

这些信息看起来不太好懂，但是也没有想象的那么难。最有用的信息会出现在最上面，下面我们从第一行开始讲解。

```
2016-08-24 12:52:38.463 Buggy[1961:47078] -[Buggy.ViewController
buttonTapped:]:unrecognized selector sent to instance 0x7ff6db708870
```

从左到右分别是时间戳、应用名称和一条 `unrecognized selector sent to instance 0x7ff6db708870` 语句。要读懂这些信息，首先要明白虽然 iOS 应用可能是使用 Swift 语言编写的，但仍然是在 Cocoa Touch 基础上构建的。Cocoa Touch 是由一些 Objective-C 编写的框架组成的。Objective-C 是动态语言，当给对象发送消息时，Objective-C 的 runtime 会根据 selector 来查找对应的方法。

也就是说，`unrecognized selector sent to instance 0x7ff6db708870` 的意思是，应用尝试调用对象的一个方法，但是这个方法不存在。

这是哪个对象呢？有两个信息与这个对象相关。第一个是 **`Buggy.ViewController`**（为什么不直接是 **`ViewController`** 呢？Swift 的命名空间包含了模块名称，这里的模块名称是应用的名字），第二个是本地的内存地址 0x7ff6db708870（读者的内存地址会与这个不同）。

`[Buggy.ViewController buttonTapped:]`表达式是 Objective-C 风格的。Objective-C 中的消息都是以`[receiver selector]`的格式发送的，receiver 是接收消息的类或对象。方括号前面的减号（–）表示消息接收者是 **`ViewController`** 的对象。（加号（+）表示消息接收者是类。）

控制台中的这行信息表示，**`Buggy.ViewController`** 的对象收到了 **`buttonTapped:`** 消息，但是无法处理。

下一行信息表示，应用因为“uncaught exception（未捕获的异常）”崩溃了，并且把崩溃类型定义为 **`NSInvalidArgumentException`**。

括号中的消息列出了应用崩溃之前的所有方法调用，了解应用崩溃之前的调用逻辑有助于重现和修复问题。这些方法都没有机会返回，最后调用的方法显示在最上面。下面再看一下方法调用列表：

```
*** First throw call stack:
(
  0   CoreFoundation  [...]   __exceptionPreprocess + 171
  1   libobjc.A.dylib [...]   objc_exception_throw + 48
  2   CoreFoundation  [...]   -[NSObject(NSObject) doesNotRecognizeSelector:] + 132
  3   CoreFoundation  [...]   ___forwarding___ + 1013
  4   CoreFoundation  [...]   _CF_forwarding_prep_0 + 120
  5   UIKit           [...]   -[UIApplication sendAction:to:from:forEvent:] + 83
  6   UIKit           [...]   -[UIControl sendAction:to:forEvent:] + 67
  7   UIKit           [...]   -[UIControl _sendActionsForEvents:withEvent:] + 444
  8   UIKit           [...]   -[UIControl touchesEnded:withEvent:] + 668
  9   UIKit           [...]   -[UIWindow _sendTouchesForEvent:] + 2747
  10  UIKit           [...]   -[UIWindow sendEvent:] + 4011
  11  UIKit           [...]   -[UIApplication sendEvent:] + 371
  12  UIKit           [...]   __dispatchPreprocessedEventFromEventQueue + 3248
  13  UIKit           [...]   __handleEventQueue + 4879
  14  CoreFoundation  [...]   __CFRUNLOOP_IS_CALLING_OUT_TO_A_SOURCE0_PERFORM_FUNCTION
  15  CoreFoundation  [...]   __CFRunLoopDoSources0 + 556
  16  CoreFoundation  [...]   __CFRunLoopRun + 918
  17  CoreFoundation  [...]   CFRunLoopRunSpecific + 420
  18  GraphicsServices[...]   GSEventRunModal + 161
  19  UIKit           [...]   UIApplicationMain + 159
  20  Buggy           [...]   main + 111
  21  libdyld.dylib   [...]   start + 1
)
```

每一行都包含一个数字、模块名称、内存地址（为了排版方便，这里把内存地址省略了）和调用的方法名称。如果从下往上看，第 20 行表示应用从 Buggy 的 **main** 方法开始执行；第 9 行表示应用识别到了一个点击事件；第 7 行表示应用尝试调用按钮点击事件的动作方法，但没有找到对应的方法（第 2 行：-[NSObject(NSObject) doesNotRecognizeSelector:]），最后导致出现异常（第 1 行：objc_exception_throw）。

出现错误的情况有很多种，虽然这里只讲解了其中一种，但是读者可以了解错误消息的基本格式，有助于读者分析未来遇到的错误消息。随着读者的编程经验越来越丰富，也会遇到各种各样不同的问题，调试技能也就会越来越熟练。

修复第一个问题

回到 ViewController.swift，前面将方法 **buttonTapped(_:)** 改为了 **switchToggled(_:)**，导致应用没有找到对应的方法。

有两种方法可以修复这个问题：一种是更新 Main.storyboard 中按钮对应的方法，另一种是把 **switchToggled(_:)** 改回以前的名字。这里我们使用第二种方法修复问题，打开 **ViewController.swift**，然后把方法名恢复到以前的名字（记住前面所说的：即使发现有问题，也按照展示的内容来修改代码）。

```
@IBAction func switchToggled(_ sender: UISwitch){
@IBAction func buttonTapped(_ sender: UISwitch){
    print("Called buttonTapped(_:)")
}
```

编译并运行应用。应用看起来正常工作了，但还是有一些问题，下面我们将解决这个问题。

原始调试

ViewController 的 **buttonTapped(_:)**方法中，只是向控制台中输出了一行信息。我们把这种调试方式叫原始调试。原始调试是指在代码中直接调用 **print()**来验证方法是否被调用（或者方法是否按正确的顺序调用），也包括为了方便观察变量的值而将其输出到控制台。

原始调试并没有过时，如今开发者仍然会根据控制台中输出的信息来调试应用。

下面使用原始调试方法，当 ViewController.swift 的 **buttonTapped(_:)**被调用时，输出控件的状态。

```
@IBAction func buttonTapped(_ sender: UISwitch){
    print("Called buttonTapped(_:)")
    // Log the control state:
    print("Is control on? \(sender.isOn)")
}
```

在@IBAction 方法中，传递了一个 sender 作为参数。这个参数指向发送消息的控件。控件是 **UIControl** 的子类，前面我们已经接触过一些控件，包括 **UIButton**、**UITextField** 和 **UISegmentedControl**。通过 **buttonTapped(_:)**语句可以看出，这里的 sender 是一个 **UISwitch** 对象，**UISwitch** 的 isOn 属性是一个表示状态的布尔值。

编译并运行应用。点击按钮，这时又出现 unrecognized selector（不能识别的 selector）错误了。

```
Called buttonTapped(_:)
2016-08-30 09:30:57.730 Buggy[9738:1177400] -[UIButton isOn]:
unrecognized selector sent to instance 0x7fcc5d104cd0
2016-08-30 09:30:57.734 Buggy[9738:1177400] *** Terminating app due to uncaught
exception 'NSInvalidArgumentException', reason: '-[UIButton isOn]:
unrecognized
selector sent to instance 0x7fcc5d104cd0'
```

控制台消息的第一行是 Called buttonTapped(_:)，表示该方法确实执行了，然而接下来应用就崩溃了，原因是调用了 **UIButton** 对象的 **isOn** 方法。

这里很容易发现问题：虽然在 **buttonTapped(_:)**方法中，sender 声明的是 **UISwitch** 类型，但是在 Main.storyboard 中，方法与 **UIButton** 对象连接起来了。

为了验证这个猜想，可以在调用 **isOn** 方法之前打印出 sender 对象的信息。下面修改 ViewController.swift 中的代码。

```
@IBAction func buttonTapped(_ sender: UISwitch){
    print("Called buttonTapped(_:)")
    // Log sender:
    print("sender: \(sender)")
    // Log the control state:
    print("Is control on? \(sender.isOn)")
}
```

再一次编译并运行应用。点击按钮，当应用崩溃之后，查看控制台中的信息。

```
Called buttonTapped(_:)
sender: <UIButton: 0x7fcf8c508bb0; frame = (160 84; 55 30); opaque = NO;
autoresize = RM+BM; layer = <CALayer: 0x618000220ea0>>
2016-08-30 09:45:00.562 Buggy[9946:1187061] -[UIButton isOn]: unrecognized
selector
sent to instance 0x7fcf8c508bb0
2016-08-30 09:45:00.567 Buggy[9946:1187061] *** Terminating app due to uncaught
exception 'NSInvalidArgumentException', reason: '-[UIButton isOn]:
unrecognized
selector sent to instance 0x7fcf8c508bb0'
```

在 Called buttonTapped(_:)的下一行，可以看到 sender 相关的信息。通过信息可以发现 sender 确实是 **UIButton** 类型的，并且 sender 的内存地址是 0x7fcf8c508bb0。接着分析下面的信息，这个对象和接收 **isOn** 消息的对象是同一个对象，而 **UIButton** 对象无法处理 **UISwitch** 对象才能处理的消息，所以应用崩溃了。

下面开始修复这个问题，打开 ViewController.swift，修改 **buttonTapped(_:)**的方法定义，并删除多余的代码。

```
@IBAction func buttonTapped(_ sender: UISwitch){
@IBAction func buttonTapped(_ sender: UIButton){
    print("Called buttonTapped(_:)")
    // Log sender:
    print("sender: \(sender)")
    // Log the control state:
    print("Is control on? \(sender.isOn)")
}
```

Swift 有四种表达式，可以方便向控制台输出有用的调试信息（见表 9-1）。

表 9-1 对调试有帮助的表达式

表达式	类型	值
#file	String	表达式出现位置的文件名
#line	Int	表达式出现位置的行号
#column	Int	表达式出现位置的列号
#function	String	表达式出现位置的方法名

为了更直观讲解这些表达式，下面更新 ViewController.swift 的 **buttonTapped(_:)** 方法中的 **print()**方法。

```
@IBAction func buttonTapped(_ sender: UIButton){
    print(Called buttonTapped(_:)")
    print("Method: \(#function) in file: \(#file) line: \(#line) called")
}
```

编译并运行应用。点击按钮之后，会在控制台中看到下面的信息。

```
Method: buttonTapped in file:
/Users/juampa/Desktop/Buggy/Buggy/ViewController.swift line 13 called.
```

这种调试方法对于编写应用非常有用，但是需要注意，当以 release 方式来编译应用时，**print()**方法依然会执行。

9.3 Xcode 的调试器：LLDB

The Xcode Debugger: LLDB

为了体验调试器，下面我们在应用中再添加一个错误，即把下面的代码添加到 ViewController.swift 中（这里使用了 Objective-C 样式的 **NSMutableArray**，主要是为了让错误更难被发现）：

```
@IBAction func buttonTapped(_ sender: UIButton){
    print("Method: \(#function) in file: \(#file) line: \(#line) called")

    badMethod()
}

func badMethod() {
    let array = NSMutableArray()

    for i in 0..<10 {
        array.insert(i, at: i)
    }

    // Go one step too far emptying the array (notice the range change):
    for _ in 0...10 {
        array.remove(at: 0)
    }
}
```

编译并运行应用，点击按钮后应用就崩溃了，并且在控制台中输出了 **NSRangeException** 类型的异常。读者可以尝试使用新学到的知识去分析原因。

如果使用 Swift 的 **Array** 来制造这个错误，Xcode 就会高亮提示导致错误的代码。由于使

用的是 **NSMutableArray**，因此抛出异常的位置在 Cocoa Touch 框架中，通常这种错误需要仔细调试和分析才能发现其原因。

设置断点

假设目前还不知道导致崩溃的原因，只知道应用是在点击按钮之后崩溃的。通常的做法是，当点击按钮之后让应用暂停，然后一步一步地运行来查找原因。

打开 `ViewController.swift`，让应用在代码的某个地方暂停的方法是设置断点，设置断点最简单的方法是点击行号旁边的空白区域。下面试一试，点击`@IBAction func buttonTapped(_ sender: UIButton){`行号旁的空白区域，这时行号区域会出现一个蓝色的箭头，它表示设置好了一个断点（见图 9-3）。

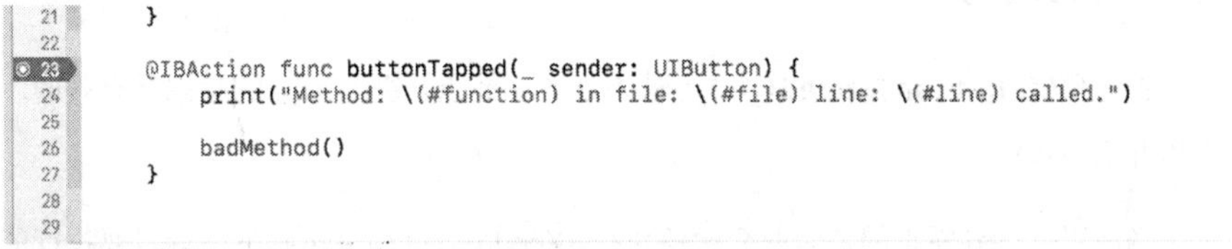

```
21      }
22
23      @IBAction func buttonTapped(_ sender: UIButton) {
24          print("Method: \(#function) in file: \(#file) line: \(#line) called.")
25
26          badMethod()
27      }
28
29
```

图 9-3 设置断点

断点设置之后，可以通过点击蓝色箭头来取消断点。如果点击一下蓝色箭头，断点就会失效，蓝色箭头上也会多一层阴影（见图 9-4）。

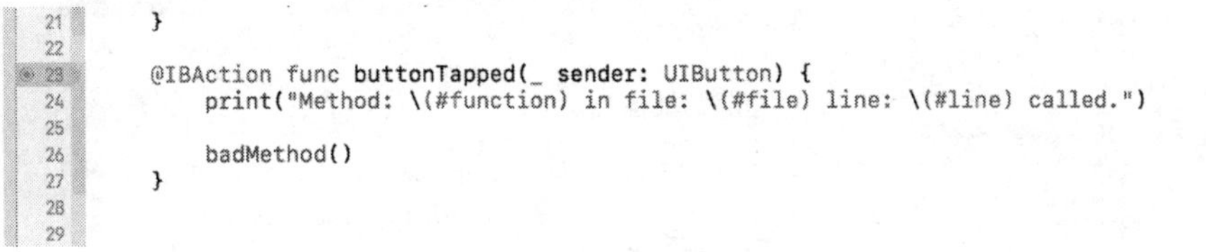

```
21      }
22
23      @IBAction func buttonTapped(_ sender: UIButton) {
24          print("Method: \(#function) in file: \(#file) line: \(#line) called.")
25
26          badMethod()
27      }
28
29
```

图 9-4 无效的断点

再点击一次蓝色箭头，断点就会变为有效。右键点击蓝色箭头会出现一个菜单（见图 9-5），通过菜单可以把断点设置为有效或无效，也可以删除或编辑断点。

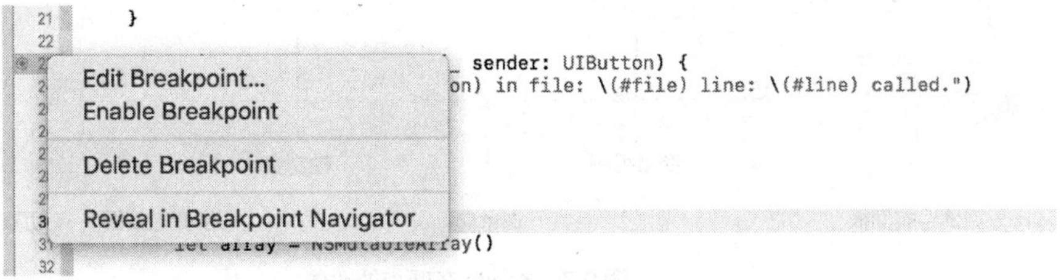

Edit Breakpoint...
Enable Breakpoint
Delete Breakpoint
Reveal in Breakpoint Navigator

图 9-5 修改断点

选择 Reveal in Breakpoint Navigator 会在 Xcode 的左侧打开断点导航面板，断点导航面板中列出了当前应用的所有断点（见图 9-6）。通过点击顶部的断点图标也可以打开断点导航面板。

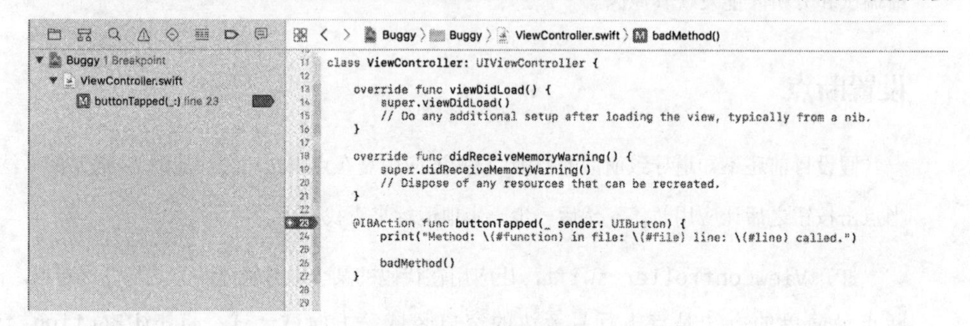

图 9-6　断点导航面板

单步调试代码

首先确保 **buttonTapped(_:)** 方法中设置了断点，并且断点的状态是有效的，然后运行应用并点击按钮。

当应用运行到断点的位置时会暂停执行，Xcode 会自动跳转到下一行将要执行的代码的位置，并且这行代码会绿色高亮显示。同时，Xcode 还打开了一些新的显示区域（见图 9-7）。

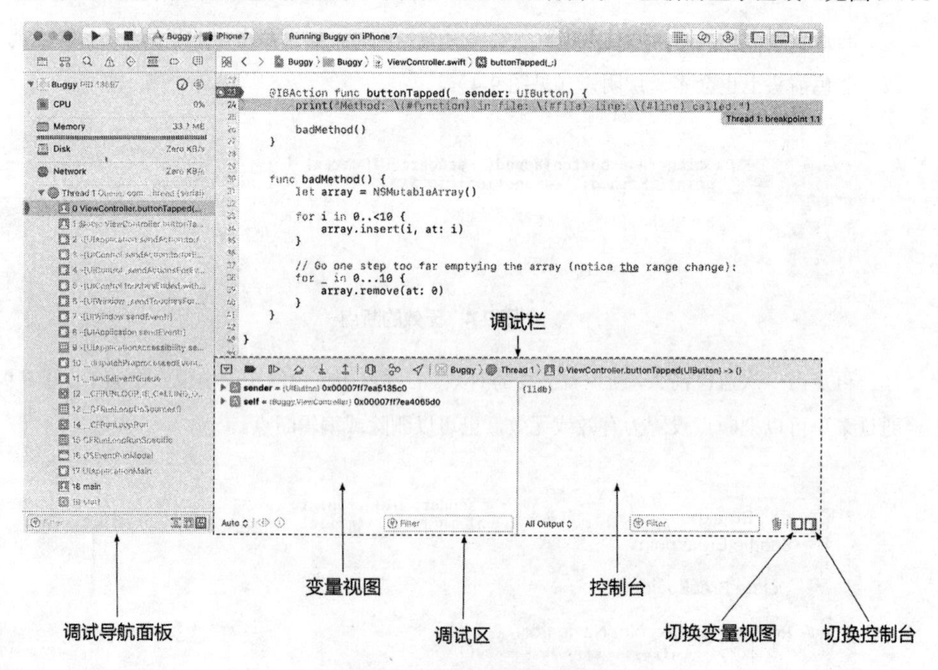

图 9-7　Xcode 在断点处暂停

图中的控制台和调试导航面板读者并不陌生。新出现的区域是变量视图和调试栏，它们与控制台一起组成了调试区域。（如果没有看到变量视图，则可以点击一下调试区域右下角的□图标。）

通过变量视图可以查看当前断点范围内的变量值和常量值，但是，如果要找到特定的值，还是要花一些工夫的。

最开始，变量视图中只显示传入 **buttonTapped(_:)** 方法的两个参数 sender 和 self。点击 sender 旁边的三角形，可以看到它包含一个 UIKit.UIControl 属性，里面有一个 _targetActions 数组，数组中包含与按钮相关的目标-动作对数据。

下面打开 _targetActions 数组，再打开第一个元素（[0]），然后选中 _target 变量。这时按空格键就会打开一个快速查看窗口，在窗口中，可以预览当前选中的变量（一个 **ViewController** 对象），如图 9-8 所示。

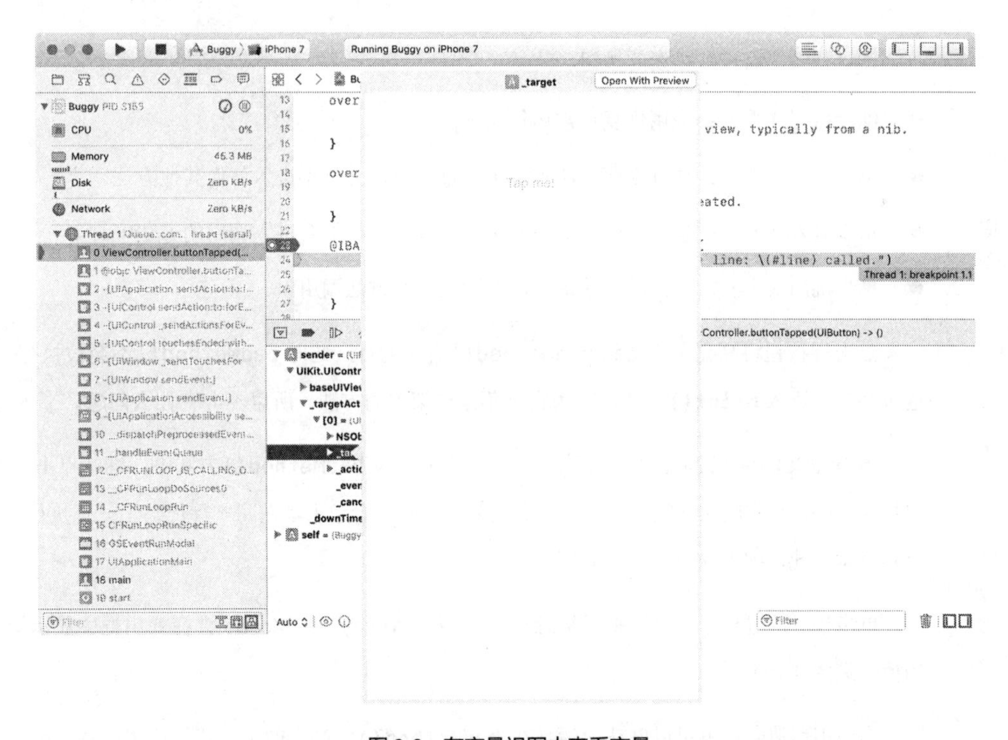

图 9-8 在变量视图中查看变量

在与 _target 同样的层级中，可以看到 _action，在它旁边可看到(SEL) "buttonTapped: "：(SEL)表示这是一个 selector，"buttonTapped: "是 selector 的名字。

在这个例子里，找到_target和_action并没有什么用处，但是，当调试一个非常复杂的应用时，变量视图的作用就非常大了。寻找并查看相关变量的值对于分析问题非常有帮助。

下面开始介绍如何调试代码，可以使用调试栏上的按钮进行调试（见图9-9）。

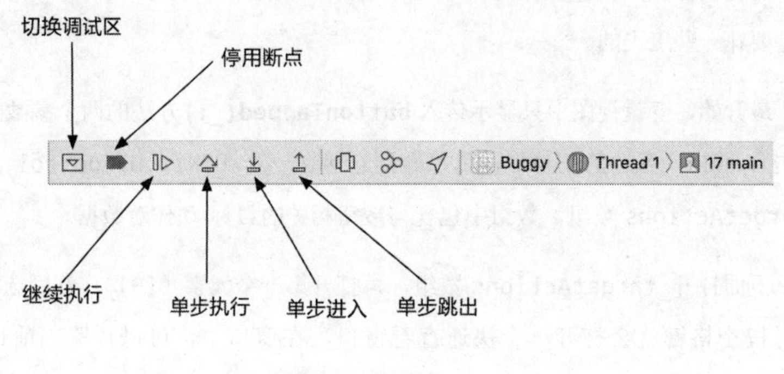

图9-9　调试栏

调试栏条上有一些重要的按钮。

- 继续执行（⏵）：应用恢复正常运行状态。
- 单步执行（⏏）：执行当前方法中的下一行代码，并且不进入任何其他方法。
- 单步进入（⤓）：执行当前方法中的下一行代码，可能会进入调用的方法中。
- 单步跳出（⤒）：从当前方法退出，返回上一级方法调用。

点击⏏按钮将高亮条移动到badMethod()所在的行（此时badMethod()不会被执行）。这里并没有进入**print()**方法，因为它是苹果框架中的方法，所以不会有什么问题。

当badMethod()高亮显示之后，点击⤓按钮进入**badMethod()**方法中，继续点击⤓按钮执行代码，直到应用崩溃。这里需要点很多下，而且看起来是在同一行代码上一直执行——事实就是如此，因为这里有一个循环。

单步执行的过程中，可以把鼠标悬浮在i或者array上，Xcode会在弹出框中显示变量的值（见图9-10）。

当应用崩溃时，就可以确认崩溃是在**badMethod()**中产生的了。获得这个信息之后，就可以把buttonTapped(_sender:UIButton)处的断点删除或者设置为无效了。

如果要删除断点，则可以按住Control并点击断点，然后在弹出的菜单中选择Delete Breakpoint（删除断点）。把断点的蓝色箭头拖出断点区域，也可以删除断点（见图9-11）。

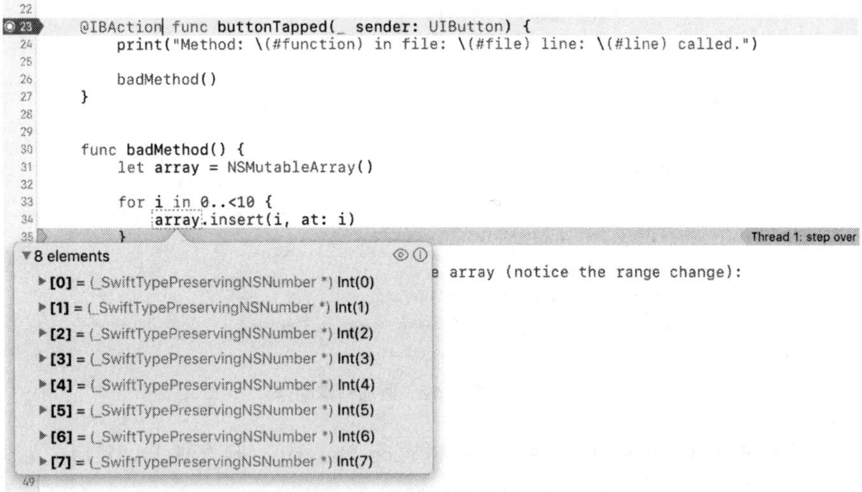

```
22
23    @IBAction func buttonTapped(_ sender: UIButton) {
24        print("Method: \(#function) in file: \(#file) line: \(#line) called.")
25
26        badMethod()
27    }
28
29
30    func badMethod() {
31        let array = NSMutableArray()
32
33        for i in 0..<10 {
34            array.insert(i, at: i)
35        }                                                  Thread 1: step over
    ▼8 elements
      ▶[0] = (_SwiftTypePreservingNSNumber *) Int(0)      e array (notice the range change):
      ▶[1] = (_SwiftTypePreservingNSNumber *) Int(1)
      ▶[2] = (_SwiftTypePreservingNSNumber *) Int(2)
      ▶[3] = (_SwiftTypePreservingNSNumber *) Int(3)
      ▶[4] = (_SwiftTypePreservingNSNumber *) Int(4)
      ▶[5] = (_SwiftTypePreservingNSNumber *) Int(5)
      ▶[6] = (_SwiftTypePreservingNSNumber *) Int(6)
      ▶[7] = (_SwiftTypePreservingNSNumber *) Int(7)
49
```

图 9-10　查看变量的值

```
21    }
22
23    @IBAction func buttonTapped(_ sender: UIButton) {
24        print("Method: \(#function) in file: \(#file) line: \(#line) called.")
25
26        badMethod()
27    }
28
29
```

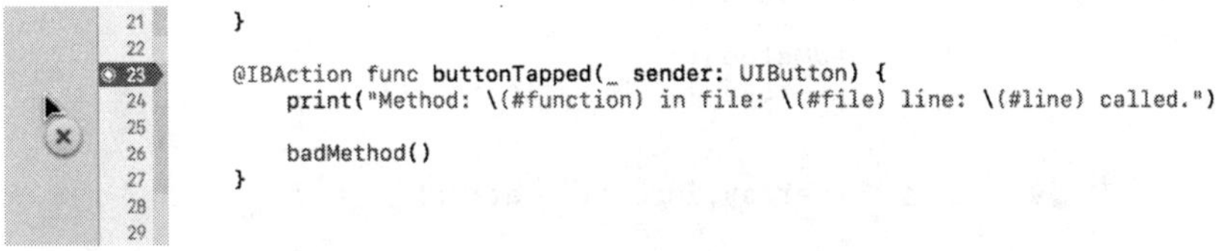

图 9-11　拖动蓝色箭头来删除断点

有时候希望知道执行了某行代码，但是并不需要知道任何其他信息，也不需要应用暂停。要完成这个任务，可以为断点增加一个声音并且在触发断点后继续执行。

在 **badMethod()** 方法中的 `array.insert(i, at: i)` 处增加一个断点，然后按住 Control 并点击蓝色箭头，在弹出的菜单中选择 Edit Breakpoint...（编辑断点），接下来点击 Add Action（添加动作）按钮，再选择弹出菜单中的 Sound（声音），最后选中 Automatically continue after evaluating actions（触发动作后自动继续执行）（见图 9-12）。

现在执行到断点时就不会暂停了，而是播放一个声音。编译并运行应用，然后点击按钮，这次会听到一串声音，接着应用就崩溃了。

看起来应用的循环顺利执行完了。为了确认循环执行完了，再次找到断点，按住 Control 并点击断点，与之前一样选择 Edit Breakpoint...（编辑断点）。在弹窗中点击 Action 右边的+可以增加一个新动作。

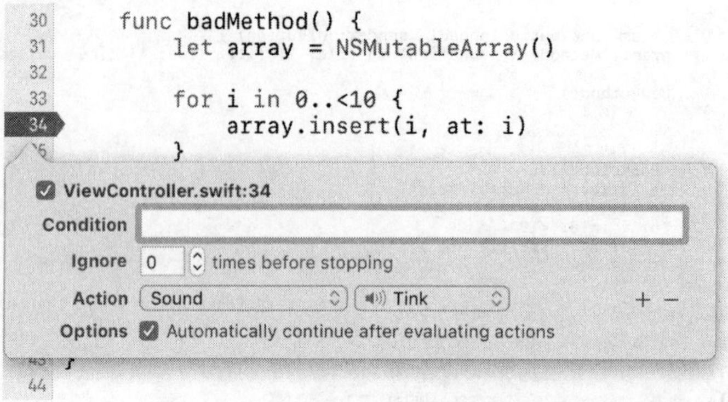

```
30    func badMethod() {
31        let array = NSMutableArray()
32
33        for i in 0..<10 {
34            array.insert(i, at: i)
35        }
```

ViewController.swift:34
Condition
Ignore 0 times before stopping
Action Sound Tink + −
Options Automatically continue after evaluating actions

```
43    }
44
```

图 9-12 添加特殊动作

点击 Sound，在弹出的选项列表中选择 Log Message（日志消息），然后在文本区域输入 `Pass number %H`（`%H` 表示断点的触发次数），最后选中 Log message to console（在控制台中显示日志消息）旁边的单选框（见图 9-13）。

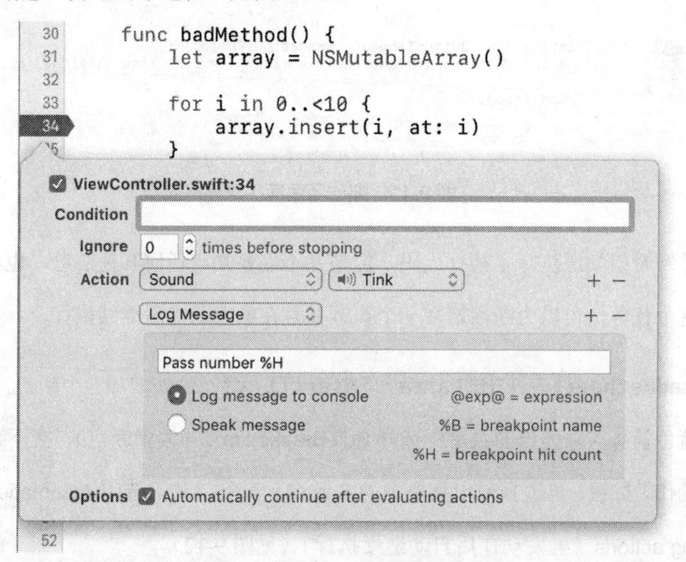

图 9-13 一个断点设置多个动作

编译并运行应用，然后点击按钮。现在会听到一串声音，接着应用还是和之前一样崩溃了。现在查看一下控制台，可以看出断点触发了 10 次（如果没有找到，可以试试把控制台的信息向上滑），这说明代码的循环确实执行完了。

删除前面的断点，然后在 `array.remove(at: 0)`所在的行增加一个新断点。与之前一样编辑断点，在控制台中输出触发次数并选中设置 Automatically continue after evaluating actions（见图 9-14）。

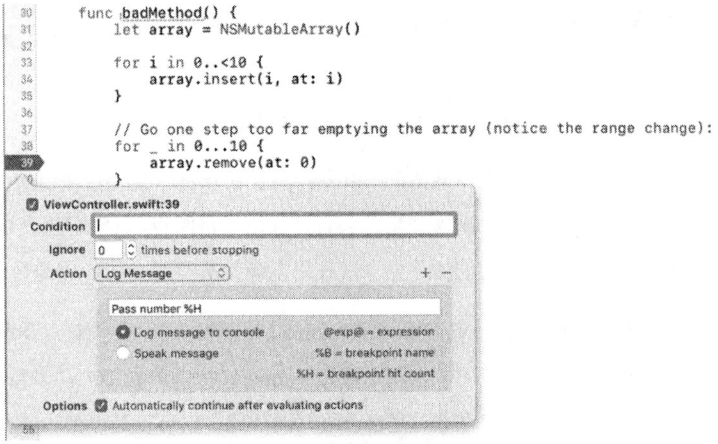

```
30      func badMethod() {
31          let array = NSMutableArray()
32
33          for i in 0..<10 {
34              array.insert(i, at: i)
35          }
36
37          // Go one step too far emptying the array (notice the range change):
38          for _ in 0...10 {
39              array.remove(at: 0)
40          }
```

ViewController.swift:39
Condition
Ignore 0 times before stopping
Action Log Message
Pass number %H
Log message to console @exp@ = expression
Speak message %B = breakpoint name
%H = breakpoint hit count
Options Automatically continue after evaluating actions

图 9-14 添加日志类型的断点

编译并运行应用，然后点击按钮。应用崩溃之后，查看控制台日志可以发现，第二个断点触发了 11 次，它比期望的多触发了 1 次，这就是为什么应用崩溃时会出现 **NSRangeException** 异常的原因了。下面请读者仔细查看控制台中的日志，尽量去理解每一行。

在修复问题之前，先花点时间学习一些其他调试技巧。首先，删除前面创建的所有断点，或者把它们设置为无效。

本章的例子很简单，可以很快知道问题代码的位置；但是在实际开发中，通常不知道问题出在哪行代码中。要是能直接知道哪行代码导致了崩溃就好了。

很幸运，使用 exception breakpoint（异常断点）就可以完成这个任务。打开断点导航面板，点击左下角的+图标，在弹出的菜单中选择 Exception Breakpoint...（异常断点），这样一个新的异常断点就创建好了。同时，Xcode 会自动弹出断点的配置窗口，确认 Exception 选择的是 All（表示该断点会捕获所有异常），如图 9-15 所示。

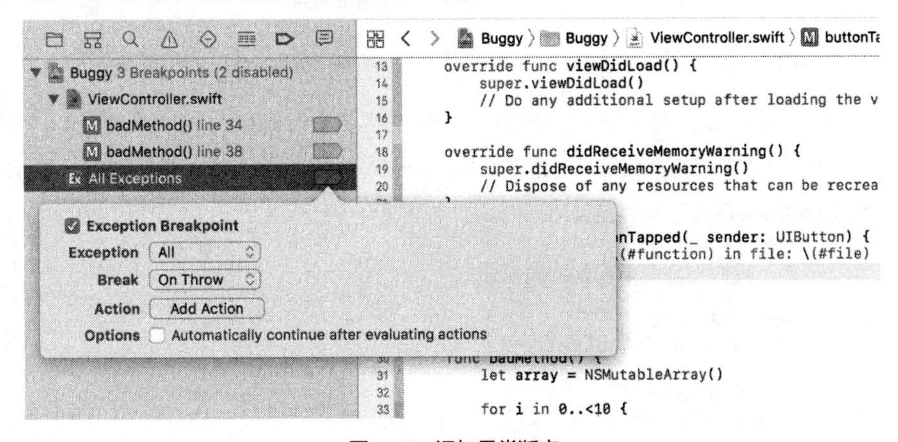

图 9-15 添加异常断点

编译并运行应用，然后点击按钮。这次应用自动停止了，并且 Xcode 直接显示了导致异常的位置，但是，目前控制台中还没有日志，因为现在应用还没有崩溃。如果要查看崩溃的原因，则可以重复点击调试栏上的⏯按钮，直到崩溃出现。

这个方法通常是用来发现新问题的，很多开发者在开发时会一直保留一个异常断点——为什么现在才介绍这个方法呢？因为如果开头直接介绍异常断点，就没有机会讲解其他调试方法了，但是其他调试方法也有它们的用处。现在可以删除所有断点了，因为暂时用不上。

下面介绍最后一种断点：symbolic breakpoint（特征断点）。有些断点并不是按照行号来设置的，而是按照方法名来设置的，也就是按照 symbol（特征）设置的。当特征代码被调用时，特征断点就会被触发。特征代码可以是自己编写的代码，也可以是框架中的代码（无法看到源代码）。

点击断点导航面板左下角的+图标，在弹出的菜单中选择 Symbolic Breakpoint...（特征断点），这样可以创建一个特征断点。在断点的配置窗口中，将 Symbol 设置为“badMethod”（见如 9-16），这样设置以后，每次执行到 **badMethod()**时，应用就会暂停。

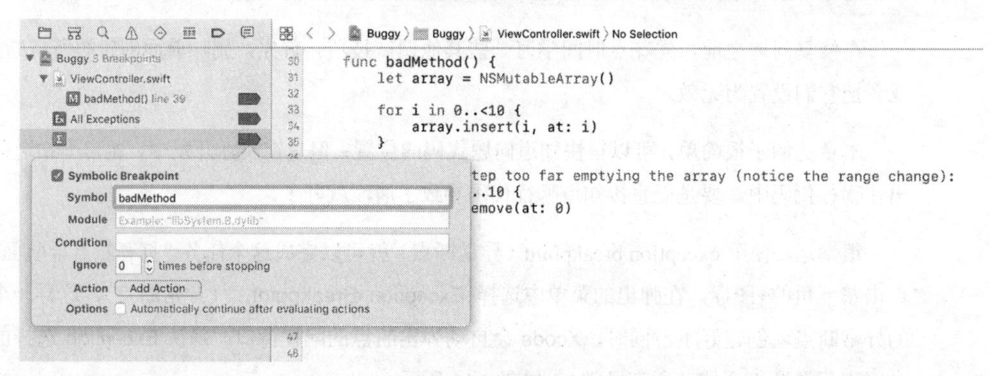

图 9-16　添加特征断点

编译并运行应用，点击按钮之后，应用就会在 **badMethod()**的位置暂停了。

在真实开发过程中，很少会用到特征断点，通常只会用到前面介绍的几种断点。特征断点适用于调试不是自己写的代码，例如调试 Apple 框架中的代码，查看应用中 **UIViewController** 的 **loadView()**方法是否被调用。

最后，我们来修复前面的问题。

```
func badMethod() {
    let array = NSMutableArray()

    for i in 0..<10 {
        array.insert(i, at: i)
    }
```

```
    // Go one step too far emptying the array (notice the range change):
    for _ in 0...10 {
    for _ in 0..<10 {
        array.remove(at: 0)
    }
}
```

LLDB 控制台

Xcode 的 LLDB 调试器的一个特别好的功能：附带了一个命令行界面。控制台区域不仅可以查看消息，而且可以执行 LLDB 命令。当控制台中出现蓝色的 `lldb` 提示符时，调试器的命令行界面就被激活了。

首先确认前面添加的断点处于有效状态，然后运行应用并点击按钮，现在断点被触发，控制台中出现了蓝色的 `lldb` 提示符（见图 9-17）。点击一下 `lldb` 旁边的空白区域，就可以输入命令了。

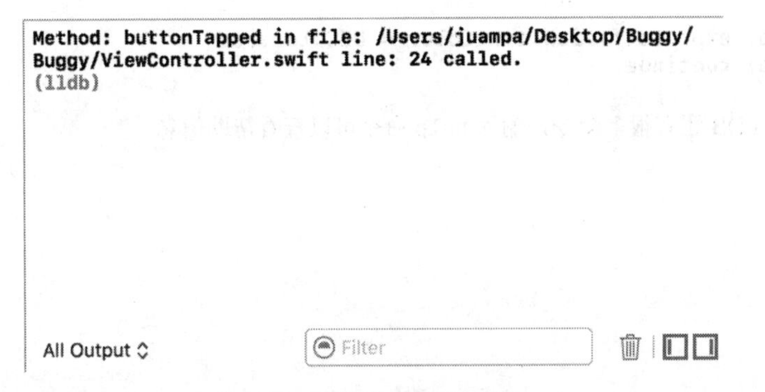

图 9-17 控制台中的 lldb 提示

LLDB 中最有用的命令是 `print-object`，简写是 `po`。这个命令可以打印任何对象的描述，下面在控制台中试试。

```
(lldb) po self
<Buggy.ViewController: 0x7fae9852bf20>
```

通过命令行的输出可以发现，`self` 是 **`ViewController`** 对象。下面使用 `step` 命令让代码执行一行，现在代码将会初始化 `array` 数组，输入 `po` 将 `array` 的描述打印到控制台。

```
(lldb) step
(lldb) po array
0 elements
```

控制台中的 `0 elements` 并没有什么用，也看不出什么信息。使用 `print` 命令（简写是 `p`）可以查看更多信息，下面试试。

```
(lldb) p array
```

```
(NSMutableArray) $R3 = 0x00007fae98517c00 "0 values" {}
```

通常情况下，使用 print 或 print-object 命令查看对象比 Xcode 的变量视图更方便。

还有一个好用的 LLDB 命令是 expression，简写是 expr。这个命令可以通过 Swift 代码来修改变量，例如给数组增加一些数据，然后继续执行。

```
(lldb) expr array.insert(1, at: 0)
(lldb) p array
(NSMutableArray) $R5 = 0x00007fae98517c00 "1 value" {
  [0] = 0xb000000000000013 Int64(1)
}
(lldb) po array
▿ 1 element
  -[0] : 1
(lldb) continue
```

更神奇的是，使用 expression 命令还可以修改界面。下面把背景视图的 tintColor 改为红色。

```
(lldb) expr self.view.tintColor = UIColor.red
(lldb) continue
```

LLDB 还有很多命令，输入 help 命令可以查看帮助信息。

第 10 章

UITableView 与 UITableViewController

UITableView and UITableViewController

很多 iOS 应用会在界面中使用某种列表控件：用户可以选中、删除或者重排列表中的条目。这些控件其实都是 **UITableView** 对象，它可以显示一组对象，例如，用户地址簿中的一组人名，或者 App Store 中最畅销的一组应用。

UITableView 对象虽然只能显示一列数据，但是没有行数限制。图 10-1 显示的是若干 **UITableView** 对象示例。

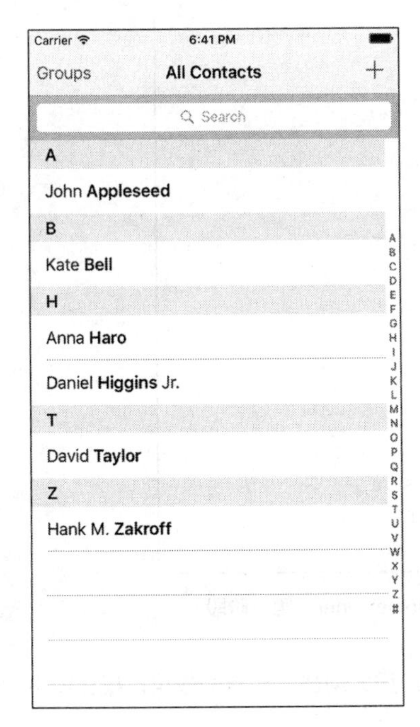

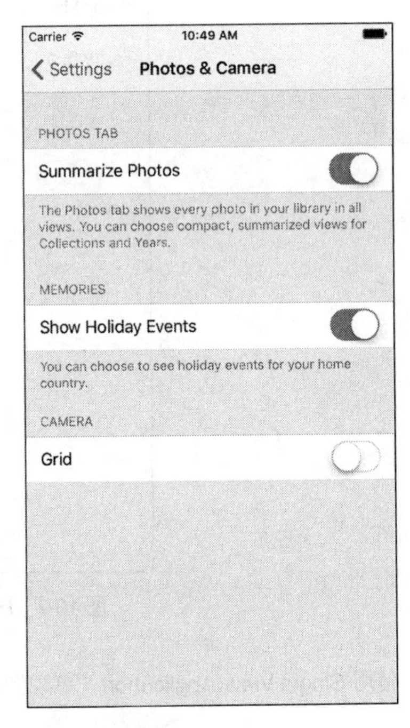

图 10-1　UITableView 对象示例

10.1 编写 Homepwner 应用

Beginning the Homepwner Application

本章要开发一个名为 Homepwner 的应用，用来管理财产清单。如果遇上火灾（或者其他灾难），就可以向保险公司提供这份清单（顺便提一句，Homepwner 一词没有拼写错误，如果读者想要了解 pwn 的含义，请访问 *http://www.wiktionary.org*）。

与本章之前介绍的 iOS 项目不同，Homepwner 不是小项目，随着后面 8 章内容的不断深入，Homepwner 会逐步进化为一个复杂的有实际用处的应用。到本章结束时，Homepwner 将通过一个 **UITableView** 对象显示一组 **Item** 对象（见图 10-2）。

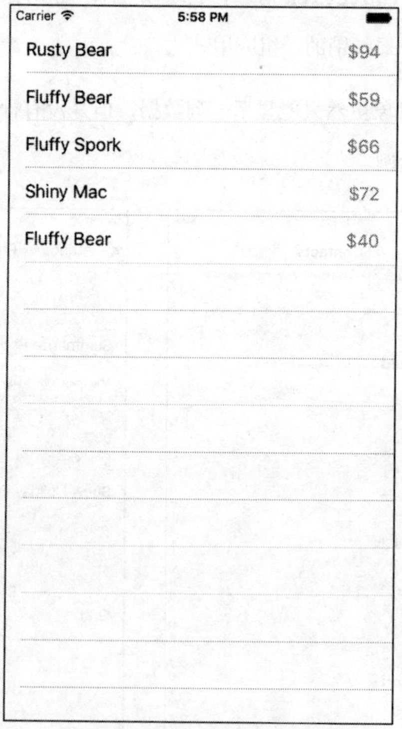

图 10-2 Homepwner：第一阶段

使用 Single View Application（单视图应用）创建一个新的应用，根据图 10-3 设置应用。

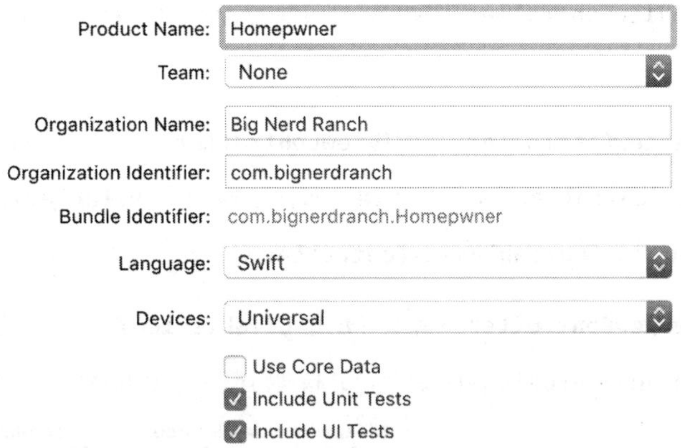

Product Name: Homepwner
Team: None
Organization Name: Big Nerd Ranch
Organization Identifier: com.bignerdranch
Bundle Identifier: com.bignerdranch.Homepwner
Language: Swift
Devices: Universal
Use Core Data
Include Unit Tests
Include UI Tests

图 10-3 设置 Homepwner

10.2 UITableViewController

UITableViewController

UITableView 是一个视图对象。根据 iOS 开发者通常都应该遵循的 MVC 设计模式，每个类必定是以下三种类型中的一种。

- **模型**：负责管理数据，与用户界面无关。
- **视图**：负责展示界面，与模型对象无关。
- **控制器**：负责确保用户界面和模型对象一致，并且控制应用的流程。

因此，**UITableView** 是一个视图对象，不负责处理应用逻辑和数据。当在应用中使用 **UITableView** 对象时，必须考虑如何搭配其他对象，与 **UITableView** 对象一起工作。

- 通常情况下，**UITableView** 需要控制器来展示界面。
- **UITableView** 需要数据源，**UITableView** 对象会向数据源查询要显示的行数、显示表格行所需的数据和其他所需的数据，没有数据源的 **UITableView** 对象只是空壳。凡是遵守 **UITableViewDataSource** 协议的对象，都可以成为 **UITableView** 的数据源。
- 通常情况下，要为 **UITableView** 对象设置委托对象，以便能在该对象发生特定事件时做出相应处理。凡是遵守 **UITableViewDelegate** 协议的对象，都可以成为 **UITableView** 的委托对象。

UITableViewController 对象可以扮演以上全部角色，包括视图控制器对象、数据源和委托对象。

UITableViewController 是 **UIViewController** 的子类，所以也有 view 属性。**UITableViewController** 对象的 view 属性指向一个 **UITableView** 对象，并且这个 **UITableView** 对象由 **UITableViewController** 对象负责设置和显示。

UITableViewController 对象会在创建 **UITableView** 对象之后为这个 **UITableView** 对象的 dataSource 和 delegate 赋值，并指向自己（见图 10-4）。

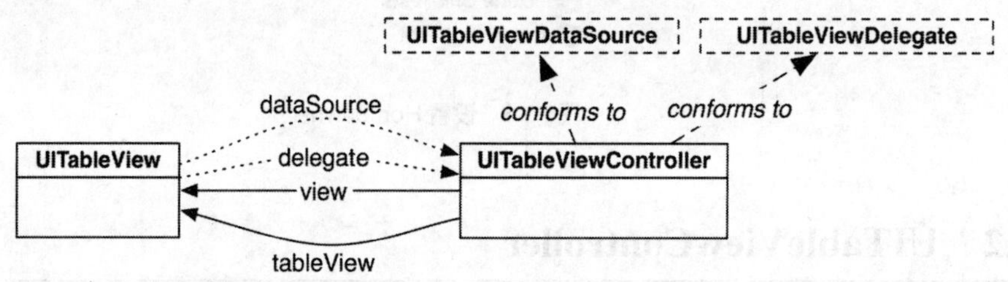

图 10-4　UITableViewController 和 UITableView 之间的关系

创建 UITableViewController 子类

下面为 Homepwner 编写一个 **UITableViewController** 子类。首先，创建一个叫 ItemsViewController 的 Swift 文件；然后，在 ItemsViewController.swift 中定义一个叫 **ItemsViewController** 的 **UITableViewController** 子类。

```
import Foundation
import UIKit

class ItemsViewController: UITableViewController{
}
```

现在打开 Main.storyboard，设置初始视图控制器为 **UITableViewController**。选中画布上现有的视图控制器，然后按下键盘上的删除键删除它，再从对象库中拖一个 **UITableViewController** 到画布上。接下来选中 **UITableViewController**，打开标识检视面板（identity inspector），把 class 改为 ItemsViewController。最后打开 ItemsViewController 的属性检视面板（attributes inspector），选中 Is Initial View Controller（是初始视图控制器）复选框。

编译并运行应用，读者会看到一个空白的 **UITableView**（见图 10-5）。**UITableView-**

Controller 作为 **UIViewController** 的子类，也继承了 view 属性，当第一次访问这个属性时，**loadView()**方法会被调用，**loadView()**方法创建并加载 view 对象。**UITableView-Controller** 对象的视图类型是 **UITableView**，所以访问 **UITableViewController** 的 view 属性会得到一个空的 **UITableView** 对象。

图 10-5 空的 UITableView

现在已经不需要自动创建的 ViewController.swift 了，选中项目导航面板中的文件，然后按删除键删除。

10.3 创建 Item 类

Creating the Item Class

UITableView 会显示很多行，每一行对应一个 **Item** 对象，每个 **Item** 对象都有名字、序列号以及价值等信息。

创建一个叫 **Item** 的 Swift 文件。在 Item.swift 中，定义 **Item** 类并给它设置四个属性。

```
~~import Foundation~~
import UIKit

class Item: NSObject {
    var name: String
    var valueInDollars: Int
```

```
    var serialNumber: String?
    Let dateCreated: NSDate
}
```

Item 继承自 **NSObject**。**NSObject** 是大多数 Objective-C 类的基类。前面接触过的 UIKit 类（比如 **UIView**、**UITextField**、**UIViewController**）都直接或间接继承自 **NSObject**，如果自定义的类要与 runtime（运行时）系统交互，就需要继承自 **NSObject**。

serialNumber 是一个可选字符串，这是因为有的 **Item** 对象可能没有序列号。另外，现在所有的属性都没有初始值，因此需要创建一个构造方法并为这些属性设置初始值。

自定义构造方法

第 2 章中学习过结构体构造方法。结构体不支持继承，因此结构体的构造方法很直接，相反类支持继承，因此类的构造方法有一些规则。

类的构造方法有两种：指定构造方法（designated initializers）和便利构造方法（convenience initializers）。

指定构造方法是类的首选构造方法，每个类都至少有一个指定构造方法，指定构造方法会确保类中的所有属性都有值。确保都有值之后，指定构造方法会调用父类的指定构造方法（如果有的话）。

为 **Item** 类实现一个指定构造方法，并且为所有属性设置初始值。

```
import UIKit

class Item: NSObject {
    var name: String
    var valueInDollars: Int
    var serialNumber: String?
    Let dateCreated: NSDate

    init(name: String, serialNumber: String?, valueInDollars: Int){
        self.name = name
        self.valueInDollars = valueInDollars
        self.serialNumber = serialNumber
        self.dataCreated = NSDate()

        super.init()
    }
}
```

构造方法包含 name、serialNumber 和 valueInDollars 参数，由于参数名和属性名是一样的，因此需要使用 self 来区分参数和属性。

现在已经实现自定义的构造方法了，因此默认的构造方法 **init()**就失效了。当所有属性都使用默认值，并且创建对象不需要做额外工作时，默认构造方法非常方便，但是 **Item** 类并不适用这种情况，因此要添加自定义前面加的方法。

每个类都至少有一个指定构造方法，但是便利构造方法是可选的。可以把便利构造方法看作辅助方法（helpers），便利构造方法总是调用当前类的其他构造方法，在构造方法名前加上 convenience 关键字，可以标识便利构造方法。

为 **Item** 添加一个便利构造方法，用来创建随机的 **Item**。

```
convenience init(random: Bool = false) {
    if random {
        let adjectives = ["Fluffy", "Rusty", "Shiny"]
        let nouns = ["Bear", "Spork", "Mac"]

        var idx = arc4random_uniform(Uinit32(adjectives.count))
        let randomAdjective = adjectives[Int(idx)]

        idx = arc4random_uniform(Uint32(nouns.count))
        let randomNoun = nouns[Init(idx)]

        let randomName = "\(randomAdjective) \(randomNoun)"
        let randomValue = Int(arc4random_uniform(100))
        let randomSerialNumber =
            NSUUID().UUIDString.componentsSeparatedByString("-").frist!

        self.init(name: randomName,
            serialNumber: randomSerialNumber,
            valueInDollars: randomValue)
    }
    else{
        self.init(name: "", serialNumber: nil, valueInDollars: 0)
    }
}
```

如果 random 是 true，返回的实例会有一个随机的 name、serialNumber 以及 valueInDollars（**arc4random_uniform** 方法会返回一个大于等于 0、小于传入值的随机数）。另外，两个条件的末尾都会调用 **Item** 的指定构造器，便利构造器必须调用当前类的另一个构造器，而指定构造器必须调用父类的指定构造器。

Item 类已经可以正常工作了，下一节会讲述在 **UITableView** 中显示一组 **Item**。

10.4 UITableView 数据源

UITableView's Data Source

在 Cocoa Touch（创建 iOS 应用的框架集合）中，为 **UITableView** 对象设置表格行的流程与面向过程的编程模式不同：如果是面向过程的编程模式，就是要“告诉” **UITableView** 对象应该显示什么内容；在 Cocoa Touch 中，**UITableView** 对象会自己查询另一个对象以获得需要显示的内容，这个对象就是 **UITableView** 对象的数据源，也就是 dataSource 属性所指向的对象。以 **ItemsViewController** 对象的 **UITableView** 对象为例，**UITableView** 对象的数据源就是 **ItemsViewController**，所以下面要为 **ItemsViewController** 对象添加相应的属性和方法，使其能够保存多个 **Item** 对象。

可以使用一个数组来存储 **Item** 对象，但是还有一个更好的做法：这里把保存 **Item** 的数组抽象为了另一个对象——**ItemStore**（见图 10-6）。

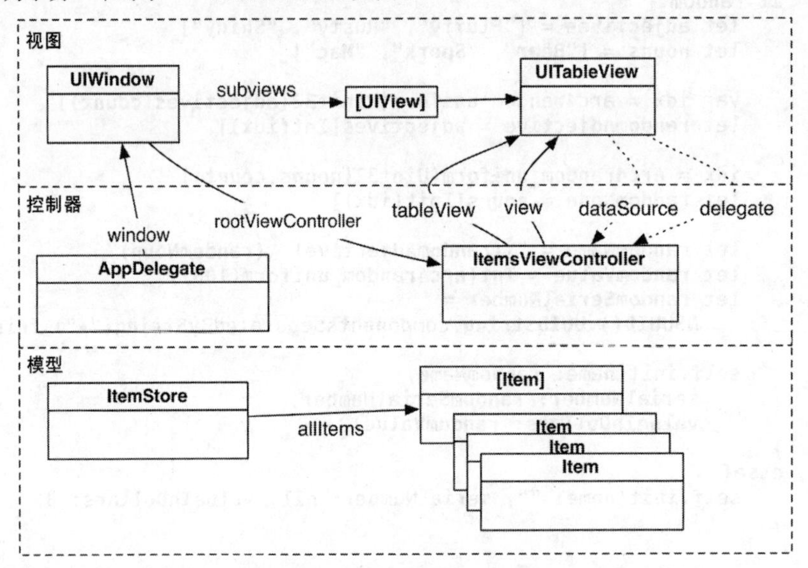

图 10-6 Homepwner 对象图

当某个对象需要访问所有的 **Item** 时，可以通过 **ItemStore** 获取包含所有 **Item** 的数组。之后的章节还会为 **ItemStore** 添加操作数组的功能（例如添加、删除和排序），以及将 **Item** 存入文件，或者从文件重新载入。

创建一个叫 ItemStore 的 Swift 文件。在 ItemStore.swift 中定义 **ItemStore** 类并且添加一个用于存储 **Item** 的属性。

```
~~import Foundation~~
import UIKit

Class ItemStore {

    Var allItems = [Item]()

}
```

ItemStore 是一个最基本的 Swift 类——它并没有继承自任何类。与前面定义的 **Item** 不同，

ItemStore 并不需要使用 **NSObject** 的任何属性或方法。

当 **ItemsViewController** 需要创建新的 **Item** 对象时，会调用 **ItemStore** 的方法，**ItemStore** 会创建一个 **Item** 对象，然后加入数组。

在 ItemStore.swift 中，实现 **createItem()** 方法来创建 **Item** 对象。

```
@discardableResult func createItem() -> Item{
    let newItem = Item(random : true)

    allItems.append(newItem)

    return newItem
}
```

@discardableResult 表示调用者可以忽略方法的结果，并且不会产生编译错误或警告。读者可以通过下面的代码看一下效果。

```
//这样是没有问题的
let newItem = itemStore.createItem()

//这样也没有问题，虽然调用的结果没有赋值给任何变量
itemStore.createItem()
```

让控制器访问 ItemStore

在 ItemsViewController.swift 中添加一个 **ItemStore** 属性，代码如下：

```
class ItemsViewController: UITableViewController {

    var itemStore: ItemStore!
}
```

在什么地方初始化 **ItemsViewController** 的这个属性呢？在应用启动时，**AppDelegate** 的 **application(_:didFinishLaunchingWithOptions:)** 方法会被调用，**AppDelegate** 是在 AppDelegate.swift 中定义的，它是应用的委托，负责响应应用运行中的各种状态。在第 16 章中会深入学习 **AppDelegate** 以及应用运行的各种状态。

打开 AppDelegate.swift，获取 **ItemsViewController** 对象（**UIWindow** 对象的 rootViewController），并且为 itemsController 设置一个新的 **ItemStore** 对象。

```
func application(application: UIApplication,
didFinishLaunchingWithOptions launchOptions: [UIApplicationLaunchOptionsKey:
Any]?) -> Bool{
    // Override point for customization after application launch.

    //创建 ItemStore 对象
    let itemStore = ItemStore()
```

```
    //设置ItemViewController的itemStore属性
    let itemsController = window!.rootViewController as! ItemsViewController
    itemsController.itemStore = itemStore

    return true
}
```

最后，在 ItemStore.swift 中实现指定构造方法，并且添加 5 个随机 **Item**。

```
init() {
    for _ in 0..<5{
        createItem()
    }
}
```

如果 crateItem()没有声明@discardableResult，那么调用方法需要这样写：

```
//调用方法，但是忽略返回值
let _ = createItem()
```

现在读者可能会想，为什么 itemStore 是在 **ItemsViewController** 外面设置的呢?为什么 **ItemsViewController** 对象不自己创建一个 **ItemStore** 对象呢?这是一个复杂的话题，叫做 DIP 原则（dependency inversion principle），这个原则的主要目的是通过倒置依赖关系来解耦对象，可以让代码更容易维护。

DIP 原则如下：

（1）上层对象不应该依赖底层对象，它们都应该依赖抽象。

（2）抽象不应该依赖细节，细节应该依赖抽象。

在 Homepwner 中，DIP 原则中的抽象是“存储”，“存储”是一个底层对象，它只需要知道 **Item** 的存储和获取即可。相反 **ItemsViewController** 是一个上层对象，它只需要知道有一个辅助对象（**ItemStore**）会提供数据即可，而辅助对象会维护一组 **Item** 实例，并且可以创建、修改和存储 **Item**。这个解耦让 **ItemsViewController** 不依赖于 **ItemStore**，只要遵守“存储”的抽象原则，**ItemStore** 就可以被替换为以其他方式（比如从网络服务）获取 **Item** 对象，并且不用修改 **ItemsViewController**。

通常来说，实现 DIP 的方式是注入。最简单的形式是，高层对象并不指定它需要哪一个低层对象，而是通过构造方法或者属性传入，在 **ItemsViewController** 中，使用了属性来传入 **ItemStore**。

实现数据源方法

现在 **ItemStore** 中已经有一些 **Item** 了，需要告诉 **ItemsViewController** 如何把这些 **Item** 转化为 **UITableView** 可以显示的行。当 **UITableView** 想要知道显示什么时，它会调用 **UITableViewDataSource** 协议中定义的方法。

打开文档，然后搜索 **UITableViewDataSource** 协议。向下滑动到 Configuring a Table View（配置 **UITableView**）部分（见图 10-7）。

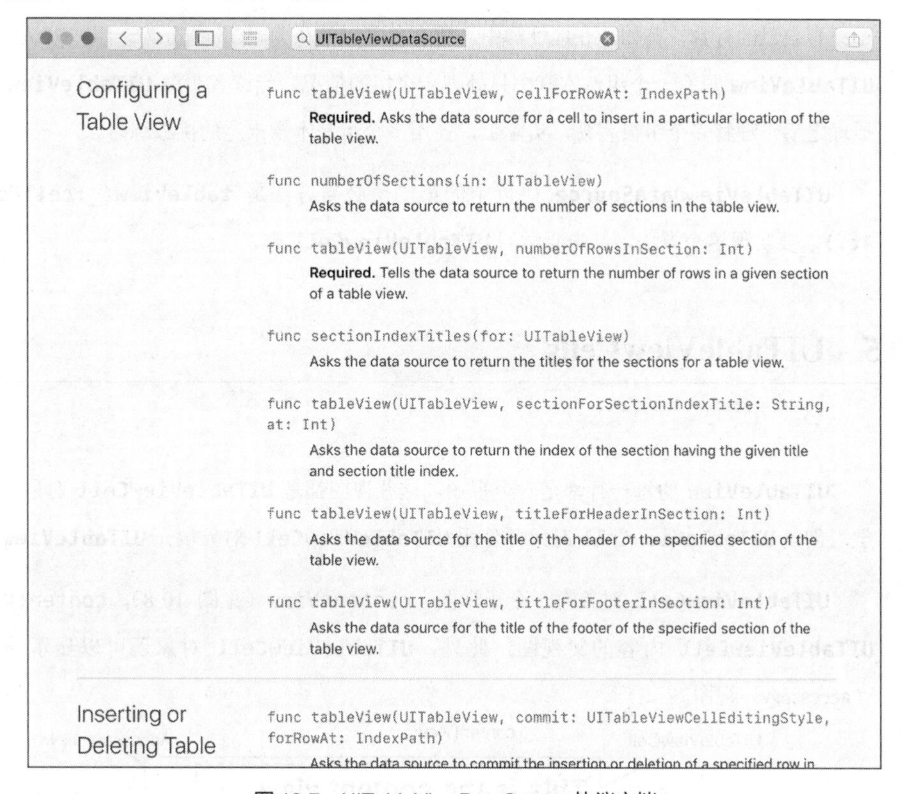

图 10-7　UITableViewDataSource 协议文档

在 Configuring a Table View 部分中，有两个方法标记为了 Required（必需的），也就是必须实现的。对于 **ItemsViewController**，如果要遵循 **UITableViewDataSource** 协议，就必须实现 **tableView(_:numberOfRowsInSection:)**和 **tableView(_:cellForRowAt:)**。这两个方法告诉 **UITableView** 显示多少行，以及每行显示什么内容。

当 **UITableView** 将要显示时，会调用 dataSource 的一系列方法（包括必需的方法和一些可选的已实现的方法），其中，必需的方法 **tableView(_:numberOfRowsInSection:)**会返回一个整数，表示 **UITableView** 应该显示多少行。在 Homepwner 的 **UITableView** 中，**ItemStore** 的每个 **Item** 都应该对应一行。

在 ItemsViewController.swift 中实现 **tableView(_:numberOfRowsInSection:)**。

```
override func tableView(_ tableView: UITableView, numberOfRowsInSection section:
Int) -> Int {
    return itemStore.allItems.count
}
```

想象一下这个方法中的 section（组）指的是什么？**UITableView** 可以有很多个组，每个组有自己的行数，例如，在地址簿中，所有名字以开头为“C”的分为一组。默认情况下，**UITableView** 只有一个组，本章中只处理一个组的情况。当读者明白 **UITableView** 的工作原理之后，理解多个组很容易，实际上，使用多个组是本章末尾的挑战练习。

UITableViewDataSource 协议中的第二个必需方法是 **tableView(_:cellForRowAt:)**，要实现这个方法，首先要学习 **UITableViewCell** 类。

10.5　UITableViewCells

UITableView 的每一行都是一个视图，这些视图都是 **UITableViewCell** 对象。本节将学习创建 **UITableViewCell** 对象并使用 **UITableViewCell** 对象填充 **UITableView**。

UITableViewCell 对象有一个子视图：contentView（见图 10-8），contentView 是 **UITableViewCell** 内容的父视图。此外，**UITableViewCell** 对象还可以显示一个辅助（accessory）视图。

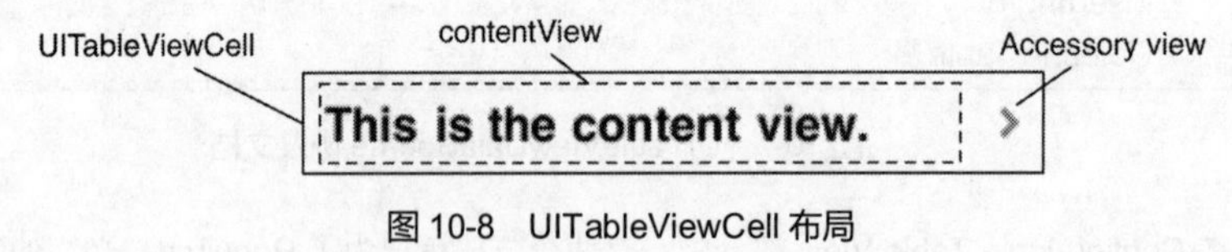

图 10-8　UITableViewCell 布局

辅助视图显示了一个基于事件的图标，比如对勾图标、详细信息图标。可以通过预先定义好的常量来选择辅助视图的类型，默认类型是 **UITableViewCellAccessoryType.none**，这也是本章将会使用的类型，在第 23 章中将会详细介绍辅助视图（读者好奇的话，可以先查看 **UITableViewCell** 的文档）。

负责 **UITableViewCell** 显示的是 contentView，它有三个子视图（见图 10-9）：其中两

个子视图是 **UILabel** 对象，分别为 textLabel 属性和 detailTextLabel 属性所指向的对象；第三个是 **UIImageView** 对象，即 imageView 属性所指向的对象。本章会使用 textLabel 和 detailTextLabel 两个属性。

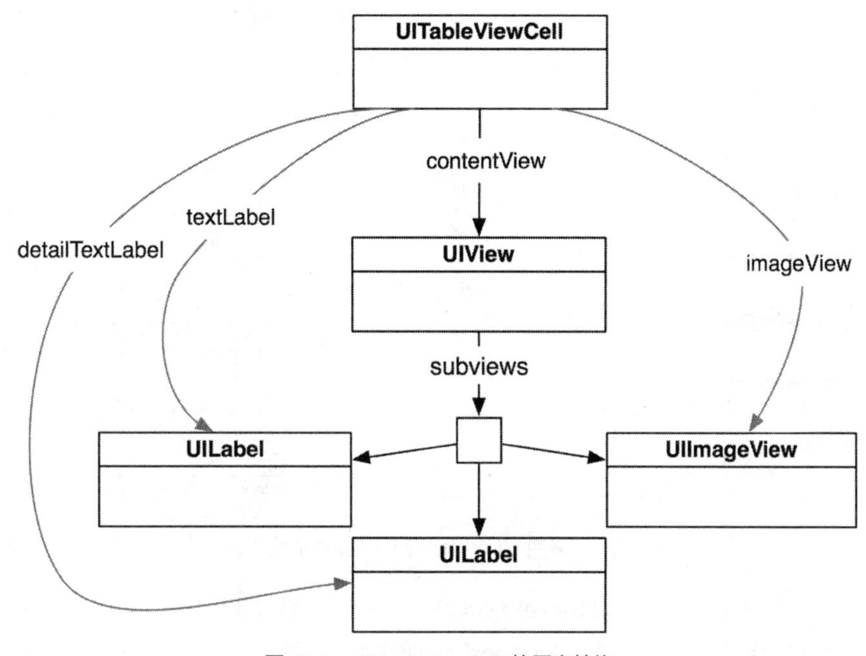

图 10-9 UITableViewCell 的层次结构

每个 **UITableViewCell** 都有一个 UITableViewCellStyle 属性，它决定了使用哪些子视图以及它们在 contentView 中的位置。图 10-10 展示了不同风格的 **UITableViewCell**。

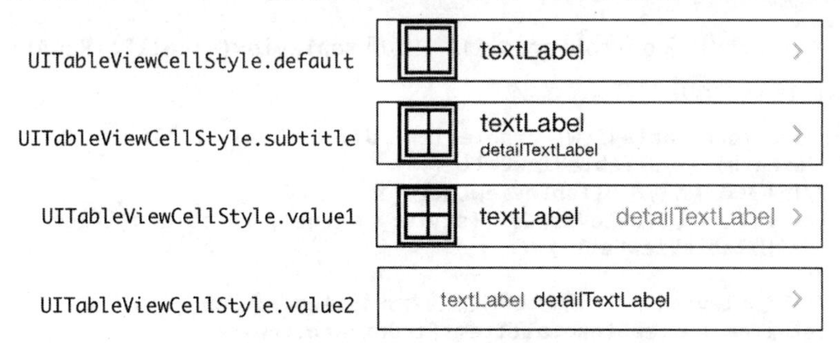

图 10-10 UITableViewCellStyle

创建并获取 UITableViewCell

现在需要在 **UITableViewCell** 中让 textLabel 显示 **Item** 的 name，detailTextLabel 显示 **Item** 的 valueInDollars。要完成这个任务，需要实现 **UITableViewDataSource** 协

议中第二个必须实现的方法 **tableView(_:cellForRowAt:)**，在该方法中创建一个 **UITableViewCell**，设置 textLabel 的值为 **Item** 的 name，设置 detailTextLabel 的值为 **Item** 的 valueInDollars，然后返回给 **UITableView**（见图 10-11）。

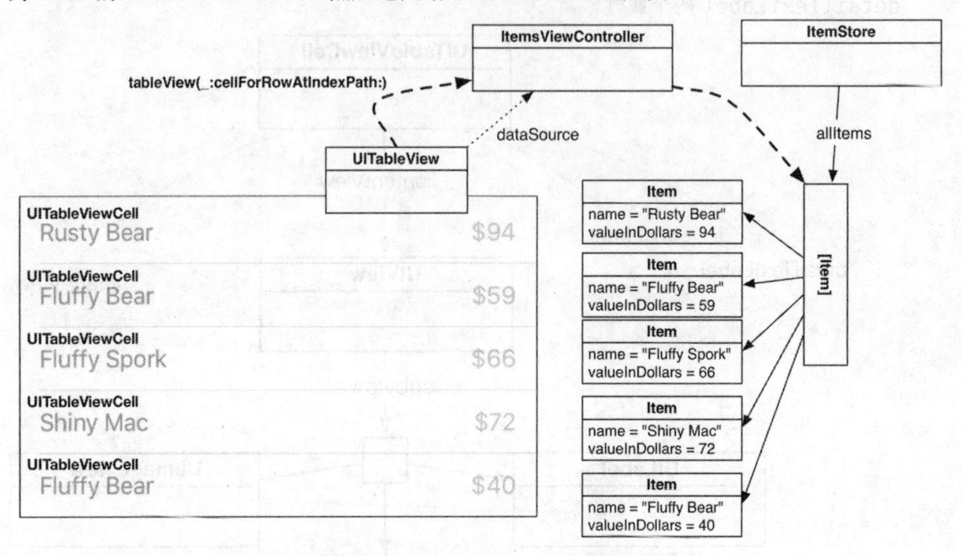

图 10-11 UITableViewCell的获取

如何确定 **Item** 和 **UITableViewCell** 的对应关系呢？**tableView(_:cellForRowAtIndexPath:)**中有一个类型是 **NSIndexPath** 的参数，它有两个属性：section（组）和 row（行）。当数据源的这个方法被调用时，就好像 **UITableView** 在提问："我能获得一个 section 为 X、row 为 Y 的 **UITableViewCell** 吗？"本章的练习只有一个组，因此只需要考虑 **NSIndexPath** 对象的 row 即可。

在 ItemsViewController.swift 中实现 **tableView(_:cellForRowAt:)**，让第 n 行显示 allItem 数组中的第 n 个数据。

```
override func tableView(_ tableView: UITableView, cellForRowAt indexPath:
NSIndexPath) -> UITableViewCell {
    //使用默认样式创建UITableViewCell对象
    let cell = UITableViewCell(style: .value1, reuseIdentifier:
        "UITableViewCell")

    //将tableview中第n行的文字设置为第n个item对象的名字
    let item = itemStore.allItems[indexPath.row]

    cell.textLabel?.text = item.name
    cell.detailTextLabel?.text = "$\(item.valueInDollars)"

    return cell
}
```

编译并运行应用，**UITableView** 会显示一些随机的 **Item** 了。

重用 UITableViewCell

iOS 设备的内存有限，如果 **UITableView** 对象要显示大量的记录，就需要针对每条记录创建相应的 **UITableViewCell** 对象，每个 **UITableViewCell** 对象都有内存需求。但是，如果用户在屏幕上看不到某个 **UITableViewCell** 对象，其实它就不需要占用内存了。

为了节省内存以提高性能，可以重用 **UITableViewCell** 对象。当用户滑动 **UITableView** 时，有些 **UITableViewCell** 会滑出屏幕，滑出屏幕的 **UITableViewCell** 会放到一个 **UITableViewCell** 池中等待重用。每次请求 **UITableViewCell** 时，数据源首先检查 **UITableViewCell** 池，如果有可用的 **UITableViewCell**，数据源就用新的数据配置它，然后返回给 **UITableView**（见图 10-12）。

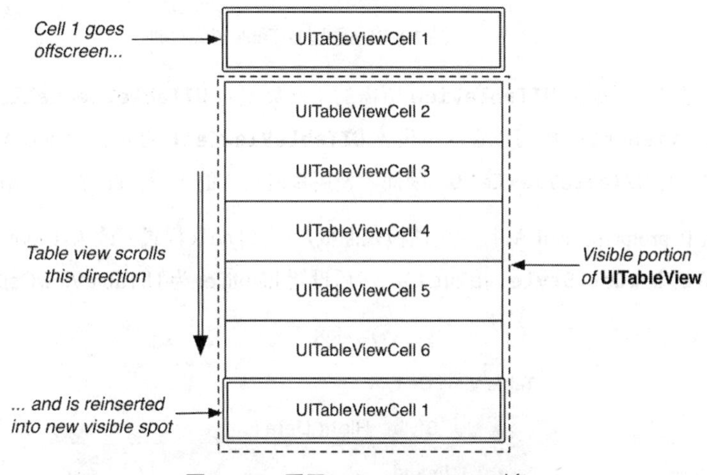

图 10-12 重用 UITableViewCell 对象

这里还有一个问题：有时候需要创建不同类型的 **UITableViewCell**，有时候需要创建 **UITableViewCell** 子类来定制界面或行为。如果 **UITableViewCell** 池中的 **UITableViewCell** 类型不同，**UITableView** 就可能获得类型错误的 **UITableViewCell**，因此需要确保返回的 **UITableViewCell** 类型是正确的，这样才能确保返回的对象拥有特定的属性和方法。

从 **UITableViewCell** 池中获取对象时，并不需要指定特定的对象，因为任何对象都会被重新设置数据，所以只要确保取回的对象类型正确就可以了。好消息是每个 **UITableViewCell** 都有一个 **String** 类型的 reuseIdentifier 属性，当 **UITableView** 从数据源获取可重用的 **UITableViewCell** 时，会传递一个字符串，好像在说："我需要有这个 reuseIdentifier 的 **UITableViewCell**。"习惯上，reuseIdentifier 会设置为 **UITableViewCell** 的类名。

要重用 **UITableViewCell**，需要使用 **UITableView** 为 reuseIdentifier 注册一个 prototype cell 或者类。下面会注册默认的 **UITableViewCell** 类，就好像告诉 **UITableView**：

“当使用这个 reuserIdentifier（**UITableViewCell** 字符串）获取 **UITableViewCell** 时，会返回这个类型（**UITableViewCell** 类）的 **UITableViewCell**。” **UITableView** 要么从 **UITableViewCell** 池中获取一个 **UITableViewCell**，要么创建一个新的。

打开 Main.storyboard，在 **UITableView** 中有一个 Prototype Cells（原型 **UITableViewCell**）（见图 10-13）。

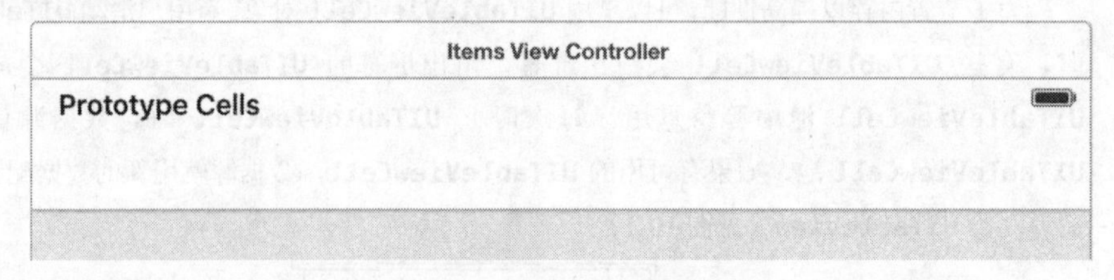

图 10-13　原型 UITableViewCell

在这里可以配置 **UITableView** 所需的不同类型的 **UITableViewCell**。如果需要自定义 **UITableViewCell**，则可以在这里设置 **UITableViewCell** 的界面，**ItemsViewController** 只需要一种 **UITableViewCell**，因此，使用系统自带的类型再配置一些属性即可。

选中 prototype cell 后打开属性检视面板，把 Style（样式）改为 Right Detail（对应的是 **UITableViewCellStyle.value1**），然后设置 Identifier 为 UITableViewCell（见图 10-14）。

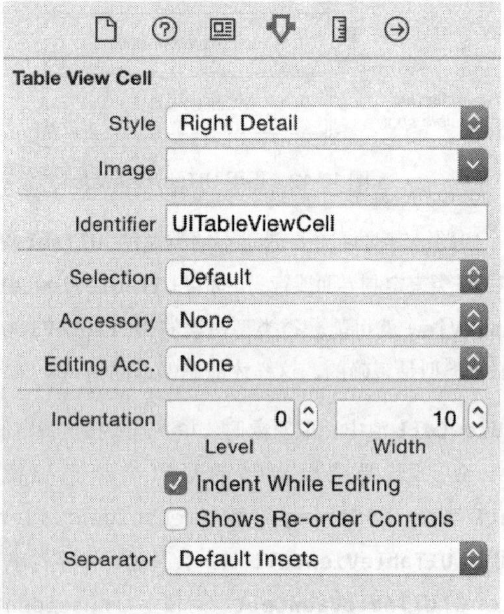

图 10-14　UITableViewCell 属性

下面更新 ItemsViewController.swift 中的 **tableView(_:cellForRowAt:)** 方法。

```
override func tableView(tableView: UITableView, cellForRowAt indexPath:
```

```
NSIndexPath) -> UITableViewCell {
    // Create an instance of UITableViewCell, with default appearance let cell =
        UITableViewCell(style: .value1, reuseIdentifier: "UITableViewCell")

    // 创建一个新的 UITableViewCell 对象或重用一个 UITableViewCell 对象
    let cell = tableView.dequeueReusableCell(withIdentifier:"UItableViewCell",
        for: indexPath)

    ...
}
```

dequeueReusableCell(withIdentifier:for:)方法会先检查 **UITableViewCell** 池，查看是否有对应 reuserIdentifier 的 **UITableViewCell**。如果有的话，就从 **UITableViewCell** 池中移除并返回这个 **UITableViewCell**；如果没有的话，就创建新的。

编译并运行应用。应用在界面上看起来还是一样的。重用 **UITableViewCell** 意味着只需要创建少量的 **UITableViewCell**，这样可以减少内存消耗，用户（以及他们的设备）会非常感谢你的。

10.6 内容缩进

Content Insets

运行应用的时候，读者可能已经注意到，第一行 **UITableViewCell** 被状态栏挡住了（见图 10-15）。由于应用的界面充满了整个窗口，而状态栏也会一直显示在界面的顶部，因此界面需要为状态栏留出一些空间。

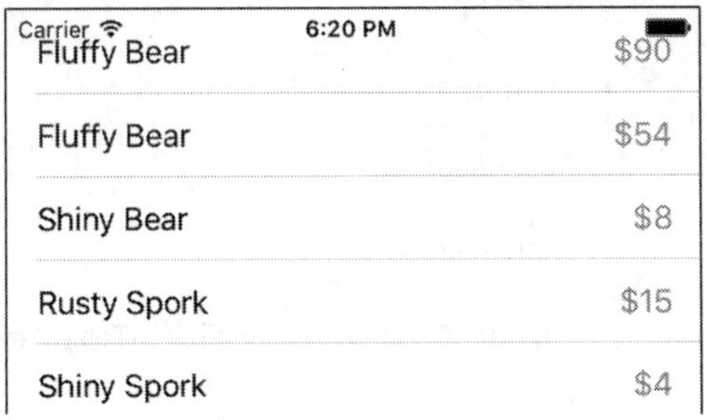

图 9-15 被状态栏挡住的 UITableView

要想 **UITableView** 不被状态栏挡住，可以让 **UITableView** 离顶部有一些距离。**UITableView** 是 **UIScrollView** 的子类，因此也继承了 contentInset 属性，可以把 contentInset 想象为离 **UIScrollView** 四条边的距离。

在 ItemsViewController.swift 中，重载 **viewDidLoad()**方法来更新 **UITableView** 的 contentInset。

```
override func viewDidLoad() {
    super.viewDidLoad()

    //获取状态栏的高度
    let statusBarHeight = UIApplication.shared.statusBarFrame.height

    let insets = UIEdgeInsets(top: statusBarHeight,
      left: 0, bottom: 0, right: 0)
    tableView.contentInset = insets
    tableView.scrollIndicatorInsets = insets
}
```

UITableView 顶部的距离设置为了状态栏的高度，这样当 **UITableView** 滑到顶部时，内容就不会被状态栏挡住了。另外，由于对滚动条设置了同样的内容缩进，因此滚动条也不会被状态栏挡住了。

ItemsViewController 的 tableView 属性可以获得 **UITableView**，这个属性是继承自 **UITableViewController** 的，并且会返回视图控制器的 **UITableView**。虽然也可以使用 **UITableViewController** 的 view 属性来访问它，但是使用 tableView 属性可以让编译器知道返回的对象是 **UITableView** 类型的，再调用 **UITableView** 的方法或者访问它的属性时，编译器就不会报错了。

编译并运行应用，滑到顶部时，**UITableViewCell** 的内容就不会被状态栏挡住了（见图 10-16）。

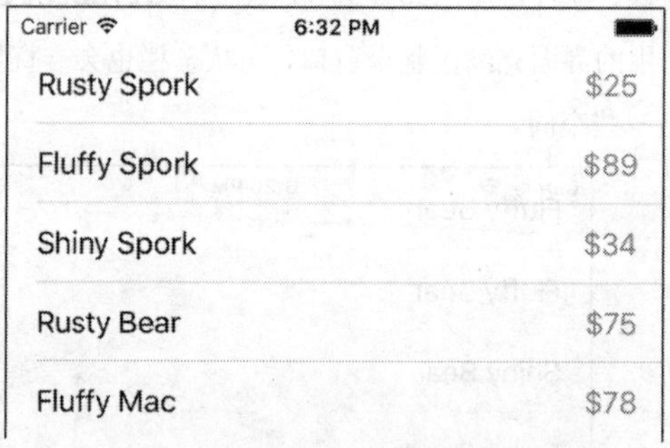

图 10-16　调整内容缩进后的 UITableView

10.7　初级练习：多个分组

Bronze Challenge: Sections

让 **UITableView** 显示两个分组：一组显示价值超过$50 的 **Item**，另一组显示剩余的 **Item**。在做这个练习之前，先把项目文件复制到另一个文件夹中，然后在另一个文件夹中做练习。后面的章节会继续在这个项目上讲解其他知识。

10.8 中级练习：固定的行

Silver Challenge: Constant Rows

让 **UITableView** 的最后一行总是显示“No more items!（没有更多的 Item 了！）”不管 **ItemStore** 中有多少个 **Item**（即使是 0 个也显示）。

10.9 高级练习：自定义 UITableView

Gold Challenge: Customizing the Table

首先让 **UITableView** 的行高为 60 点，中级练习中的固定行仍然为 44 点；其次，除了最后一行，把每行中的字体大小改为 20 点；最后让 **UITableView** 的背景显示一张图片（想要让图片撑满屏幕，读者需要找一张和设备大小一致的图片，请参考第 1 章）。

第 11 章

编辑 UITableView

Editing UITableView

第 10 章完成的 Homepwner 应用可以通过 **UITableView** 对象显示一组 **Item** 对象。下面要为 Homepwner 添加新的功能，使 **UITableView** 可以响应用户操作，包括添加、删除和移动表格的行。图 11-1 显示的是本章最终完成的 Homepwner 应用。

图 11-1　最终完成的 Homepwner

11.1　编辑模式

Editing Mode

UITableView 有一个名为 editing 的属性，如果将 editing 属性设置为 true，**UITableView** 就会进入编辑模式。在编辑模式下，用户可以管理 **UITableView** 中的表格的行，例如之前提到的添加、删除和移动操作。但是编辑模式没有提供修改行的内容的功能。

首先需要更新界面，可以让用户将 **UITableView** 对象设置为编辑模式。本章将为 **UITableView** 对象的 header view（表头视图）增加一个按钮，然后通过点击按钮使

UITableView 对象进入或退出编辑模式。表头视图是显示在 **UITableView** 对象表格上方的特定视图，适合放置针对某个组或者整张表格的标题和控件。表头视图可以是任意的 **UIView** 对象。

表头视图有两种，分别针对组和整个表格。类似的还有表尾视图（footer view），也有针对组和整个表格两种（见图 11-2）。

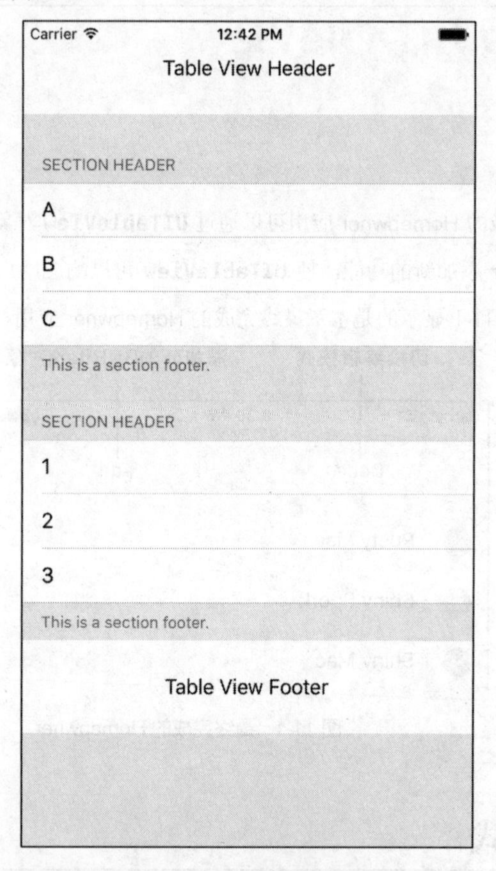

图 11-2 头视图和尾视图

接下来创建一个针对表格的表头视图。这个表头视图包含两个 **UIButton** 对象，其中一个负责切换 **UITableView** 对象的编辑模式，另一个负责创建新的 **Item** 对象并加入 **UITableView** 对象。可以使用代码创建这个表头视图及其包含的子视图，但是本章将使用 storyboard 创建它们。

首先编写一些代码。重新打开 Homepwner.xcodeproj。在 ItemsViewController.swift 中实现两个新方法，代码如下：

```
class ItemsViewController: UITableViewController {

    var itemStore: ItemStore!

    @IBAction fund addNewItem(_ sender: UIButton){

    }

    @IBAction func toggleEditingMode(_ sender: UIButton){

    }
```

打开 `Main.storyboard`。找到对象库（object library），拖一个 **`UIView`** 到 **`UITableView`** 的顶部。这样会把这个 **`UIView`** 作为 **`UITableView`** 的头视图，然后把视图的高度调整为 60 点。（使用 size inspector 调整高度会更精确。）

现在从对象库拖两个 **`UIButton`** 到头视图上。按照图 11-3 调整它们的文字和位置。不需要太精确，后面马上会设置它们的约束。

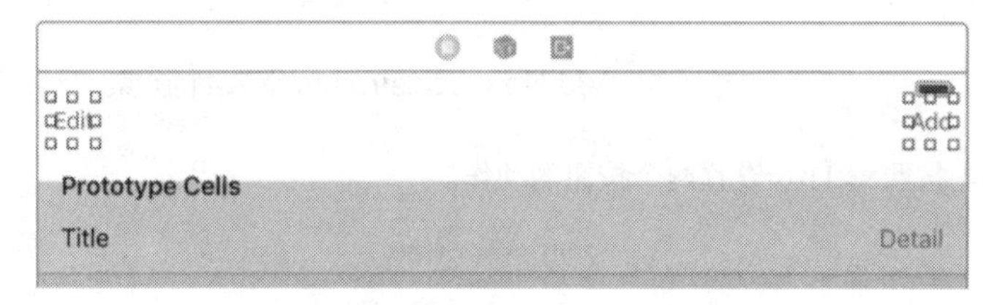

图 11-3　向表头视图上添加按钮

选中两个按钮，然后打开 Auto Layout Align（自动布局对齐）菜单（右下角第二个图标）。选中 Vertically in Container（父容器中垂直居中）并且输入 `0`。确保 Update Frames 设置的是 None，然后点击 Add 2 Constraints（添加 2 个约束），如图 11-4 所示。

Add New Alignment Constraints
Leading Edges 0
Trailing Edges 0
Top Edges 0
Bottom Edges 0
Horizontal Centers 0
Vertical Centers 0
Baselines 0
Horizontally in Container 0
Vertically in Container 0
Update Frames None
Add 2 Constraints

图 11-4　按钮的约束

打开 Add New Constraints 菜单并且按照图 11-5 进行设置。确保开头和结尾约束的值输入正确。确认无误之后，点击 Add 4 Constraints（添加 4 个约束）。

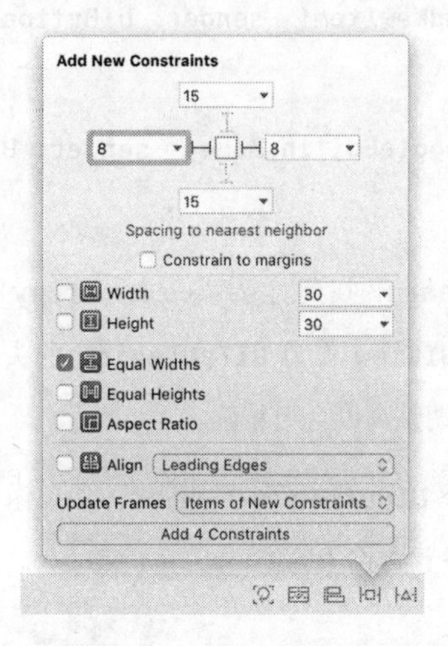

图 11-5　Add New Constraints 菜单中的约束

最后，按照图 11-6 设置两个按钮的动作。

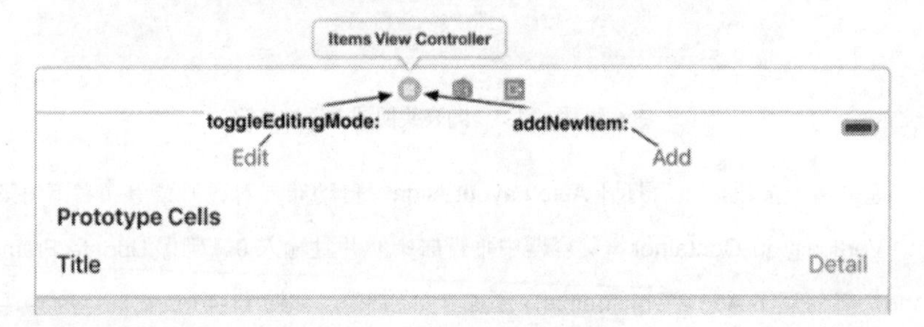

图 11-6　连接按钮的动作

编译并运行应用，查看界面是否显示正确。

接下来实现 **toggleEditingMode(_:)** 方法。虽然可以直接通过设置 **UITableView** 对象的 editing 属性来切换编辑模式，但是，**UITableViewController** 也有一个从 **UIViewControler** 继承而来的 editing 属性。当某个 **UITableViewController** 对象的 editing 属性发生变化时，**UITableViewController** 对象会同步修改其 **UITableView** 对象的 editing 属性。第 14 章中会通过 **UIViewController** 的 editButtonItem 学习到更多相关知识。

调用 **UIViewController** 的 **setEditing(_:animated:)** 方法，可以设置 isEditing 属性。在 ItemsViewController.swift 中实现 **toggleEditingMode(_:)** 方法。

```
@IBAction func toggleEditingMode(sender: UIButton){
    //如果当前处于编辑模式中
    if isEditing {
        //修改按钮的文字来提示用户
        sender.setTitle("Edit", for: .normal)

        //退出编辑模式
        setEditing(false, animated: true)
    }else{
        //修改按钮的文字来提示用户
        sender.setTitle("Done", for: .normal)

        //进入编辑模式
       setEditing(true, animated: true)
    }
}
```

编译并运行应用。点击 Edit（编辑）按钮，**UITableView** 就会进入编辑模式了（见图 11-7）。

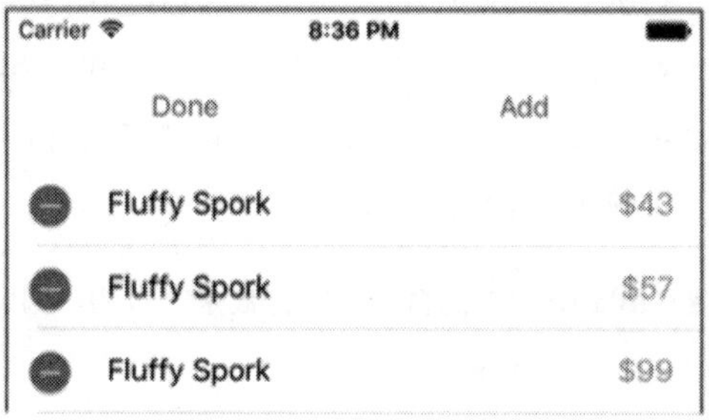

Carrier 8:36 PM
Done Add
Fluffy Spork $43
Fluffy Spork $57
Fluffy Spork $99

图 11-7 UITableView 的编辑模式

11.2 添加行

Adding Rows

通常有两种方式可以在应用运行时为 **UITableView** 对象增加行。

- 在表视图上方添加按钮。如果数据的字段较多，需要显示一个用户输入的详细视图，就可以使用这种方式。例如，在 iOS 自带的通讯录应用中，点击添加按钮可以进入添加新联系人的详细视图并输入该联系人的信息。
- 在 **UITableViewCell** 对象左边显示一个带绿色加号的按钮。在为数据添加一个新字段时可以使用这种方式。例如，在联系人应用中需要为联系人添加生日信息，可以在编辑模式中点击“add birthday（添加生日）”左边的绿色加号按钮。

本节采用的是第一种方式：在表头视图中放置一个添加按钮。当用户按下这个按钮时，就

为 **UITableView** 对象添加一条新行。

在 ItemsViewController.swift 中实现 **addNewItem(_:)**，代码如下：

```
@IBAction func addNewItem(_ sender: UIButton) {
    //创建一个第 0 组最后一行的 indexPath 对象
    let lastRow = tableView.numberOfRows(inSection: 0)
    let indexPath = IndexPath(row: lastRow, section: 0)

    //在 tableview 中插入新的行
    tableView.insertRows(at: [indexPath], with: .automatic)
}
```

编译并运行应用。点击添加按钮，然后……应用就崩溃了。控制台中显示 **UITableView** 出现了内部不一致异常现象。

记住，最终是 **UITableView** 的数据源决定了 **UITableView** 应该显示多少行。在添加新行之后，**UITableView** 有 6 行了（添加之前是 5 行）。当 **UITableView** 向数据源询问有多少行时，**ItemsViewController** 查询了 **ItemStore** 然后返回了 5 行。**UITableView** 不能处理内部不一致异常，并抛出了错误。

必须确保 **UITableView** 与它的数据源的行数是一致的。因此，需要在插入新行之前，向 **ItemStore** 中添加一个新的 **Item**。

在 ItemsViewController.swift 中，更新 **addNewItem(_:)** 方法，代码如下：

```
@IBAction func addNewItem(_ sender: UIButton) {
    //创建一个第 0 组最后一行的 indexPath 对象
    let lastRow = tableView.numberOfRows(inSection: 0)
    let indexPath = IndexPath(row: lastRow, section: 0)

    //在 tableview 中插入新的行
    tableView.insertRows(at: [indexPath], with: .automatic)

    //创建一个新的 item 对象并加入 itemStore 中
    let newItem = itemStore.createItem()

    //找出 item 对象在数组中的位置
    if let index = itemStore.allItems.index(of: newItem) {
        let indexPath = IndexPath(row: index, section: 0)

    //在 tableview 中插入新的行
    tableView.insertRows(at: [indexPath],
        with: .automatic)
    }
}
```

编译并运行应用。点击添加按钮，一条新行出现在了 **UITableView** 的底部。记住视图对象是模型对象的表现层。只改变视图不改变模型，是不会改变数据的。

现在应用可以添加行和 **Item** 了，因此不需要在 **ItemStore** 中生成 5 个随机 **Item** 的代码。

打开 ItemStore.swift，删除代码。

```
~~init() {
    for _ in 0..5 {
        createItem()
    }
}~~
```

编译并运行应用。刚启动时没有任何数据了。但是可以点击添加按钮来添加。

11.3 删除行

Deleting Rows

在编辑模式下，带减号的红色圆圈是删除控件（见图 11-7）。点击之后就会删除相应的行，但是目前还不能删除行（读者可以点一下试试。）在 **UITableView** 删除行之前，会调用数据源的一个方法，等待确认后才会执行删除操作。

删除行需要做两件事：删除 **UITableView** 的行和删除 **ItemStore** 中相应的 **Item**。要完成这件事，**ItemStore** 需要知道如何删除 **Item**。

在 ItemStore.swift 中，实现一个新方法来删除指定的 **Item**。

```
func removeItem(_ item: Item) {
    if let index = allItems.index(of: item) {
        allItems.remove(at: index)
    }
}
```

现在实现 **UITableViewDataSource** 的 **tableView(_:commit:forRow:)**方法。（这个方法在 **ItemsViewController** 中被调用。但是记住，**ItemStore** 才是存储数据的地方，**ItemsViewController** 是 **UITableView** 的 dataSource。）

当 **tableView(_:commit:forRowAt:)**被调用时，会传递两个参数。第一个参数是 **UITableViewCellEditingStyle** 类型的，当前情况会传.delete。另一个参数是 **IndexPath**，表示需要删除 **UITableView** 中的第几行。

在 ItemsViewController.swift 中实现这个方法，在方法中从 **ItemStore** 删除正确的 **Item**，并且调用 **UITableView** 的 **deleteRows(at:with:)**来确认删除完成，代码如下：

```
override func tableView(_ tableView: UITableView,commit editingStyle:
```

```
        UITableViewCellEditingStyle,forRowAt indexPath: IndexPath) {
    //如果 TableView 确认了删除命令
    if editingStyle == .delete {
        let item = itemStore.allItems[indexPath.row]
        //从 itemStore 中删除 item
        itemStore.removeItem(item)

        //同时从 TableView 中删除行，行消失的时候制作一个动画
        tableView.deleteRows(at: [indexPath], with: .automatic)
    }
}
```

编译并运行应用，创建一些行，然后删除一行。删除后行就消失了。滑动删除也可以正常工作。

11.4 移动行

Moving Rows

改变 **UITableView** 行的顺序，需要使用 **UITableViewDataSource** 协议的另一个方法 **tableView(_:moveRowAt:to:)**。

删除行时，需调用 **UITableView** 的 **deleteRows(at:with:)**来确认删除。移动行并不需要这个操作，**UITableView** 会自己移动行，然后调用数据源的 **tableView(_:moveRowAt:to:)** 来通知数据源。读者要实现这个方法，需在方法中调整 **ItemStore** 里数据的顺序。

在实现这个方法之前，需要在 **ItemStore** 中实现一个方法来改变 allItems 数组元素的顺序。

在 ItemStore.swift 中实现这个新方法，代码如下：

```
func moveItem(from fromIndex: Int, to toIndex: Int) {
    if fromIndex == toIndex {
        return
    }

    //获取需要移动的对象
    let movedItem = allItems[fromIndex]

    //从数组中删除
    allItems.remove(at: fromIndex)

    //在新的位置插入
    allItems.insert(movedItem, at: toIndex)
}
```

在 ItemsViewController.swift 中，实现 **tableView(_:moveRowAt:to:)** 方法来更新 **ItemStore** 中的数据，代码如下：

```
override func tableView(_ tableView: UITableView,moveRowAt sourceIndexPath:
IndexPath,to destinationIndexPath: IndexPath) {
    // 更新模型
    itemStore.moveItem(from: sourceIndexPath.row, to:
destinationIndexPath.row)
}
```

编译并运行应用。点击编辑，换位控件（三条横线的图标）出现在了每行左侧。按住并拖动换位控件可以把行移动至新的位置（见图 11-8）。

图 11-8 移动行

实现 **tableView(_:moveRowAt:to:)** 之后换位控件就出现了。**UITableView** 在运行时会查询数据源是否实现了 **tableView(_:moveRowAt:to:)**，如果已实现，就会在进入编辑模式后显示换位控件。

11.5 显示弹窗

Displaying User Alerts

本节将学习弹窗，以及如何配置弹窗。弹窗可以提升应用的用户体验，在应用中会经常使用。

当用户执行一个重要操作时，弹窗可以用来提醒用户，让用户有机会取消操作。可以创建一个 **UIAlertController** 对象，然后选择一个样式来显示弹窗。弹窗支持两种样式：**UIAlertControllerStyle.actionSheet** 和 **UIAlertControllerStyle.alert**（见图 11-9）。

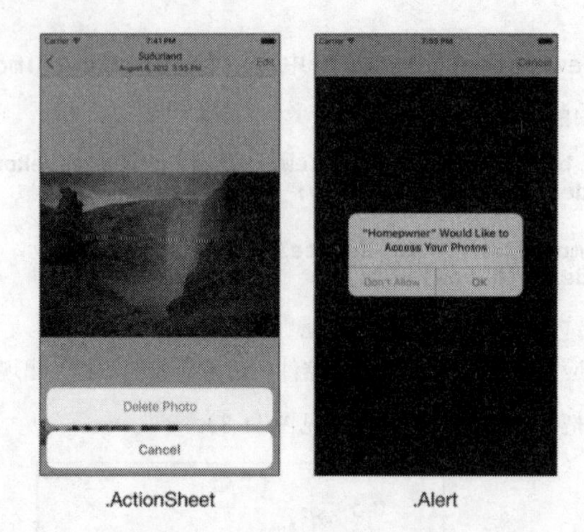

图 11-9　UIAlertController 的样式

.actionSheet 样式的弹窗为用户提供了一系列可供选择的操作列表。**.alert** 样式的弹窗用来展示重要信息，并且可以让用户选择如何处理。两种样式区别不大，如果用户可以恢复之前的操作，或操作不是很重要，通常会选择 **.actionSheet** 样式的弹窗。

下面使用 **UIAlertController** 来确认删除 **Item**。这里会使用 **.actionSheet** 样式的弹窗，因为弹窗的目的是确认或取消删除操作。

打开 ItemsViewController.swift，修改 **tableView(_:commit:forRowAt:)** 来支持弹窗确认，代码如下：

```
override func tableView(_ tableView: UITableView,
        commit editingStyle: UITableViewCellEditingStyle,
        forRowAt indexPath: IndexPath) {
    //如果 TableView 确认了删除命令
    if editingStyle == .delete {
        let item = itemStore.allItems[indexPath.row]

        let title = "Delete \(item.name)?"
        let message = "Are you sure you want to delete this item?"

        let ac = UIAlertController(title: title,message: message,
                preferredStyle: .actionSheet)
        //从 itemStore 中删除 item
        itemStore.removeItem(item)

        //同时从 TableView 中删除行，行消失的时候制作一个动画
        tableView.deleteRows(at: [indexPath], with: .automatic)
    }
}
```

当发现用户要删除 **Item** 时，使用合适的标题、提示和样式创建 **UIAlertController** 对象，可以提示用户将要发生的操作。这里把样式设置为 **.actionSheet**。

弹窗中展示的动作是 **UIAlertAction** 对象，所有样式的弹窗都可以添加多个动作。通过 **UIAlertController** 的 **addAction(_:)**方法可以添加动作。

下面在 **tableView(_:commit:forRowAt:)**中添加动作。

```
…

let ac = UIAlertController(title: title,message: message,
        preferredStyle: .actionSheet)

let cancelAction = UIAlertAction(title: "Cancel", style: .cancel, handler: nil)
ac.addAction(cancelAction)

let deleteAction = UIAlertAction(title: "Delete", style: .destructive,
        handler: { (action) -> Void in
    //从 itemStore 中删除 item
    self.itemStore.removeItem(item)

    //同时从 TableView 中删除行，行消失的时候制作一个动画
    self.tableView.deleteRows(at: [indexPath],with: .automatic)

})
ac.addAction(deleteAction)
…
```

第一个动作使用“Cancel（取消）”标题和**.cancel** 样式创建。**.cancel** 样式创建的动作会显示标准的蓝色字体。这个动作可以让用户取消删除 **Item**。handler 参数可以传递一个闭包，闭包会在动作触发时被调用。这里不需要任何其他操作，因此传入了 nil。

第二个动作使用“Delete（删除）”标题和**.destructive** 样式创建。删除操作需要引起用户注意并且明确标示出来，**.destructive** 样式的文字是明亮的红色。如果用户选择了这个动作，则 **UITableView** 中的 **Item** 就会被删除。删除操作是在 handler 的闭包中完成的。

现在动作已经添加了，**UIAlertController** 可以显示弹窗了。**UIAlertController** 是 **UIViewController** 的子类，可以使用 **presentViewController()**方法来展示给用户。

调用 **UIViewController** 的 **present(_:animated:completion:)**方法可以显示全屏的视图。将要显示的**UIViewController**会以参数的形式传递进去，这个**UIViewController** 的视图会占满整个屏幕，代码如下：

```
…

let deleteAction = UIAlertAction(title: "Delete", style: .destructive, handler:
                    {(action) -> Void in
    //从 itemStore 中删除 item
    self.itemStore.removeItem(item)

    //同时从 TableView 中删除行，行消失的时候制作一个动画
    self.tableView.deleteRows(at: [indexPath], with: .automatic)
})
ac.addAction(deleteAction)
```

```
//显示弹窗
present(ac, animated: true, completion: nil)
…
```

编译并运行应用。删除一个 **Item**，这时会出现一个确认删除的提示（见图 11-10）。

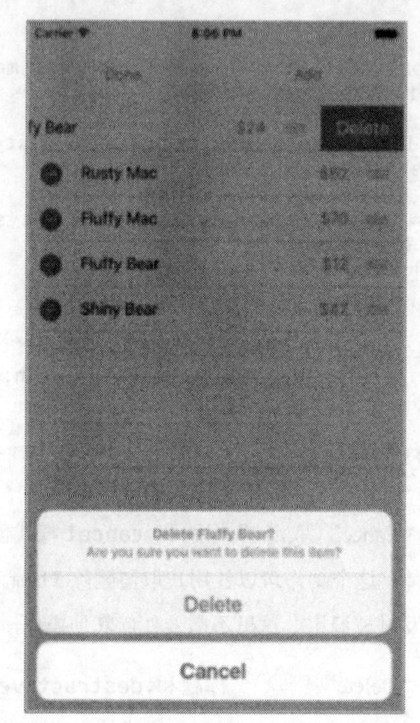

图 11-10　删除一个 Item

11.6　设计模式

Design Patterns

设计模式可以解决常见的软件工程问题。设计模式不是真实的代码，而是可以用到应用中的抽象思想和方法。好的设计模式是非常有价值的，是所有开发者的重要工具。

在应用开发的过程中使用设计模式，可以减小解决问题的难度，创建复杂应用会更快也更容易。下面这些是前面已经使用过的设计模式。

- 委托：一个对象把一些功能委托给另一个对象。**UITextField** 的委托可以知道 **UITextField** 的内容改变了。
- 数据源：数据源和委托很相似，但是相对于接收其他对象的消息，数据源负责在被请求时为其他对象提供数据。**UITableView** 中使用过数据源模式：每个 **UITableView** 对象都有一个数据源，数据源至少负责告诉 **UITableView** 显示多少行，以及每行显示什么内容。

- MVC：应用中的每个对象都属于三种角色之一。模型对象是数据。视图显示用户界面，控制器把模型和视图联系起来。
- target-action 模式：当特定事件发生时，一个对象调用另一个对象的方法。target 是拥有被调用方法的对象，action 是被调用的方法。例如，在按钮上使用 target-action 模式，当点击事件发生时，会调用另一个对象的方法（通常是视图控制器）。

Apple 公司一直都注重使用设计模式，认识并理解设计模式很重要，后面的学习中也要多注意设计模式。认识了设计模式之后，学习新的类和框架会更容易。

11.7 初级练习：修改删除按钮的标题

Bronze Challenge: Renaming the Delete Button

删除行时，确认按钮上显示的是"Delete（删除）"，将其改为"Remove（移除）"。

11.8 中级练习：禁止调整顺序

Silver Challenge: Preventing Reordering

让 **UITableView** 显示一个固定的行，上面显示"No more Items!（没有更多的 Item 了！）"。（这一部分与第 10 章的挑战练习是一样的，如果读者已经做了，可以把前面的代码复制过来。）现在，让这一行不能移动。

11.9 高级练习：真正地禁止调整顺序

Gold Challenge: Really Preventing Reordering

在完成中级练习后，读者会注意到，即使 No more Items！不能移动，仍然可以把其他行移动到它下面。现在，无论如何都要让 No more Items!一直显示在最下面。最后让它不能被删除。

第 12 章

创建 UITableViewCell 子类

Subclassing UITableViewCell

UITableView 会显示一列 **UITableViewCell** 对象。对于大部分应用，基础 **UITableViewCell** 的 textLabel、detailTextLabel 和 imageView 就够用了。但是，如果要显示更多内容，或者定制布局，就需要创建 **UITableViewCell** 子类了。

本章将会创建一个叫 **ItemCell** 的 **UITableViewCell** 子类，它可以更好地展示 **Item**。每个 **ItemCell** 都会显示 **Item** 的名字、价值和序列号（见图 12-1）。

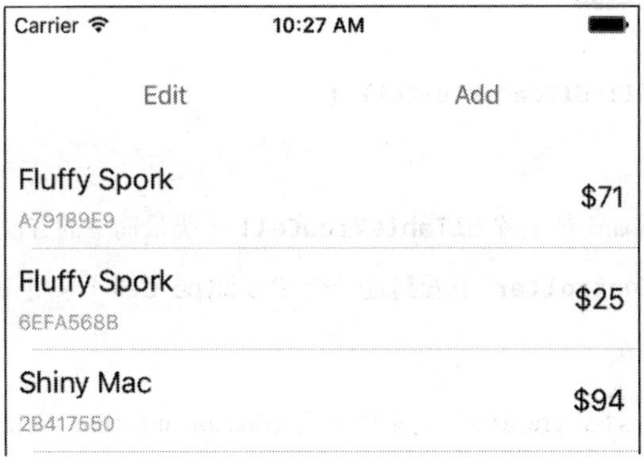

图 12-1　定制 UITableViewCell 的 Homepwner

向 **UITableViewCell** 子类的 contentView 添加子视图，可以定制界面。不要直接向 **UITableViewCell** 添加子视图，而要添加到 contentView 上，因为有时 **UITableViewCell** 会改变 contentView 的大小。例如，当 **UITableView** 进入编辑模式时，为了显示删除按钮，contentView 的大小就会改变（见图 12-2）。如果直接向 **UITableViewCell** 添加子视图，删除按钮就可能被挡住。进入编辑模式时，**UITableViewCell** 是不能调整大小的（它需要保持与 **UITableView** 一样宽），但是 contentView 可以改变大小。

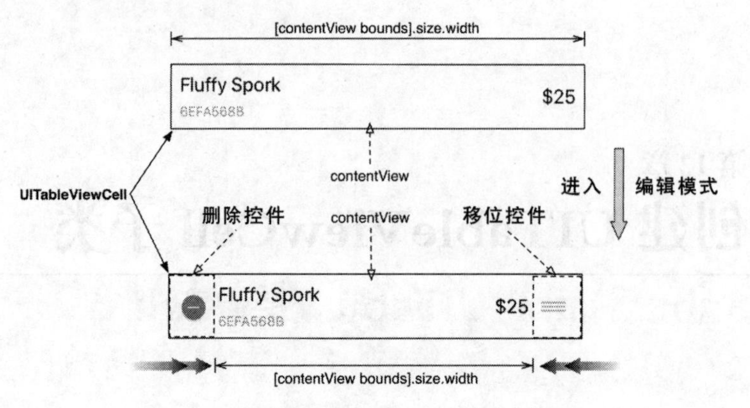

图 12-2 正常模式和编辑模式中的 UITableViewCell

12.1 创建 ItemCell

Creating ItemCell

创建一个叫 ItemCell 的 Swift 文件。在 ItemCell.swift 中定义 **UITableViewCell** 的子类 ItemCell，代码如下：

```
import Foundation
import UIKit

class ItemCell: UITableViewCell {

}
```

使用 storyboard 是配置 **UITableViewCell** 子类最简单的方法。在第 10 章 storyboard 的 **UITableViewController** 中看到过一个 Prototype Cell（原型 cell）。可以在这个地方设置 **ItemCell** 的内容。

打开 Main.storyboard，在文件大纲（document outline）中选择 UITableViewCell。打开属性检视面板（attributes inspector），把 Style（样式）改为 Custom（定制），然后把 Identifier（标识）改为 ItemCell。

现在打开标识检视面板（identity inspector，▣标签）。在 Class（类）输入框中输入 **ItemCell**（见图 12-3）。

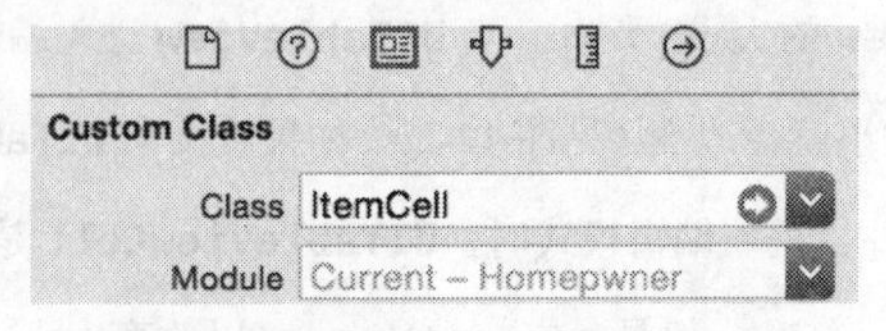

图 12-3 修改 UITableViewCell 的类

把 prototype cell 的高度修改为 65 点。可以直接在画布上修改，或者选中 prototype cell 后在尺寸检视面板（size inspector）中修改 Row Height（行高）。

ItemCell 需要显示三个元素，因此要在 **ItemCell** 上拖三个 **UILabel** 对象。按照图 12-4 配置它们，并让左下方标签的字体稍微小一点，颜色灰一点。

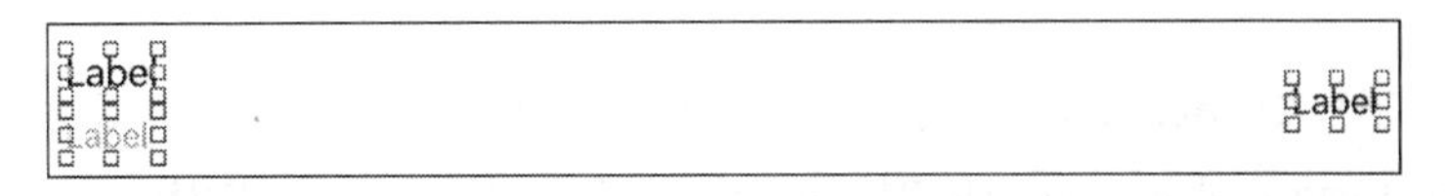

图 12-4 ItemCell 的布局

下面给三个标签添加约束。

（1）选中左上方的标签，打开布局的 Add New Constraints（添加新约束）菜单。选择上面和左边的虚线后点击 Add 2 Constraints（添加 2 个约束）。

（2）让左下方的标签和左上方的标签开头对齐。按住 Control，从左下方的标签拖到左上方的标签上，然后选择 Leading（开头）。

（3）选中左下方的标签，打开布局的 Add New Constraints 菜单。选中下方的虚线后点击 Add 1 Constraint（添加 1 个约束）。

（4）选中右边的标签，按住 Control，从标签拖到右侧的父视图上，选择 Trailing Space（末尾间距）和 Trailing Space to Container Margin（末尾到父容器边缘的间距）和 Center Vertically in Container（父容器中竖直居中）。

（5）选中左下方的标签，打开它的尺寸检视面板（size inspector）。设置 Vertical Content Hugging Priority（竖直内容最大优先级）为 250。设置 Vertical Content Compression Resistance Priority（竖直内容抗压优先级）为 749。第 12 章中会学习这些属性的功能。

（6）现在视图的位置可能不对，因此选中三个标签，然后找到 Update Frames 按钮并点击它。

12.2 添加并关联 ItemCell 的属性

Exposing the Properties of ItemCell

要在 **ItemsViewController** 的 **tableView(_:cellForRowAtIndexPath:)** 中设置 **ItemCell** 的内容，**ItemCell** 需要让这三个标签的属性可以被访问到。这些属性要在 `Main.storyboard` 中通过插座变量来连接。

接下来，为 **ItemCell** 的子视图创建并连接插座变量。

打开 `ItemCell.swift`，添加三个插座变量的属性。

```
import UIKit

class ItemCell: UITableViewCell {

    @IBOutlet var nameLabel: UILabel!
    @IBOutlet var serialNumberLabel: UILabel!
    @IBOutlet var valueLabel: UILabel!

}
```

下面把 **ItemCell** 的三个子视图和插座变量连接起来。本书前面介绍连接插座变量时是通过按住 Control，从 storyboard 的 **UIViewController** 拖到对应的 **UIView** 上的。但是 **ItemCell** 的插座变量并不在 **UIViewController** 中，它们在一个 **UITableViewCell** 子类的视图中。

因此，这里需要把它们和 **ItemCell** 的插座变量连接起来。

打开 Main.storyboard，按住 Control 并点击文件大纲（document outline）中的 **ItemCell**。按照图 12-5 连接插座变量。

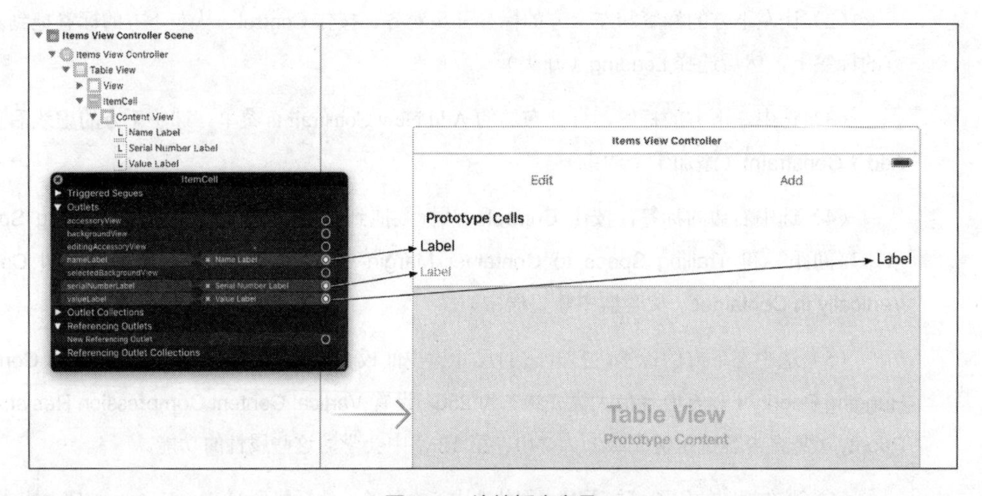

图 12-5 连接插座变量

12.3 使用 ItemCell

Using ItemCell

下面展示 **ItemCell**。在 **ItemViewController** 的 **tableView(_:cellForRowAtIndexPath:)** 方法中，**UITableView** 的每行都会获得一个 **ItemCell** 对象。

现在使用了自定义的 **UITableViewCell** 子类，因此 **UITableView** 需要知道每行的高度。有几种方法可以完成这个任务，最简单的是给 **UITableView** 的 rowHeight 属性设置一个常量值。本章后面会介绍其他方法。

打开 ItemsViewController.swift，更新 **viewDidLoad()**方法，并在方法中设置 **UITableView** 的行高。

```
override func viewDidLoad() {
    super.viewDidLoad()

    //获取状态栏高度
    let statusBarHeight =
        UIApplication.sharedApplication.statusBarFrame.height

    let insets = UIEdgeInsets(top: statusBarHeight, left: 0,
        bottom: 0, right: 0)
    tableView.contentInset = insets
    tableView.scrollIndicatorInsets = insets

    tableView.rowHeight = 65
}
```

现在已在 **UITableView** 中注册过 **ItemCell** 了（在 storyboard 的原型 Cell 中），因此可以通过“ItemCell”标识来获得 **ItemCell** 了。

在 ItemsViewController.swift 中修改 **tableView(_:cellForRowAtIndexPath:)**，代码如下：

```
override func tableView(tableView: UITableView, cellForRowAtIndexPath
        indexPath: NSIndexPath) -> UITableViewCell {
    // Get a new or recycled cell
    let cell = tableView.dequeueReusableCell(withIdentifier:"UItableViewCell",
        for: indexPath)

    let cell = tableView.dequeueReusableCell(withIdentifier:"ItemCell",
        for: indexPath) as! ItemCell

    // Set the text on the cell with the description of the item
    // that is at the nth index of items, where n = row this cell
    // will eppear in on the tableview
    let item = itemStore.allItems[indexPath.row]

    cell.textLabel?.text = item.name
    cell.detailTextLabel?.text = "$\(item.valueInDollars)"

    // Config the cell with the Item
    cell.nameLabel.text = item.name
    cell.serialNumberLabel.text = item.serialNumber
    cell.valueLabel.text = "$\(item.valueInDollars)"

    return cell
}
```

以上代码首先更新了重用标识，指向了新的对象，然后，在方法末尾为 **ItemCell** 的每个标签设置合适的值。

编译并运行应用。新的 **ItemCell** 出现了，它们的标签也展示了 **Item** 各项属性的值。

12.4 动态计算 Cell 高度

Dynamic Cell Heights

现在所有 **ItemCell** 的高度固定都是 65 点，但是让 **ItemCell** 的内容来决定高度会更好。随着内容的改变，**ItemCell** 的高度也会自动变化。

可能读者已经猜到，可以使用自动布局来完成这个任务。**ItemCell** 需要一个明确决定高度的约束，但是现在 **ItemCell** 还没有这个约束，读者需要在两个标签之间添加一个固定间距的约束。

打开 Main.storyboard。按住 Control，从 nameLabel 拖到 serialNumberLabel，然后选择 Vertical Spacing（竖直间距）。

下面打开 ItemsViewController.swift，更新 **viewDidLoad()**方法，让 **UITableView** 根据约束计算 **ItemCell** 的高度。

```
override func viewDidLoad() {
    super.viewDidLoad()

    //获取状态栏高度
    let statusBarHeight =
        UIApplication.sharedApplication.statusBarFrame.height

    let insets = UIEdgeInsets(top: statusBarHeight, left: 0,
        bottom: 0, right: 0)
    tableView.contentInset = insets
    tableView.scrollIndicatorInsets = insets

    tableView.rowHeight = 65
    tableView.rowHeight = UITableViewAutomaticDimension
    tableView.estimatedRowHeight = 65
}
```

UITableViewAutomaticDimension 是 rowHeight 属性的默认值，虽然没有必要设置，但是加上可以让代码更容易理解。设置 estimatedRowHeight 属性可以提高 **UITableView** 的性能。相对于 **UITableView** 加载时就计算每行的高度，设置这个属性可以让这些计算延后，直到用户滑动 **UITableView** 时才去计算。

编译并运行应用。应用现在看起来和之前是一样的。下一节讲解动态类型技术时，就能看出动态计算 Cell 高度的优势了。

12.5 动态类型

Dynamic Type

开发一个让所有人都满意的界面是很困难的。有些人喜欢复杂界面，这样他们可以一次获得更多信息；有些人可能喜欢简明直接的界面，一眼就能看到；有些人喜欢看文字字体较大的界面。总之，人们的需求各不相同，好的开发者会尽量满足他们的需求。

动态类型技术通过专门设计更易读的**文字样式**让这个需求变为现实。用户可以在苹果的 Settings（设置）应用中选择预置的 7 种文字样式（以及辅助功能中的放大模式）。支持动态类型的应用会自动缩放字体。本节将会让 **`ItemCell`** 支持动态类型。图 12-6 中展示了动态类型中最小和最大字体下的应用界面效果。

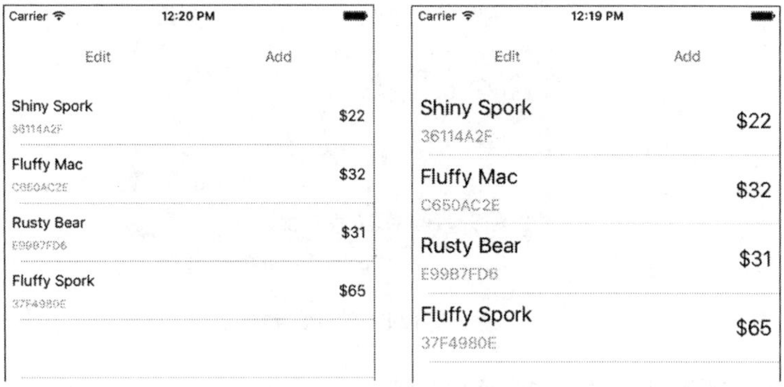

图 12-6 支持动态类型的 ItemCell

动态类型默认会选择适中的文字样式。当请求文字字体时，系统会根据用户选择的字体大小找到对应的样式，最后返回合适的字体。图 12-7 展示了 10 种不同的文字样式。

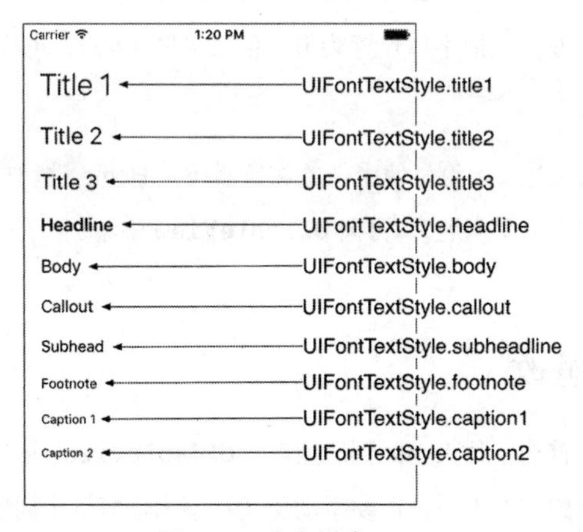

图 12-7 文字样式

打开 `Main.storyboard`。下面让标签不再使用固定的字体，而是使用文字样式。选中 `nameLabel` 和 `valueLabel` 后打开属性检视面板（attributes inspector）。点击 Font（字体）右边的文字图标，在 Font 中选择 Text Styles-Body（见图 12-8）。对 `serialNumber` 执行相同的操作，选择 Caption 1 文字样式。

图 12-8　改变文字样式

下面在设置应用中修改首选字体大小。

编译并运行应用。按一下 Home 键（或者使用模拟器的 Hardware 菜单），然后打开苹果的设置应用。在 General（通用）菜单中选择 Accessiblity（辅助功能），然后选择 Larger Text（更大字体）。（在真实设备上，也可以通过 Display & Brightness（显示与亮度）菜单进行设置）。把滑动条拖到最左侧，把字体设置为最小值（见图 12-9）。再次按下 Home 键，设置应用会保存刚才的修改。

编译并运行应用（无论是使用任务切换器还是 Home 键切换回应用，都不会看到刚才的修改。下一节会修复这个问题），再向 **UITableView** 中添加一些 **Item**，就可以看到新的小文字样式了。

响应用户的修改

当用户改变首选字体大小回到应用时，**UITableView** 应该重新加载数据。很不幸，标签并不知道新选择的字体大小，需要手动更新标签来修复这个问题。

打开 ItemCell.swift，重载 **awakeFromNib()**方法来让标签自适应字体大小。

```
override func awakeFromNib(){
    super.awakeFromNib()

    nameLabel.adjustsFontForContentSizeCategory = true
    serialNumberLabel.adjustFontForContentSizeCategory = true
    valueLabel.adjustFontForContentSizeCategory = true
}
```

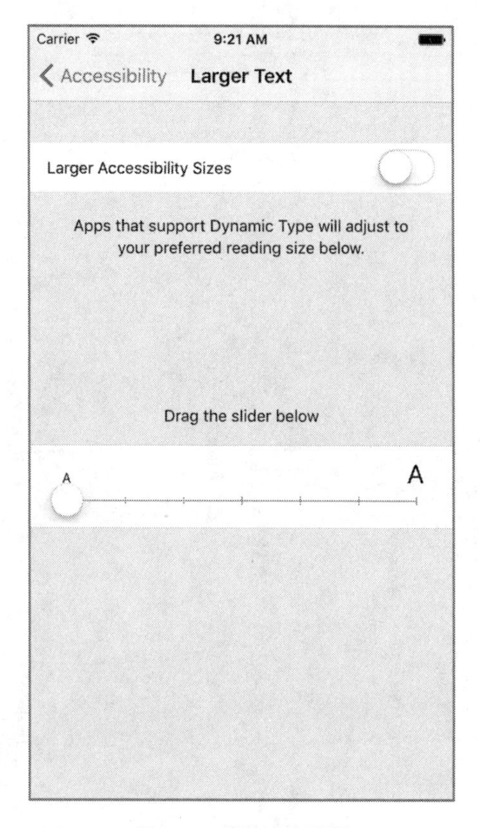

图 12-9 字体大小设置

当 **ItemCell** 从 storyboard 文件中加载完成后，就会调用 **awakeFromNib()**方法。调用这个方法时，所有插座变量都已经有值了。

编译并运行应用，然后添加一些 **Item**。到设置应用中把首选字体设置为最大。与之前的不同，现在通过任务切换器或者 Home 键切换回 Homepwner，**UITableView** 会使用新的首选字体更新界面。

12.6 初级练习：UITableViewCell 的颜色

Bronze Challenge: Cell Colors

更新 **ItemCell**，如果 **Item** 的 valueInDollars 价值小于 50，则显示绿色；如果大于 50，则显示红色。

第13章 UIStackView

Stack View

读者在本书中已经使用过自动布局了，自动布局可以创建灵活的界面，适应各种类型的设备和不同尺寸的屏幕。随着界面变得越来越复杂，通常需要更多的约束来布局界面。对于动态的界面，需要经常添加或删除约束，实现起来还是挺复杂的。

通常情况下，一个界面（或界面的一小部分）是线性布局的。下面回顾本书前面写过的应用：第 1 章创建的 Quiz 应用，在竖直方向线性地布局了四个子视图；对于 WorldTrotter 应用也一样，**ConversionViewController** 中竖直线性地布局了一个 **UITextField** 和几个标签。

使用 **UIStackView** 对一组视图进行线性布局非常方便。**UIStackView** 可以方便地创建竖直或水平的布局，自动管理大部分约束。更重要的是，**UIStackView** 可以支持嵌套，这种灵活的方式可以创建出非常好看的界面。

本章会继续升级 Homepwner 应用，为 **Item** 创建一个详细的界面。界面会使用嵌套的 **UIStackView**，水平方向和竖直方向都会使用到（见图 13-1）。

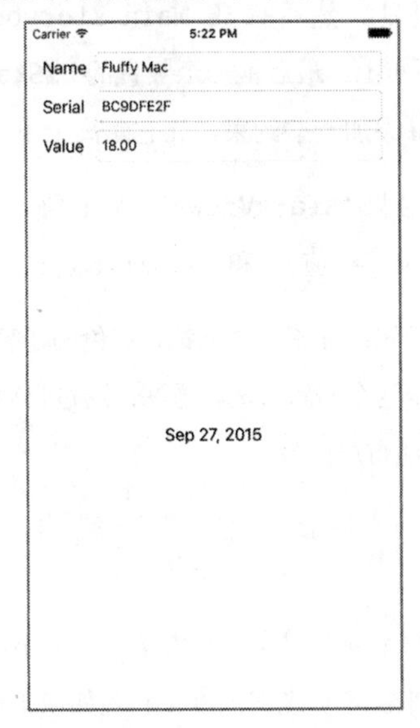

图 13-1　使用 UIStackView 的 Homepwner

13.1 使用 UIStackView

Using UIStackView

下面创建一个编辑 **Item** 信息的界面。本章先让界面基础功能运行起来，第 14 章中再对功能进行扩展。

在最顶层放置一个 **UIStackView**，用来显示 **Item** 的名字、序列号、价值以及创建时间（见图 13-2）。

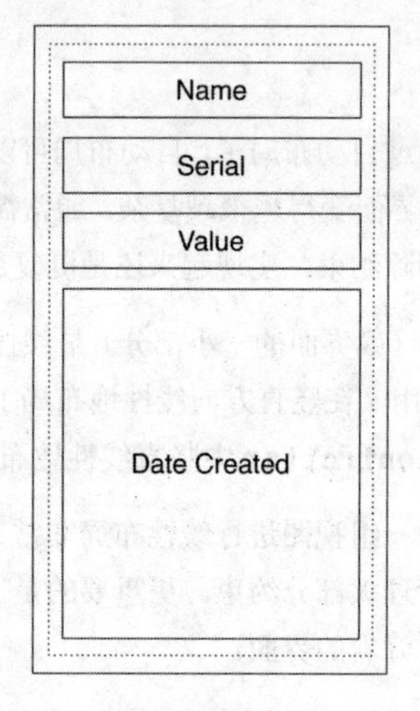

图 13-2 垂直布局的 UIStackView

打开 Homepwner 项目，然后打开 Main.storyboard，再从对象库中拖一个新的 **UIViewController** 到画布上。最后拖一个竖直的 **UIStackView** 到 **UIViewController** 的视图上。给 **UIStackView** 添加一些约束，让它距离上下左右各 8 点。

下面拖四个 **UILabel** 到 **UIStackView** 上。从上到下，将它们的文字改为"Name（名字）"、"Serial（序列号）"、"Value（价值）"和"Date Created（创建时间）"，如图 13-3 所示。

现在马上出现了一个问题：标签的边框都是红色的（表示有布局错误），并且有些界面有竖直布局不明确的警告。修复这个问题有两种方法：通过自动布局修复，或者使用 **UIStackView** 的属性修复。首先使用自动布局修复。

隐藏的约束

在第 3 章中学习过，每个视图都有一个内部内容大小，如果没有明确指定宽度或高度，视图就会使用内部内容大小来决定宽度或高度。它是如何工作的呢？

图 13-3　UIStackView 上的标签

视图是使用隐藏的约束实现的。隐藏的约束是由视图的**内容变多优先级**（content hugging priorities）和**内容变少优先级**（content compression resistance priorities）决定的。视图的每个方向都有一个下面的优先级。

- 水平内容变多优先级。
- 竖直内容变多优先级。
- 水平内容变少优先级。
- 竖直内容变少优先级。

内容变多优先级

内容变多优先级就像是绑在视图周围的橡皮筋，橡皮筋让视图的大小在某个方向上不比内部内容大。优先级是 0~1000 中的一个值，1000 表示视图大小在某个方向上肯定不会比内部内容大。

下面看一个水平方向的例子。使用约束让两个标签相邻，并且它们都位于父视图 frame 内部（见图 13-4）。

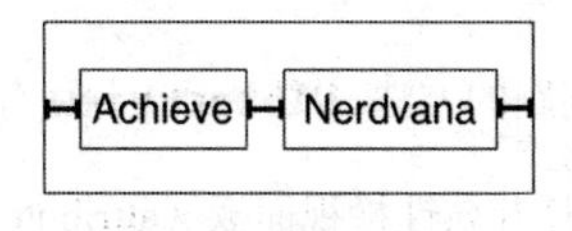

图 13-4　两个标签相邻

现在界面展示得挺好。但是当父视图变大时，哪一个标签应该变宽呢？是第一个，还是第二个，还是都变宽？当前界面布局是不明确的（见图 13-5）。

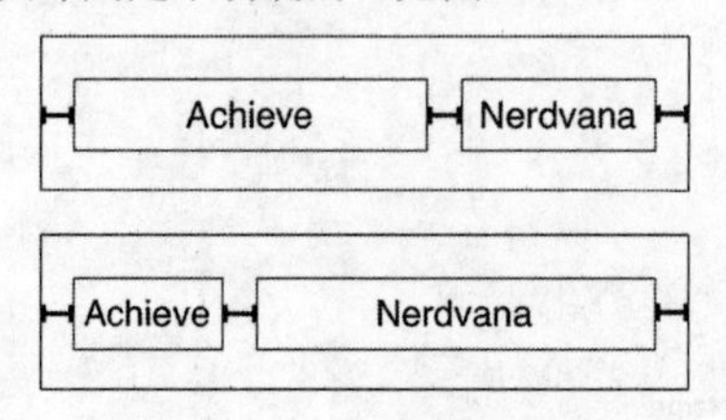

图 13-5　不明确的布局

现在就到内容变多优先级发挥作用的时候了，内容变多优先级高的视图不会拉伸。可以把优先级想象为橡皮筋的强度，优先级越高，橡皮筋的强度越大，也就越会保持视图不被拉伸。

内容变少优先级

内容变少优先级决定了当视图大小小于内部大小时，视图应该怎样压缩。同样是图 13-4 中的两个标签，如果父视图变小，标签该怎么压缩呢？有一个标签需要省略文字（见图 13-6），但是应该让哪一个标签省略文字呢？

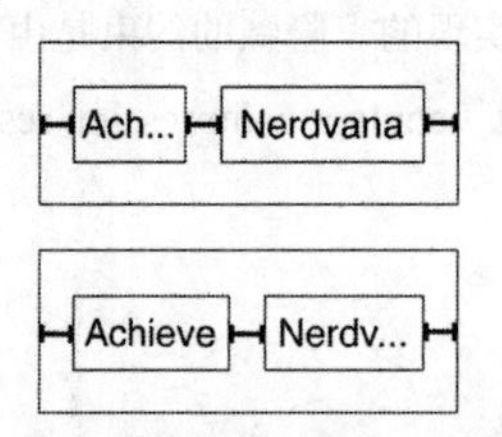

图 13-6　不明确的压缩布局

内容变少优先级高的视图更能抵抗压缩，也就是不省略文字。

了解了这些知识之后，就可以修复 **UIStackView** 的问题了。

选择 Date Created（创建时间）标签，然后打开尺寸检视面板（size inspector）。找到 Vertical Content Hugging Priority（竖直内容变多优先级），把它降低到 249。现在其他三个标签有更高的优先级，因此它们会和内容大小一致，而 Date Created 会撑满剩下的空间。

UIStackView 的分配

下面介绍另一种解决问题的方法。**UIStackView** 有些属性可以用来决定内容的布局方式。

选中 **UIStackView**，打开属性检视面板（attribute inspector），找到最上面有 Stack View 标题的部分。有一个叫 Distribution 的属性决定了内容如何布局，现在设置的是 Fill，也就是根据视图的内容大小来布局。把它的值改为 Fill Equally，这样会让 **UIStackView** 不使用标签内容大小，而是让其中所有标签的高度相同（见图 13-7）。关于其他可选的值，请读者查看 **UIStackView** 的文档。

图 13-7 设置为 Fill Equally 之后的 UIStackView

把 **UIStackView** 的 Distribution 值改为 Fill，本章后面会接着讲解这个值。

嵌套的 UIStackView

UIStackView 的一个强大特性是可以嵌套。接下来会在最大的 **UIStackView** 中嵌套几个横向的 **UIStackView**，并且在上面的三个标签旁边各放置一个 **UITextField**，用来展示 **Item** 对应的值，以及提供编辑功能。

选中画布上的 Name（名字）标签，点击自动布局菜单左边第二个图标为⊞的按钮。这样会让选中的视图嵌套到 **UIStackView** 中。

选中新的 **UIStackView**，然后打开属性检视面板（attributes inspector）。现在 **UIStackView** 是竖直方向的，但是这里需要一个水平方向的。把 Axis（轴）属性的值改为 Horizontal（水平的）。

拖一个 **UITextField** 到 **Name** 标签的右边。默认情况下，**UILabel** 的内容变多优先级比 **UITextField** 的高，因此 **UILabel** 保持了内部内容的宽度，并且 **UITextField** 拉伸了。另

一方面，现在 **UILabel** 和 **UITextField** 有相同的内容变少优先级，当 **UITextField** 的文字太长时，就会出现布局不明确，打开 **UITextField** 的尺寸检视面板，把水平的 Content Compression Resistance Priority 设置为 749。

UIStackView 间距

现在 **UILabel** 和 **UITextField** 之间没有间隙，看起来非常拥挤。**UIStackView** 可以自定义元素之间的间距。

选中水平的 **UIStackView**，打开属性检视面板（attributes inspector），将 Spacing（间距）改为 8 点。**UITextField** 为了适应间距而缩小了宽度，因为它的内容变少优先级比 **UILabel** 的低。

对 Serial（序列号）和 Value（价值）标签执行相同的操作。

（1）选中标签后点击▤按钮。

（2）将 UIStackView 方向改为水平的。

（3）拖一个 UITextField 到 UIStackView 中，将水平的内容变少优先级设置为 749。

（4）将 UIStackView 的间距设置为 8 点。

界面还需要调整一些细节：为竖直的 **UIStackView** 设置一定间距；将 Date Created 标签文字设置为居中；将 Name、Serial 和 Value 三个标签的宽度设置为相同。

选中竖直的 **UIStackView**，打开属性检视面板（attributes inspector），将 Spacing 设置为 8 点；选中 Date Created 标签，打开属性检视面板，将 Alignment（对齐）改为 Center（居中）。这样前两个问题就解决了。

虽然 **UIStackView** 大幅减少了界面上的约束，但有些约束仍然很重要。在当前界面中，由于标签的宽度不一样，所以 **UITextField** 的左侧并没有对齐（英语中还不是很明显，如果本地化为其他语言，可能就更明显）。要解决这个问题，需要给三个 **UITextField** 设置开头约束。

按住 Control，从名字 **UITextField** 拖到序列号 **UITextField** 上，再选择 Leading（开头）。然后对序列号 **UITextField** 和价值 **UITextField** 执行相同的操作。完成后的界面如图 13-8 所示。

UIStackView 可以创建丰富的界面，会自动管理自身约束，相对于手动设置约束，开发起来要快很多。**UIStackView** 还可以在运行时支持动态界面，可以通过 **addArrangedSubview(_:)**、**insertArrangedSubview(_:atIndex:)** 和 **removeArrangedSubview(_:)** 来添加删除视图，也可以使用 hidden 属性，**UIStackView** 会自动为 hidden 属性调整界面。

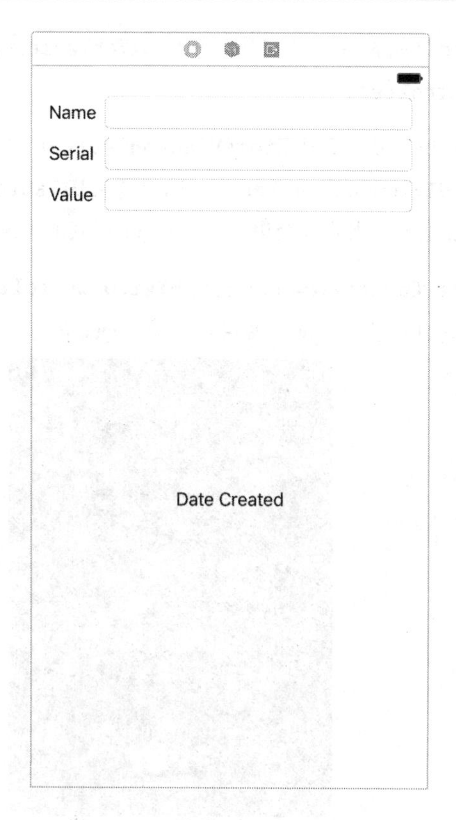

图 13-8 最终的 UIStackView 界面

13.2 Segues

Segues

大部分 iOS 应用都有很多个 **UIViewController**，用户可以在 **UIViewController** 之间切换。storyboard 通过使用 segue，不编写代码就可以实现这个交互。

segue 可以把另一个 **UIViewController** 的视图加到屏幕上，它是一个 **UIStoryboardSegue** 对象。每个 segue 都有一个**样式**（style）、**操作对象**（action item）和**标识**（identifier）：segue 的样式决定了 **UIViewController** 的展示方式；操作对象是 storyboard 文件中触发 segue 的视图对象，例如 **UIButton**、**UITableViewCell** 或者 **UIControl**；标识是为了支持在代码中修改 segue，这对于支持非视图控件触发的 segue 非常有用，例如可以通过摇晃手机触发，或者用 storyboard 无法添加的元素触发。

下面先从 show segue（展示类型的 segue）开始学习，show segue 会根据要展示的内容来决定如何展示 **UIViewController**。现在需要实现一个 **UITableViewController** 和新的

UIViewController 之间的 segue，操作对象是 **UITableViewCell**，点击 **UITableViewCell** 会显示 **UIViewController**。

在 Main.storyboard 中选择 **ItemsViewController** 的 **ItemCell** 原型。按住 Control，再拖到前面创建的 **UIViewController** 上（确保是从 **UITableViewCell** 上拖过来的，而不是从 **UITableView** 上拖过来的），会出现选择 segue 样式的黑色菜单，选择 Show（见图 13-9）。

从 **UITableViewController** 指向新的 **UIViewController** 的箭头，就是 segue。箭头中的图标表示 segue 的类型是 show（展示）。每种 segue 都有一个唯一的图标。

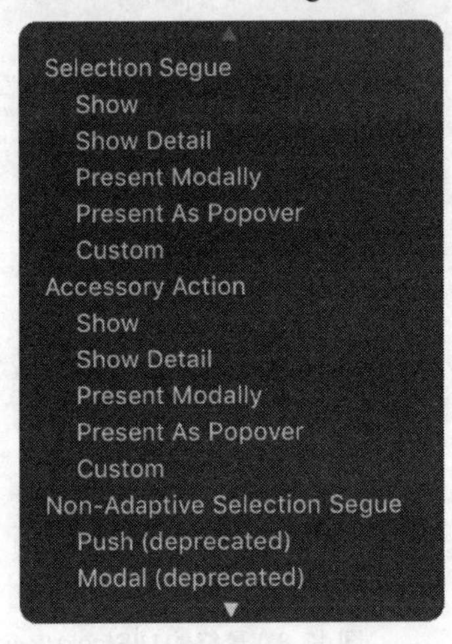

图 13-9 设置 segue

编译并运行应用。点击 **UITableViewCell**，新的 **UIViewController** 从屏幕的底部滑上来了。（展示模态 **UIViewController** 的默认行为就是从底部滑上来的。）

到目前为止，所有功能都实现得很好。但是现在有两个问题：新的 **UIViewController** 没有展示选中 **Item** 的信息；无法关掉弹出的 **UIViewController**，返回 **ItemsViewController**。下一节会解决第一个问题，第 14 章会解决第二个问题。

13.3 绑定内容

Hooking Up the Content

要显示选中 **Item** 的内容，需要再创建一个 **UIViewController** 子类。

创建一个叫 DetailViewController 的 Swift 文件。打开 DetailViewController.Swift 文件，声明一个叫 **DetailViewController** 的 **UIViewController** 子类。

```
import Foundation
import UIKit
```

```
class DetailViewController: UIViewController {

}
```

为了在运行时访问这些子视图，**DetailViewController** 需要一些插座变量。下面为 **DetailViewController** 添加四个插座变量，然后与视图连接起来。在前面的练习中，是分两步来完成的：第一步是在 Swift 文件中添加插座变量，第二步是在 storyboard 文件中建立连接。使用助手编辑器（assistant editor）可以一步完成。

打开 `DetailViewController.swift` 文件之后，按住 Option 再点击项目导航面板中的 `Main.storyboard`，这样会在 `DetailViewController.swift` 旁边打开助手编辑器（也可以通过工作区顶部的编辑控制控件打开助手编辑器。键盘快捷键是 Command＋Option＋Return，返回标准编辑器的快捷键是 Command＋Return）。

现在窗口看起来有点乱，下面让窗口再整洁一点。点击工作区顶部的视图控件左侧的按钮，可以隐藏导航区域（快捷键是 Command＋0），点击编辑器左下角的按钮可以隐藏文件大纲（document outline）。现在，工作区看起来与图 13-10 一样了。

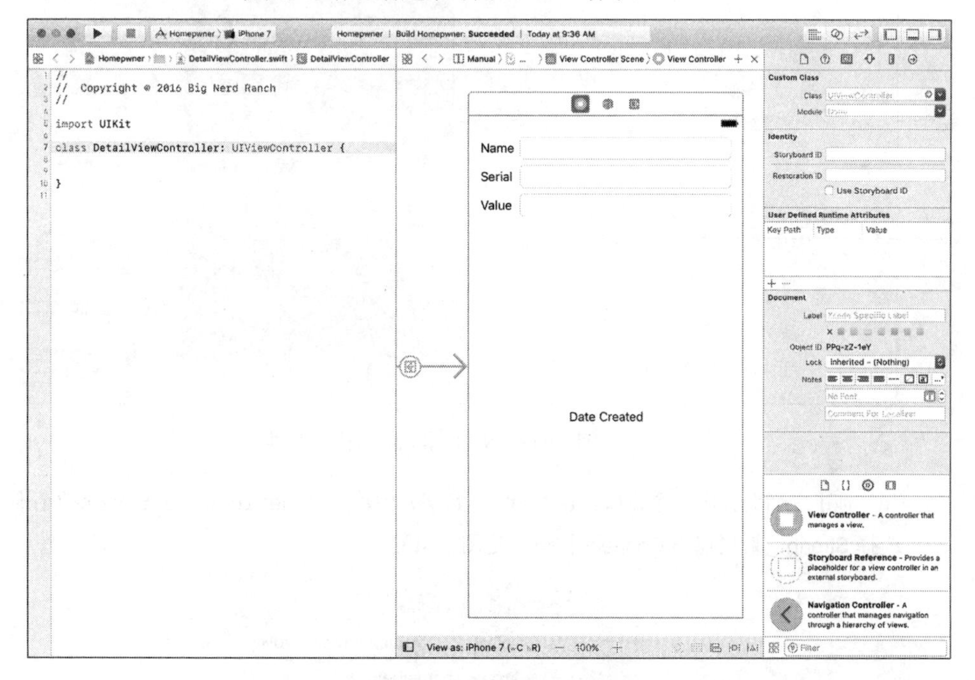

图 13-10 工作区的布局

在连接插座变量之前，首先要把 **DetailViewController** 和新的 **UIViewController** 关联起来。选择画布上新的 **UIViewController**，打开标识检视面板（identity inspector），将 Class（类）改为 DetailViewController（见图 13-11）。

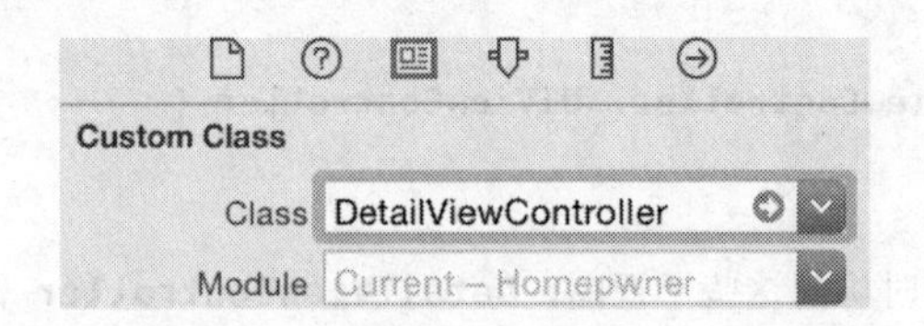

图13-11 设置UIViewController的类

三个**UITextField**和下面的Date Created标签要与**DetailViewController**的插座变量关联起来。按住Control，从Name（名字）标签旁边的**UITextField**上拖到`DetailViewController.swift`上（见图13-12）。

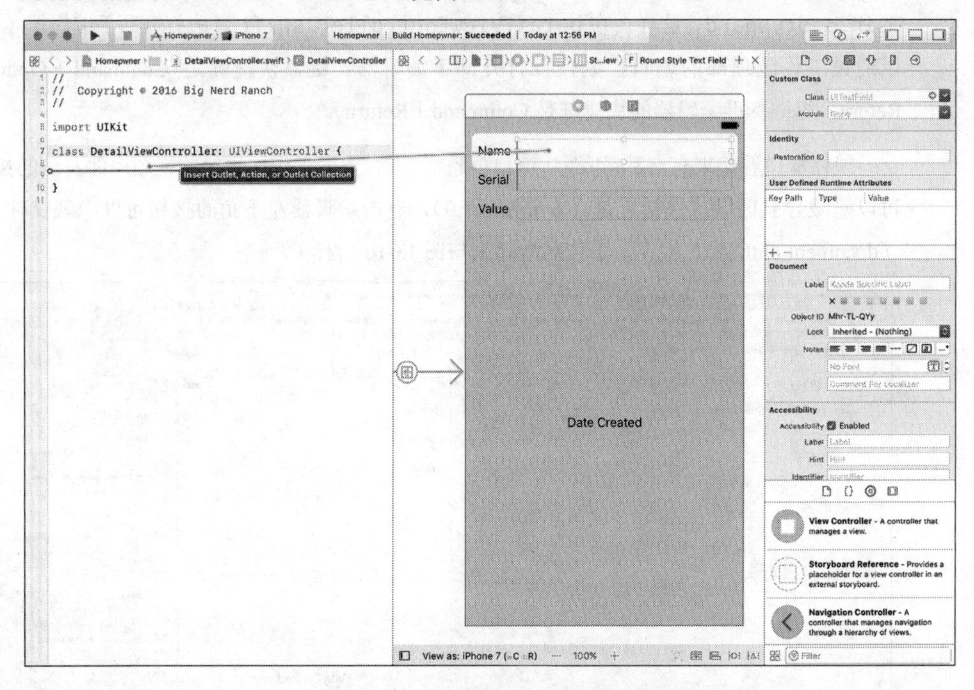

图13-12 从storyboard拖到源文件

拖了之后会弹出一个窗口。在Name（名字）中输入`nameField`，在Storage（存储）中选择Strong，最后点击Connect按钮（见图13-13）。

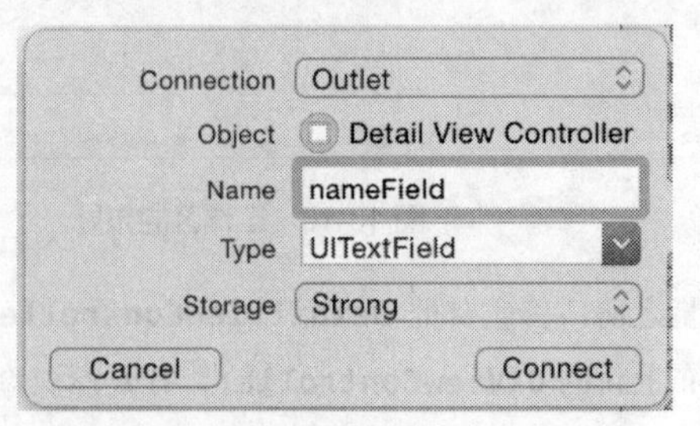

图13-13 自动创建插座变量并建立连接

这样会在 **DetailViewController** 中创建一个@IBOutlet 属性，名字叫 nameField，类型是 **UITextField**。

另外，这个 **UITextField** 已经和 **DetailViewController** 的 nameField 连接起来了。在 storyboard 中按住 Control，然后点击 **DetailViewController** 可以查看已有的连接。另外，把鼠标悬浮在 nameField 的连接上，在 storyboard 中会显示对应的 **UITextField**。

用同样的方式创建另外三个插座变量，插座变量的名字如图 13-14 所示。

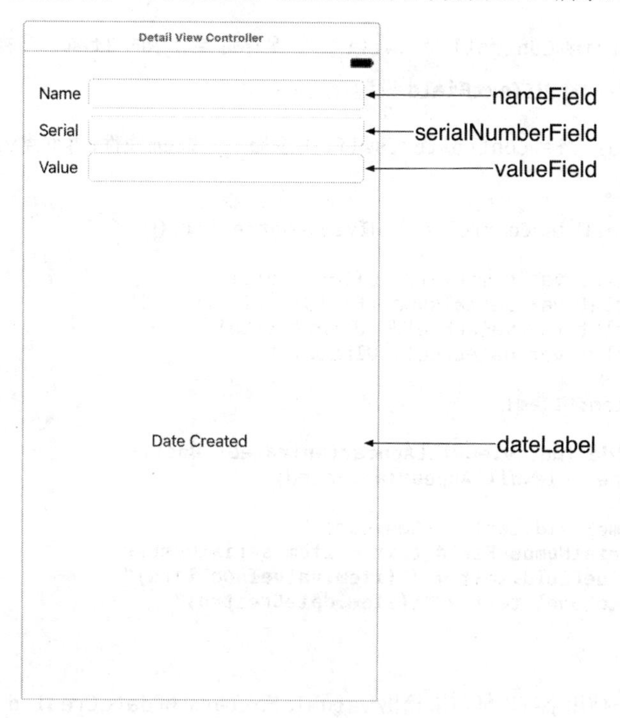

图 13-14 连接图

创建完连接之后，DetailViewController.swift 是这样的：

```
import UIKit

class DetailViewController: UIViewController {

    @IBOutlet var nameField: UITextField!
    @IBOutlet var serialNumberField: UITextField!
    @IBOutlet var valueField: UITextField!
    @IBOutlet var dateLabel: UILabel!
}
```

如果文件看起来不是这样的，插座变量就连接错了。检查上面步骤中是哪一步出错了：第一，检查按住 Control 拖动的过程，重新建立连接，直到出现 DetailViewController.swift 中的 4 行代码；第二，删除其他错误的代码（如不是属性的代码或其他属性）；第三，检查 storyboard

中错误的连接。在 Main.storyboard 中按住 Control，然后点击 **DetailViewController**，如果连接上有警告的标志，则点击旁边的 X 可以删除连接。

确保界面中没有错误连接很重要。产生错误连接的原因通常是：修改了属性的名字，但是没有修改界面文件中的连接；或者删除了一个属性，但是没有删除界面文件中的连接。无论错误连接是如何产生的，只要某个界面文件中存在错误连接，应用在加载该文件时就会崩溃。

连接建立好之后，就可以关掉助手编辑器，返回 DetailViewController.swift 了。

DetailViewController.swift 需要保存将要显示的 **Item**，当视图加载后，需要根据 **Item** 对象给每个 **UITextField** 设置合适的值。

在 DetailViewController.swift 中添加一个 **Item** 属性，再重载 **viewWillAppear(_:)** 来设置界面。

```
class DetailViewController: UIViewController {

    @IBOutlet var nameField: UITextField!
    @IBOutlet var serialNumberField: UITextField!
    @IBOutlet var valueField: UITextField!
    @IBOutlet var dateLabel: UILabel!

    var item: Item!

    override func viewWillAppear(animated: Bool){
        super.viewWillAppear(animated)

        nameField.text = item.name
        serialNumberField.text = item.serialNumber
        valueField.text = "\(item.valueInDollars)"
        dateLabel.text = "\(item.dateCreated)"
    }
}
```

相对于使用字符串插值来输出 valueInFollars 和 dateCreated，使用格式化工具会更好。第 4 章中使用过 **NumberFormatter**，这里也会使用一个，同时还会使用 **DateFormatter** 对象来格式化 dateCreated。

给 **DetailViewController** 添加一个 **NumberFormatter** 对象和一个 **DateFormatter** 对象，然后在 **viewWillAppear(_:)** 中使用它们来格式化 valueInFollars 和 dateCreated。

```
var item: Item!

let numberFormatter: NumberFormatter = {
    let formatter = NumberFormatter()
    formatter.numberStyle = .decimal
    formatter.minimumFractionDigits = 2
    formatter.maximumFractionDigits = 2
    return formatter
    }()

let dateFormatter: DateFormatter = {
    let formatter = DateFormatter()
```

```
        formatter.dateStyle = .medium
        formatter.timeStyle = .none
        return formatter
    }()

override func viewWillAppear(animated: Bool){
    super.viewWillAppear(animated)

    nameField.text = item.name
    serialNumberField.text = item.serialNumber
    valueField.text = "\(item.valueInDollars)"
    dateLabel.text = "\(item.dateCreated)"
    valueField.text = numberFormatter.string(from: NSNumber(value: item.
valueInDollars))
    dateLabel.text = dateFormatter.string(from: item.dateCreated)
}
```

13.4 传递数据

Passing Data Around

当点击 **UITableViewCell** 之后，需要一种方式告诉 **DetailViewController** 选择了哪一个 **Item**。当 segue 触发时，**UIViewController** 的 **prepare(for:sender:)**会被调用，因此可以在这时传递数据。这个方法有两个参数：一个是 **UIStoryboardSegue**，表示哪个 segue 被触发了；另一个是 sender，表示哪个对象触发了 segue（例如 **UITableViewCell**、**UIButton** 等）。

从 **UIStoryboardSegue** 可以获得三个信息：源 **UIViewController**，目标 **UIViewController**，以及 segue 的标识。标识可以用来区分 segue，下面给 segue 设置一个标识。

打开 Main.storyboard，点击两个 **UIViewController** 之间的箭头来选中 segue，然后打开属性检视面板。在 Identifier（标识）中输入 ShowItem（见图 13-15）。

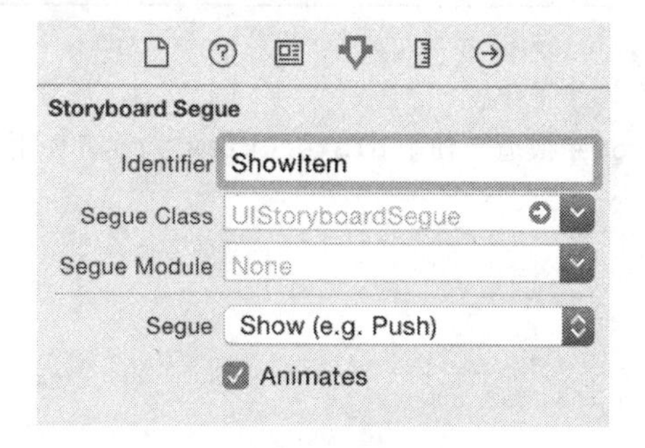

图 13-15 segue 标识

有了 segue 标识，就可以传递 **Item** 对象了。打开 ItemsViewController.swift，实现 **prepare(for:sender:)**，代码如下：

```
override func prepare(for segue: UIStoryboardSegue, sender: Any?){
```

```
    //如果 segue 是"ShowItem"
    switch segue.identifier {
    case "ShowItem"?:
        //找出点击了哪一行
        if let row = tableView.indexPathForSelectedRow?.row {

            let item = itemStore.allItems[row]
            let detailViewController = segue.destination as!
                DetailViewController
            detailViewController.item = item
        }
    default:
        preconditionFailure("Unexpected segue identifier.")
    }
}
```

读者在第 2 章中学习过 switch 语句，这里用 switch 语句来判断可能出现的标识。由于 segue 的标识是可选字符串类型的，因此在 case 末尾有一个问号("ShowItem"后面)。在 default 中使用了 **preconditionFailure(_:)** 来捕获不能处理的标识，然后让应用崩溃，这样可以防止在编写程序的过程中，忘记设置 segue 的标识，也可以防止标识的拼写错误。在很多时候，如果程序出现问题，则可以使用 **preconditionFailure(_:)** 方法来更方便地定位问题。

编译并运行应用。点击一行就会在屏幕上显示 **DetailViewController** 了，**DetailViewController** 中显示了选中 **Item** 的信息。不能返回的问题会在第 14 章修复。

很多新入门的 iOS 开发者，都很好奇数据是如何在 **UIViewController** 之间传递的。外层 **UIViewController** 会包含所有的数据，切换到下一个 **UIViewController**（例如列表 **UIViewController** 点击后，切换到单条数据的详细 **UIViewController**）时，会传递一部分数据过去（就像前面所做的），这是一种整洁而高效的方式。

13.5 初级练习：更多的 UIStackView

Bronze Challenge: More Stack Views

Quiz 和 WorldTrotter 很适合使用 **UIStackView**。请读者使用 **UIStackView** 实现它们的界面。

第 14 章

UINavigationController

UINavigationController

第 5 章介绍了 **UITabBarController** 对象，通过使用该对象，用户可以切换不同的屏幕。当要切换的各个屏幕之间没有相互依赖关系时，该对象可以很好地完成任务。但是，当多个屏幕互有关联时，就要使用另一种视图控制器。

以 iOS 自带的 Settings（设置）应用为例，Settings 应用拥有多个互相关联的窗口（见图 14-1），其中包括一组设置选项（例如 Sounds（声音）），每个设置选项还可能包含详细设置视图以及针对每个详细设置的选择视图。这类界面称为**层级导航**（drill-down interface）。

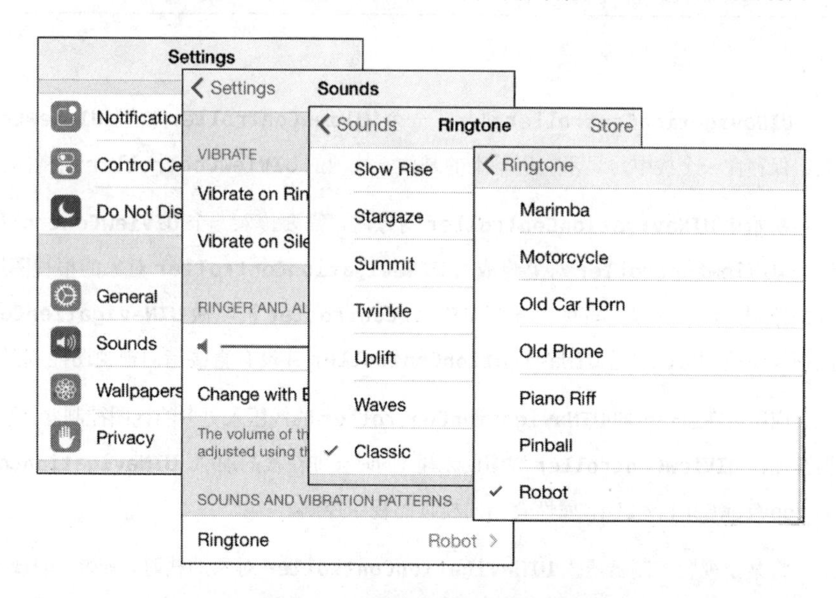

图 14-1　设置应用的层级导航界面

本章介绍如何通过使用 **UINavigationController** 对象为 Homepwner 应用加入层级导航界面，使用户能够查看并编辑 **Item** 对象的详细信息。详细界面由第 13 章中创建的 **DetailViewController** 展示（见图 14-2）。

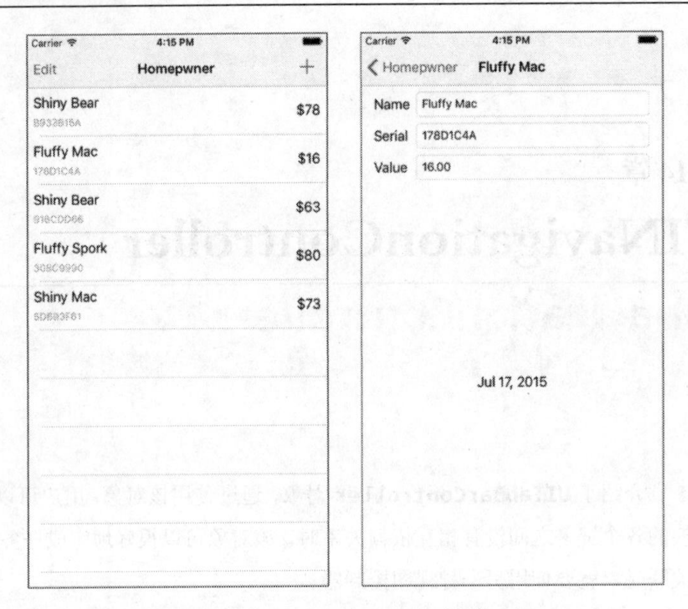

图 14-2　使用 UINavigationController 对象的 Homepwner

14.1　UINavigationController

UINavigationController

UINavigationController 维护了一个 **UIViewController** 数组。**UIViewController** 数组保存在一个栈中，显示在屏幕上的是位于栈顶的 **UIViewController** 的视图。

初始化 **UINavigationController** 对象时，需要传入一个 **UIViewController** 对象。这个 **UIViewController** 对象将成为 **UINavigationController** 对象的根视图控制器。根视图控制器将永远位于栈底。（虽然 **UIViewController** 被叫做 **UINavigationController** 的根视图控制器，但是 **UINavigationController** 并没有直接指向根视图控制器的属性。）

应用可在运行时向 **UINavigationController** 的栈压入更多的视图控制器。这些视图控制器会加在 **UIViewController** 数组的末尾，同时会加在栈的顶部。**UINavigationController** 的 topViewController 属性会指向栈顶的视图控制器。

将某个视图控制器压入 **UINavigationController** 对象的栈时，新加入的视图控制器的视图会从窗口右侧推入。出栈时，**UINavigationController** 对象会移出位于栈顶的视图控制器，其视图会向窗口右侧推出，然后用户会看见仅次于栈顶位置的视图控制器的视图，仅次于栈顶的视图控制器会成为 topViewController。图 14-3 显示的是一个包含两个视图控制器的 **UINavigationController** 对象，用户看到的是图中的 topViewController。

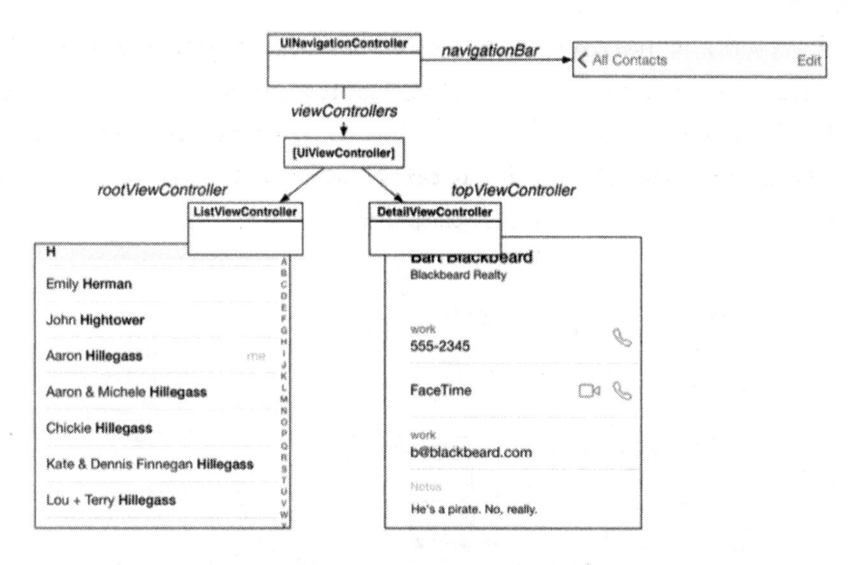

图 14-3 某个 UINavigationController 对象的栈

UINavigationController 是 **UIViewController** 的子类，所以 **UINavigationController** 对象也有自己的视图。该对象的视图有两个子视图：一个是 **UINavigationBar** 对象，另一个是 topViewController 的视图（见图 14-4）。

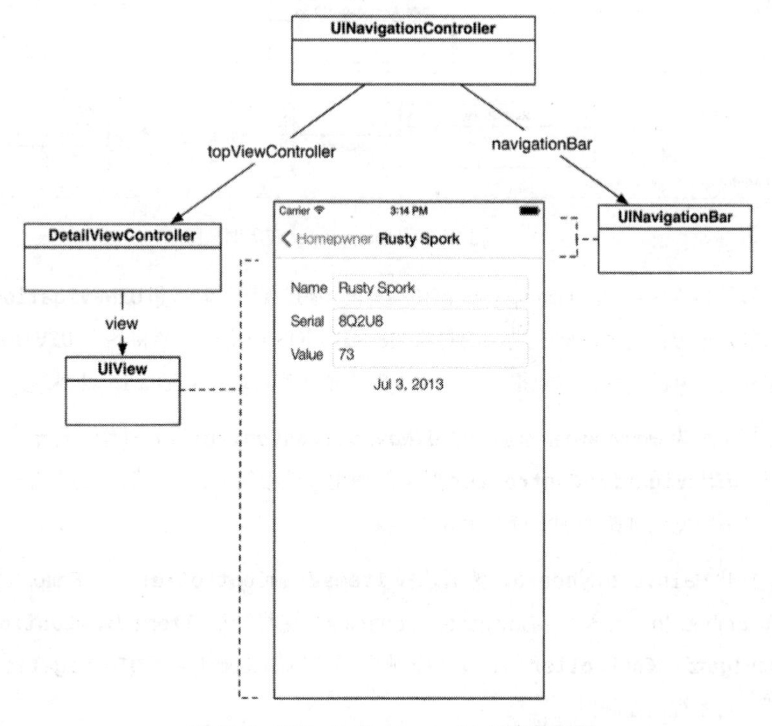

图 14-4 UINavigationController 对象的视图

本章首先为 Homepwner 应用添加一个 **UINavigationController** 对象，然后将 **ItemsViewController** 对象设置为 **UINavigationController** 的根视图控制器。当用户选中某个 **Item** 时，Homepwner 应用首先会创建一个 **DetailViewController**，然后压入 **UINavigationController** 的栈。**DetailViewController** 可以让用户查看并修改 **Item** 的属性。图 14-5 展示的是更新后的 Homepwner 应用对象图。

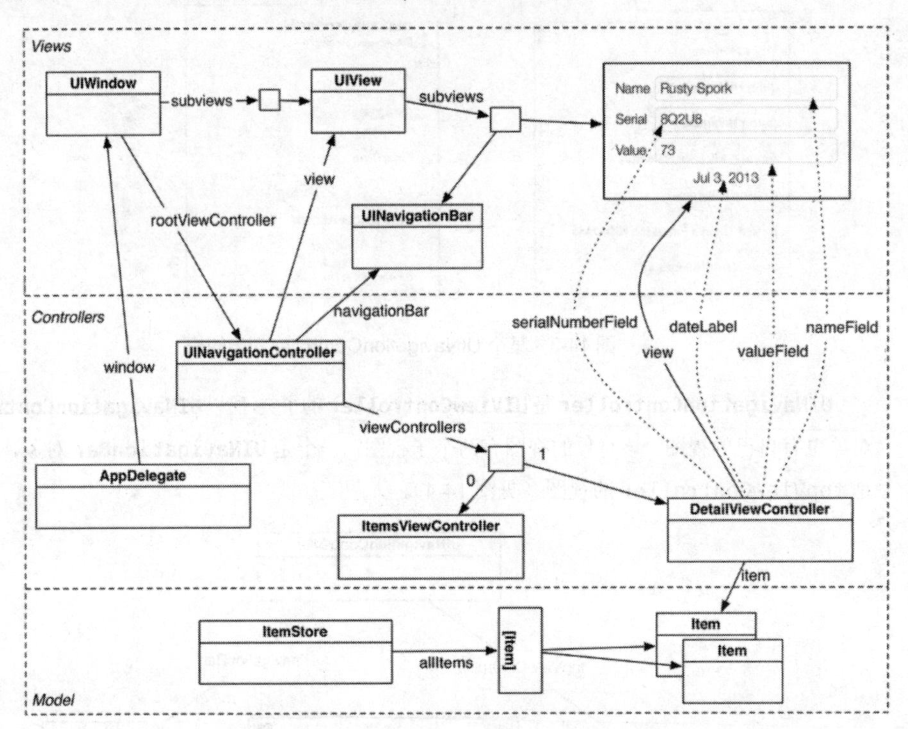

图 14-5　Homepwner 应用对象图

从图 14-5 中可看出 Homepwner 已初具规模。通过视图控制器和 **UINavigationController** 对象能够很方便地处理此类复杂的对象图。编写 iOS 应用时，要将各个 **UIViewController** 对象视为独立的个体，这点很重要。余下的大量工作可以由 Cocoa Touch 来完成。

接下来为 Homepwner 添加一个 **UINavigationController** 对象。重新打开 Homepwner 项目。**UINavigationController** 对象的使用方法很简单，只需要为其设置一个根视图控制器，然后将它的视图添加到屏幕上即可。

打开 `Main.storyboard`，然后选择 **ItemsViewController**。在 Editor（编辑）菜单中选择 Embed In（嵌入）→Navigation Controller。这将会把 **ItemsViewController** 设置为 **UINavigationController** 的根视图控制器。同时 storyboard 会把 **UINavigationController** 设置为初始视图控制器。

加入 **UINavigationController** 之后，**DetailViewController** 中的界面位置可能不正确了。如果不正确了，选中 **UIStackView**，然后点击自动布局菜单中的 Update Frames 来更新位置。

编译并运行应用，然后……应用就崩溃了。是什么原因呢？之前在 **AppDelegate** 中，代码将 rootViewController 声明为 **ItemsViewController** 类型。

```
let itemsController = window!.rootViewController as! ItemsViewController
```

现在已经把 **ItemsViewController** 嵌套在 **UINavigationController** 中了，因此需要更新这里的代码。

打开 AppDelegate.swift，更新 **application(_:didFinishLaunchingWithOptions:)** 方法，代码如下：

```
func application(_ application: UIApplication, didFinishLaunchingWithOptions
launchOptions: [UIApplicationLaunchOptionsKey : Any]?) -> Bool {
    //在应用程序启动后覆盖自定义点

    //创建 ItemStore
    let itemStore = ItemStore()

    // Access the ItemsViewController and set its item store
    let itemsController = window!.rootViewController as! ItemsViewController
    let navController = window!.rootViewController as! UINavigationController
    let itemsController = navController.topViewController as!
ItemsViewController
    itemsController.itemStore = itemStore

    return true
}
```

编译并运行应用。Homepwner 又可以工作了，并且在屏幕顶部出现了 **UINavigationBar**（见图 14-6）。

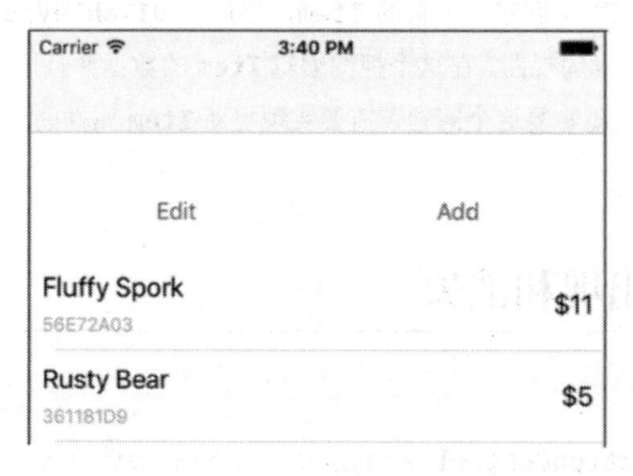

图 14-6 带空白 UINavigationBar 的 Homepwner

有了 **UINavigationBar** 之后，**ItemsViewController** 界面的布局仍然是正确的。这是因为 **UINavigationController** 自动处理了这个问题。实际上 **ItemsViewController** 的

视图是包括了 **UINavigationBar** 区域的，但是 **UINavigationController** 为视图增加了上边距，因此界面就布局正确了。**UIViewController** 的 topLayoutGuide 调整了上边距，因此与 topLayoutGuide 相关的视图上边距就都改变了。

14.2 使用 UINavigationController 导航

Navigating with UINavigationController

应用运行时，创建一个新 **Item**，然后选中 **UITableView** 中的行。这时候应用不仅切换到了 **DetailViewController** 的视图，而且有动画，**UINavigationBar** 上也出现了 Back（返回）按钮。点这个按钮会回到 **ItemsViewController**。

这里并不需要修改第 13 章中创建的 show segue。show segue 会根据上下文自动选择展示目标视图控制器的方式。当嵌套在 **UINavigationController** 中的 **UIViewController** 触发 show segue 时，**UIViewController** 就会被压到 **UINavigationController** 的栈中。

UINavigationController 的栈是一个数组，它会管理加入的 **UIViewController** 对象。如在 segue 执行完之后，**UINavigationController** 就负责管理 **DetailViewController** 对象。当 **DetailViewController** 对象出栈之后，**DetailViewController** 对象就被销毁，下一次点击 **UITableView** 的行时，会创建一个新的 **DetailViewController** 对象。

在视图控制器中压入新的视图控制器是一种常见操作。通常根视图控制器会创建新的视图控制器，然后新的视图控制器会接着创建新的视图控制器。有些应用会根据用户输入不同来创建不同类型的视图控制器。例如，Photos（照片）应用会根据用户选择内容的不同来决定创建视频视图控制器或者图片视图控制器。

编译并运行应用。创建一个新的 **Item**，然后在 **UITableView** 中选中它，则会出现包含选中 **Item** 详细信息的视图。在这个视图编辑 **Item** 的数据并且返回之后，**UITableView** 中的数据并没有更新。要修复这个问题，需要实现更新 **Item** 属性的代码。下一节会介绍如何实现这个功能。

14.3 视图的出现和消失

Appearing and Disappearing Views

当 **UINavigationController** 将要切换视图时，会调用两个方法：**viewWillAppear(_:)** 和 **viewWillDisappear(_:)**。将要出现的 **UIViewController** 的 **viewWillAppear(_:)** 会被调用，将要消失的 **UIViewController** 的 **viewWillDisappear(_:)** 会被调用。

要保存数据的更新，可以在 **DetailViewController** 将要消失时把 **UITextField** 中的内容保存到 **Item** 的属性中。实现 **viewWillAppear(_:)** 和 **viewWillDisappear(_:)** 时一定要调用父类的相同方法，因为父类也有一些逻辑要处理。

在 DetailViewController.swift 中重载 **viewWillDisappear(_:)**，代码如下：

```
override func viewWillDisappear(_ animated: Bool) {
    super.viewWillDisappear(animated)

    //保存 item 的修改
    item.name = nameField.text ?? ""
    item.serialNumber = serialNumberField.text

    if let valueText = valueField.text,
        let value = numberFormatter.number(from: valueText) {
        item.valueInDollars = value.intValue
    }
    else {
        item.valueInDollars = 0
    }
}
```

现在点击 **UINavigationBar** 上的返回按钮，**Item** 各项属性的值就会被更新。当 **ItemsViewController** 将要出现时，它的 **viewWillAppear(_:)** 方法会被调用，在这个方法中更新 **UITableView**，用户就可以马上看到修改了。

在 ItemsViewController.swift 中重载 **viewWillAppear(_:)** 方法来更新 **UITableView**。

```
override func viewWillAppear(_ animated: Bool) {
    super.viewWillAppear(animated)

    tableView.reloadData()
}
```

编译并运行应用。现在可以轻松地切换视图控制器并修改 **Item** 的数据了。

14.4 隐藏键盘

Dismissing the Keyboard

运行应用后，选择一个 Item，然后点击 Name（名称）旁边的 **UITextField**。点击 **UITextField** 后，键盘就会出现在屏幕上了（见图 14-7），与第 4 章中的 WorldTrotter 很相似。（如果使用的是模拟器并且键盘没有出现，则可以使用快捷键 Command＋K 来显示键盘。）

点击之后出现键盘是 **UITextField** 和 **UITextView** 自带的行为，因此不需要做任何额外工作，键盘就会出现。但是有时候需要确保键盘的行为和预期是一致的。

现在键盘遮挡问题还不是很明显，如果在屏幕上再加入一些 Item 的信息，用户就需要一种收起键盘的方式。本节将为用户提供两种方式来收起键盘：点击键盘上的 Return（返回）键，

或者点击 **DetailViewController** 视图的任意位置。要实现这个功能，读者首先要了解事件是如何处理的。

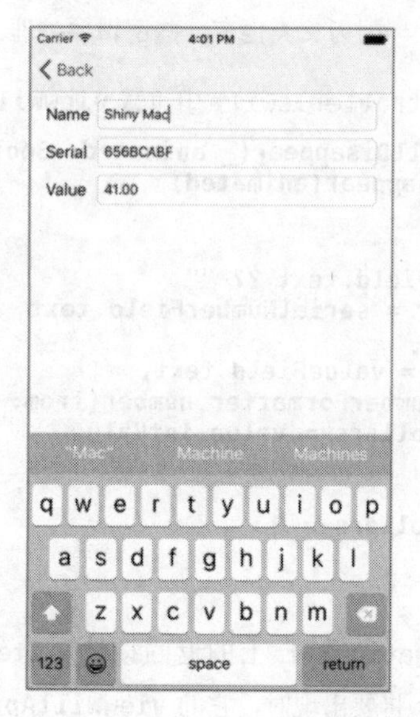

图 14-7 点击 UITextField 后出现的键盘

事件处理基础

触摸视图时就会产生一个事件。这个事件（这里是触摸事件）是与视图上的位置相关的。这个位置决定了视图树中响应事件的视图。

例如，在 **UIButton** 的范围内点击时，**UIButton** 会响应触摸事件，调用指定对象的方法。视图被触摸时，接收并响应事件是很合理的，但是视图也可以忽略事件。当然，视图也可以响应除触摸事件以外的事件，例如摇晃事件。在应用运行时摇晃设备，屏幕上的一个视图可以响应这个事件，问题是哪一个视图会响应呢？另一个问题是与键盘相关的：**DetailViewController** 的视图有三个 **UITextField**，哪一个 **UITextField** 会接收输入的文字呢？

对于摇晃事件和键盘事件，没有位置相关的属性，因此不能用位置来决定哪个视图接收事件，而需要使用另外一种机制。这种机制叫第一响应者状态。很多视图都可以成为第一响应者，但是同一时刻只有一个第一响应者。第一响应者状态就好像是在视图之间传递的旗帜。拥有这个旗帜的视图会收到摇晃事件或键盘事件。

UITextField 和 **UITextView** 对象响应触摸事件的方式与其他视图不同。当收到触摸事件后，**UITextField** 或 **UITextView** 会成为第一响应者，然后让系统在屏幕上显示键盘，并且可以响应键盘的事件。键盘、**UITextField** 或 **UITextView** 之间没有直接联系，它们通过第一响应者状态来配合工作。

对于将键盘输入的内容传递给正确的 **UITextField**，第一响应者是一种非常灵活的方式。第一响应者的概念在 Cocoa Touch 事件处理机制中有更深入的讨论，包括 **UIResponder** 类和响应链。在第 18 章学习触摸事件时会了解到更多相关知识，读者也可以查看 Apple 公司的"iOS 事件处理编程指南"（Event Handling Guide for iOS）来了解更多信息。

点击回车键来收起键盘

现在回到收起键盘的功能实现。如果点击应用中的另一个 **UITextField**，那么它就会成为第一响应者，键盘仍然会显示在屏幕上。只有当所有 **UITextField**（或 **UITextView**）对象都不是第一响应者时，键盘才会消失。当 **UITextField** 是第一响应者时，可以调用 **UITextField** 的 **resignFirstResponder()**来收起键盘。

要实现点击回车键时收起键盘，可以实现 **UITextFieldDelegate** 的 **textFieldShould-Return(_:)**方法。点击回车键时，这个方法会被调用。

首先，在 DetailViewController.swift 中，让 **DetailViewController** 实现 **UITextFieldDelegate** 协议。

```
class DetailViewController: UIViewController, UITextFieldDelegate
```

下面实现 **textFieldShouldReturn(_:)**方法，在该方法中，调用 **UITextField** 的 **resignFirstResponder()**方法，代码如下：

```
func textFieldShouldReturn(_ textField: UITextField) -> Bool {
    textField.resignFirstResponder()
    return true
}
```

最后，打开 Main.storyboard，并将所有 **UITextField** 的 delegate 属性和 **DetailViewController** 连接起来（见图 14-8)。（按住 Control，从 **UITextField** 拖到 **DetailViewController** 上，然后选择 delegate。）

编译并运行应用。点击 **UITextField**，然后点击键盘的回车键，键盘就会消失。再次点击 **UITextField**，键盘又会重新出现。

点击任意位置隐藏

点击 **DetailViewController** 视图的其他任意位置就能隐藏键盘，可以提升用户体验。可以使用 **UIGestureRecognizer** 来完成这个任务。与之前 WorldTrotter 应用中的一样，在 **UIGestureRecognizer** 动作方法中，调用 **UITextField** 的 **resignFirstResponder()**。

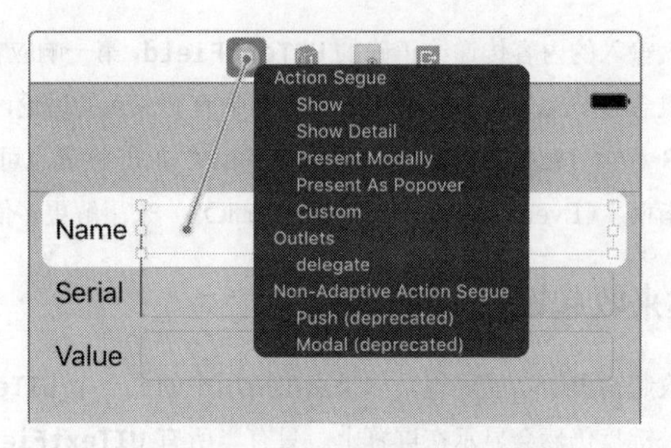

图 14-8 连接 UITextField 的 delegate 属性

打开 Main.storyboard，在对象库中找到 Tap Gesture Recognizer（点击手势图标），并把它拖到 **DetailViewController** 的背景视图上。在场景中就会出现点击手势图标了。

在项目导航面板中按住 Option，然后点击 DetailViewController.swift，会在辅助编辑器中打开该文件。按住 Control，然后从 storyboard 中将 **TapGestureRecognizer** 拖到 **DetailViewController** 中。

在出现的弹出框中，在 Connection（连接）菜单中选择 Action（动作）。把动作命名为 **backgroundTapped**。在 Type（类型）中选择 **UITapGestureRecognizer**（见图 14-9）。

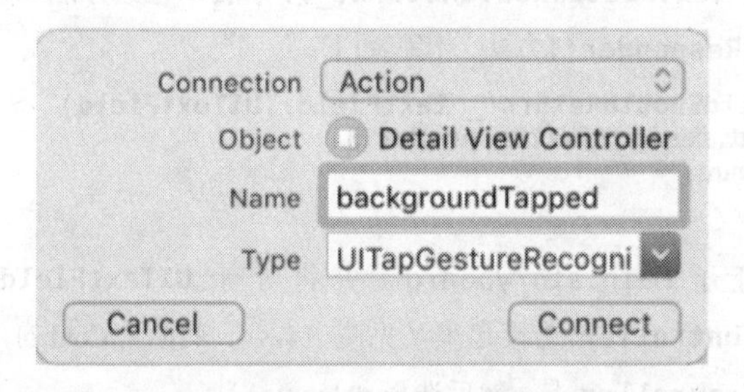

图 14-9 配置 UITapGestureRecognizer

点击 Connect（连接）按钮，对应的方法就会出现在 DetailViewController.swift 中。更新这个方法，让它调用 **DetailViewController** 的 **endEditing(_:)**方法，代码如下：

```
@IBAction func backgroundTapped(_ sender: UITapGestureRecognizer) {
    view.endEditing(true)
}
```

调用 **endEditing(_:)**是收起键盘的一种快捷方法，而且无需知道哪一个 **UITextField** 是第一响应者。当视图的这个方法被调用后，视图会查看子视图中是否有任何子视图是第一响应者。如果有，就会调用它的 **resignFirstResponder()**方法。

编译并运行应用。点击 **UITextField** 可以显示键盘，点击 **UITextField** 之外就可以收起键盘。

最后还有一个地方要收起键盘。当用户点击返回按钮时，**DetailViewController** 在出栈之前会调用 **viewWillDisappear(_:)**。这时键盘立刻就消失了，没有任何动画。为了让键盘更平滑地消失，更新 DetailViewController.swift 中的 **viewWillDisappear(_:)** 方法，在该方法中调用 **endEditing(_:)**。

```
override func viewWillDisappear(_ animated: Bool) {
    super.viewWillDisappear(animated)

    //清除第一响应者
    view.endEditing(true)

    //保存 item 的修改
    item.name = nameField.text ?? ""
    item.serialNumber = serialNumberField.text

    if let valueText = valueField.text,
        let value = numberFormatter.number(from: valueText) {
        item.valueInDollars = value.integerValue
    }
    else {
        item.valueInDollars = 0
    }
}
```

14.5 UINavigationBar

UINavigationBar

本节会给 **UINavigationBar** 设置一个标题，对应 **UINavigationController** 的栈顶 **UIViewController** 的标题。

每个 **UIViewController** 都有一个 navigationItem 属性，该属性是 **UINavigationItem** 类型的。与 **UINavigationBar** 不同，**UINavigationItem** 不是 **UIView** 的子类，因此它不能直接显示在屏幕上。但是 **UINavigationItem** 为 **UINavigationBar** 的显示提供了内容。当 **UIViewController** 出现在 **UINavigationController** 的栈顶时，**UINavigationBar** 使用 **UIViewController** 的 navigationItem 来配置显示信息（见图 14-10）。

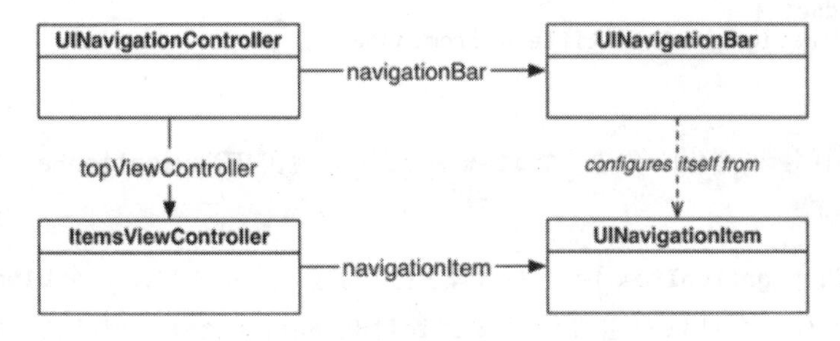

图 14-10 UINavigationItem

UINavigationItem 默认是空的。使用时，**UINavigationItem** 在大多数情况下都有一个标题。当 **UIViewController** 出现在 **UINavigationController** 栈顶的时候，如果 **UINavigationItem** 有标题，**UINavigationBar** 就会显示标题（见图 14-11）。

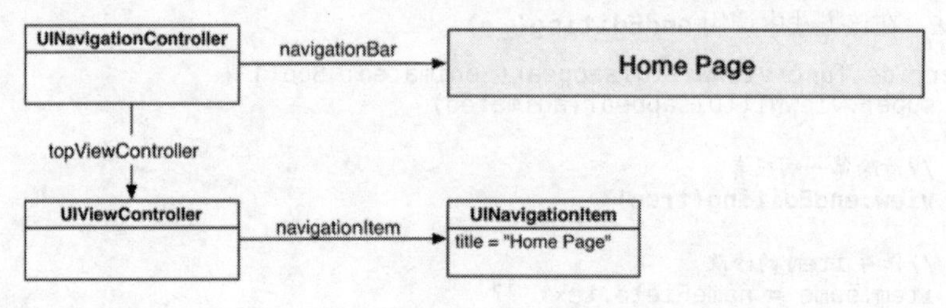

图 14-11 有标题的 UINavigationItem

ItemsViewController 的标题不会改变，因此，我们可以在 storyboard 中设置 **UINavigationItem** 的标题。

打开 Main.storyboard，双击 **ItemsViewController** 顶部的 **UINavigationBar** 的中间区域，将标题设置为“Homepwner”（见图 14-12）。

图 14-12 在 Storyboard 中设置标题

编译并运行应用。现在 **UINavigationBar** 上面显示 Homepwner 了。创建一个 **Item** 并点击它，**UINavigationBar** 上又没有标题了。下面可以把 **DetailViewController** 的 **UINavigationItem** 标题设置为 **Item** 的名字。由于标题依赖于 **Item** 的名字，因此要在代码中动态设置 **UINavigationItem** 的标题。

在 DetailViewController.swift 中给 item 属性添加一个监听方法，在该方法中设置 **UINavigationItem** 的标题，代码如下：

```
var item: Item! {
    didSet {
        navigationItem.title = item.name
    }
}
```

编译并运行应用。创建一个 **Item** 后点击它，现在 **UINavigationBar** 上的标题是 **Item** 的名字了。

UINavigationItem 不仅可以管理字符串标题（见图 14-13），每个 **UINavigationItem** 对象还有三个可以自定义的区域：leftBarButtonItem、rightBarButtonItem 和 titleView。leftBarButtonItem 和 rightButtonItem 是 **UIBarButtonItem** 对象，它保

存了 **UINavigationBar** 或 **UIToolbar** 上按钮的显示信息。

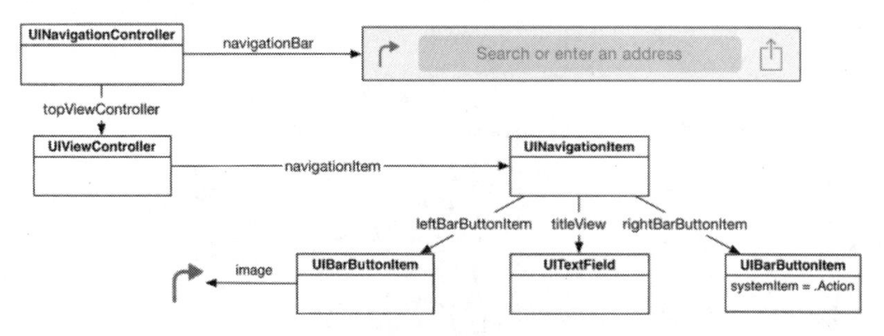

图 14-13 UINavigationItem 的所有信息

UINavigationItem 不是 **UIView** 的子类，但是它包含了 **UINavigationBar** 的显示信息。同样，**UIBarButtonItem** 也不是 **UIView** 的子类，但是它包含了 **UINavigationBar** 上按钮的显示信息（**UIToolbar** 也是使用 **UIBarButtonItem** 来设置显示信息的。）

UINavigationItem 的另一个自定义区域是 titleView。可以使用字符串作为标题，也可以自定义一个 **UIView** 放在 **UINavigationItem** 中间，但只能选择一种。对于一些需自定义 titleView 的 **UIViewController**（例如放一个 **UISegmentControl** 或 **UITextField**），可以把 titleView 属性设置为自定义的视图。图 14-13 显示了系统自带的地图应用的例子。大部分情况使用字符串标题就足够了。

在 UINavigationBar 上添加按钮

本节我们会把 **UITableView** 表头中的两个按钮移动到 **UINavigationBar** 上。**UIBarButtonItem** 有一个目标-动作（target-action）对，工作原理与 **UIControl** 的很相似：按钮被点击后，会向目标（target）发送动作（action）消息。

添加 **Item** 的按钮可以放在 **UINavigationBar** 的右侧，点击之后会添加一个新的 **Item**。

更新 storyboard 之前，先更新 **addNewItem(_:)**方法。目前传入的参数是 **UIButton**，下面把传入参数改为 **UIBarButtonItem**。

在 ItemsViewController.swift 中更新 **addNewItem(_:)**方法。

```
~~@IBAction func addNewItem(_ sender: UIButton) {~~
@IBAction func addNewItem(_ sender: UIBarButtonItem) {
    ...
}
```

在 Main.storyboard 中，打开对象库（object library），拖一个 **UIBarButtomItem** 到 **ItemsViewController** 的 **UINavigationBar** 的右侧。选中 **UIBarButtonItem** 并打开它的属性检视面板（attributes inspector），将 System Item 改为 Add（见图 14-14）。

按住 Control，从 UIBarButtonItem 拖到 ItemsViewController 上，然后选择 addNewItem:（见图 14-15）。

图 14-14　UIBarButtonItem

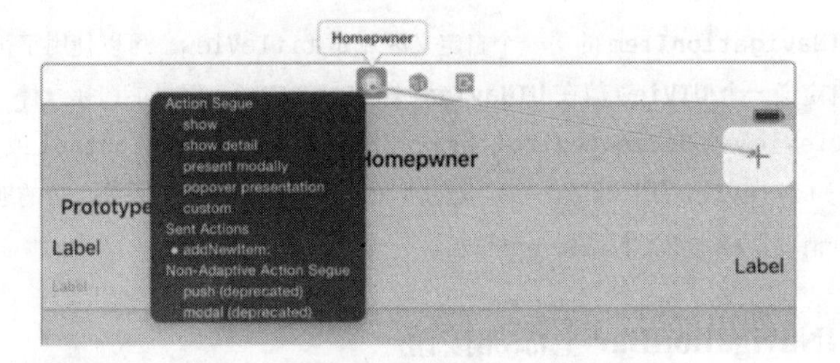

图 14-15　连接 addNewItem 动作

编译并运行应用。点击+按钮，**UITableView** 中会出现一个新的 **Item**。

下面替换编辑按钮。**UIViewController** 有一个 **UIBarButtonItem** 类型的属性，可以切换编辑模式，但是不能使用 Interface Builder 设置，只能通过代码设置。

在 ItemsViewController.swift 中重载 **init(coder:)** 方法，设置 **leftBarButtonItem**。

```
required init?(coder aDecoder: NSCoder) {
    super.init(coder: aDecoder)

    navigationItem.leftBarButtonItem = editButtonItem
}
```

编译并运行应用，添加一些 **Item**，然后点击编辑按钮，**UITableView** 会进入编辑模式。**init(coder:)** 方法会在 **UINavigationBar** 的左侧添加一个标题为 Edit（编辑）的 **UIBarButtonItem**，并且在这个按钮被点击的时候，调用 **UIViewController** 的 **setEditing(_:animated:)** 方法。

打开 Main.storyboard。现在 Homepwner 的 **UINavigationBar** 上已经具备所有功能，

可以删掉 **UITableView** 表头视图以及相关代码。选中 **UITableView** 的表头视图，然后按下键盘的 Delete（删除）键。

UINavigationController会处理**UITableView**的边距问题。在ItemsViewController.swift 中删除以下代码。

```
override func viewDidLoad() {
    super.viewDidLoad()
    // Get the height of the status bar
    let statusBarHeight =
     UIApplication.shared.statusBarFrame.height
    let insets = UIEdgeInsets(top: statusBarHeight, left: 0, bottom: 0, right:
0)
    tableView.contentInset = insets
    tableView.scrollIndicatorInsets = insets

    tableView.rowHeight = UITableViewAutomaticDimension
    tableView.estimatedRowHeight = 65
}
```

最后删除 **toggleEditingMode(_:)**方法，代码如下：

```
@IBAction func toggleEditingMode(_ sender: UIButton) {
    // If you are currently in editing mode...
    if isEditing {
        // Change text of button to inform user of state
        sender.setTitle("Edit", for: .normal)

        // Turn off editing mode
        setEditing(false, animated: true)
    }
    else {
        // Change text of button to inform user of state
        sender.setTitle("Done", for: .normal)

        // Enter editing mode
        setEditing(true, animated: true)
    }
}
```

编译并运行应用。以前的编辑和添加按钮都没有了，只有 **UINavigationBar** 了（见图 14-16）。

图 14-16 显示 UINavigationBar 的 Homepwner

14.6 初级练习：显示数字键盘

Bronze Challenge: Displaying a Number Pad

显示**Item**的valueInDollars的**UITextField**对应的键盘是QWERTY键盘。如果是数字键盘就更好了。把这个**UITextField**的键盘改为数字键盘（提示：可以通过storyboard的属性检视面板设置。）

14.7 中级练习：自定义UITextField

Silver Challenge: A Custom UITextField

创建一个**UITextField**子类，在该子类中重载**becomeFirstResponder()**方法和**resignFirstResponder()**方法（这两个方法继承自**UIResponder**），当成为第一响应者时，改变边框的颜色。可以使用**UITextField**的**borderStyle**来完成这个任务。最后在**DetailViewController**中使用自定义的**UITextField**。

14.8 高级练习：添加更多UIViewController

Gold Challenge: Pushing More View Controllers

目前**Item**对象的dateCreated属性是无法修改的。在**DetailViewController**的时间标签下面放一个标题为修改时间的按钮。点击这个按钮之后向**UINavigationController**栈中压入一个新的**UIViewController**对象。在这个**UIViewController**对象上放一个**UIDatePicker**对象，用来修改**Item**的dateCreated属性。

第15章

相机

Camera

本章将为 Homepwner 添加照片功能，具体任务是显示一个 **UIImagePickerController** 对象，使用户能够为 **Item** 对象拍照并保存。拍摄的照片会与相应的 **Item** 对象建立关联，并且可以显示在 **Item** 的详细视图中（见图 15-1）。

图 15-1　具有照片功能的 Homepwner

图片文件可能很大，最好与 **Item** 对象的其他数据分开保存。本章将创建一个用于存储图

片的类 **ImageStore**，负责按需获取以及缓存图片。

15.1　通过 UIImageView 对象显示图片

Displaying Images and UIImageView

首先要让 **DetailViewController** 可以获取并显示图片。要在视图上显示图片，一种简单的途径是使用 **UIImageView** 对象。

打开 Homepwner.xcodeproj，然后打开 Main.storyboard，拖一个 **UIImageView** 对象到 **UIStackView** 底部。接下来选中 **UIImageView**，打开尺寸检视面板（size inspector），现在 **UIImageView** 竖直方向的内容变大优先级和内容变小优先级比其他视图的低，因此将 **UIImageView** 的 Vertical Content Hugging Priority（竖直内容变大优先级）设置为 248，Vertical Content Compression Resistance Priority（竖直内容变小优先级）设置为 749。完成后的界面如图 15-2 所示。

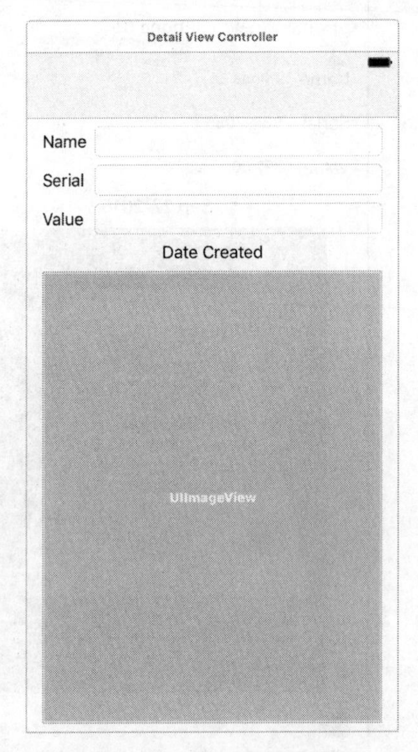

图 15-2　DetailViewController 视图中的 UIImageView

UIImageView 对象会根据 contentMode 属性显示图片，contentMode 属性的作用是确

定图片在 **UIImageView** 对象内的显示位置和缩放模式，它的默认值是 UIViewContentMode.ScaleToFill。当 contentMode 为默认值时，**UIImageView** 对象会在显示图片时缩放图片的大小，使其能够填满整个视图空间，但是可能会改变图片的宽高比。为了获得最佳显示效果，要修改 **UIImageView** 对象的 contentMode，要求其根据宽高比缩放图片。

选中 **UIImageView** 对象并打开属性检视面板，找到标题为 Content Mode 的下拉列表并将值改为 Aspect Fit（见图 15-3）。在 storyboard 中看不出修改后的效果，但是现在 **UIImageView** 对象会按宽高比缩放图片的大小，使其能够填满整个视图。

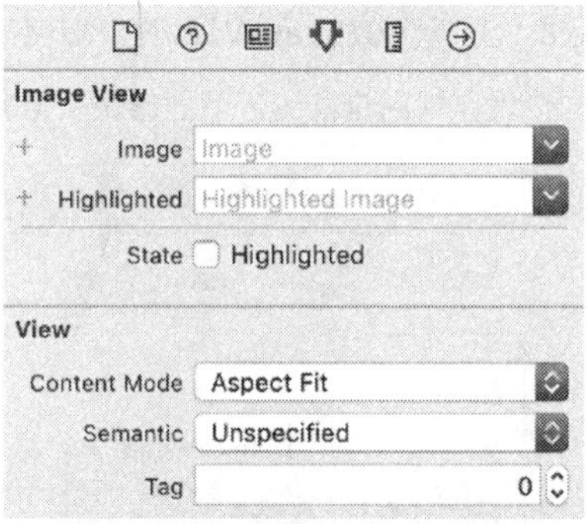

图 15-3 将 UIImageView 对象的 Content Mode 改为 Aspect Fit

按住 Option 键并点击项目导航面板中的 DetailViewController.swift，可以在辅助编辑器中打开文件。按住 Control 键，将 **UIImageView** 对象拖至 DetailViewController.swift 顶部，然后在弹出的菜单中，将插座变量命名为 imageView，Storage 选择 Strong，最后点击 Connect 按钮（见图 15-4）。

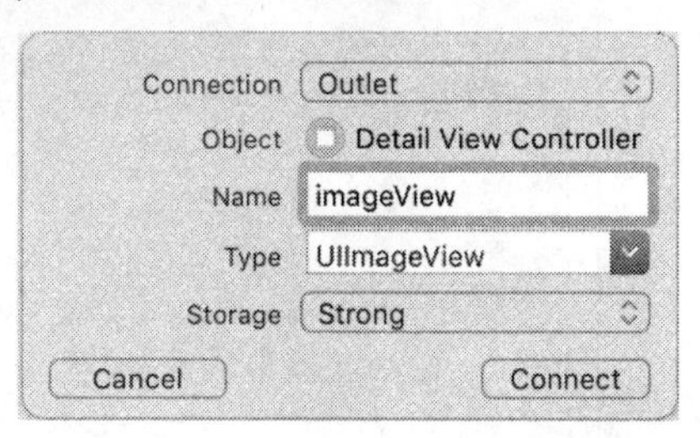

图 15-4 创建 imageView 插座变量

完成上述操作后，DetailViewController.swift 应该如下所示：

```
class DetailViewController: UIViewController, UITextFieldDelegate {

    @IBOutlet var nameField: UITextField!
    @IBOutlet var serialNumberField: UITextField!
    @IBOutlet var valueField: UITextField!
    @IBOutlet var dateLabel: UILabel!
    @IBOutlet var imageView: UIImageView!
```

添加相机按钮

下面为 Homepwner 添加一个相机按钮，用于拍摄照片。为此，需要先创建一个 **UIToolbar** 对象，然后将该对象放置在 **DetailViewController** 视图的底部。

在 Main.storyboard 中按下键盘的 Command＋Return 键可以关闭辅助编辑器，这样 storyboard 可以有更多的空间。

选中 **UIStackView** 的底部约束，然后按下 Delete 键删除它，以便在视图下方为 **UIToolbar** 留出一些位置。在 Xcode 8.1 上调整 **UIStackView** 的大小不太方便，因此直接把 **UIStackView** 往上拖一些（见图 15-5）。现在视图错乱了，后面很快会修复。

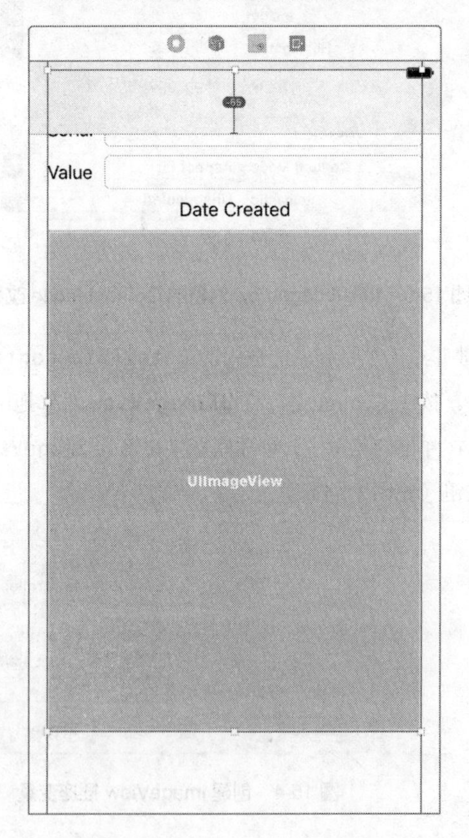

图 15-5 将 UIStackView 向上移

下面将工具栏从对象库拖到 view 底部，然后选择工具栏并打开自动布局 Add New Constraints 菜单，按照图 15-6 配置约束，再点击 Add 5 Constraints（添加 5 个约束）。因为选择了 update frames（更新位置）菜单，所以 **UIStackView** 就会回到正确的位置。

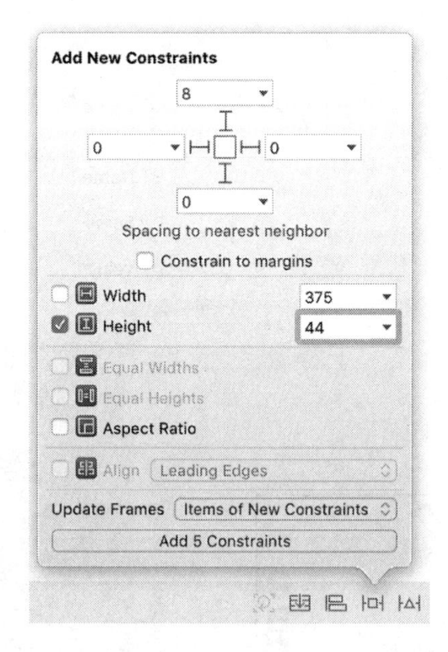

图 15-6 UIToolbar 约束

UIToolbar 对象的工作方式与 **UINavigationBar** 的工作方式非常相似，同样可以加入 **UIBarButtonItem** 对象。区别是 **UINavigationBar** 只能在左右两端分别放置一个 **UIBarButtonItem** 对象，而 **UIToolbar** 对象可以有一组 **UIBarButtonItem** 对象，只要屏幕能够容纳，**UIToolbar** 对象自身并没有限制可以放置的 **UIBarButtonItem** 对象个数。

在 storyboard 中加入的 **UIToolbar** 对象默认自带一个 **UIBarButtonItem**，选中该对象，打开属性检视面板，可把 System Item 类型改为 Camera，按钮会对应显示一个相机图标（见图 15-7）。

编译并运行应用，进入 **Item** 的详细界面，就会看到一个带相机图标的 **UIToolbar** 了。目前还没有给按钮设置响应动作，因此点击之后没有任何反应。

相机按钮需要一个目标和动作。打开 `Main.storyboard`，按住 Option 键，然后点击项目导航面板中的 `DetailViewController.swift`，在辅助编辑器中打开该文件。

在 `Main.storyboard` 中选中相机按钮（可以先选中 **UIToolbar**，然后再点击上面的按钮），再按住 Control，将相机按钮拖到 `DetailViewController.swift` 中。

在弹出的菜单中，将 Connection 设置为 Action，Name 设置为 takePicture，Type 设置为 UIBarButtonItem，最后点击 Connect 按钮（见图 15-8）。

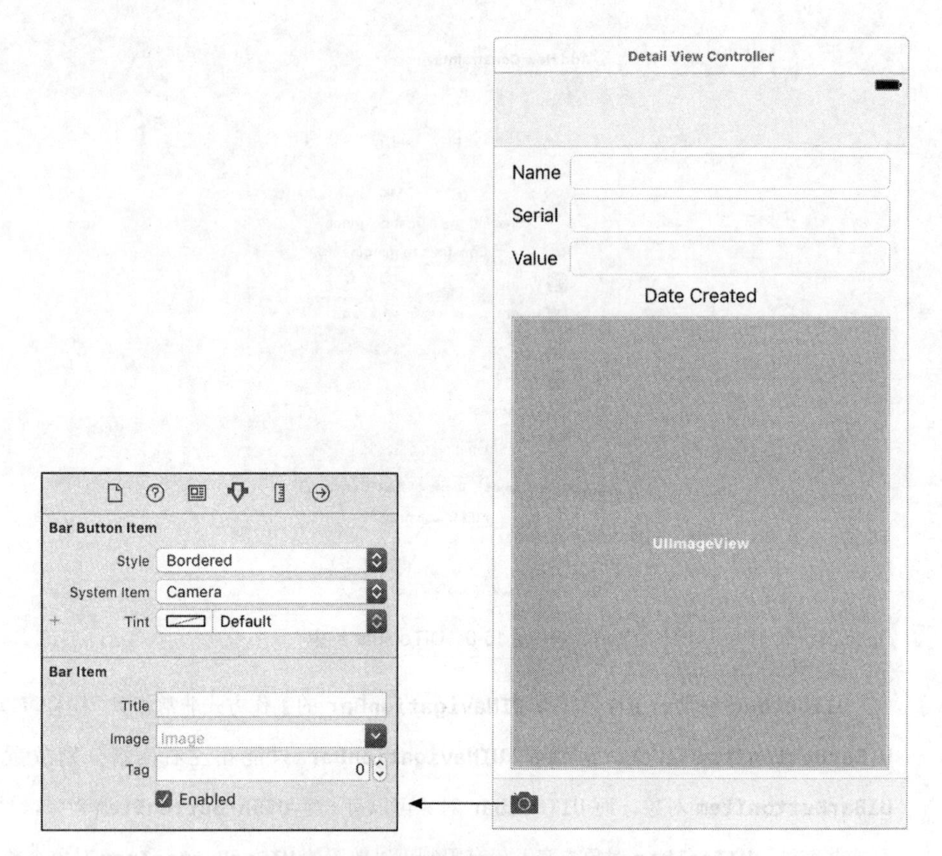

图 15-7　带 UIBarButtonItem 的 UIToolbar

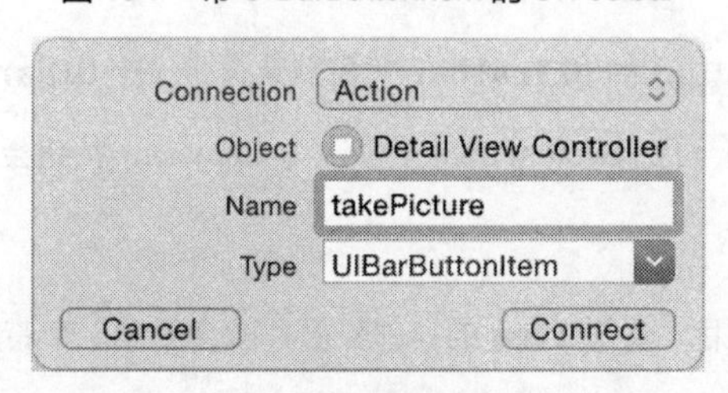

图 15-8　创建动作

如果连接过程中出现了错误，则可以打开 `Main.storyboard` 后删除错误的连接（连接检视面板中的黄色警告标志表示连接错误）。

15.2　通过 UIImagePickerController 拍摄照片

Taking Pictures and UIImagePickerController

下面在 **`takePicture(_:)`** 方法中创建并显示 **`UIImagePickerController`** 对象，创建该

对象时，必须为新创建的对象设置sourceType属性和delegate属性。由于**UIImagePickerController** 初始化时需要设置一些属性，因此需要使用代码来创建并显示它，而不是使用storyboard。

设置 UIImagePickerController 对象的源

UIImagePickerController 通过 sourceType 属性来决定获取照片的源，有以下三种可以使用的常量（见图 15-9）。

- UIImagePickerControllerSourceType.camera：让用户拍摄一张新照片。
- UIImagePickerControllerSourceType.photoLibrary：让用户选择相册，然后从选中的相册中选择一张照片。
- UIImagePickerControllerSourceType.savedPhotoAlbum：让用户从最近拍摄的照片中选择一张。

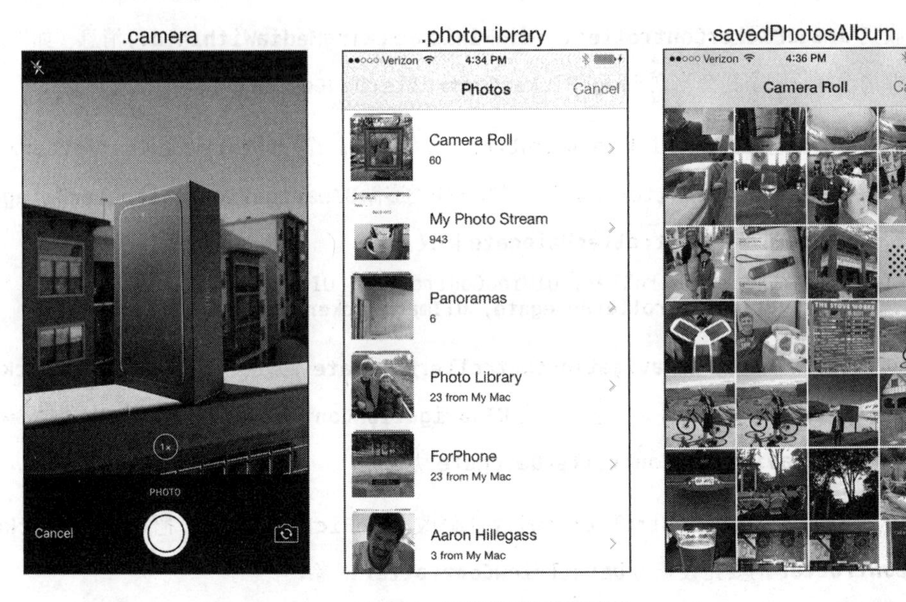

图 15-9 三种常量的使用效果

对于没有相机的设备，第一种选取类型.Camera 是无效的，所以在使用第一种类型时，需要调用 **UIImagePickerController** 类的 **isSourceTypeAvailable(_:)**来检查设备是否支持相机。

```
class func isSourceTypeAvailable(_ type:
    UIImagePickerControllerSourceType)-> Bool
```

这个方法会返回一个布尔值，表示设备是否支持传入的选取类型。

在 DetailViewController.swift 中找到 **takePicture(_:)**方法，在方法中添加以下代码用来创建 **UIImagePickerController**，并设置它的 sourceType 属性。

```
@IBAction func takePicture(sender: UIBarButtonItem) {

    let imagePicker = UIImagePickerController()

    //如果设备有相机，就用相机拍照，否则从相册选择照片
    if UIImagePickerController.isSourceTypeAvailable(.Camera) {
        imagePicker.sourceType = .camera
    } else {
        imagePicker.sourceType = .photoLibrary
    }
}
```

设置 UIImagePickerController 对象的委托

除了设置 sourceType 属性，还要为 **UIImagePickerController** 对象设置委托，也就是 delegate 属性。当用户从 **UIImagePickerController** 对象中选择一张照片后，委托会收到 **imagePickerController(_:didFinishPickingMediaWithInfo:)**消息（如果用户取消选择，则委托会收到 **imagePickerControllerDidCancel(_:)**消息）。

这里会把**UIImagePickerController**对象的委托设置为**DetailViewController**对象。在 DetailViewController.swift 顶部，声明类遵循 **UINavigationControllerDelegate** 和 **UIImagePickerControllerDelegate** 协议。

```
class DetailViewController: UIViewController, UITextFieldDelegate,
    UINavigationControllerDelegate, UIImagePickerControllerDelegate {
```

为什么要遵循 **UINavigationControllerDelegate** 协议呢？因为 **UIImagePickerController** 的委托属性是从它的父类 **UINavigationController** 中继承的，父类的委托需要遵循 **UINavigationControllerDelegate** 协议。

在 DetailViewController.swift 中修改 **takePicture()**方法，把 **UIImagePickerController** 的委托设置为 **DetailViewController** 对象。

```
@IBAction func takePicture(_ sender: UIBarButtonItem) {

    let imagePicker = UIImagePickerController()

    //如果设备有相机，就用相机拍照，否则从相册选择照片
    if UIImagePickerController.isSourceTypeAvailable(.Camera) {
        imagePicker.sourceType = .camera
    } else {
        imagePicker.sourceType = .photoLibrary
    }
```

```
    imagePicker.delegate = self
}
```

以模态的形式显示 UIImagePickerController 对象

为 **UIImagePickerController** 对象设置了选取类型和委托之后，就可以在屏幕中显示该对象。

打开 DetailViewController.swift，在 **takePicture(_:)** 方法末尾可以添加显示 **UIImagePickerController** 的代码。

```
    imagePicker.delegate = self

    //在屏幕上显示 imagePicker
    present (imagePicker, animated: true, completion: nil)
}
```

编译并运行应用，选中 **Item** 进入详细信息界面，点击 **UIToolbar** 上的相机按钮，然后……应用就崩溃了。下面看看控制台中的描述。

```
Homepwner[3575:64615] [access] 访问隐私数据时没有描述信息导致应用崩溃了。应用的
Info.plist 中必须包含 NSPhotoLibraryUsageDescription，它的值用来解释为什么要使用隐私
数据。
```

当应用访问隐私信息（比如访问用户的相册）时，iOS 系统会给用户一个提示，让用户决定是否允许应用访问。提示中包括了为什么要访问的描述信息。Homepwner 没有设置描述信息，因此崩溃了。

权限

iOS 系统中有一些功能需要用户授权之后才能使用，下面列出了一部分。

- 相机和相册。
- 位置。
- 麦克风。
- 健康数据。
- 日历。
- 提醒。

使用这些功能时，需要提供相应的描述信息，用来说明为什么要使用这些功能。当系统请求用户授权时，会把描述信息展示给用户。

在项目导航面板中，选中顶部的工程文件，然后在 TARGETS 中选中 Homepwner，再打开 Info 部分（见图 15-10）。

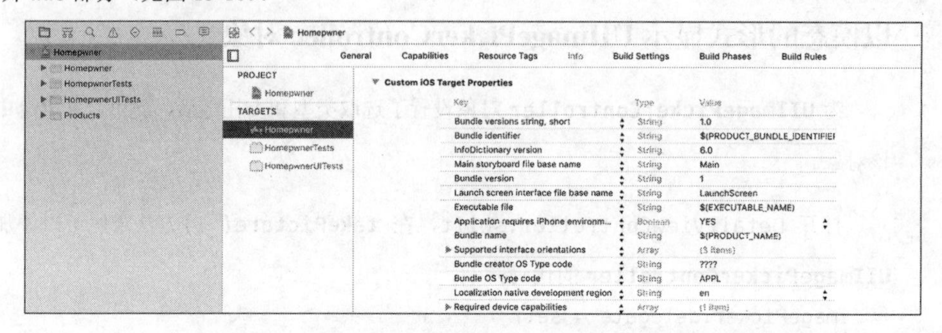

图 15-10　打开工程的 Info 信息

把鼠标悬浮在 Custom iOS Target Properties 的最后一项上，然后点击+按钮。在新出现的选项中，把 Key 设置为 NSCameraUsageDescription，Type 设置为 String。

双击新选项的 Value 部分，输入“This app uses the camera to associate photos with items（应用使用相机来对 Item 与照片进行关联）”，这行字后面会展示给用户。

下面重复之前的操作，为访问相册添加描述信息：访问相册的 Key 设置为 NSPhotoLibraryUsageDescription，Type 设置为 String，Value 设置为“This app uses the Photos library to associate photos with items（应用使用相册来对 Item 与照片进行关联）”。

Custom iOS Target Properties 部分设置完之后，与图 15-11 差不多（内容的顺序可能不同）。

▼ Custom iOS Target Properties

Key	Type	Value
Bundle versions string, short	String	1.0
Bundle identifier	String	$(PRODUCT_BUNDLE_IDENTIFIEI
InfoDictionary version	String	6.0
Main storyboard file base name	String	Main
Bundle version	String	1
Launch screen interface file base name	String	LaunchScreen
Executable file	String	$(EXECUTABLE_NAME)
Application requires iPhone environm...	Boolean	YES
Bundle name	String	$(PRODUCT_NAME)
▶ Supported interface orientations	Array	(3 items)
Privacy - Photo Library Usage Descri...	String	This app uses the Photos library
Bundle creator OS Type code	String	????
Privacy - Camera Usage Description	String	This app uses the camera to assc
Bundle OS Type code	String	APPL
Localization native development region	String	en
▶ Required device capabilities	Array	(1 item)

图 15-11　添加新的 Keys

编译并运行应用，进入 Item 的详细信息界面。点击相机按钮后就会看到授权弹窗，弹窗中显示了前面提供的描述信息（图 15-12 展示的是相册的授权弹窗），当用户允许后，**UIImagePickerController** 的界面就会显示在屏幕上（图 15-13 展示的是相机的界面），这样就可以从相机拍照了，如果设备上没有相机，也可以从相册选取照片。

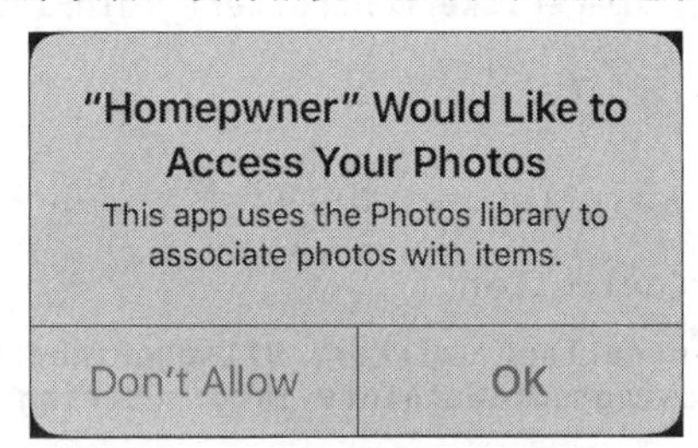

图 15-12　使用相册的描述信息

（如果使用的是模拟器，那么相册中已经有一些图片；如果要继续添加，则可以把一张图片从计算机拖到模拟器中，图片就会添加到模拟器中了。另外，也可以用模拟器中的 Safari 打开带图片的网页，长按图片就可以保存到模拟器了。）

图 15-13　UIImagePickerController 界面预览

保存图片

选择一张图片后，**UIImagePickerController** 对象会自动关闭，返回 **DetailViewController** 界面。但是当 **UIImagePickerController** 消失后，选择的图片也会消失。要解决这个问题，需实现委托方法 **imagePickerController(_:didFinishPickingMediaWithInfo:)**，在选择图片后，委托的这个方法会被调用。

在 DetailViewController.swift 中实现这个方法，把图片放入 **UIImageView**，然后隐藏 **UIImagePickerController**。

```
func imagePickerController(_ picker: UIImagePickerController,
      didFinishPickingMediaWithInfo info: [String: AnyObject]){

   //从 info 字典中获取选择的图片
   let image = info[UIImagePickerControllerOriginalImage] as! UIImage

   //在 imageView 中显示选中的图片
   imageView.image = image

   //调用 dismissViewControllerAnimated 方法来隐藏 imagepicker
   dismiss (animated: true, completion: nil)
}
```

编译并运行应用。拍照或者选择一张图片，**UIImagePickerController** 会消失，然后回到 **DetailViewController** 并展示图片。

Homepwner 的用户可能会记录几百个 **Item**，每个 **Item** 可能都会有一张高清图片。把几百个 **Item** 保存在内存中没什么问题，但是把几百张高清图片保存在内存中就非常消耗内存，会触发低内存警告。如果内存继续增长，在应用触发低内存警告后，iOS 可能会终止应用。下一节会找到解决办法，把图片保存在磁盘上，在需要的时候再加载到内存中。保存和加载图片的过程会通过一个新的类来完成：**ImageStore**。另外，当应用收到低内存警告通知时，**ImageStore** 会释放图片占用的内存。

15.3 创建 ImageStore

Creating ImageStore

第 16 章中，Homepwner 会把 **Item** 的属性写入文件，之后在应用启动时从文件加载 **Item**。但是，由于图片非常大，因此图片和普通数据应该分开存储。下面会使用 **ImageStore** 类来存储图片，**ImageStore** 会在需要的时候获取和缓存图片，并且在设备内存低的时候清理图片占用的内存。

新创建一个叫 ImageStore 的 Swift 文件，在 ImageStore.swift 中定义一个 **ImageStore** 类，并且在类中添加一个 **NSCache** 属性，代码如下：

```
import Foundation
import UIKit

class ImageStore {

   let cache = NSCache<NSString, UIImage>()

}
```

NSCache 的工作原理与字典（第 2 章中使用过字典）的很像，可以添加、删除以及更新对应键的值。与字典不同的是，当系统内存不足时，**NSCache** 会清理内存，在本章中，这是一个潜在的问题（本章中的图片都保存在内存中），第 16 章会修复这个问题，把图片保存到文件系统中。

cache 会把 **NSString** 与 **UIImage** 关联起来，**NSString** 是 Objective-C 版本的 **String**。由于 **NSCache** 实现方式的原因（**NSCache** 是一个 Objective-C 类，Apple 的很多类都是用 Objective-C 实现的），这里需要使用 **NSString**，而不是 **String**。

下面实现添加、获取和删除的方法。

```
class ImageStore {

   let cache = NSCache<NSSting, UIImage>()

   func setImage(_ image: UIImage, forKey key: String) {
      cache.setObject(image, forKey: key as NSString)
   }

   func image(forKey key: String) -> UIImage? {
      return cache.object(forKey: key as NSString)
   }

   func deleteImage(forKey key: String){
      cache.removeObject(forKey: key as NSString)
   }

}
```

这三个方法都传入了一个 **String** 类型的参数，这样其他的代码就不用关心 **NSCache** 的具体调用方式了。另外，方法中把 **String** 转换成 **NSString** 之后，再传递给 **NSCache**。

15.4　让 UIViewController 可以访问 ImageStore

Giving View Controllers Access to the Image Store

DetailViewController 需要通过 **ImageStore** 对象来获取和存储图片。与第 10 章中为 **ItemsViewController** 添加 **ItemStore** 属性一样，为 **DetailViewController** 添加一个 **ImageStore** 属性，代码如下：

```
var item: Item! {
    didSet {
        navigationItem.title = item.name
    }
}
var imageStore: ImageStore!
```

在 ItemsViewController.swift 中添加相同的代码：

```
var itemStore: ItemStore
var imageStore: ImageStore!
```

下面更新 ItemsViewController.swift 文件中的 **prepare(for:sender:)**方法，在该方法中设置 **DetailViewController** 的 imageStore 属性。

```
Override func prepareForSegue(segue: UIStoryboardSegue, sender: AnyObject?) {
    if segue.identifier == “ShowItem” {
        if let row = tableView.idexPathForSelectedRow?.row {
            let item = itemStore.allItems[row]
            let detailViewController = segue.destinationViewController as!
                DetailViewController
            detailViewController.item = item
            detailViewController.imageStore = imageStore
        }
    }
}
```

最后，更新 AppDelegate.swift 来设置 **ImageStore**，代码如下：

```
func application(application: UIApplication,
        didFinishLaunchingWithOptions launchOptions:
            [NSObject: AnyObject]?) -> Bool {
    //应用启动后，可以在这里添加自定义的代码

    //创建一个 ItemStore
    let itemStore = ItemStore()

    //创建一个 ItemStore
    let imageStore = ImageStore()

    //获取 ItemsViewController 对象
    let navController = window!.rootViewController as! UINavigationController
    let itemsController = navController.topViewController as!
        ItemsViewController
```

```
//为 itemsViewController 的 itemStore 和 imageStore 属性设置值
itemsController.itemStore = itemStore
itemsController.imageStore = imageStore
```

15.5 创建并使用键

Creating and Using Keys

当图片被放入缓存时，会与一个唯一的键名关联，并且 **Item** 对象会保存这个键名。当 **DetailViewController** 需要从缓存中获取图片时，会通过这个键名在缓存中查找图片。

下面在 Item.swift 中添加一个属性来保存键名。

```
let dateCreated: NSDate
let itemKey: String
```

对于缓存来说，图片的键名必须要唯一。生成唯一字符串的方法有很多种，下面会使用 Cocoa Touch 的机制来生成通用唯一标识符（UUIDs），也叫全局唯一标识符（GUIDs）。**NSUUID** 类型的对象表示一个 UUID，它是基于时间、计数器以及硬件标识（通常是设备网卡的 MAC 地址）生成的。UUID 的字符串形式如下：

4A73B5D2-A6F4-4B40-9F82-EA1E34C1DC04

下面在 Item.swift 中生成一个 UUID，并且把它设置为 itemKey。

```
init(name: String, serialNumber: String?, valueInDollars: Int){

    self.name = name
    self.valueInDollars = valueInDollars
    self.serialNumber = serialNumber
    self.dateCreated = Date()
    self.itemKey = UUID().uuidString

    super.init()
}
```

然后更新 DetailViewController.swift 中的 **imagePickerController(_:didFinishPickingMediaWithInfo:)** 方法，把图片保存到 **ImageStore** 中。

```
func imagePickerController(_ picker: UIImagePickerController,
    didFinishPickingMediaWithInfo info:[String: Any]){

    //从 info 字典中获取选择的图片
    let image = info[UIImagePickerControllerOriginalImage] as! UIImage

    //以 item 的 itemKey 作为键名，将图片存储到 imageStore 中
    imageStore.setImage(image, forKey:item.itemKey)
```

```
    //在 imageView 中显示选中的图片
    imageView.image = image

    //调用 dismissViewControllerAnimated 方法来隐藏 imagepicker
    dismiss (animated: true, completion: nil)
}
```

每次用户选择图片之后，应用都会将图片加入 **ImageStore** 中。另外，**ImageStore** 和 **Item** 都知道图片的键名，在需要的时候，它们都可以访问图片（见图 15-14）。

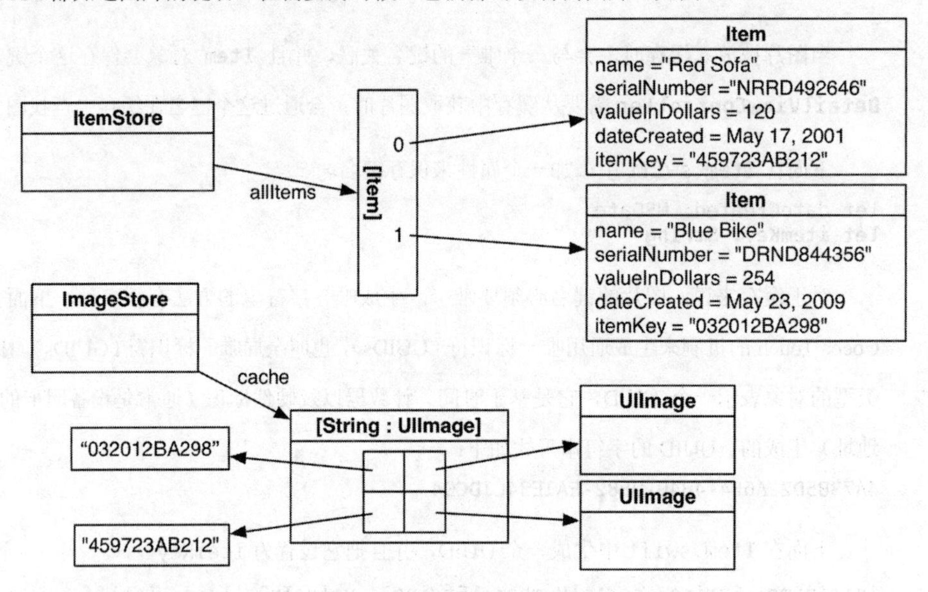

图 15-14　从缓存中获取图片

同时，在删除 **Item** 时，也需要删除缓存中的图片。更新 ItemsViewController.swift 文件中的 **tableView(_:commit:forRowAt:)**，删除 **ImageStore** 中的图片，代码如下：

```
override func tableView(_ tableView: UITableView,
    commit editingStyle: UITableViewCellEditingStyle,
    forRowAt indexPath: IndexPath) {

    //如果 tableView 将要执行确认删除命令
    if editingStyle == .Delete {
        let item = itemStore.allItems[indexPath.row]

        let title = "Delete \(item.name)?"
        let message = "Are you sure you want to delete this item?"

        let ac = UIAlertController(title: title,
            message: message,
            preferredStyle: .actionSheet)

        let deleteAction = UIAlertAction(title: "Cancel", style: .cancel,
                                         handler: nil)
            //从 itemStore 中删除 item
            self.itemStore.removeItem(item)
```

```
            //从 imageStore 中删除 item 的图片
            self.imageStore.deleteImage(forKey: item.itemKey)

            //同时从 tableview 中删除对应的行，并做一个动画
            self.tableView.deleteRows (at: [indexPath],
                with: .automatic)
        })
        ac.addAction(deleteAction)

        //显示确认弹窗
        present (ac, animated: true, completion: nil)
    }
}
```

15.6 使用 ImageStore

Wrapping Up ImageStore

现在 **ImageStore** 已经可以存储图片了，**Item** 也可以通过键名获取图片了（见图 15-14），下面要让 **DetailViewController** 支持获取和显示图片。

DetailViewController 对象的视图会在点击 **ItemsViewController** 对象中的行或关闭 **UIImagePickerController** 对象之后显示，两种情况下，都需要把 imageView 中的图片替换为 **Item** 的最新图片。

在 DetailViewController.swift 中添加 **viewWillAppear(_:)** 方法来完成这个任务，代码如下：

```
override func viewWillAppear(animated: Bool) {
    super.viewWillAppear(animated)

    nameField.text = item.name
    serialNumberField.text = item.serialNumber
    valueField.text =
        numberFormatter.string(from: NSNumber(value: item.valueInDollars))
    dateLabel.text = dateFormatter.string(from: item.dateCreated)

    //获取 item 的 itemKey
    let key = item.itemKey

    //如果 item 有对应的图片，就显示图片
    let imageToDisplay = imageStore.image(forKey: key)
    imageView.image = imageToDisplay
}
```

编译并运行应用。创建一个 **Item** 并且在 **UITableView** 中选中它，然后点击相机按钮拍一张图片，图片就会出现在 **DetailViewController** 中了。

15.7 初级练习：编辑图片

Bronze Challenge: Editing an Image

UIImagePickerController 有一个自带的编辑图片功能，请读者为 Homepwner 添加编辑图片的功能，并且在 **DetailViewController** 中使用编辑后的图片。

15.8 中级练习：删除图片

Silver Challenge: Removing an Image

添加一个删除图片的按钮。

15.9 高级练习：Camera Overlay

Gold Challenge: Camera Overlay

UIImagePickerController 有一个 cameraOverlayView 属性，可以通过这个属性让 **UIImagePickerController** 在照片拍摄区域中间显示一个十字线。

15.10 深入学习：导航实现文件

For the More Curious: Navigating Implementation Files

前面的两个 **UIViewController** 都实现了好几个方法。作为一个高效的 iOS 开发者，应该可以快速地找到需要的代码，Xcode 的跳转栏就是完成这个任务的好工具，如图 15-15 所示。

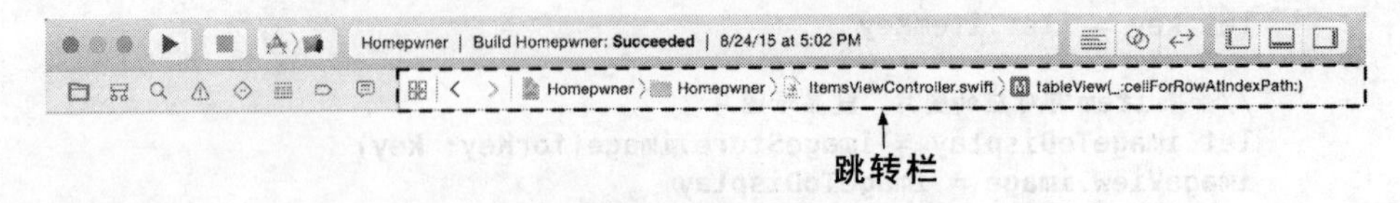

图 15-15 跳转栏

跳转栏展示了当前文件在项目中的位置（同时也显示了文件中光标的位置），图 15-16 是一个跳转栏的例子。

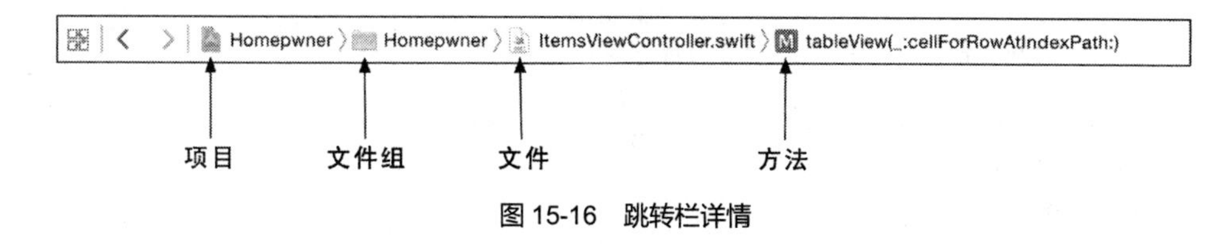

图 15-16 跳转栏详情

跳转栏也展示了项目文件的层次结构。点击任何一个文件，都会出现一个当前层次内容的弹出框，这样可以快速切换到其他文件。

图 15-17 展示了 Homepwner 文件夹的弹出框。

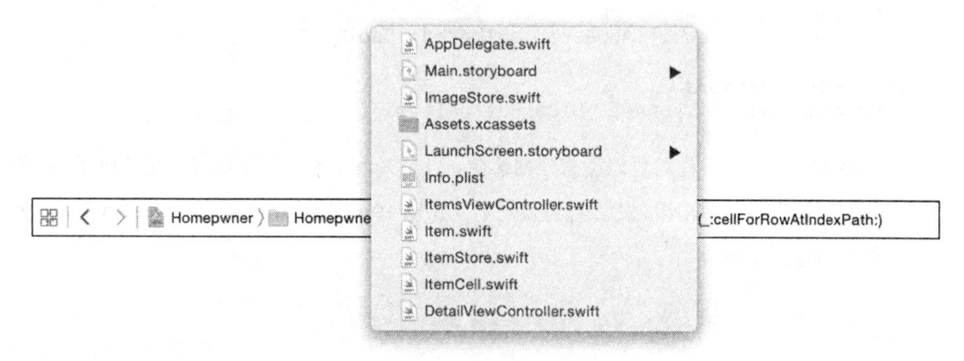

图 15-17 文件弹出框

最常用的功能是在当前文件中进行切换。点击工具条的最后一个部分，会弹出当前文件相关的弹出框，弹出框中包含当前文件中的所有方法。

当弹出框弹出时，可以输入文字来过滤信息，输入后，使用键盘的上下按键选择方法，然后按下回车键就可以跳转到对应的方法了。图 15-18 展示了在 `ItemsViewController.swift` 文件中搜索“tableview”的效果。

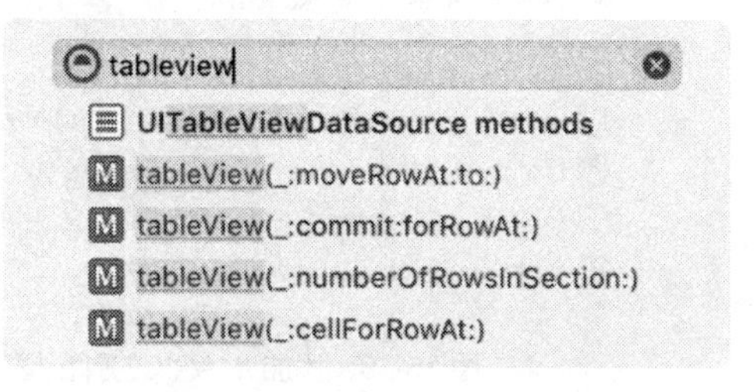

图 15-18 搜索 tableview 的弹出框

//MARK:

随着类越来越大、方法越来越多，在一大堆方法中查找一个方法会变得越来越困难。使用

```
//MARK:对方法进行分类是一个好习惯。
```

//MARK:中两个很有用的注释分别是分割线和标签，代码如下：

```
//这是分割线
// MARK: -

//这是标签
// MARK: My Awesome Methods
```

分割线和标签可以合并，代码如下：

```
// MARK: - View life cycle
override func viewDidLoad() { ... }
override func viewWillAppear(_ animated: Bool) { ... }

// MARK: - Actions
func addNewItem(_ sender: UIBarButtonItem) {...}
```

添加//MARK:注释对代码没有任何影响，只是Xcode对于方法的显示更清晰了，在跳转栏中打开当前文件的弹出框，就可看到效果了。图15-19展示了ItemsViewController.swift文件的方法弹出框。

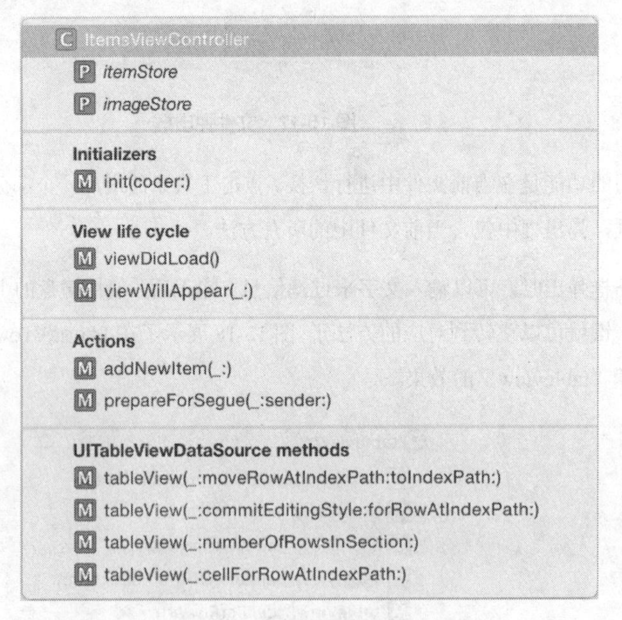

图15-19　添加//MARK:的弹出框

养成使用//MARK:的习惯，可以使代码更加清晰，更加有条理，也会让代码更易读。

第 16 章

保存、读取与应用状态

Saving, Loading, and Application States

iOS SDK 提供了多种保存和读取数据的机制，本章将介绍最常用的几种。此外，还会介绍 iOS 文件系统和与文件存取有关的基本概念，同时会为 Homepwner 实现数据持久化（见图 16-1）。

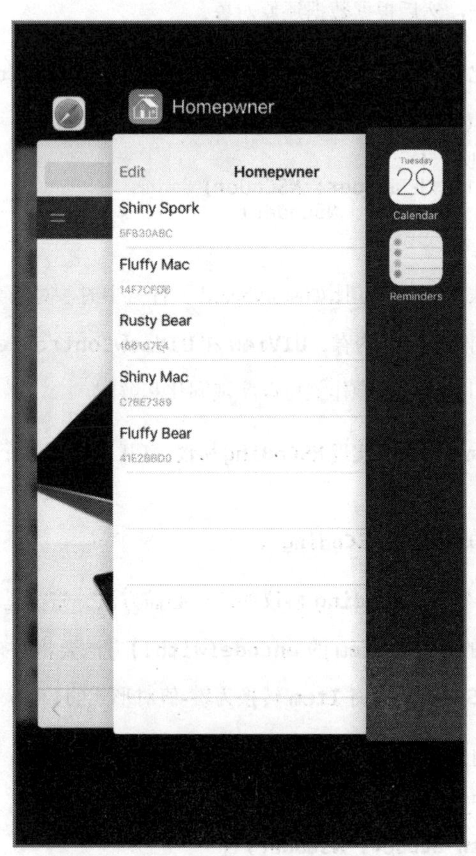

图 16-1 任务切换器中的 Homepwner

16.1 固化

Archiving

对于大多数 iOS 应用，可以将其功能总结为：提供一套界面，帮助用户管理特定的数据。在这一过程中，不同类型的对象要各司其职：模型对象负责保存数据，视图对象负责显示数据，控制器对象负责在模型对象与视图对象之间同步数据。因此，当某个应用要保存和读取数据时，通常要完成的任务是保存和读取相应的模型对象。

在 Homepwner 中，用户的模型对象是 **Item** 对象，持久化 **Item** 可以让 Homepwner 更实用。可以使用固化技术来实现保存和读取 **Item** 对象。

固化是由 iOS SDK 提供的一种保存和读取对象的机制，使用非常广泛。当应用固化某个对象时，会将该对象的所有属性存入指定的文件中；当应用解固某个对象时，会从指定的文件中读取相应的数据，然后根据数据还原对象。

为了能够固化或解固某个对象，相应对象的类必须遵守 **NSCoding** 协议，并且要实现两个方法，即 **encode(with:)**和 **init(coder:)**。

```
protocol NSCoding {
    func encode(with aCoder: NSCoder)
    init?(coder aDecoder: NSCoder)
}
```

当对象被加入界面文件（比如 storyboard 文件）中时，对象会被固化；运行时，对象再从界面文件中解固出来，放入内存。**UIView** 和 **UIViewController** 都实现了 **NSCoding** 协议，因此不需要对它们执行额外操作就可以实现固化和解固。

但是目前 **Item** 类并没有实现 **NSCoding** 协议。打开 Homepwner.xcodeproj，在 Item.swift 中添加这个协议。

```
class Item: NSObject, NSCoding {
```

下面为 **Item** 实现 **NSCoding** 协议的两个必需方法。先实现 **encode(with:)**，它有一个类型为 **NSCoder** 的参数，**Item** 的 **encode(with:)**方法要将所有的属性都编码至该参数中。在固化过程中，**NSCoder** 会将 **Item** 转换为键-值对形式的数据，并写入指定的文件中。

在 Item.swift 中实现 **encode(with:)**方法，将 **Item** 中所有属性的名称和值加入 **NSCoder** 对象，代码如下：

```
func encode(with aCoder: NSCoder) {
    aCoder.encode(name, forKey: "name")
    aCoder.encode(dateCreated, forKey: "dateCreated")
```

```
    aCoder.encode(itemKey, forKey: "itemKey")
    aCoder.encode(serialNumber, forKey: "serialNumber")

    aCoder.encode(valueInDollars, forKey: "valueInDollars")
}
```

查看**NSCoder**的文档可以知道其他Swift类型应该使用的编码方法。无论需要编码的Swift类型是什么，都会有一个字符串类型的键名，键名和编码的值是对应的，通常会使用属性的名称作为键名。

编码是一个递归的过程。当编码一个对象（**encode(_:forKey:)**中的第一个参数）时，这个对象的**encode(with:)**方法会被调用；当执行**encode(with:)**方法时，会通过**encode(_:forKey:)**方法来对属性进行编码（见图16-2）。也就是说，每个对象都会对引用的对象进行编码，引用的对象再对它们引用的对象进行编码。

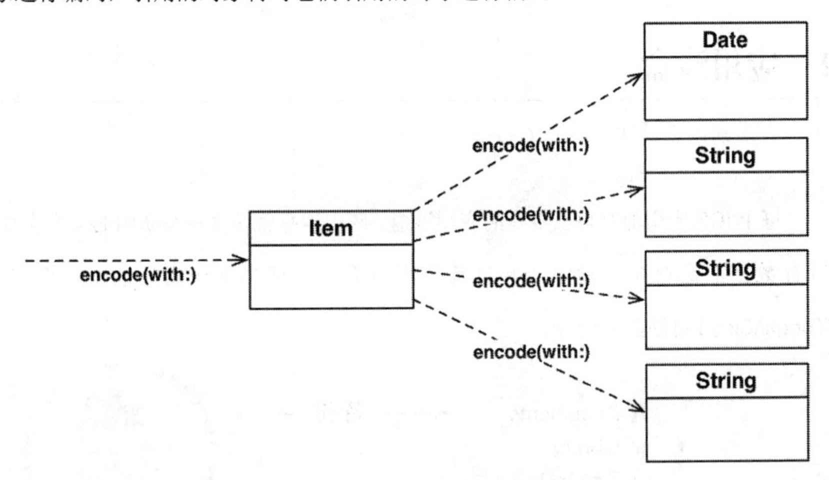

图16-2 对象编码

从文件系统中读取**Item**时，通过键名可以很方便找到编码的值。读取时，对象的**init(coder:)**方法会被调用，在这个方法中，需要获取**encode(with:)**编码的所有属性的值，然后把它们赋值给对应的属性。

在Item.swift中实现**init(coder:)**方法，代码如下：

```
required init(coder aDecoder: NSCoder) {
    name = aDecoder.decodeObject(forKey: "name") as! String
    dateCreated = aDecoder.decodeObject(forKey: "dateCreated") as! Date
    itemKey = aDecoder.decodeObject(forKey: "itemKey") as! String
    serialNumber = aDecoder.decodeObject(forKey: "serialNumber") as! String?

    valueInDollars = aDecoder.decodeInteger(forKey: "valueInDollars")

    super.init()
}
```

从以上代码中可以注意到，**init(coder:)**方法也有一个 **NSCoder** 参数，包含创建 **Item** 对象的所有数据，可以通过 **decodeObject(forKey:)**方法从 **NSCoder** 中获取对象，通过 **decodeInteger(forKey:)**方法获取 valueInDollars。

在第10章中讨论过构造方法的顺序，这里的 **init(coder:)**方法并不属于那个设计模式。**Item** 的构造方法不需要修改，**init(coder:)**也不会调用它。

现在 **Item** 已经实现了 **NSCoding** 协议，可以通过固化来保存到文件系统中。先编译一下应用看是否有语法错误，真正完成保存和加载还需要一些步骤。接下来需要一个位置来保存 **Item** 对象。

16.2 应用沙盒

Application Sandbox

每个iOS应用都有自己专属的应用沙盒，应用沙盒就是文件系统中的一个文件夹，应用的所有数据都保存在沙盒中，并且其他应用无法访问当前应用的沙盒。图 16-3 展示了 iTunes/iCloud 对沙盒的处理。

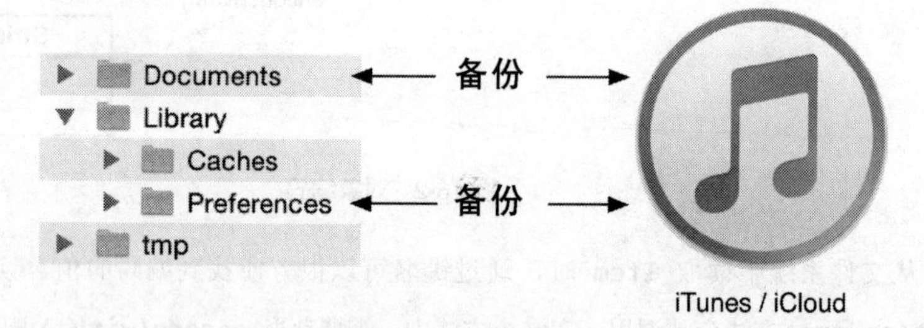

图16-3 应用沙盒

应用沙盒中包含了一些文件夹，对应功能如下。

Documents/	这个文件夹用来存放应用产生的需要保存的数据。这类数据在设备和 iTunes 或 iCloud 同步时可以备份；如果用户需要还原设备，则这类数据可以从 iTunes 或 iCloud 中恢复。在 Homepwner 中，所有 **Item** 的数据都可以存放在这里

Libbrary/Caches/	这个文件夹用来存放应用产生的缓存数据。与 Documents 文件夹不同，当设备和 iTunes 或 iCloud 同步时，这个文件夹不会被备份，主要原因是缓存数据可能会非常大，会导致设备同步的时间变长。存放在其他地方的数据（比如网络服务器上的数据）可以放在这个文件夹中，如果用户需要还原设备，则可以重新从网络服务器上下载数据。当设备硬盘空间不足时，系统可能会删除这个文件夹中的内容
Library/Perferences/	这个文件夹用来存放应用设置的数据，**NSUserDefaults** 的数据也会保存在这里。设备同步时，这个文件夹会被同步到 iTunes 或 iCloud
tmp/	这个文件夹用来存放应用运行时的临时数据，应用没有运行时，系统可能会清理这个文件夹。当文件不再使用时，最好主动删除不用的文件。设备同步时，这个文件夹不会被同步到 iTunes 或 iCloud

创建文件 URL

Homepwner 的 **Item** 会被保存到 Documents 文件夹的一个文件中。**ItemStore** 会处理读/写文件的任务，要完成这个任务，**ItemStore** 首先要创建这个文件的 URL。

在 ItemStore.swift 中添加一个新属性，用来保存文件 URL。

```
var allItems = [Item]()
let itemArchiveURL: URL = {
    let documentsDirectories =
      FileManager.default.urls(for: .documentDirectory,
        in: .userDomainMask)
    let documentDirectory = documentsDirectories.first!
    return documentDirectory.appendingPathComponent("items.archive")
}()
```

这里并不是直接给属性赋值，而是通过闭包赋值，第 4 章中的 numberFormatter 属性使用的也是闭包赋值。这里的闭包格式是() -> URL，也就是说，不需要传递任何参数，并且会返回一个 **URL** 类型的值。当 **ItemStore** 实例化之后，这个闭包就会运行，然后返回一个值并且赋值给 itemArchiveURL 属性。当设置属性需要多行代码时，使用闭包非常方便，这对于配置对象非常有用；另外，这样也可以把设置属性的代码集中在一起，代码也更好维护。

urls(for:in:) 会根据参数在文件系统中查找符合条件的 URL（确认第一个参数是.documentDirectory，而不是.documentationDirectory。自动补齐的第一个推荐是.documentationDirectory，这里很容易输错，导致获得错误的 URL）。

在 iOS 中，最后一个参数始终是一样的（这个方法是从 OS X 借鉴过来的，OS X 中有更多的选项）。第一个参数是 **SearchPathDirectory** 的枚举，指定了沙盒中文件夹的 URL，例如，使用.cachesDirectory，方法会返回应用沙盒中 Caches 文件夹的 URL。

在文档中搜索 **SearchPathDirectory** 可以学习其他选项。这些枚举的值在 iOS 和 OS X 中是一样的，但是只有部分在 iOS 上可用。

url(for:in:)的返回值是一个 URL 的数组，因为在 OS X 中可能有多个文件夹满足条件；但是在 iOS 中，只会有一个满足条件（如果搜索的文件夹在沙盒中存在）。因此，将固化文件名加在数组的第一个（也是唯一一个）URL 后面，就是 **Item** 对象固化的位置。

16.3　NSKeyedArchiver 与 NSKeyedUnarchiver

NSKeyedArchiver and NSKeyedUnarchiver

现在已经获得了文件系统中存储的位置，模型对象也支持固化。最后的两个问题就是：怎样完成存储和加载的过程，以及什么时候执行这个过程。保存 **Item** 对象的操作，会在应用“exits”时使用 **NSKeyedArchiver** 类来完成。

在 ItemStore.swift 中实现一个新方法，该方法可以用来调用 **NSKeyedArchiver** 类的 **archiveRootObject(_:toFile:)**方法。

```
func saveChanges() -> Bool {
    print("Saving items to: \(itemArchiveURL.path!)")
    return NSKeyedArchiver.archiveRootObject(allItems, toFile:
        itemArchiveURL.path!)
}
```

这段代码中的 **archiveRootObject(_:toFile:)**方法会将 allItems 中所有的 **Item** 对象都保存至路径为 itemArchiveURL 的文件中。代码本身很简单，其工作原理如下。

- **archiveRootObject(_:toFile:)** 首先会创建一个 **NSKeyedArchiver** 对象。（**NSKeyedArchiver** 是抽象类 **NSCoder** 的具体实现子类。）
- **archiveRootObject(_:to:File)**会向 allItems 发送 **encode(with:)**消息，并传入 **NSKeyedArchiver** 对象作为参数。
- allItems 的 **encode(with:)**方法会向其包含的所有 **Item** 对象发送 **encode(with:)**消息，并传入同一个 **NSKeyedArchiver** 对象。这些 **Item** 对象会将其属性编码至同一个 **NSKeyedArchiver** 对象（见图 16-4）。
- 当所有的对象都完成编码后，**NSKeyedArchiver** 对象就会将数据写入指定的文件。

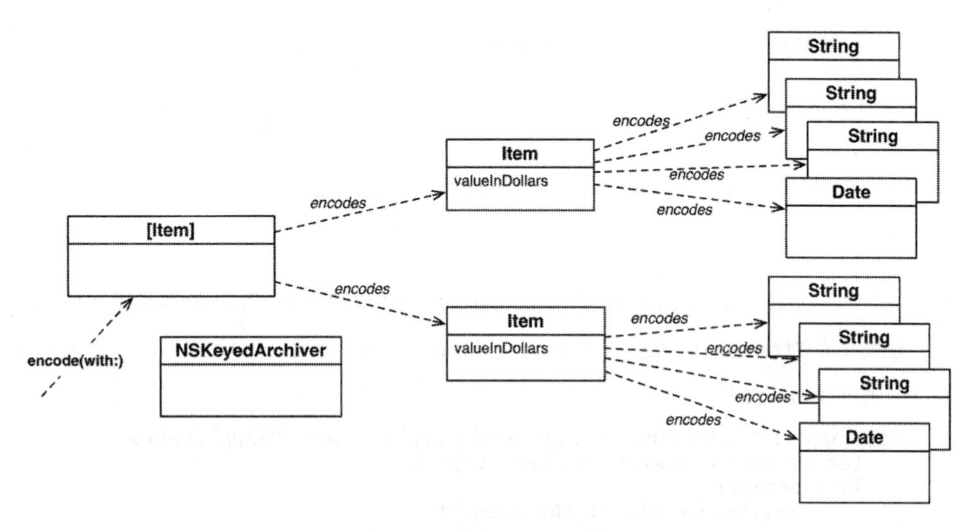

图 16-4 固化 allItems 数组

当用户按下设备的 Home 键后，**AppDelegate** 会收到 **applicationDidEnterBackground(_:)** 消息。Homepwner 应该在这个时候会向 **ItemStore** 发送 **saveChanges** 消息。

打开 AppDelegate.swift，添加一个会保存 **ItemStore** 对象的属性，这个属性会在 **applicationDidEnterBackground(_:)** 方法中使用，代码如下：

```
class AppDelegate: UIResponder, UIApplicationDelegate {

   var window: UIWindow?
   let itemStore = ItemStore()
```

更新 **application(_:didFinishLaunchingWithOptions:)** 方法，并在该方法中使用这个属性，而不需要再使用局部常量了。

```
func application(_ application: UIApplication,
      didFinishLaunchingWithOptions launchOptions:
      [UIApplicationLaunchOptionsKey : Any]?) -> Bool {
   // 应用启动后可以在这里进行自定义设置

   // Create an ItemStore
   let itemStore = ItemStore()

   //创建 ImageStore
   let imageStore = ImageStore()

   //获取 ItemsViewController
   let navController = window!.rootViewController as! UINavigationController
   let itemsController = navController.topViewController as!
     ItemsViewController
   itemsController.itemStore = itemStore
```

```
    itemsController.imageStore = imageStore

    return true
}
```

由于属性名和之前的局部常量名是一样的，因此只要删除之前创建局部常量的代码就可以了。

在 AppDelegate.swift 中实现 **applicationDidEnterBackground(_:)**方法，用来触发保存 **Item** 的方法（这个方法可能已经由模板生成。如果已经有这个方法，就无需再创建，只要把代码添加进去就可以了）。

```
func applicationDidEnterBackground(_ application: UIApplication) {
    let success = itemStore.saveChanges()
    if (success) {
        print("Saved all of the Items")
    } else {
        print("Could not save any of the Items")
    }
}
```

在模拟器上编译并运行应用。创建一些 **Item**，然后按下 Home 键离开应用，这时控制台中会出现一条表示 **Item** 已经被保存的记录。

虽然现在应用还不支持加载 **Item**，但是仍然有方法验证 **Item** 是否被保存了。

在控制台的记录中，可以找到 itemArchiveURL 位置的记录，以及表示 **Item** 保存成功的记录。如果没有保存成功，则检查 itemArchiveURL 是否创建正确；如果 **Item** 保存成功，则把控制台中的文件路径复制出来。

打开 Finder，按下快捷键 Command+Shift+G，粘贴刚才复制的路径，然后按下回车键，这时 Finder 会显示包含 items.archive 文件的文件夹位置。按下键盘的向上方向键，可以查看 items.archive 文件的父文件夹，这就是应用的沙盒文件夹，在沙盒文件夹右侧可以看到 Documents、Library 以及 tmp 文件夹（见图 16-5）。

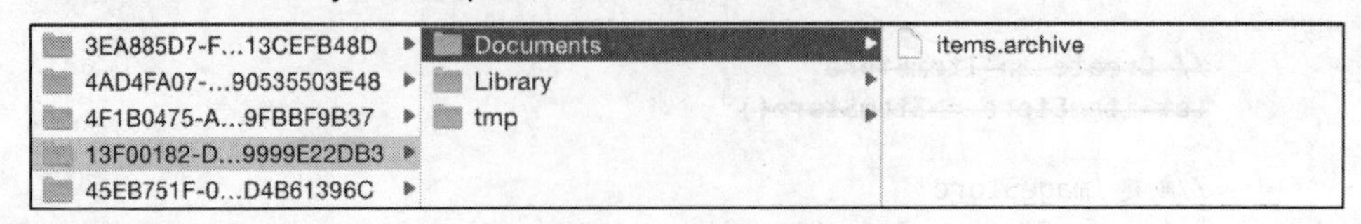

图 16-5　Homepwner 的沙盒

沙盒文件夹的位置在每次运行时可能不一样，但是沙盒里的内容是一样的。因此，每当要查看沙盒中的内容时，都需要重新复制、粘贴沙盒文件夹的路径。

加载文件

下面开始实现加载文件。要实现从文件中加载 **Item** 对象，可以在 **ItemStore** 创建时使用 **NSKeyedUnarchiver** 来完成这个任务。

在 ItemStore.swift 中重载 **init()**方法，代码如下：

```
init() {
    if let archivedItems =
        NSKeyedUnarchiver.unarchiveObject(withFile:itemArchiveURL.path) as?
            [Item] {
        allItems = archivedItems
    }
}
```

这段代码中的 **unarchiveObject(withFile:)**方法会创建一个 **NSKeyedUnarchiver** 对象，然后加载 itemArchiveURL 位置的文件并转化为对象。接着，**NSKeyedUnarchiver** 类会查看固化文件中的根对象，再根据根对象的类型创建相应的对象。Homepwner 在创建固化文件时，使用的根对象是 **Item** 数组，所以解固时的根对象是**[Item]**（如果根对象是 **Item** 对象，那么 **unarchiveObject(withFile:)**也会返回 **Item** 对象）。

创建完数组对象后，**NSKeyedUnarchiver** 的 **unarchiveObject(withFile:)**方法会向新创建的数组对象发送 **init(coder:)**消息，并将 **NSKeyedUnarchiver** 对象作为参数传入。数组会通过 **NSKeyedUnarchiver** 对象解码相关的对象（**Item** 对象），然后向所有解固后的对象发送 **init(coder:)**消息，并传入同一个 **NSKeyedUnarchiver** 对象。

编译并运行应用。现在只要不删除 **Item** 对象，**Item** 对象就始终保存在应用中。在测试保存和加载时有一个要注意的地方：如果在 Xcode 中停止运行 Homepwner，**applicationDidEnterBackground(_:)**方法就没有机会被调用，**Item** 数组也就无法保存。因此，首先要按 Home 键，然后从 Xcode 中停止运行 Homepwner。

16.4　应用状态与状态切换

Application States and Transitions

为了保存 **Item** 对象，Homepwner 会在进入后台运行状态时执行固化操作。本节将介绍 iOS 应用可以拥有的各种状态、导致应用切换状态的原因，以及如何在应用发生状态切换时执行指定的代码。图 16-6 是这些信息的总览图。

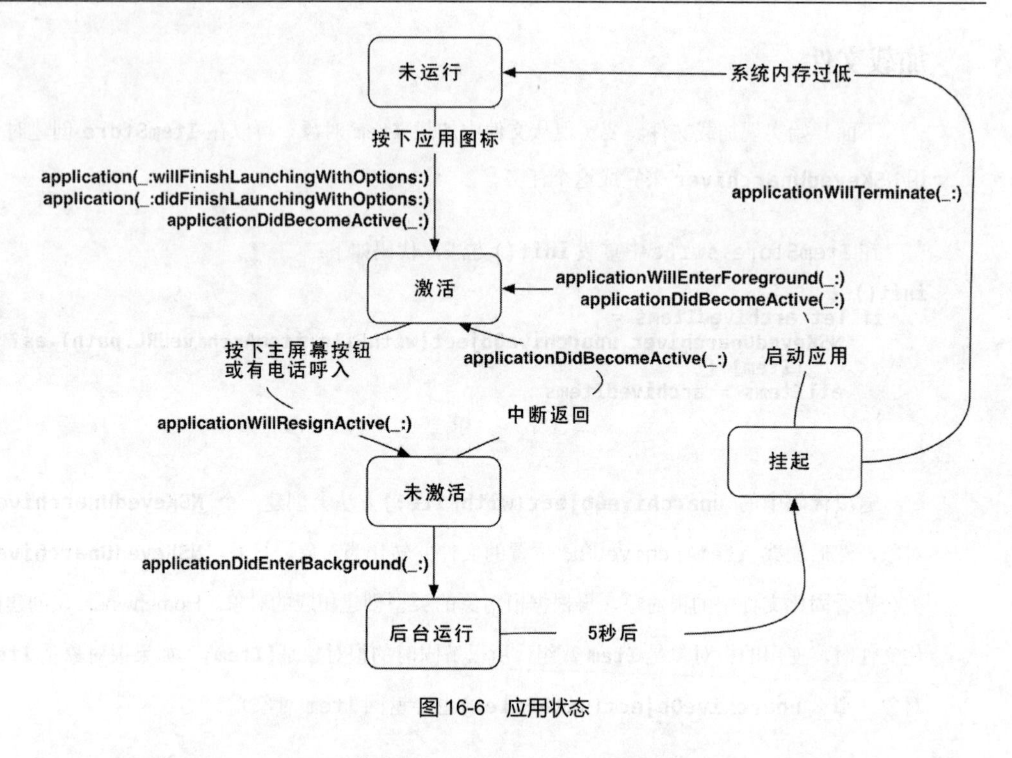

图 16-6 应用状态

当应用没有运行时，会处于**未运行**（not running）状态，不会执行任何代码，也不会占用内存。

当用户启动应用后，会进入**激活状态**（active state），可以显示界面、接收事件并处理事件。

当应用处于激活状态时，可能会被某个系统事件打断，临时进入**未激活状态**（inactive state）。这些系统事件包括收到短信、收到推送消息、来电或闹钟，iOS 会在当前应用界面前显示相应的提示界面。当应用处于未激活状态时，应用也可以执行代码，但是不会接收事件（因为应用界面位于提示界面后面）。通常情况下，应用只会在未激活状态停留很短的时间；但是，按下位于 iOS 设备顶部的锁屏键，可以将当前处于激活状态的应用切换至未激活状态，并且会保留未激活状态，直到设备解锁。

当用户按下 Home 键时，或者通过某种途径切换到另一个应用时，当前应用会进入**后台运行状态**（background state）。（实际上，应用会先从激活状态切换为未激活状态，停留极短的时间，然后进入后台运行状态。）处于后台运行状态的应用仍然可以执行代码，但是其界面是不可见的，也不接收事件。默认情况下，应用有大约 10 秒的时间保持在后台运行状态，然后会进入**挂起状态**（suspended state）。开发应用时，不能依赖这个不确定的时间，应该尽快保存用户数据并释放系统资源。

处于挂起状态的应用不能执行代码，其界面也不可见，并且会释放在挂起状态下无需使用的所有资源。挂起的应用就像是进行了“低温干燥”处理，可以在用户再次启动时快速解冻。表16-1列出了上述应用状态的主要特性。

表16-1 应用的各种状态

状 态	界面是否可见	是否能接收事件	是否能执行代码
未运行状态	否	否	否
激活状态	是	是	是
未激活状态	大部分	否	是
后台运行状态	否	否	是
挂起状态	否	否	否

连续按两下Home键可以查看任务切换器（见图16-7，可以看到后台运行状态和挂起状态的应用，以及最近运行过的但已经被终止的应用）。模拟器上还可以按两次快捷键Command+Shift+H来查看任务切换器。

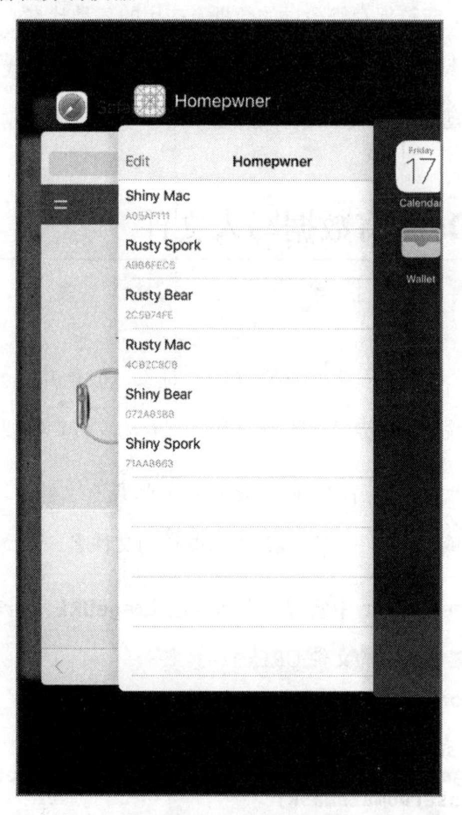

图16-7 任务切换器

只要系统有足够的内存，处于挂起状态的应用就可以一直停留在这个状态；当系统内存不足时，会终止处于挂起状态的应用。当处于挂起状态的应用即将被系统终止时，不会收到相应的通知，系统会直接将其从内存中移除（应用被终止后，可能还会留在任务切换器中，但是点击图标后会重新启动应用）。

当应用状态发生变化时，**UIApplication** 对象的委托对象会收到相应的消息。以下列出的是在 **UIApplicationDelegate** 协议中声明的部分消息，这些消息都与应用状态发生变化有关（图 16-6 中也描述了这些方法）。

```
optional func application(_ application: UIApplication,
  didFinishLaunchingWithOptions launchOptions:
  [UIApplicationLaunchOptionsKey : Any]?) -> Bool
optional func applicationDidBecomeActive(_ application: UIApplication)
optional func applicationWillResignActive(_ application: UIApplication)
optional func applicationDidEnterBackground(_ application: UIApplication)
optional func applicationWillEnterForeground(_ application: UIApplication)
```

为应用委托对象实现上述方法，就能在应用状态发生变化时执行指定的代码。当应用切换至后台运行状态时，应该保存修改过的数据及应用的各种状态（这里的状态不是指应用状态）。这是因为在应用进入挂起状态前，后台运行状态是应用能执行代码的最后一个状态，一旦应用进入挂起状态，就随时可能被 iOS 系统终止。

16.5 通过 NSData 将数据写入文件

Writing to the Filesystem with Data

Homepwner 虽然可以固化所有的 **Item** 对象，但是并不会保存相关的图片。下面扩充 **ImageStore** 来实现功能：加入图片时将图片保存为文件，需要时再从文件中载入图片。

Item 对象的图片应该保存至 Documents 目录。保存文件时，可以将 **Item** 对象的 itemKey 属性（在用户拍摄或选取图片时生成）作为图片的文件名。

在 ImageStore.swift 中实现一个新方法 **imageURL(forKey:)**，用来根据指定的键名生成 Documents 文件夹中的文件 URL。

```
func imageURL(forKey key: String) -> URL {

   let documentsDirectories =
      FileManager.default.urls(for:.documentDirectory,
         in: .userDomainMask)
   let documentDirectory = documentsDirectories.first!
```

```
    return documentDirectory.appendingPathComponent(key)
}
```

为了保存图片，需要先将图片的数据按 JPEG 格式提取出来，然后拷贝至内存中的某块缓冲区。Swift 提供的 **Data** 类可以创建、维护和释放内存缓冲区并保存一定字节数的二进制数据，下面通过 **Data** 来保存图片数据。

修改 ImageStore.swift 中的 **setImage(_:forKey:)** 方法，获取图片路径并保存图片，代码如下：

```
func setImage(_ image: UIImage, forKey key: String) {
    cache.setObject (image, forKey: key as NSString)

    //为图片创建完整的 URL
    let url = imageURL(forKey: key)

    //把图片转换为 JPEG 数据
    if let data = UIImageJPEGRepresentation(image, 0.5) {
        //将其写入完整的 URL
        let _ = try? data.write(to: url, options: [.atomic])
    }
}
```

下面讲解一下代码。**UIImageJPEGRepresentation** 方法需要两个参数：一个是 **UIImage** 对象；另一个是浮点数变量，代表压缩质量。压缩质量的值必须在 0 到 1 之间，1 代表最高质量（不压缩）。如果压缩成功，则会返回一个 **Data** 对象；否则返回 nil。

通过 **Data** 对象的 **write(to:options:)** 方法可以将 **Data** 中的数据写入指定的文件。**write(to:options:)** 的第一个参数负责指定文件路径；第二个参数可以设置一些选项，当设置了 .atomic 选项时，**Data** 对象会先将数据写入某个临时文件，然后等写入操作成功后再将文件移至第一个参数所指定的路径，并且覆盖已有的文件。这样，即使应用在写入文件的过程中崩溃，也不会损坏现有数据。

需要注意的是，这种将数据写入文件的方式不是固化。虽然 **Data** 对象自身也可以固化，但 **write(to:options:)** 的工作原理是将 **Data** 对象中的数据逐字节复制到文件中。

现在图片已经保存到文件系统中了。接下来让 **ImageStore** 可以在需要的时候从文件系统中加载图片，**UIImage** 类的 **imageWithContentsOfFile(_:)** 可以从文件中读取图片。

修改 ImageStore.swift 的 **imageForKey(_:)** 方法，使 **ImageStore** 对象能够通过文件创建图片（如果 **ImageStore** 对象已经包含指定的图片，就直接返回该图片）。

```
func image(forKey key: String) -> UIImage? {
```

```
        return cache.object(forkey: key as NSString)

        if let existingImage = cache.object(forKey: key as NSString) {
            return existingImage
        }

        let url = imageURL(forKey: key)
        guard let imageFromDisk = UIImage(contentsOfFile: url.path) else {
            return nil
        }
        cache.setObject(imageFromDisk, forKey: key as NSString)
        return imageFromDisk
    }
```

guard 是什么？guard 是一个条件语句，与 if 很相似，只有在 guard 条件中的状态为 true 时，才会执行条件中的代码。当前代码中，条件是 **UIImage** 初始化成功，如果初始化失败，else 中的代码就会被执行，这里会提前返回；如果初始化成功，后面的代码也可以使用 guard 中的变量（这里是 imageForDisk）。

上面的代码效果与下面的一样。

```
if let imageFromDisk = UIImage(contentsOfFile: url.path) {
    cache.setObject(imageFromDisk, forKey: key)
    return imageFromDisk
}

return nil
```

虽然这种方式也可以实现，但是 guard 更加简洁，并且可以在不满足条件时提前结束。guard 可以让失败的条件直接与结果挂钩，这样可以让代码更易读，也更容易理解。

现在可以从文件中读/写图片了，还需要做的一件事就是从文件系统中删除图片。

在 ImageStore.swift 中，确保在删除 **ImageStore** 中的图片时也要删除文件系统里的图片（写完代码之后会提示一个错误，下一节就会讲解如何修复它）。

```
func deleteImage(forKey key: String) {
    cache.removeObject(forKey: key as NSString)

    let url = imageURL(forKey: key)
    FileManager.default.removeItem(at: url)
}
```

下面看一下提示的错误信息（见图 16-8）。

```
func deleteImage(forKey key: String) {
    cache.removeObject(forKey: key as NSString)

    let url = imageURL(forKey: key)
    FileManager.default.removeItem(at: url)    ❗ Call can throw, but it is not marked with 'try' and the error is not handled
}
```

图 16-8　删除文件时的错误

错误信息是提示 **removeItem(at:)** 可能会失败，但是代码并没有处理这个错误。下面修复这个问题。

16.6 错误处理

Error Handling

创建方法时提示方法可能失败，是非常有用的。本书前面已经介绍的可选（optionals）是一种方式，可选提供了一种简单的表示失败的方式，但是并不知道失败的原因，例如下面一段从 **Int** 转换为 **String** 的代码：

```
let theMeaningOfLife = "42"
let numberFromString = Int(theMeaningOfLife)
```

Int 的构造方法需要一个 **String** 类型的参数，并返回一个可选类型的 **Int**（**Int?**），这是因为传入的字符串可能不能转换为数字。上面的代码可以转换成功，但是下面的代码就会失败。

```
let pi = "Apple Pie"
let numberFromString = Int(pi)
```

"Apple Pie"字符串不能转换为数字，因此 numberFromString 的值为 nil。这种情况下可选可以满足需求，因为不需要知道为什么失败了，只需要知道是否成功就行。

当知道为什么失败时，可选是无法提供失败的详细信息的。比如从文件系统中删除图片，为什么会失败呢？可能指定的 URL 文件不存在，或者 URL 格式不对，或者没有删除文件的权限——可能有很多种失败的原因，因此需要对不同的原因做不同的处理。

Swift 提供了一种丰富的错误处理机制，编译器也会检查对错误的处理。前面在删除图片时编译器就提示了没有对错误进行处理。

如果方法可能产生错误，那么方法定义的时候需要使用 throws 关键字。下面是 **removeItemAtURL(_:)** 方法的定义：

```
func removeItem (at URL: URL) throws
```

throws 关键字表示方法中可能产生错误（Swift 的错误处理与其他语言的错误处理机制不太相同），通过使用这个关键字，编译器会确保任何调用者都知道这个方法可能会产生错误，并且调用者都要处理可能产生的错误。这也是为什么在前面删除图片时，编译器会提示没有处理错误了。

当调用可能产生错误的方法时，需要使用 do-catch 语句，同时，do 中的代码需要使用 try 关键字来表示调用的方法可能失败。

在 ImageStore.swift 中更新 **deleteImage(forKey:)**方法，使用 do-catch 语句来调用 **removeItem(at:)**方法。

```
func deleteImage(forKey key: String) {
    cache.removeObject(forKey: key as NSString)
    let url = imageURL(forKey: key)
    FileManager.default.removeItem(at: url)
    do {
        try FileManager.default.removeItem(at: url)
    } catch {

    }
}
```

如果方法出错，则程序会立刻退出 do 中的代码，do 后面的代码也不会被执行，并且会把 error 传递给 catch 中的代码，以进行后面的处理。

更新 **deleteImage(forKey:)**方法，在控制台中输出错误，代码如下：

```
func deleteImage(forKey key: String) {
    cache.removeObject(forKey: key as NSString)

    let url = imageURL(forKey: key)
    do {
        try FileManager.default.removeItem(at: url)
    } catch {
        print("Error removing the image from disk: \(error)")
    }
}
```

在 catch 中有一个隐式包含错误信息的 error 常量，也可以给 error 指定一个明确的名字。

更新 **deleteImage(forKey:)**方法，为 error 指定一个明确的名字，代码如下：

```
func deleteImage(forKey key: String) {
    cache.removeObject(forKey: key as NSString)

    let url = imageURL(forKey: key)
    do {
        try FileManager.default.removeItem(at: url)
    } catch let deleteError {
        print("Error removing the image from disk: \(errordeleteError)")
    }
}
```

错误处理还包括很多其他内容，但是这里先介绍错误处理的基础知识。学习本书的过程中，读者会学到更多这方面的知识。

编译并运行应用，现在 **ImageStore** 已经完成。为 **Item** 选一张照片，然后按 Home 键“退出”应用。之后再次打开应用，选择刚才的 **Item**，界面上会显示所有保存的信息，包括选择的照片。

图片是在选择之后立刻保存的，**Item** 则是在应用进入后台运行状态的时候才保存的。立刻保存图片是因为图片太大，不能长时间存放在内存中。

16.7 初级练习：PNG

Bronze Challenge: PNG

将图片的数据按 PNG 格式提取，然后写入文件。

16.8 深入学习：应用状态切换

For the More Curious: Application State Transitions

下面通过一些简单的测试代码来帮助读者理解应用的各种状态切换。

在 AppDelegate.swift 中，实现与应用状态切换有关的委托方法，并向控制台输出当前方法的方法名。下面实现与应用状态有关的四个委托方法（在加入方法前，先检查 Xcode 模板是否已经创建了相应的方法）。注意，对于方法名，并不需要在 **print** 中手写方法名，可以使用#function 表达式。编译时，#function 表达式会表示字符串类型的方法名。

```
func applicationWillResignActive(_ application: UIApplication) {
    print(#function)
}

func applicationDidEnterBackground(_ application: UIApplication) {
    print(#function)
    let success = itemStore.saveChanges()
    if (success) {
        print("Saved all of the Items")
    } else {
        print("Could not save any of the Items")
    }
}

func applicationWillEnterForeground(_ application: UIApplication) {
    print(#function)
```

```
}

func applicationDidBecomeActive(_ application: UIApplication) {
  print(#function)
}

func applicationWillTerminate(_ application: UIApplication) {
  print(#function)
}
```

下面在 **application(_:didFinishLaunchingWithOptions:)**中添加同样的 **print()** 方法。

```
func application(_ application: UIApplication, didFinishLaunchingWithOptions
    launchOptions: [UIApplicationLaunchOptionsKey : Any]?) -> Bool {
  print(#function)
  ...
}
```

编译并运行应用，可以看到应用首先调用了 **application(_:didFinishLaunching-WithOptions:)**，然后调用了 **applicationDidBecomeActive(_:)**。

按下 Home 键，由控制台的输出可知，Homepwner 会先进入未激活状态，然后马上进入后台运行状态。按下主屏幕上的 Homepwner 图标，或者在任务切换器中选择 Homepwner，重新打开应用，由控制台的输出可知，Homepwner 会先进入前台运行状态，然后进入激活状态。

按下 Home 键，再次将应用切换到后台。连按两次 Home 键打开任务切换器，将 Homepwner 界面向上滑出屏幕，系统会立即终止 Homepwner，但是 Homepwner 的应用委托对象不会收到任何消息。

16.9　深入学习：文件系统读/写

For the More Curious: Reading and Writing to the Filesystem

除了固化和 **Data**，还有一些其他途径可以实现数据的存取，比如第 22 章将要介绍的 Core Data。本节也会介绍一些其他方法。

Data 处理二进制数据非常方便；对于文本数据，**String** 也有两个方法可以处理：**write(to:atomically:encoding:)**和 **init(contentsOf:encoding:)**。使用方法如下：

```
//把字符串保存到文件系统
```

```
do {
    try someString.write(to: someURL,
        atomically: true,
        encoding: .utf8)
} catch {
    print("Error writing to URL: \(error)")
}

//从文件系统中读取字符串
do {
    let myEssay = try String(contentsOf: someURL, encoding: .utf8)
    print(myEssay)
} catch {
    print("Error reading from URL: \(error)")
}
```

在很多语言中，任何不在预期之内的结果都会抛出异常；在 Swift 中，异常基本只是提示开发者出错了。抛出异常时，错误信息会保存在 **NSException** 对象中，错误信息通常是一个提示，例如：“尝试访问数组中的第七个对象，但是数组中只有两个对象。”调用堆栈的符号表（通过符号表可以知道异常是在哪行代码抛出的）也保存在 **NSException** 中。

什么时候使用 **NSException**，什么时候使用错误处理机制呢？假设有一个只接收偶数作为参数的方法，如果给该方法传递了奇数，就应该使用 **NSException**，这种情况下，调用者产生了这个错误，但是方法可以帮助调用者找出错误；相反，如果编写了一个访问指定文件夹的方法，但是没有访问权限，则可以使用错误处理机制抛出错误，提示用户为什么不能完成这个操作。

如果某个属性的类可被序列化，这个属性就可以直接写入文件系统。这些类包括 **String**、**NSNumber**（包括 **Int**、**Double** 和 **Bool**）、**Date**、**Data**、**Array<Element>**和 **Dictionary<Key:Hashable,Value>**。当 **Array<Element>**或 **Dictionary<Key:Hashable,Value>**写入文件时，系统会为其创建一段 XML 格式的数据，XML 是一种文件格式：

```
<?xml version="1.0" encoding="UTF-8"?>
<!DOCTYPE plist PUBLIC "-//Apple//DTD PLIST 1.0//EN"
      "http://www.apple.com/DTDs/PropertyList-1.0.dtd">
<plist version="1.0">
<array>
    <dict>
        <key>firstName</key>
        <string>Christian</string>
        <key>lastName</key>
        <string>Keur</string>
    </dict>
    <dict>
        <key>firstName</key>
```

```
        <string>Aaron</string>
        <key>lastName</key>
        <string>Hillegass</string>
    </dict>
</array>
</plist>
```

XML用来存储数据非常方便，几乎所有的系统都支持XML，很多网络服务也使用XML格式的数据。读/写XML的代码如下：

```
let authors: AnyObject = [
    ["firstName":"Christian", "lastName":"Keur"],
    ["firstName":"Aaron", "lastName":"Hillegass"]
]

//在硬盘上保存数组
if PropertyListSerialization.propertyList(authors,
    isValidFor: .xml) {
        do {
            let data = try PropertyListSerialization.data(with: authors,
                format: .xml,
                options: [])
            data.write(to: url, options: [.atomic])
        }
        catch {
            print("Error writing plist: \(error)")
        }
}

//从硬盘中读取数组
do {
    let data = try Data(contentsOf: url, options: [])
    let authors = try NSPropertyListSerialization.propertyList(from: data,
        options: [],
        format: nil)
    print("Read in authors: \(authors)")
} catch {
    print("Error reading plist: \(error)")
}
```

16.10 深入学习：应用程序包

For the More Curious: The Application Bundle

使用Xcode构建iOS应用时，需要完成的主要工作是创建**应用程序包**(application bundle)。应用程序包会包含应用的可执行文件和执行应用所需的全部资源文件，资源文件包括

storyboard 文件、图片和音频文件等。将某个文件加入项目时，Xcode 会自动判断是否应该将该文件加入应用程序包。

通过以下步骤，可以查看会被加入 Homepwner 程序包的文件：首先选中位于项目导航面板顶部的 Homepwner 条目，然后选中右侧面板中的 Homepwner 目标，再选择 Build Phases 面板，最后在面板中找到并展开 Copy Bundle Resources（拷贝到程序包的资源）列表，可以看到一组文件。Xcode 会在构建项目时将这组文件加入应用程序包。

Build Phases 面板中的每一个列表，都是 Xcode 在构建项目时需要经历的阶段。Copy Bundle Resources 阶段的任务是将指定的资源文件全部拷贝至应用程序包。

将某个应用在模拟器中运行后，可以在文件系统中查看相应的应用程序包。首先在控制台中输出应用程序包的文件路径，然后通过路径找到并查看这个文件夹。

```
print(Bundle.main.bundlePath)
```

按住 Control，然后点击应用程序包，选择菜单中的 Show Package Contents（显示包内容），如图 16-9 所示。

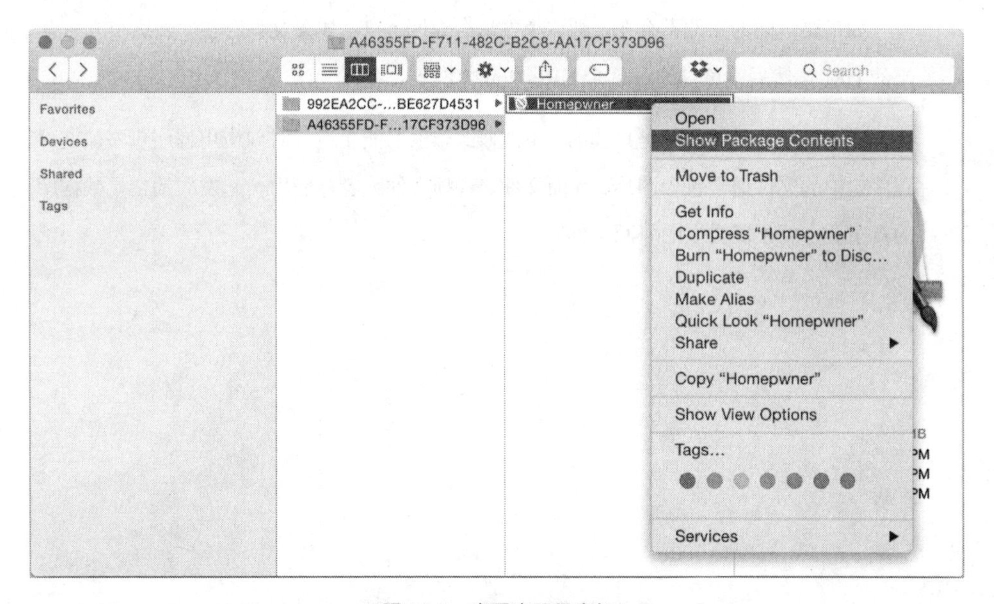

图 16-9 查看应用程序包

打开之后，Finder 中就会显示应用程序包中的内容了（见图 16-10）。当用户通过 App Store 下载某个应用后，相应的应用程序包会被拷贝至用户的设备中。

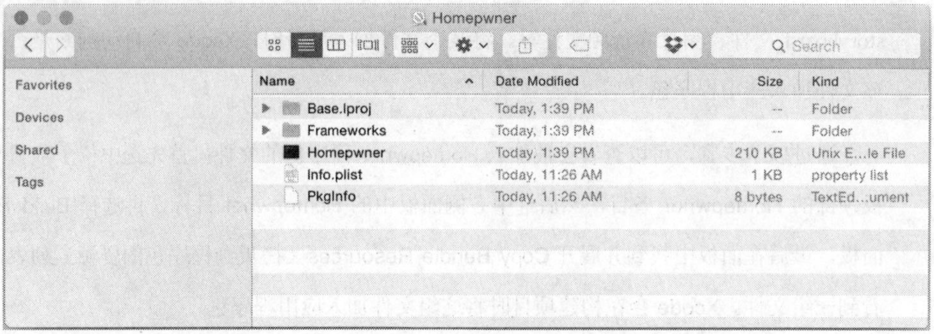

图 16-10 应用程序包

iOS 应用可以在运行时载入应用程序包中的文件。要获取应用程序包中某个资源文件的 URL，需要先得到代表应用程序包的 **Bundle** 对象，然后通过它获取 URL。

```
//获取对应用程序包的引用
let applicationBundle = Bundle.main

//请求包中名为 myimage.png 的资源的 URL
if let url = applicationBundle.url(forResource:"myImage", ofType: "png") {
    //使用 URL 执行某些操作
}
```

如果要访问的文件不存在，则这个方法会返回 nil；如果文件存在，则这个方法会返回完整的 URL，然后就可以通过这个 URL 加载文件了。

应用程序包中的文件是只读的，不能修改，也不能在运行时向应用程序包添加文件。应用程序包中的文件通常包含图片、界面文件、音频文件或者与应用一起发布的初始数据库。后面的章节会介绍不同类型的资源文件。

第 17 章

Size Classes

Size Classes

通常情况下，需要在不同的尺寸或不同的方向上展示不同的界面布局。本章将会对 Homepwner 的 **DetailViewController** 界面进行修改，当屏幕的高度较小时，**UITextField** 和 **UIImageView** 会显示在两边（见图 17-1）。

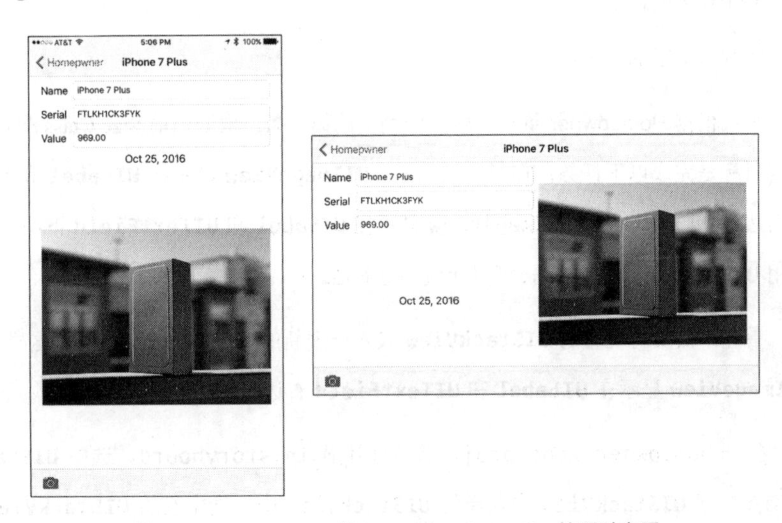

图 17-1　Homepwner 的 DetailViewController 的两种布局

屏幕的相对尺寸是在 Size Classes 中定义的。Size Classes 会给出屏幕某个维度的相对尺寸类型。每个维度（宽或者高）可以是紧凑型（compact）或者常规型（regular），因此 Size Classes 可能有四种组合。

紧凑型宽丨紧凑型高	iPhone 3.5/4/4.7 英寸设备的横屏
紧凑型宽丨常规型高	所有 iPhone 的竖屏
常规型宽丨紧凑型高	iPhone 5.5 英寸设备的横屏
常规型宽丨常规型高	iPad 所有尺寸

Size Classes 既覆盖了屏幕的尺寸，又覆盖了屏幕的方向。相对于考虑不同的屏幕方向和各种设备，只考虑 Size Classes 就更容易了。

17.1 为特定的 Size Classes 定制界面

Modifying Traits for a Specific Class

为特定的 Size Class 定制界面时，可以定制：

- 视图的很多属性。
- 是否加载某个特定的子视图。
- 是否加载某个特定的约束。
- 某个约束的常量。
- 子视图文字的字体。

下面根据 Homepwner 重点讲解上面列出的第一条：根据当前 Size Class 配置视图的属性。最终目标是完成以下任务：在紧凑型高下，**UIImageView** 显示在 **UILabel** 和 **UITextField** 的右边；在常规型高下，**UIImageView** 显示在 **UILabel** 和 **UITextField** 下面（与目前一样）。使用 **UIStackView** 来实现，可以让代码更简洁。

首先，需要将现有的 **UIStackView** 嵌入一个新的 **UIStackView** 中。这样可以更容易让 **UIImageView** 显示在 **UILabel** 和 **UITextField** 右边。

打开 Homepwner.xcodeproj，然后打开 Main.storyboard。选中 **UIStackView**，点击图标把 **UIStackView** 嵌入新的 **UIStackView** 中。选中新的 **UIStackView**，打开自动布局菜单，按照图 17-2 配置约束。

打开新的 **UIStackView** 的属性检视面板，把 Spacing（间距）改为 8。

把 **UIImageView** 从以前的 **UIStackView** 中移到刚创建的新的 **UIStackView** 中。下面介绍如何让 **UIImageView** 显示在界面的右边：在紧凑型高下，把 **UIStackView** 设置为水平的，这样 **UIImageView** 就可以显示在右边了。

把 **UIImageView** 从一个 **UIStackView** 中移到另一个 **UIStackView** 中，有一些技巧。

打开文件大纲（document outline），展开 **DetailViewController**，然后展开两个 **UIStackView**（见图 17-3）。

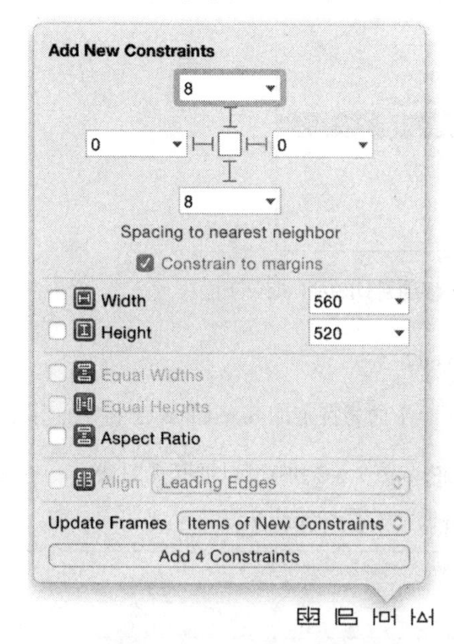

图 17-2　UIStackView 的约束

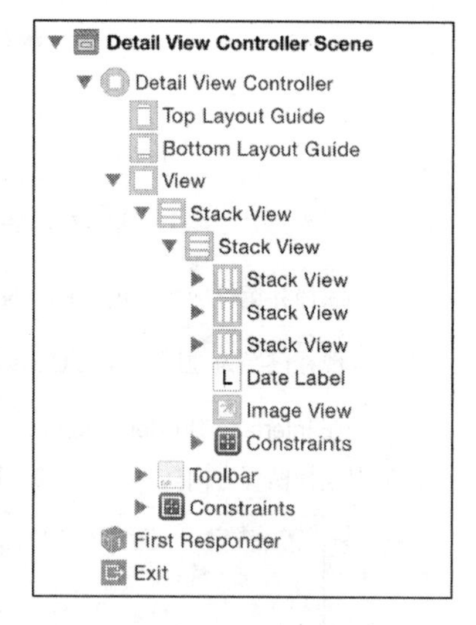

图 17-3　展开文件大纲

将 **UIImageView** 拖到当前 **UIStackView** 的上面（见图 17-4）。这样 **UIImageView** 就会移动到外面的 **UIStackView** 中了。

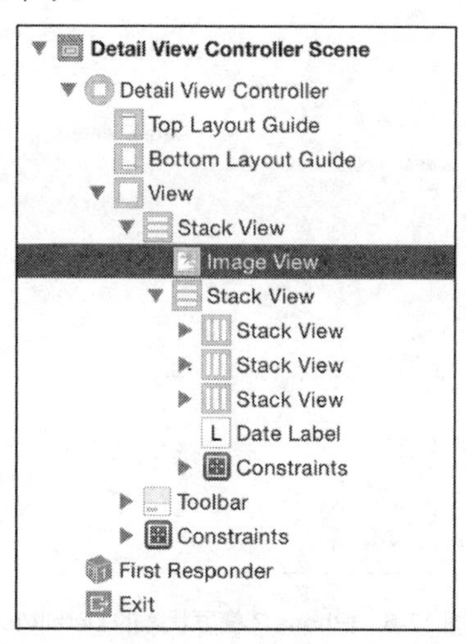

图 17-4　将 UIImageView 移到到外面的 UIStackView 中

最后，收起里面的 **UIStackView** 并且把 **UIImageView** 拖到其下面（见图 17-5），确保 **UIImageView** 与里面的 **UIStackView** 在同一层。现在需要更新视图的 frame 来消除警告。

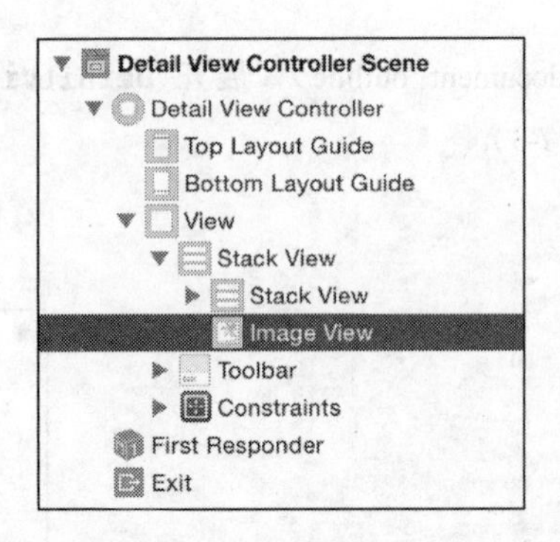

图 17-5　将 UIImageView 移动到 UIStackView 下面

编译并运行应用。现在的界面与以前是一样的。

现在已经为通用的 Size Class 设置好界面了。下面为特定的 Size Class 定制界面内容。

在 Interface Builder 的底部，点击 View as:iPhone 7(wC hR)可以展开视图选项。在视图选项中选择横屏方向（见图 17-6），同时保持设备选择的是 iPhone 7。

图 17-6　iPhone 7 横屏状态的 DetailViewController

现在还需要更新外部 **UIStackView** 的属性来实现 **UIImageView** 显示在右侧。

选中外部的 **UIStackView** 并打开属性检视面板。在 Stack View 下面，找到 Axis 属性，然后点击左侧的+按钮。在弹出的菜单中，在 Width 中选择 Any，Height 中选择 Compact（见

图 17-7)。然后点击 Add Variation(增加变动)。这样可以自定义 iPhone 横屏下的 Axis 属性。

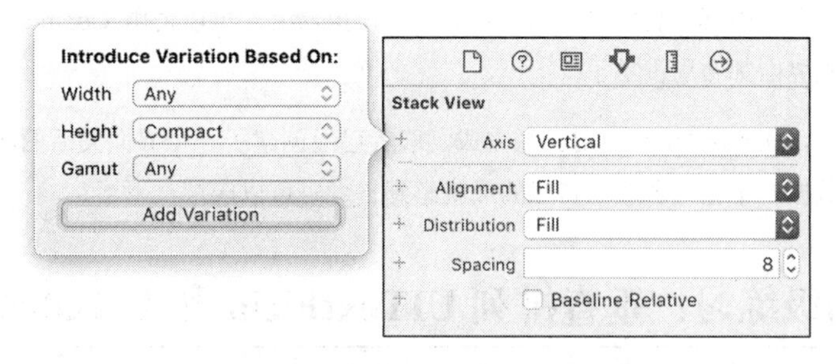

图 17-7 为特定 Size Class 添加属性

在新出现的属性(hC)中选择 Horizontal(见图 17-8)。现在，当竖直高度是紧凑型时，外部的 **UIStackView** 会使用水平布局；当竖直高度是常规型时，外部的 **UIStackView** 会使用垂直布局。

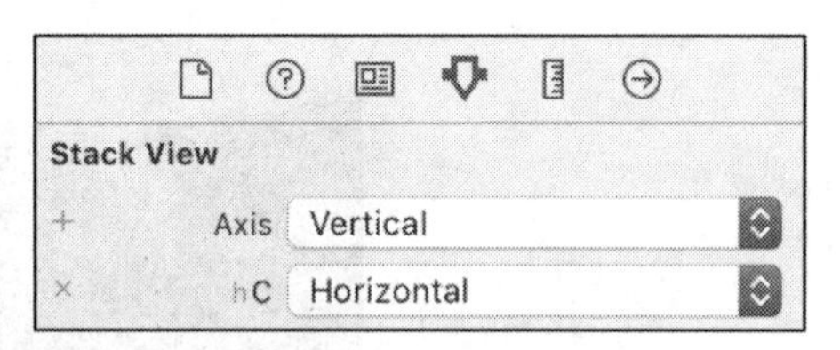

图 17-8 自定义 Axis 属性

最后要让内部的 **UIStackView** 和 **UIImageView** 平分屏幕的显示区域。可以通过定制外部 **UIStackView** 的 `distribution` 属性来完成。

打开外部 **UIStackView** 的属性检视面板，点击 Distribution 旁边的+按钮，会弹出一个菜单，在 Width 中选择 Any，Height 中选择 Compact。最后把这个 hC 属性改为 Fill Equally(见图 17-9)。

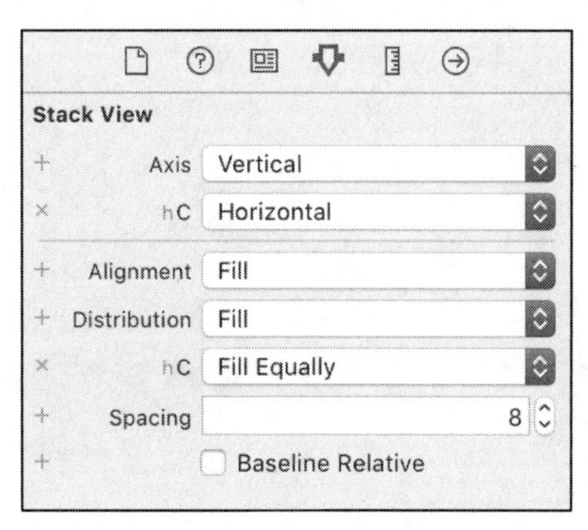

图 17-9 定制 distribution 属性

编译并运行应用。选中一个 Item 切换到详情界面，如果这个 Item 没有照片，就添加一张照片。试着在横屏和竖屏之间切换界面（在模拟器上，可以使用 Command+方向键来切换），可以看到界面都布局正常了。

现在，Homepwner 应用已经完成。读者已经创建了一个界面灵活的应用，并且可以拍照和保存数据，希望读者能为自己的成就感到自豪！可以庆祝一下了！

17.2　初级练习：垂直排列 UITextField 和 UILabel

Bronze Challenge: Stacked Text Field and Labels

在紧凑型高下，将 **UITextField** 和 **UILabel** 垂直排列（见图 17-10）。

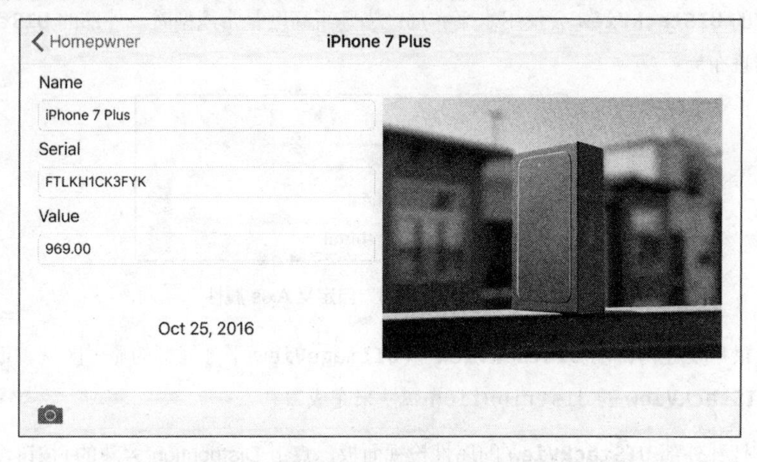

图 17-10　垂直排列的 UITextField 和 UILabel

第 18 章

触摸事件和 UIResponder

Touch Events and UIResponder

本书接下来的两章将创建一个名为 TouchTracker 的应用，让用户可以通过触摸屏幕来画图。本章会创建一个根据用户触摸画线的视图（见图 18-1），借助多点触摸，用户可以同时画多根线条。

图 18-1　TouchTracker

18.1　触摸事件

Touch Events

因为 **UIView** 是 **UIResponder** 的子类，所以覆盖以下四个方法就可以处理四种不同的触摸事件。

- 一根手指或多根手指触摸屏幕。

```
func touchesBegan(_ touches: Set<UITouch>, with event: UIEvent?)
```

- 一根手指或多根手指在屏幕上移动（随着手指的移动，相关的对象会持续发送该消息）。

```
func touchesMoved(_ touches: Set<UITouch>, with event: UIEvent?)
```

- 一根手指或多根手指离开屏幕。

```
func touchesEnded(_ touches: Set<UITouch>, with event: UIEvent?)
```

- 在触摸操作正常结束前，某个系统事件（例如有电话打进来）打断了触摸过程。

```
func touchesCancelled(_ touches: Set<UITouch>?, with event: UIEvent?)
```

首先介绍一下触摸事件的生命周期。当系统检测到手指触摸屏幕的事件后，就会创建 **UITouch** 对象，发生触摸事件的 **UIView** 对象会收到 **touchesBegan(_:with:)**消息，与事件相关的所有 **UITouch** 对象会被打包进一个 **Set** 作为消息的参数传入了方法。

当手指在屏幕上移动时，系统会更新相应的 **UITouch** 对象，为其重新设置对应的手指在屏幕上的位置。最初发生触摸事件的视图对象会收到 **touchesMoved(_:with:)**消息，**Set** 参数中包含所有相关的 **UITouch** 对象，而且这些 **UITouch** 对象都是最初发生触摸事件时创建的。

当手指离开屏幕时，系统会最后一次更新相应的 **UITouch** 对象，接着，最初发生该触摸事件的视图会收到 **touchesEnded(_:with:)**消息。当收到该消息的视图执行完 **touches-Ended(_:with:)**后，系统就会释放与当前事件相关的 **UITouch** 对象。

下面对 **UITouch** 对象和事件响应方法的工作机制做一个归纳。

- 一个 **UITouch** 对象对应屏幕上的一根手指，只要手指没有离开屏幕，相应的 **UITouch** 对象就会一直存在。这些 **UITouch** 对象都会保存对应的手指当前在屏幕上的位置。
- 在触摸事件的持续过程中，无论发生什么，最初发生触摸事件的那个视图都会在各个阶段收到相应的触摸事件消息。即使手指在移动时离开了这个视图的 frame 区域，系统还是会向该视图发送 **touchesMoved(_:with:)**和 **touchesEnded(_:with:)**消息。也就是说，当某个视图发生触摸事件后，该视图将永远“拥有”当时创建的所有 **UITouch** 对象。
- 读者自己编写的代码不需要也不应该保存 **UITouch** 对象。当某个 **UITouch** 对象的状态发生变化时，系统会向指定的对象发送特定的事件消息，并传入发生变化的 **UITouch** 对象。

当应用发生某个触摸事件后（例如触摸开始、手指移动、触摸结束），系统都会将该事件添加至一个由 **UIApplication** 单例管理的事件队列中。通常情况下，很少会出现满队列的情况，因为 **UIApplication** 会立刻分发队列中的事件。当分发某个触摸事件时，**UIApplication** 会向“拥有”该事件的视图发送特定的 **UIResponder** 消息。

当多根手指在同一个视图、同一个时刻执行相同的触摸动作时，**UIApplication** 会用单个消息一次分发所有相关的 **UITouch** 对象。**UIApplication** 在发送特定的 **UIResponder** 消息时，会传入一个 **Set** 对象，该对象将包含所有相关的 **UITouch** 对象（一个 **UITouch** 对象对应一根手指）。但是，因为 **UIApplication** 对于“同一个时刻”的判断很严格，所以通常情况下，哪怕一组事件都是在很短的一段时间内发送，**UIApplication** 也会发送多个 **UIResponder** 消息，分批发送 **UITouch** 对象。

18.2 创建 TouchTracker 应用

Creating the TouchTracker Application

下面开始创建应用。在 Xcode 中创建一个叫 TouchTracker 的单视图通用应用（见图 18-2）。

Product Name:	TouchTracker
Team:	None
Organization Name:	Big Nerd Ranch
Organization Identifier:	com.bignerdranch
Bundle Identifier:	com.bignerdranch.TouchTracker
Language:	Swift
Devices:	Universal
	☐ Use Core Data
	☑ Include Unit Tests
	☑ Include UI Tests

图 18-2　创建 TouchTracker

创建 TouchTracker 之后，先使用 storyboard 默认创建的 **UIViewController** 对象。对于视图层和数据层，会创建一个自定义的视图类和数据结构。图 18-3 展示了 TouchTracker 的对象图。

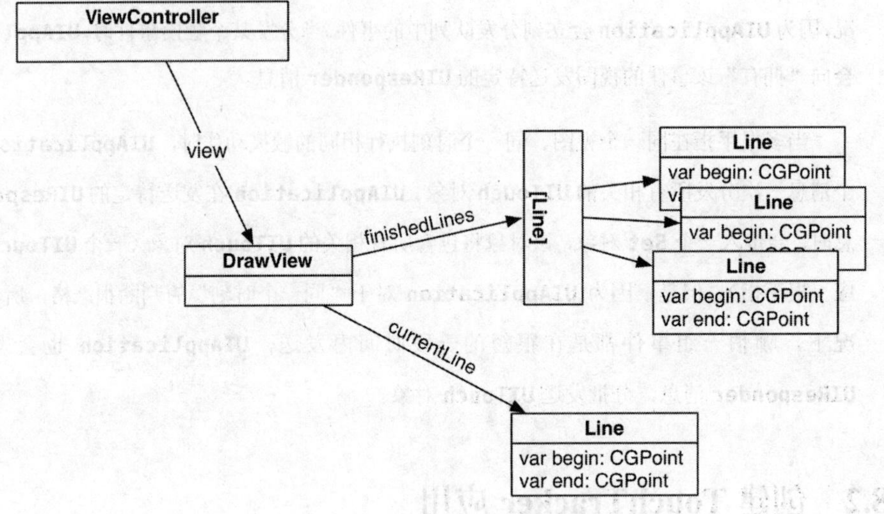

图 18-3　TouchTracker 的对象图

下面开始创建自定义的数据结构。

18.3　创建 Line 结构体

Creating the Line Struct

本节将创建一个自定义的 **Line** 结构体。到目前为止，前面创建的所有类型都是类，比如 **NSObject**、**UIViewController** 以及 **UIView** 的子类，它们都是 Cocoa Touch 的子类。

相反，**Line** 会是一个结构体（struct）。本书前面也使用过结构体，比如 **CGRect**、**CGSize** 和 **CGPoint** 都是结构体，**String**、**Int**、**Array** 和 **Dictionary** 也是结构体。下面自定义一个结构体。

创建一个叫 Line 的 Swift 文件。

在 Line.swift 中，导入 **CoreGraphics** 后定义一个 **Line** 结构体。在结构体中定义两个 **CGPoint** 属性，用来定义线的开始和结束位置。

```
import Foundation
import CoreGraphics

struct Line {
    var begin = CGPoint.zero
    var end = CGPoint.zero
}
```

结构体

结构体和类有些不同：

- 结构体不支持继承。
- 如果没有定义构造方法，结构体默认有一个根据成员生成的构造方法，这个方法中包含结构体的每一个属性。以 **Line** 为例，**Line** 有一个默认构造方法 **init(begin: CGPoint, end: CGPoint)**。
- 如果所有属性都有默认值，并且没有定义其他构造方法，结构体会默认有一个空构造方法（**init()**），用来创建结构体并设置默认值。
- 最重要的是，结构体（包括枚举）是值类型的，而类是指针类型的。

值类型和指针类型对比

当把值类型赋值给另一个值，或者通过方法传递时，所有的值都会被复制到新对象中。也就是说，赋值的过程中，根据原来的对象创建一个新对象。值类型在 Swift 中扮演一个很重要的角色，例如，数组和字典都为值类型，所有的枚举和结构体也都为值类型。

指针类型赋值给另一个值，或者通过方法传递时，它的值不会被复制，只会传递它的指针。类和闭包是指针类型。

那么，具体应该使用值类型还是指针类型呢？总体来说，建议使用值类型，除非确实需要使用指针类型。值类型更容易管理，因为在改变一个对象的值时，不需要关心是否会对其他对象造成影响。如果读者想要深入学习这方面的知识，可以查看《Swift Programming: The Big Nerd Ranch Guide》。

18.4 创建 DrawView

Creating DrawView

除了自定义一个结构体，TouchTracker 还要自定义一个视图。

创建一个叫 DrawView 的 Swift 文件。在 DrawView.swift 文件中定义 **DrawView** 类后添加两个属性：一个 **Line** 属性用来保存当前正在画的线，一个 **Line** 数组用来保存已经画的线。

```
~~import Foundation~~
import UIKit
```

```
class DrawView: UIView {

    var currentLine: Line?
    var finishedLines = [Line]()

}
```

DrawView 对象会成为应用的 rootViewController 的视图，rootViewController 是项目中默认包含的 **ViewController**。下面需要设置 **ViewController** 的视图为 **DrawView** 对象。

打开 Main.storyboard。选择 View，然后打开标识检视面板（identity inspector，快捷键为 Command+Option+3），在 Custom Class（自定义类）中，将类名改为 DrawView（见图 18-4）。

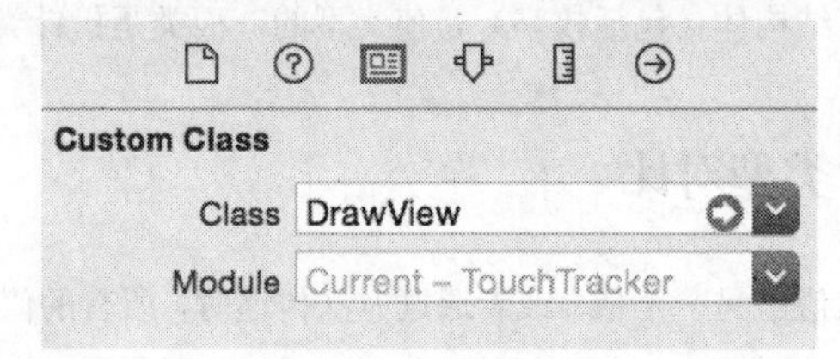

图 18-4 修改视图类

18.5 使用 DrawView 画图

Drawing with DrawView

DrawView 对象需要实现画线的功能。下面会使用 **UIBezierPath** 类，根据 **Line** 的属性来画线：需要重载 **draw(_:)** 方法，在方法中绘制已完成的线和当前正在画的线。

下面在 DrawView.swift 中重载 **draw(_:)** 并且实现画线的方法。

```
var currentLine: Line?
var finishedLines = [Line]()

func strokeLine(line: Line) {
    let path = UIBezierPath()
    path.lineWidth = 10
    path.lineCapStyle =.round

    path.move(to: line.begin)
    path.addLine(to: line.end)
    path.stroke()
}

override func draw(_ rect: CGRect) {
    //画完的线使用黑色显示
    UIColor.black.setStroke()
    for line in finishedLines {
```

```
        stroke (line)
    }

    if let line = currentLine {
        //正在画的线使用红色显示
        UIColor.red.setStroke()
        stroke(line)
    }
}
```

18.6 处理触摸事件并绘制线条

Turning Touches into Lines

因为通过两个点可以定义一条直线，所以 **Line** 对象需要用 begin 属性和 end 属性来保存这两个点。当触摸事件开始时，**DrawView** 对象需要创建一个 **Line** 对象，并将 begin 和 end 都设置为触摸发生时的手指位置；当触摸事件继续时（手指在屏幕上移动），**DrawView** 对象要将 end 设置为手指的当前位置；当触摸结束时，这个 **Line** 对象就能代表完成后的线条。

在 DrawView.swift 中实现 **touchesBegan(_:withEvent:)**方法，创建 **Line** 对象，代码如下：

```
override func touchesBegan(_ touches: Set<UITouch>, with event: UIEvent?) {
    let touch = touches.first!
    //获取当前视图中的触摸位置
    let location = touch.location(in: self)

    currentLine = Line(begin: location, end: location)

    setNeedsDisplay()
}
```

这个方法首先获取当前触摸事件的手指位置，然后调用 **setNeedsDisplay()**来通知系统，重绘视图。

接下来实现 **touchesMoved(_:with:)**方法，更新 currentLine 的终点，代码如下：

```
override func touchesMoved(_ touches: Set<UITouch>, with event: UIEvent?) {
    let touch = touches.first!
    let location = touch.location(in: self)

    currentLine?.end = location

    setNeedsDisplay()
}
```

最后更新 currentLine 的最终位置，并把 currentLine 添加到 finishedLines 数组中。

```
override func touchesEnded(_ touches: Set<UITouch>, with event: UIEvent?) {
    if var line = currentLine {
```

```
        let touch = touches.first!
        let location = touch.location(in: self)
        line.end = location

        finishedLines.append(line)
    }
    currentLine = nil

    setNeedsDisplay()
}
```

编译并运行应用，在屏幕上绘制线条。可以发现，当手指在屏幕上绘制时，绘制的线条是红色的；当手指离开屏幕时，线条的颜色会变为黑色。

处理多点触摸

读者可能已经注意到，如果在使用一根手指绘制的同时使用别的手指触摸屏幕，并不会同时绘制出多根线条。接下来将更新 **DrawView**，使 TouchTracker 可以处理多点触摸。

默认情况下，视图在同一时刻只能接收一个触摸事件。如果一根手指已经触发了 **touchesBegan(_:with:)**，那么在手指离开屏幕之前（触发 **touchesEnded(_:with:)** 方法之前），其他触摸事件都会被忽略。对于 **DrawView** 来说，忽略是指 **touchesBegan(_:with:)** 或其他 **UIResponder** 消息都不会再发送给 **DrawView**。

在 Main.storyboard 中，选中 **DrawView**，然后打开属性检视面板。选中 Multiple Touch（多点触摸）复选框（见图 18-5），它会把 **DrawView** 对象的 multipleTouchesEnabled 属性设置为 true。

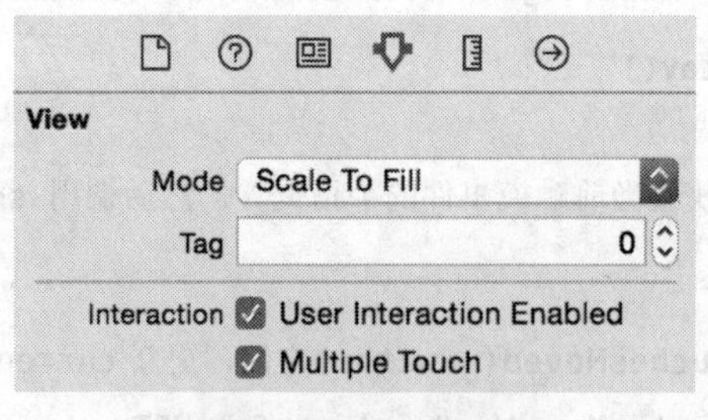

图 18-5　开启多点触摸

现在当多根手指在屏幕上触摸、移动、离开时，**DrawView** 都将收到相应的 **UIResponder** 消息。但是，现有代码并不能正确处理这些消息：现有代码在同一时刻只能处理一个触摸消息。

之前实现的每个触摸方法中，都是从包含 **UITouch** 对象的 **Set** 中获取第一个元素。在单点触摸视图中，**Set** 中只有一个元素，因此获取到的总是触发事件的 **UITouch** 对象；相反，在多点触摸视图中，**Set** 中可能不止一个元素。另外，**DrawView** 有一个属性 currentLine

用来处理当前正在画的线，显然，现在需要针对每个触摸事件分别保存，虽然可以多创建几个属性，例如 currentLine1 和 currentLine2，但是维护它们和触摸事件的对应关系非常麻烦。

相对于多定义一些属性，我们可以把单个 **Line** 属性替换为包含 **Line** 对象的字典属性。在 DrawView.swift 中，添加一个新属性替换以前的 currentLine，代码如下：

```
class DrawView: UIView {

    var currentLine: Line?
    var currentLines = [NSValue:Line]()
```

保存 **Line** 对象的 key，是传递过来的对应的 **UITouch** 对象。当出现多个 **UITouch** 对象时，可以使用同样的逻辑根据 **UITouch** 对象生成字典的 key，然后在字典中查询对应的 **Line** 对象。

下面更新 **UIResponder** 方法，把当前画的线保存到字典中。在 DrawView.swift 中更新 **touchesBagan(_:with:)** 方法，代码如下：

```
override func touchesBegan(touches:
    Set<UITouch>, with event: UIEvent?) {

    let touch = touches.first!

    // Get location of the touch in view's coordinate system
    let location = touch.locationInView(self)
    currentLine = Line(begin: location, end: location)

    //放入一条日志语句来查看事件的顺序
    print(#function)

    for touch in touches {
        let location = touch.location(in: self)

        let newLine = Line(begin: location, end: location)

        let key = NSValue(nonretainedObject: touch)
        currentLines[key] = newLine
    }

    setNeedsDisplay()
}
```

在上面的代码中，首先使用#function 表达式输出方法的名字，然后枚举所有的 **UITouch** 对象——因为有可能同时开始多个触摸（通常情况下，触摸事件不是同时开始的，**DrawView** 的 **touchesBegan(_:with:)**不会同时被调用；但是也需要为小概率事件做好准备，小概率事件也有可能发生）。

接下来，使用 **NSValue(noretainedObject:)**方法生成 **Line** 对象的 key，这个方法会

创建一个与 **UITouch** 地址有关的 **NSValue** 值，用来保存与其相对应的 **Line** 对象。在 **UITouch** 创建、更新以及最后销毁时，**UITouch** 对象的地址在所有的方法中是不会变的。图 18-6 显示了新的对象图。

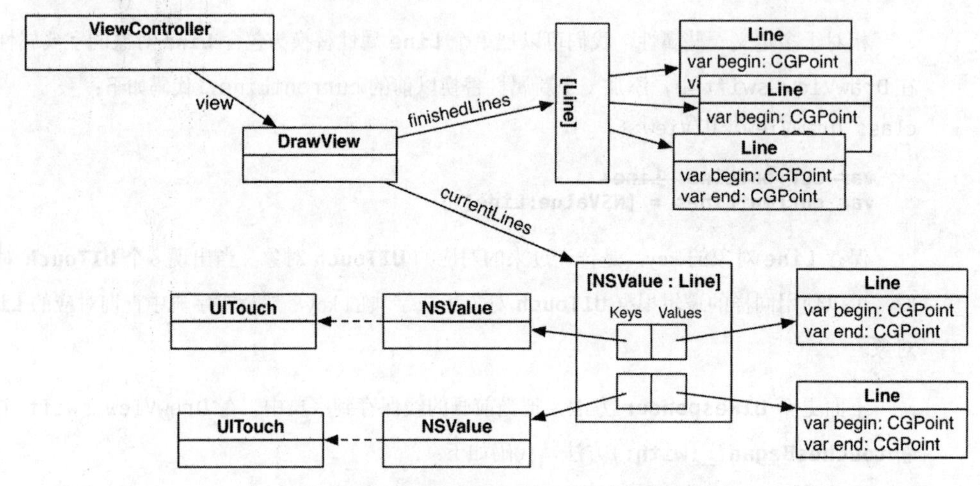

图 18-6　多点触摸的 TouchTracker 对象图

读者可能会想，为什么不直接使用 **UITouch** 作为 key 呢？为什么要包在 **NSValue** 中使用呢？**UITouch** 的文档有说明：不应该保存 **UITouch** 对象（也就是说，不能保存强引用关系）。因此，使用 **NSValue** 的 **init(nonretainedObject:)**构造方法，可以把 **UITouch** 的内存地址保存到 **NSValue** 中，从而避免强引用 **UITouch** 对象。这个方法的文档说明表示：当要将一个对象加入集合但是又不想产生强引用关系时，就可以使用这个方法。由于 **UITouch** 对象在触摸的生命周期中是会重用的，因此使用相同的 **UITouch** 对象会产生相同的 **NSValue**。

更新 DrawView.swift 中的 **touchesMoved(_:with:)**方法，在方法中获取正确的 **Line** 对象，代码如下：

```
override func touchesMoved(_ touches: Set<NSObject>, with event: UIEvent) {
    let touch = touches.first!
    let location = touch.location(in: self)

    currentLine?.end = location

    //放入一条日志语句来查看事件的顺序
    print(#function)

    for touch in touches {
        let key = NSValue(nonretainedObject: touch)
        currentLines[key]?.end = touch.locationInView(self)
    }

    setNeedsDisplay()
}
```

接下来更新 **touchesEnded(_:with:)**方法，将画完的线保存到 finishedLines 数组中。

```
override func touchesEnded(_ touches: Set<NSObject>, with event: UIEvent) {

    if var line = currentLine {
        let touch = touches.first!
        let location = touch.location(in: self)
        line.end = location

        finishedLines.append(line)
    }
    currentLine = nil
    //放入一条日志语句来查看事件的顺序
    print(#function)

    for touch in touches {
        let key = NSValue(nonretainedObject: touch)
        if var line = currentLines[key] {
            line.end = touch.location(in: self)

            finishedLines.append(line)
            currentLines.removeValueForKey(key)
        }
    }

    setNeedsDisplay()
}
```

最后更新 **drawRect(_:)**方法，绘制 currentLines 中的所有线条。

```
override func drawRect(rect: CGRect) {
    //用黑色绘制完成的线条
    UIColor.black.setStroke()
    for line in finishedLines {
        stroke(line)
    }

    if let line = currentLine {
        // If there is a line currently being drawn, do it in red
        UIColor.redColor().setStroke()
        strokeLine(line)
    }

    //用红色绘制完成的线条
    UIColor.red.setStroke()
    for (_, line) in currentLines {
        stroke(line)
    }
}
```

编译并运行应用，同时使用多个手指在 TouchTracker 中绘制线条，并检查运行结果（在模拟器中可以通过按住 Option 并拖曳来模拟多点触摸）。

当视图收到 **touchesMoved(_:with:)** 消息时，**Set** 中只会包含正在移动的 **UITouch** 对象。也就是说，如果使用三根手指同时触摸视图，但是只移动其中的一根手指，其他两根手指保持不动，那么 **Set** 中只会包含一个 **UITouch** 对象。

最后还需要处理触摸取消事件。如果系统中断了应用，触摸事件就会被取消（例如 iPhone 接到电话），这时应该将应用恢复到触摸事件发生前的状态。对于 TouchTracker 来说，需要清除所有正在绘制的线条。

在 DrawView.swift 中实现 **touchesCanceled(_:with:)** 方法。

```
override func touchesCancelled(_ touches: Set<UITouch>?, with event:
    UIEvent?) {

    //加入日志语句查看事件顺序
    print(#function)

    currentLines.removeAll()

    setNeedsDisplay()
}
```

18.7　@IBInspectable

@IBInspectable

当使用 Interface Builder 时，可以修改视图的属性，例如，可以设置 **UIView** 的背景颜色、**UILabel** 的标题以及 **UISlider** 的当前进度。可以为自定义的 **UIView** 子类添加特定类型的属性。下面为 **DrawView** 添加一些属性：当前线条的颜色、已完成线条的颜色以及线条的宽度，最后在 Interface Builder 中修改它们。

在 DrawView.swift 中定义三个属性来保存这些值，同时给它们指定默认值，并且在更新值之后更新界面，代码如下：

```
var currentLines = [NSValue:Line]()
var finishedLines = [Line]()

@IBInspectable var finishedLineColor: UIColor = UIColor.black {
    didSet {
        setNeedsDisplay()
    }
}

@IBInspectable var currentLineColor: UIColor = UIColor.red {
    didSet {
        setNeedsDisplay()
    }
}
```

```
@IBInspectable var lineThickness: CGFloat = 10 {
    didSet {
        setNeedsDisplay()
    }
}
```

Interface Builder 通过@IBInspectable 关键字知道这个属性可以在属性检视面板（attributes inspector）中修改。很多类型都支持@IBInspectable：Bool、String、Number、**CGPoint**、**CGSize**、**CGRect**、**UIColor**、**UIImage** 等。

更新 **stroke(_:)**和 **drawView(_:)**方法，使用这些属性来绘图，代码如下：

```
func strokeLine(line: Line) {
    let path = UIBezierPath()
    path.lineWidth = 10
    path.lineWidth = lineThickness
    path.lineCapStyle = CGLineCap.Round

    path.move(to: line.begin)
    path.addLine(to: line.end)
    path.stroke()
}

override func draw(_ rect: CGRect) {
    // Draw finished lines in black
    UIColor.black.setStroke()
    finishedLineColor.setStroke()
    for line in finishedLines {
        stroke(line)
    }

    // Draw current lines in red
    UIColor.red.setStroke()
    currentLineColor.setStroke()
    for (_, line) in currentLines {
        stroke (line)
    }
}
```

现在通过 Interface Builder 把 **DrawView** 添加到画布之后，就可以通过属性检视面板（attributes inspector）把这些属性改为其他值（见图 18-7）。

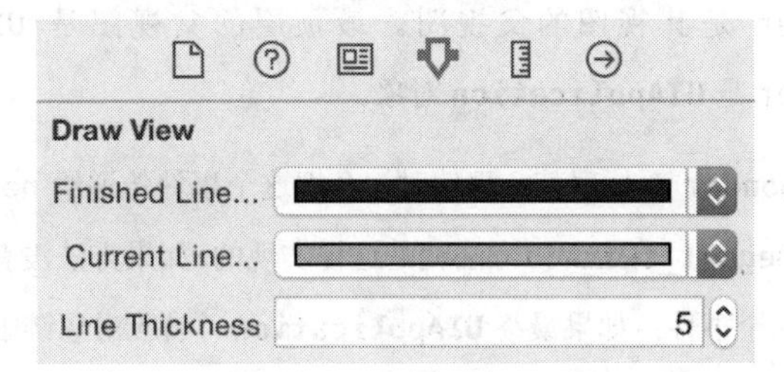

图 18-7 自定义 DrawView

18.8 中级练习：颜色

Silver Challenge: Colors

让 currentLines 中的线条在不同的角度有不同的颜色。

18.9 高级练习：圆圈

Gold Challenge: Circles

为 TouchTracker 添加新功能，使用户可以用两根手指画出圆圈。画圆时，两根手指分别代表其外切正方形的两个对角点（提示：实现画圆功能时，可以用两个独立的字典对象来管理 **UITouch** 对象，这样容易很多）。

18.10 深入学习：响应对象链

For the More Curious: The Responder Chain

第 14 章已简单介绍过 **UIResponder** 和第一响应对象。**UIResponder** 对象可以成为第一响应对象并且接收触摸事件，而 **UIView** 是典型的 **UIResponder** 子类。除了 **UIView**，还有很多其他的 **UIResponder** 子类，其中包括 **UIViewController**、**UIApplication** 和 **UIWindow**。读者可能会产生疑问，**UIViewController** 不是视图对象，既不能触摸也无法显示，为什么也是 **UIResponder** 子类呢？这是因为虽然不能向 **UIViewController** 对象直接发送触摸事件，但是该对象可以通过响应对象链接收事件。

UIResponder 对象都有一个 **nextResponder()** 方法，这些对象一起组成响应对象链（见图 18-8）。触摸事件从一个 **UIView** 开始，**UIView** 的 nextResponder 通常是它的 **UIViewController**（如果有的话）或者它的父视图（如果有的话）。**UIViewController** 的 nextResponder 是其视图的父视图。最顶层的父视图是 **UIWindow**，**UIWindow** 的 nextResponder 是 **UIApplication** 对象。

当 **UIResponder** 不处理某个事件时，会把这个事件传递给 **nextResponder()** 方法，默认的 **touchesBegan(_:with:)** 方法就是这样实现的。如果方法没有被重载，nextResponder 就会尝试处理这个事件；如果最终 **UIApplication**（响应对象链中的最后一个对象）也没有处理，这个事件就会被忽略。

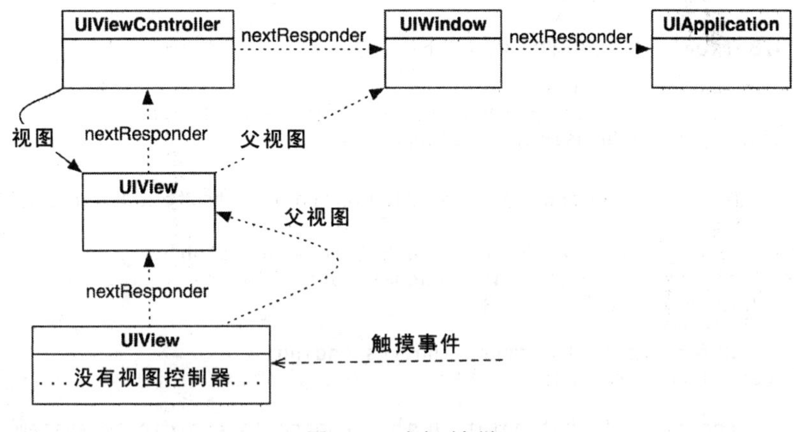

图 18-8 响应对象链

除了由 **UIResponder** 对象向 nextResponder 转发消息，也可以直接向 nextResponder 发送消息。假设有一个正在跟踪触摸事件的视图，如果当该视图发生连按事件时需要由它的 nextResponder 来处理这个事件，那么可以编写以下代码：

```
override func touchesBegan(_ touches: Set<UITouch>, with event: UIEvent?) {
    let touch = touches.first!
    if touch.tapCount == 2 {
        next?.touchesBegan(touches, with: event)
    }
    else {
        //继续处理不是双击的触摸
    }
}
```

18.11 深入学习：UIControl

For the More Curious: UIControl

UIControl 是 Cocoa Touch 中很多类的父类，例如 **UIButton** 和 **UISlider**。前面已经介绍过如何为这类 **UIControl** 对象设置目标对象和动作方法，学习完触摸事件与 **UIResponder** 的相关知识后，本节将进一步介绍 **UIControl** 是如何重载前面介绍的 **UIResponder** 方法的。

对于 **UIControl** 对象，每个可能触发的控件事件都有一个对应的常量。以 **UIButton** 对象为例，该对象的常用控件事件是 UIControlEvents.touchUpInside。如果某个目标对象是针对这个事件注册的，那么只有当用户触摸了这个 **UIControl** 对象，并且手指是在该对象的区域内离开屏幕，目标对象才会收到指定的动作消息。

对于 **UIButton** 对象，也可以处理其他类型的事件。例如，可以处理用户将手指移入或移

出 **UIButton** 区域内的事件，代码如下：

```
button.addTarget(self,
   action: #selector(Thermostat.resetTemperature(_:))",
   for: [.touchUpInside, .touchUpOutside])
```

下面看一下 **UIControl** 是如何处理 UIControlEvents.touchUpInside 的。

```
// Not the exact code. There is a bit more going on!
override func touchesEnded(_ touches: Set<UITouch>,
     with event: UIEvent?) {

    // Reference to the touch that is ending
    let touch = touches.first!

    // Location of that point in this control's coordinate system
    let touchLocation = touch.location(in:self)

    // Is that point still in my viewing bounds?
    if bounds.contains(touchLocation) {
        // Send out action messages to all targets registered for this event!
        sendActions(for: .touchUpInside)
    }
    else {
        // The touch ended outside the bounds: different control event
        sendActions(for: .touchUpOutside)
    }
}
```

事件是如何发送给正确的目标对象的呢？在 **UIResponder** 方法实现的末尾，**UIControl** 调用了它自己的 **sendActions(for:)** 方法，这个方法会查询 **UIControl** 所有的目标-动作对。如果某个事件被注册，那么相应的目标对象就会收到消息。

但是，**UIControl** 对象绝对不会直接向目标对象发送消息，而是通过 **UIApplication** 对象转发的。为什么 **UIControl** 对象不能直接向目标对象发送动作消息呢？这是因为在 **UIControl** 对象所拥有的目标-动作对中，目标对象可以是 nil。**UIApplication** 在转发源自 **UIControl** 对象的消息时，会先判断目标对象是不是 nil，如果是 nil，**UIApplication** 就会先找出其 **UIWindow** 对象的第一响应对象，然后向该对象发送相应的动作消息。

第19章

UIGestureRecognizer与UIMenuController

UIGestureRecognizer and UIMenuController

第 18 章介绍了如何通过实现 **UIResponder** 的方法来处理触摸事件。有时候需要识别一组特殊的触摸，也就是手势，例如缩放手势、滑动手势。相对于自己编写代码来识别这些手势，使用 **UIGestureRecognizer** 对象来识别会更容易。

UIGestureRecognizer对象会在**UIView**之前处理触摸事件。当识别到特定的手势之后，**UIGestureRecognizer**对象会向指定的对象发送指定的消息。iOS SDK 自带了很多类型的手势，本章会使用其中的三种，让 TouchTracker 的用户可以选择、移动和删除线（见图 19-1）。同时也会学习另一个很有用的 iOS 类——**UIMenuController**。

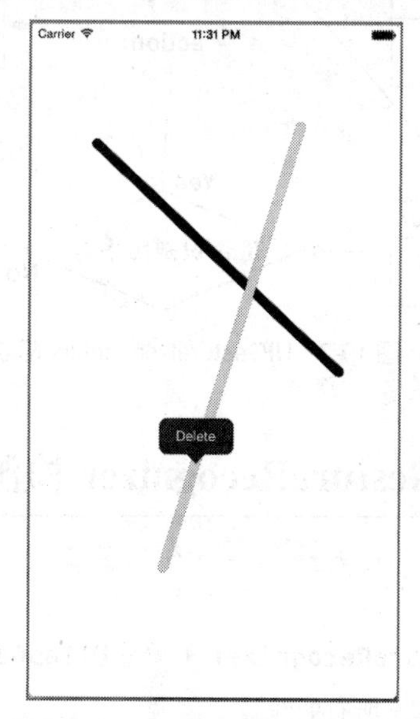

图 19-1　本章完成后的 TouchTracker

19.1 UIGestureRecognizer 子类

UIGestureRecognizer Subclasses

在为应用添加手势识别功能时，需要针对特定的手势创建相应的 **UIGestureRecognizer** 子类对象，而不是直接使用 **UIGestureRecognizer** 对象。iOS SDK 提供了多种能够处理不同手势的 **UIGestureRecognizer** 子类。

使用 **UIGestureRecognizer** 子类对象时，除了要设置目标-动作对，还要将该子类对象添加到某个视图上。当该子类对象根据当前视图所发生的触摸事件识别出相应的手势时，就会向指定的目标对象发送指定的动作消息。由 **UIGestureRecognizer** 对象发出的动作消息都会遵守以下规范：

```
func action(_ gestureRecognizer: UIGestureRecognizer) { }
```

UIGestureRecognizer 对象在识别手势时，会截取本应由对应视图自行处理的触摸事件，如图 19-2 所示。因此，**UIGestureRecognizer** 对象对应的视图可能不会收到常规的 **UIResponder** 消息，例如 **touchesBegan(_:with:)**。

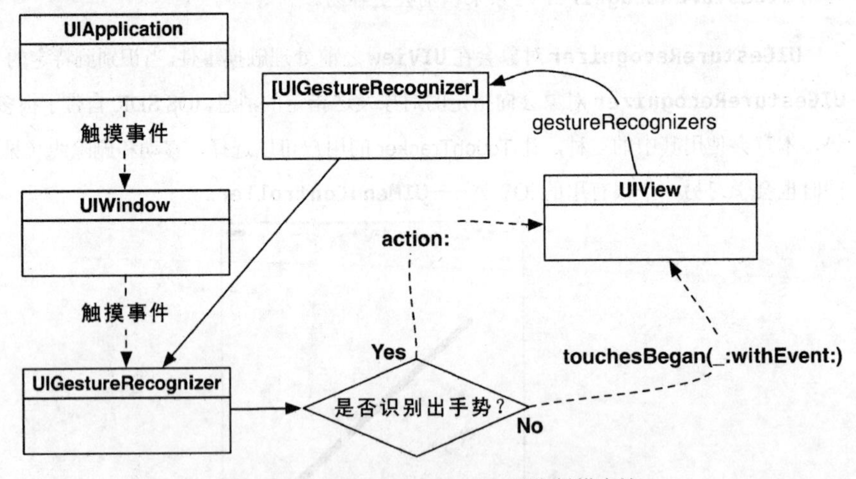

图 19-2 UIGestureRecognizer 阻断触摸事件

19.2 使用 UITapGestureRecognizer 检测点击

Detecting Taps with UITapGestureRecognizer

首先学习的 **UIGestureRecognizer** 子类是 **UITapGestureRecognizer**。当用户点击两次屏幕之后，会清除屏幕上所有的线。

打开 TouchTracker.xcodeproj，在 DrawView.swift 中添加 **init?(coder:)**方法，在该方法中定义一个用于识别双击手势的 **UITapGestureRecognizer**。

```
required init?(coder aDecoder: NSCoder) {
    super.init(coder: aDecoder)

    let doubleTapRecognizer = UITapGestureRecognizer(target: self,
        action: #selector(DrawView.doubleTap(_:)))
    doubleTapRecognizer.numberOfTapsRequired = 2
    addGestureRecognizer(doubleTapRecognizer)
}
```

当 **DrawView** 对象中出现双击手势时，这个对象的 **doubleTap(_:)**就会被调用。下面在 DrawView.swift 中实现这个方法。

```
func doubleTap(_ gestureRecognizer: UIGestureRecognizer) {
    print("Recognized a double tap")

    currentLines.removeAll()
    finishedLines.removeAll()
    setNeedsDisplay()
}
```

动作方法的参数就是调用方法的 **UIGestureRecognizer** 对象。处理双击手势的方法中，并不需要手势的相关信息，但是本章后面的其他手势会用到这些信息。

编译并运行应用，画一些线，然后双击屏幕清除它们。

读者可能会注意到（特别是在模拟器上），双击手势的第一次点击在屏幕上画了一个红点。出现这个点是因为，第一次点击触发了 **touchesBegan(_:with:)**方法，在屏幕上画了一条很短的线。查看控制台可以发现下面的信息：

```
touchesBegan(_:with:)
Recognized a double tap
touchesCancelled(_:with:)
```

UIGestureRecognizer 通过识别触摸事件来确定特定的手势是否出现。在手势被识别之前，**UIGestureRecognizer** 截取了所有 **UIResponder** 的方法调用。如果没有识别出手势，则这个调用会转发给对应的视图。

识别点击手势需要触摸结束时才能确认。也就是说，当 **touchesBegan(_:with:)**方法最初被调用时，**UITapGestureRecognizer** 并不能确定是不是点击手势，因此视图的对应方法也被调用了。当触摸结束时，点击手势识别成功，**UITapGestureRecognizer** 声明这个手势是属于它的，并且调用了视图的 **touchesCanceled(_:withEvent:)**方法。在这之后，这个触摸事件的其他 **UIResponder** 消息就不会发给视图了。

为了阻止界面上的红点出现，需要阻止视图的 **touchesBegan(_:withEvent:)**方法被调用。当 **UIGestureRecognizer** 可能识别出手势时，延时调用视图的 **touchesBegan(_:withEvent:)**方法。

在 DrawView.swift 中修改 **init?(coder:)**方法来完成这个功能。

```
required init?(coder aDecoder: NSCoder) {
    super.init(coder: aDecoder)

    let doubleTapRecognizer = UITapGestureRecognizer(target: self,
        action: #selector(DrawView.doubleTap(_:)))
    doubleTapRecognizer.numberOfTapsRequired = 2
    doubleTapRecognizer.delaysTouchesBegan = true
    addGestureRecognizer(doubleTapRecognizer)
}
```

编译并运行应用，画一些线，然后双击清除它们。现在不会看到双击过程中的红点了。

19.3 多个 UIGestureRecognizer

Multiple Gesture Recognizers

下一步是再添加一个 **UIGestureRecognizer**，让用户可以选中一条线（后面，用户可以删除选中的线）。下面会在 **DrawView** 上添加一个只需要单击的 **UITapGestureRecognizer**。

在DrawView.swift中修改**init?(coder:)**方法,添加这个**UITapGestureRecognizer**。

```
required init?(coder aDecoder: NSCoder) {
    super.init(coder: aDecoder)

    let doubleTapRecognizer = UITapGestureRecognizer(target: self,
        action: #selector(DrawView.doubleTap(_:)))
    doubleTapRecognizer.numberOfTapsRequired = 2
    doubleTapRecognizer.delaysTouchesBegan = true
    addGestureRecognizer(doubleTapRecognizer)

    let tapRecognizer = UITapGestureRecognizer(target: self, action:
        #selector(DrawView.tap(_:)))
    tapRecognizer.delaysTouchesBegan = true
    addGestureRecognizer(tapRecognizer)
}
```

下面在 DrawView.swift 中实现 **tap(_:)**方法，在方法中向控制台输出提示代码。

```
func tap(_ gestureRecognizer: UIGestureRecognizer) {
    print("Recognized a tap")
}
```

编译并运行应用。尝试单击和双击，单击后控制台会出现一行提示。但是双击时，**tap(_:)**方法和 **doubleTap(_:)**方法都会被触发。

当有多个 **UIGestureRecognizer** 同时存在时，有时候会碰到想要触发一个 **UIGestureRecognizer** 时另一个 **UIGestureRecognizer** 也触发的情况。这种情况下，需要设置它们的依赖关系，就好像是说：“在你触发之前先等一下，这个事件可能是我的！”

在 **init?(coder:)**中，让 tapRecognizer 等到 doubleTapRecognizer 识别双击手势失败后再触发，代码如下：

```
required init?(coder aDecoder: NSCoder) {
   super.init(coder: aDecoder)

   let doubleTapRecognizer = UITapGestureRecognizer(target: self,
      action: #selector(DrawView.doubleTap(_:)))
   doubleTapRecognizer.numberOfTapsRequired = 2
   doubleTapRecognizer.delaysTouchesBegan = true
   addGestureRecognizer(doubleTapRecognizer)

   let tapRecognizer = UITapGestureRecognizer(target: self, action:
      #selector(DrawView.tap(_:)))
   tapRecognizer.delaysTouchesBegan = true
   tapRecognizer.require(toFail: doubleTapRecognizer)
   addGestureRecognizer(tapRecognizer)
}
```

编译并运行应用，尝试各种点击。单击需要一些时间才会触发，同时双击不会触发 **tap(_:)** 方法。

下面接着完善 **DrawView**，可以让用户在点击后选择线。首先在 DrawView.swift 顶部添加一个属性，用来保存选中线的索引。

```
class DrawView: UIView {

   var currentLines = [NSValue:Line]()
   var finishedLines = [Line]()
   var selectedLineIndex: Int?
```

下面修改 **drawRect(_:)**方法，把选中的线变为绿色。

```
override func draw(_ rect: CGRect) {
   finishedLineColor.setStroke()
   for line in finishedLines {
      stroke(line)
   }

   currentLineColor.setStroke()
   for (_,line) in currentLines {
      stroke(line)
   }

   if let index = selectedLineIndex {
      UIColor.greenColor().setStroke()
      let selectedLine = finishedLines[index]
      stroke(selectedLine)
   }
}
```

在 DrawView.swift 中添加一个 **indexOfLine(at:)**方法，用来获取离点最近的线。

```
func indexOfLine (at point: CGPoint) -> Int? {
   //离点近的线
   for (index, line) in finishedLines.enumerated() {
      let begin = line.begin
```

```
        let end = line.end

        //检查线上的点
        for t in stride(from:CGFloat(0), to: 1.0, by: 0.05) {
            let x = begin.x + ((end.x - begin.x) * t)
            let y = begin.y + ((end.y - begin.y) * t)

            //如果点击的点和线上的点的距离在20点之内，就返回这条线
            if hypot(x - point.x, y - point.y) < 20.0 {
                return index
            }
        }
    }
    //如果所有的点都不够近，那么没有线被选中
    return nil
}
```

stride(from:to:by:)方法的作用是，让 t 从 0 按照一定步长增长到一个值（不包括）。

虽然也有其他更好的计算点到线之间的距离的方法，但是这个简单的实现已经可以满足需求了。

方法中传入的 point 就是点击发生的位置。要获取这个位置其实很容易。每个 **UIGestureRecognizer** 都有一个 **location(in:)** 方法。通过这个方法，可以获取 **UIGestureRecognizer** 对应视图中手势发生的位置。

在 DrawView.swift 中更新 **tap(_:)**方法，在该方法中通过 **location(in:)**获取手势的位置，然后把位置传入 **indexOfLine(at:)** 获取选中的线，再把返回值赋值给 selectedLineIndex。

```
func tap(_ gestureRecognizer: UIGestureRecognizer) {
    print("Recognized a tap")

    let point = gestureRecognizer.location(in: self)
    selectedLineIndex = indexOfLine(at: point)

    setNeedsDisplay()
}
```

当选中线之后，如果双击清除所有的线，应用就会崩溃。要修复这个问题，需要更新 **doubleTap(_:)**方法，在该方法中把 selectedLineIndex 设置为 nil。

```
func doubleTap(_ gestureRecognizer: UIGestureRecognizer) {
    print("Recognized a double tap")

    selectedLineIndex = nil
    currentLines.removeAll()
    finishedLines.removeAll()
    setNeedsDisplay()
}
```

编译并运行应用。画几条线后再点击其中一条，被点击的线会变为绿色，但是识别点击手势会有一点延时。

19.4 UIMenuController

UIMenuController

接下来会实现当用户选择一条线时，会在用户点击的地方出现一个带删除选项的菜单。iOS SDK 有一个自带的 **UIMenuController** 类，可以提供如图 19-3 所示的类型菜单。**UIMenuController** 拥有一组 **UIMenuItem** 对象并且会显示在一个视图中。每个 **UIMenuItem** 有一个标题（在菜单中显示）和一个动作（会发送给 **UIWindow** 的第一响应者）。

图 19-3 UIMenuController

一个应用只有一个 **UIMenuController**。当需要展示它时，会给它设置 **UIMenuItem**，设置显示区域，然后把它设置为可见。

在 DrawView.Swift 的 **tap(_:)** 方法中实现显示 **UIMenuController** 的代码，当用户点击一条线时会触发显示 **UIMenuController**。如果用户点击了离线较远的地方，则要取消选择当前的线并隐藏 **UIMenuController**。

```
func tap(gestureRecognizer: UIGestureRecognizer) {
    print("Recognized a tap")

    let point = gestureRecognizer.locationInView(self)
    selectedLineIndex = indexOfLineAtPoint(point)

    //获得 menu controller
    let menu = UIMenuController.shared

    if selectedLineIndex != nil {

        //让 DrawView 接收菜单的消息
        becomeFirstResponder()

        //创建一个删除菜单
        let deleteItem = UIMenuItem(title: "Delete", action:
            #selector(DrawView.deleteLine(_:)))
        menu.menuItems = [deleteItem]

        //设置菜单的显示位置，然后显示菜单
        let targetRect = CGRect(x: point.x, y: point.y, width: 2, height: 2)
        menu.setTargetRect(targetRect, in: self)
        menu.setMenuVisible(true, animated: true)
    } else {
        //如果没有选中线，就隐藏菜单
        menu.setMenuVisible(false, animated: true)
    }

    setNeedsDisplay()
}
```

在**UIMenuControllerr**的所有**UIMenuItem**对应的响应者中，至少有一个是第一响应者时，**UIMenuController**才会显示。这就是为什么在设置**UIMenuController**之前先调用**becomeFirstResponder()**的原因。

如果自定义的视图类想成为第一响应者，那么需要重载**canBecomeFirstResponder**方法。在DrawView.swift中，重载这个方法并返回true。

```
override var canBecomeFirstResponder: Bool {
    return true
}
```

最后，在DrawView.swift中实现**deleteLine(_:)**方法。

```
func deleteLine(_ sender: UIMenuController) {
    //从finishedLines中删除选中的线
    if let index = selectedLineIndex {
        finishedLines.remove(at: index)
        selectedLineIndex = nil

        // Redraw everything
        setNeedsDisplay()
    }
}
```

在显示之前，**UIMenuController**会遍历所有的**UIMenuItem**，并查看第一响应者是否实现了所需的动作方法。如果第一响应者没有实现对应的方法，那么这个**UIMenuItem**就不会显示。如果所有**UIMenuItem**对应的方法都没有实现，**UIMenuController**就不会显示。

编译并运行应用。画一些线，然后点击其中的一条，再选择**UIMenuController**中的删除菜单，就会删除选中的线条。

如果选中一条线后，双击清除所有的线，则这时候**UIMenuController**仍然存在。如果selectedLineIndex变为nil，就应该隐藏**UIMenuController**。

为selectedLineIndex设置一个观察者，当值为空时隐藏**UIMenuController**。

```
var selectedLineIndex: Int? {
    didSet {
        if selectedLineIndex == nil {
            let menu = UIMenuController.shared
            menu.setMenuVisible(false, animated: true)
        }
    }
}
```

编译并运行应用。画一条线，选中它，然后双击背景，现在线和**UIMenuController**都消失了。

19.5 更多 UIGestureRecognizer

More Gesture Recognizers

本节将通过长按手势和拖移手势来选择、移动线条。长按手势和拖移手势都是**UIGestureRecognizer**的子类，分别是**UILongPressGestureRecognizer**和**UIPanGesture-Recognizer**。

UILongPressGestureRecognizer

在 DrawView.swift 的 **init?(coder:)**中创建 **UILongPressGestureRecognizer** 对象并把它添加到 **DrawView** 上。

```
    ...

    addGestureRecognizer(tapRecognizer)

    let longPressRecognizer = UILongPressGestureRecognizer(target: self,
            action: #selector(DrawView.longPress(_:)))
    addGestureRecognizer(longPressRecognizer)
}
```

现在，当用户在 **DrawView** 上长按时，**longPress(_:)**方法会被调用。默认情况下，按住超过 0.5 秒才会认为是长按，但是，读者也可以根据需要通过 minimumPressDuration 修改时间。

现在读者已经使用过 **UITapGestureRecognizer**。**UITapGestureRecognizer** 是一种离散的手势。手势识别出来以后调用对应的方法，然后就结束。相反，**UILongPress-GestureRecognizer** 是连续的手势——连续的手势会反复触发。可以通过手势的 state 属性查看手势发生了什么变化。

例如，对于长按手势：

- 当用户触摸到视图时，**ULongPressGestureRecognizer** 会发送 possible 消息，但是仍然要看按住的时间是否足够长。这时手势状态是 UIGestureRecognizerState.possible。
- 当按住的时间足够长时，长按就会被识别出来，并且手势也开始了。这时手势状态是 UIGestureRecognizerState.began。
- 当用户手指离开视图的时候，手势就会结束。这时手势的状态是 UIGesture-RecognizerStatue.end。

当 **UILongPressGestureRecognizer** 的状态从 possible 变为 began，以及从 began 变为

end时，都会给对应的目标发送消息。读者可以根据手势的状态来决定应该执行哪些操作。

长按只是整个功能的一部分。下一节中将介绍在长按手势触发之后，还要支持移动选中的线。现在实现**longPress(_:)**方法：当长按手势的状态变为began时，选中最近的线；当长按手势的状态变为end时，取消选中这条线。

在DrawView.swift中实现**longPress(_:)**。

```
func longPress(_ gestureRecognizer: UIGestureRecognizer) {
    print("Recognized a long press")

    if gestureRecognizer.state == .Began {
        let point = gestureRecognizer.location(in: self)
        selectedLineIndex = indexOfLine(at: point)

        if selectedLineIndex != nil {
            currentLines.removeAll()
        }
    } else if gestureRecognizer.state == .ended {
        selectedLineIndex = nil
    }

    setNeedsDisplay()
}
```

编译并运行应用。画一条线后按住它，线会变为绿色的选中状态；松开手指，线就会回到普通状态。

UIPanGestureRecognizer与同时识别

在DrawView.swift中声明一个**UIPanGestureRecognizer**属性，这样就可以在所有方法中访问它了。

```
class DrawView: UIView {

    var currentLines = [NSValue:Line]()
    var finishedLines = [Line]()
    var selectedLineIndex: Int?
      ...
    }
    var moveRecognizer: UIPanGestureRecognizer!
```

接下来在DrawView.swift的**init?(coder:)**方法中创建**UIPanGestureRecognizer**对象，赋值给**moveRecognizer**属性，并添加到**DrawView**上。

```
    let longPressRecognizer = UILongPressGestureRecognizer(target: self,
          action: #selector(DrawView.longPress(_:)))
    addGestureRecognizer(longPressRecognizer)

    moveRecognizer = UIPanGestureRecognizer(target: self,
          action: #selector(DrawView.moveLine(_:)))
    moveRecognizer.cancelsTouchesInView = false
    addGestureRecognizer(moveRecognizer)
}
```

cancelsTouchesInView 有什么作用呢？每个 **UIGestureRecognizer** 都有这个属性，默认值是 true。当 cancelsTouchesInView 为 true 时，**UIGestureRecognizer** 会吞掉识别到的所有触摸事件，这样视图的 **UIResponder** 方法（例如 **touchesBegan(_:withEvent:)** 方法）就不能再处理这些事件了。

通常情况下，这也是期望的结果，但是也有例外。目前，如果 **UIPanGestureRecognizer** 吞掉了触摸事件，那么用户就不能画线。设置 cancelsTouchesInView 为 false 之后，就可以确保手势处理触摸事件后视图仍然能通过 **UIResponder** 的方法接收到触摸事件。

在 DrawView.swift 中先简单实现手势的动作方法，代码如下：

```
func moveLine(_ gestureRecognizer: UIPanGestureRecognizer) {
    print("Recognized a pan")
}
```

编译并运行应用，尝试画一些线。由于 cancelsTouchesInView 是 false，所以平移手势被识别出来之后，仍然可以画线。读者可以注释掉设置 cancelsTouchesInView 的那行代码，然后再运行，看看有没有什么不同。

接下来要更新 **moveLine(_:)** 方法，在该方法中实现当用户移动手指时，重画选中的线。在实现之前，要让两个 **UIGestureRecognizer** 可以同时处理触摸事件。通常情况下，当一个 **UIGestureRecognizer** 识别到手势后，会吞掉触摸事件，其他 **UIGestureRecognizer** 就没有机会处理触摸事件了。可以试一试：运行应用，画一条线，长按选中一条线，然后拖动它。控制台中显示长按手势识别成功，但是没有识别出平移手势。

目前情况是：用户长按选中了线，然后尝试平移（手指没有离开屏幕）。因此，两个手势需要同时进行识别，也就是说，当长按手势已经识别成功时，平移手势仍然要进行识别。

为了在其他手势已识别成功时继续识别手势，需实现 **UIGestureRecognizerDelegate** 协议中的一个方法：

```
optional func gestureRecognizer(_ gestureRecognizer: UIGestureRecognizer,
    shouldRecognizeSimultaneouslyWith
    otherGestureRecognizer: UIGestureRecognizer) -> Bool
```

第一个参数是发送请求的参数。就好像它对代理说：“我和其他手势同时存在，当有一个手势识别成功后，其他手势还能继续接收触摸事件并进行识别吗？”

调用的方法并不会说明哪个 **UIGestureRecognizer** 识别出了手势，也不会说明哪个会失去识别手势的机会。

默认情况下，这个方法会返回 false，如果有手势已经是 recognized 状态，其他手势就不可能是 possible 状态。可以让这个方法返回 true，这样手势就可以根据同一个触摸事件进行判断（可以根据手势的 state 属性来判断哪个手势被识别出来）。

为了在长按的同时也可以识别平移手势，首先要给平移手势设置一个代理（**DrawView**）。然后，当长按手势被识别后，平移手势通过代理方法，仍然可以进行识别。在 **DrawView** 中实现这个方法并且返回 true，这样就可以在识别长按手势的同时也识别平移手势。

首先，在 DrawView.swift 中声明 **DrawView** 支持 **UIGestureRecognizer** 协议。

```
class DrawView: UIView, UIGestureRecognizerDelegate {

    var currentLines = [NSValue:Line]()
    var finishedLines = [Line]()
    var selectedLineIndex: Int?
        ...
    }
    var moveRecognizer: UIPanGestureRecognizer!
```

接下来，在 **init?(coder:)** 中设置 **UIPanGestureRecognizer** 的代理为 **DrawView**。

```
    let longPressRecognizer = UILongPressGestureRecognizer(target: self,
            action: #selector(DrawView.longPress(_:)))
    addGestureRecognizer(longPressRecognizer)

    moveRecognizer = UIPanGestureRecognizer(target: self,
            action: #selector(DrawView.moveLine(_:)))
    moveRecognizer.delegate = self
    moveRecognizer.cancelsTouchesInView = false
    addGestureRecognizer(moveRecognizer)
}
```

最后，在 DrawView.swift 中实现代理方法，并返回 true。

```
func gestureRecognizer(_ gestureRecognizer: UIGestureRecognizer,
        shouldRecognizeSimultaneouslyWith
        otherGestureRecognizer: UIGestureRecognizer) -> Bool {
    return true
}
```

在当前的方案中，只有平移手势有代理，因此代理方法不需要进行额外的判断，直接返回 true 即可。在更复杂的场景中，可能需要根据传入的参数进行更详细的判断。

现在，长按手势识别成功后，当用户移动手指时，**UIPanGestureRecognizer** 仍然可以接收到触摸事件，平移手势仍然可以识别。运行应用就可以发现与之前的不同了，在应用中画一条线，选中它，然后拖动它。控制台中显示出了两个手势都识别成功。

（**UIGestureRecognizerDelegate** 协议也提供了一些其他方法，用来设置手势的行为。读者可以查看文档获取更多的信息。）

除了目前已经看到的状态，平移手势也支持 changed 状态。当手指开始移动时，平移手势会进入 began 状态并且调用动作方法；当手指在屏幕上移动时，手势会进入 changed 状态，并且重复调用动作方法；当手指离开屏幕时，手势会进入 ended 状态并且最后一次调用动作方法。

下一步是实现平移手势的动作方法 **moveLine(_:)**。在动作方法中，会调用平移手势的 **translationInView(_:)**方法，这个方法会根据传入的视图参数计算平移手势移动的距离，并且以 **CGPoint** 的形式返回。当平移手势开始时，这个值会被设置为 0（**CGPoint** 的 x 和 y 都为 0），当平移手势移动时，这个值就会更新（如果向右移动，**CGPoint** 的 x 就会变大；如果回到开始的位置，**CGPoint** 的 x 就会回到 0）。

下面在 DrawView.swift 中实现 **moveLine(_:)**方法。由于需要在方法中调用 **UIPanGestureRecognizer** 的实例方法，因此把方法的参数类型设置为 **UIPanGestureRecognizer**。

```
func moveLine(_ gestureRecognizer: UIPanGestureRecognizer) {
    print("Recognized a pan")

    //如果是选中的线
    if let index = selectedLineIndex {
        //当拖移手势位置改变时
        if gestureRecognizer.state == .changed {
            //拖移手势移动多远呢?
            let translation = gestureRecognizer.translation(in: self)

            //把当前的位移添加到线的 begin 和 end 上
            finishedLines[index].begin.x += translation.x
            finishedLines[index].begin.y += translation.y
            finishedLines[index].end.x += translation.x
            finishedLines[index].end.y += translation.y
            //重新绘制界面
            setNeedsDisplay()
        }
    } else {
        //如果没有选中线，就什么都不做
        return
    }
}
```

编译并运行应用。选中后拖动线，马上就会看到线和手指的位置不同步，这是因为平移手势的位移被重复添加到线的 begin 和 end 上了，实际上，需要添加的是当前到上次调用方法之间的偏移量。可以在每次手势调用方法之后把偏移量重置为 0，这样下次再调用时，就是与上次之间的偏移量了。

在 DrawView.swift 的 **moveLine(_:)**方法中添加下面的代码。

```
finishedLines[index].end.x += translation.x
finishedLines[index].end.y += translation.y

gestureRecognizer.setTranslation(CGPoint.zero, inView: self)

// Redraw the screen
setNeedsDisplay()
```

编译并运行应用，试着用平移手势移动线，现在应用可以完美工作了。

19.6　深入学习 UIGestureRecognizer

More on UIGestureRecognizer

目前只是了解了 **UIGestureRecognizer** 的皮毛。还有很多其他的子类、属性和委托方法，甚至可以创建自定义的 **UIGestureRecognizer**，本节将介绍 **UIGestureRecognizer** 能做什么。读者也可以通过查看文档学习更多的知识。

当 **UIGestureRecognizer** 在视图上时，实际上是处理了所有的 **UIResponder** 方法，比如 **touchesBegan(_:with:)**。**UIGestureRecognizer** 很贪婪，它们会阻止视图接收触摸事件，或者延时转发触摸事件。可以通过 **UIGestureRecognizer** 的属性来改变这些行为，比如 delaysTouchesBegan、delaysTouchesEnded 和 cancelsTouchesInView。如果要更详细地定制，则可以通过 **UIGestureRecognizer** 的代理方法来实现。

有时候会出现两个非常相似的手势，可以使用 require (toFail:)将它们绑在一起，一个识别失败了，另一个才会识别成功。

理解手势识别一定要理解手势的各种状态。总体上，手势一共有七种状态：

- UIGestureRecognizerState.possible；
- UIGestureRecognizerState.failed；
- UIGestureRecognizerState.began；
- UIGestureRecognizerState.cancelled；
- UIGestureRecognizerState.changed；
- UIGestureRecognizerState.recognized；
- UIGestureRecognizerState.ended。

手势在 possible 状态停留的时间最长。当手势状态变为 possible 和 failed 之外的任何一个状态时，相应的动作方法就会被调用。通过查看手势的状态，可以查看变化的原因。

failed 状态会在多点触摸手势中使用。当用户的手指移动到某个位置后，已经无法画出预期的手势，这时状态就会变为 failed，手势识别就会失败。当手势识别的过程被打断时（如有电话打入），手势会进入 canceled 状态。

如果手势是可持续的，比如平移手势，则手势会先进入 began 状态，然后进入 changed 状态，直到手势结束。当手势结束（或取消）时，手势会进入 ended（或 canceled）状态，在回到 possible 状态之前会最后一次调用动作方法。

对于像点击手势这种离散的手势，只需要查看 recognized 状态即可（recognized 的值与 ended 的值是一样的）。

SDK 中还有另外四个自带的手势：**UIPinchGestureRecognizer**、**UISwipeGestureRecognizer**、**UIScreenEdgePanGestureRecognizer** 和 **UIRotationGestureRecognizer**。每个手势都提供了一些属性来微调它们的行为，具体使用方法可以查看相关文档。

最后，如果 SDK 自带的 **UIGestureRecognizer** 子类还是不能满足需求，那么读者可以自己编写一个 **UIGestureRecognizer** 的子类，这是一个更深入的话题，不在本书的介绍范围之内。读者可以通过 **UIGestureRecognizer** 文档的 Methods for Subclassing（用户子类化的方法）部分来学习。

19.7 中级练习：神奇的线条

Silver Challenge: Mysterious Lines

应用中还存在一个问题。如果选中一条线，然后在菜单显示的时候开始画一条新的线，这时被选中的线会被拖动，同时也画了一条新线。请读者修复这个问题。

19.8 高级练习：速度和大小

Gold Challenge: Speed and Size

画线时，使用 **UIPanGestureRecognizer** 来记录画线的速度，根据速度的不同来展示不同粗细的线条。不要随意猜测速度的大小（在控制台中将速度打印出来就知道了）。

19.9 终极练习：颜色

Platinum Challenge: Colors

使用一个三根手指滑动的手势来触发显示颜色面板。选中颜色后，后面将使用这种颜色来画线。识别出三根手指的手势后，这个手势不应该画线，绘画中的线也应该被清除。

19.10　深入学习：UIMenuController 与 UIResponderStandardEditActions

For the More Curious: UIMenuController and UIResponderStandardEditActions

UIMenuController 显示的时候，通常是为了给用户提供一个编辑菜单（想象一下长按 **UITextField** 或 **UITextView** 时的弹出菜单）。未经过修改的 **UIMenuController**（没有设置 **UIMenuItem**）上已经有默认的菜单选项了，例如剪切、复制以及一些其他选项。每个 **UIMenuItem** 都封装了一个动作方法，例如，当点击剪切菜单时，会向显示 **UIMenuController** 的视图发送 **cut:** 消息。

所有的 **UIResponder** 都实现了这些方法，但默认情况下，这些方法什么都没有做。像 **UITextField** 之类的子类重载了这些方法来对内容执行一些操作，例如对选中的内容进行剪切。这些方法都定义在 **UIResponderStandardEditActions** 协议中。

如果重载了视图中的一个 **UIResponderStandardEditActions** 协议方法，那么当这个视图显示 **UIMenuController** 菜单时，就会自动出现对应的 **UIMenuItem**。这是因为 **UIMenuController** 调用了视图的 **canPerformAction(_:withSender:)**方法，这个方法会根据视图是否实现某个方法而返回 true 或 false。

如果要实现某个方法，但是不希望出现对应的菜单，那么可以重载 **canPerformAction(_:withSender:)**方法，并且返回 false。

```
override func canPerformAction(_ action: Selector,
        withSender sender: Any?) -> Bool {

    if action == #selector(copy(_:)){
        return false
    } else {
        //否则返回默认行为
        return super.canPerformAction(action, withSender: sender)
    }
}
```

第 20 章

网络服务

Web Services

接下来的 4 章读者将会创建一个叫 Photorama 的应用，用来从 Flickr 上读取有趣的照片。本章主要讲解应用的基础架构，主要是实现网络请求，获取照片的 URL 以及展示指定的照片。在第 21 章中，应用将在视图上展示所有获取到的照片。本章完成后 Photorama 的界面如图 20-1 所示。

图 20-1 Photorama 的界面

网页浏览器是使用 HTTP 协议与网络服务器通信的。最简单的交互是，浏览器给服务器发送一个特定 URL 的请求，服务器返回请求的界面（通常是 HTML 和图片），浏览器整理并显示界面。

在更复杂的交互中，浏览器发送请求时还包含一些参数，比如表单数据。然后，服务器根据这些参数返回一个定制的或者动态的网页。

网页浏览器的使用很广泛，并且已经使用很长时间了，因此 HTTP 协议也发展得非常成熟稳定了。遵循 HTTP 协议的网络请求能通过大多数防火墙，网络服务器很安全，并且性能很好，网络应用的开发工具使用起来也很方便。

读者也可以编写一个 iOS 客户端应用来管理客户端和服务器之间的 HTTP 通信。服务端的应用是一个网络服务，客户端和网络服务之间可以通过 HTTP 协议来请求和响应。

由于 HTTP 并不关心具体传输的数据内容，所以传输的内容可以包含复杂的数据。数据通常是 JSON（JavaScript 对象符号）或 XML 格式的，如果客户端和网络服务都是由读者控制的，那么读者可以使用任何数据格式；如果不是，就需要使用网络服务支持的数据格式。

Photorama 会向 Flickr 发送一个获取有趣照片的请求，对应的网络服务地址是 *https://api.flicker.com/services/rest*，返回的数据格式是 JSON。

20.1　开始 Photorama 应用

Starting the Photorama Application

创建一个通用的单视图应用，叫 Photorama（见图 20-2）。

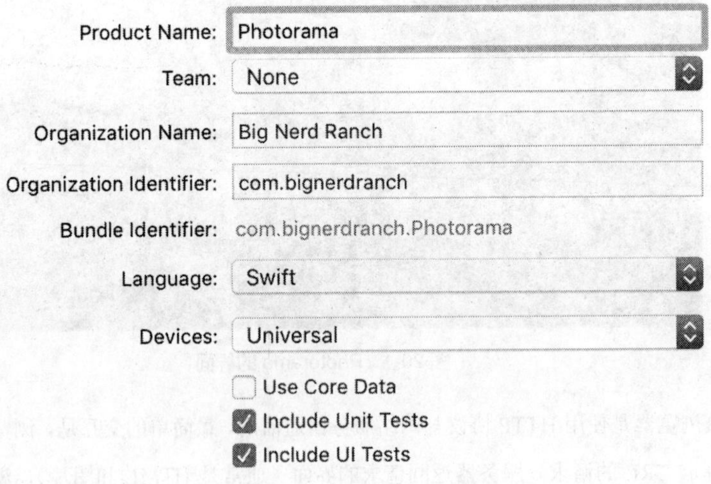

Product Name: Photorama
Team: None
Organization Name: Big Nerd Ranch
Organization Identifier: com.bignerdranch
Bundle Identifier: com.bignerdranch.Photorama
Language: Swift
Devices: Universal
Use Core Data
Include Unit Tests
Include UI Tests

图 20-2　创建一个单视图应用

先不考虑界面，只考虑网络服务。创建一个叫 `PhotosViewController` 的 Swift 文件，在 `PhotosViewController.swift` 中定义一个 **`PhotosViewController`** 类，在类中增加一个 `imageView` 属性。

```
import Foundation
```

```
import UIKit
class PhotosViewController: UIViewController {
    @IBOutlet var imageView: UIImageView!
}
```

在项目导航面板中，删除模板创建的 ViewController.swift。

打开 Main.storyboard 并选中 View Controller，然后打开它的标识检视面板，将 Class 改为 PhotosViewController；确认 Photos View Controller 已被选中，选择 Editor（编辑）菜单，然后选择 Embed In→Navigation Controller（嵌入 **UINavigationController**）。

选中 **UINavigationController**，然后打开属性检视面板。在 View Controller 下面，确认 Is Initial View Controller（是初始视图控制器）复选框已被选中。

拖一个 **UIImageView** 到 **PhotosViewController** 的画布上，然后为 **UIImageView** 设置约束，让它到父视图的各个边距都为 0；接下来将 **UIImageView** 和 **PhotosViewController** 的 imageView 插座变量连接起来；最后打开 **UIImageView** 的属性检视面板，将 Mode 改为 Aspect Fill。

双击 Photos View Controller 的 **UINavigationBar** 的中间位置，将标题设置为 Photorama，完成后的界面如图 20-3 所示。

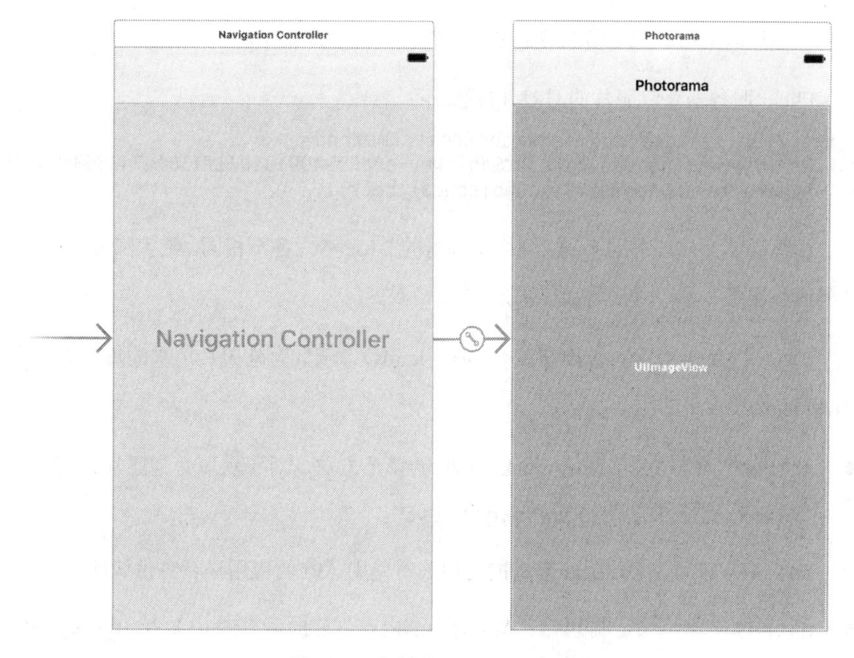

图 20-3　初始化 Photorama 界面

编译并运行应用，确认没有编译错误。

20.2　创建 URL

Building the URL

客户端和服务器之间的通信是通过网络**请求**完成的。网络请求包含客户端和服务器之间要交换的信息，目标 URL 是其中最重要的信息。

本节将创建一个从 Flickr 网络服务上获取照片的 URL。本章应用的架构反映了很多编写应用的最佳实践，例如，编写应用时应该针对架构中的每一层功能分拆成独立模块，每个模块各司其职且相互间尽量减少依赖，这样每个模块都有很高的可扩展性并且容易理解。要成为一个优秀的 iOS 开发者，不能仅仅停留在把应用开发出来，而要深入思考应用架构，开发出可扩展性更好的应用。

URL 和请求格式

网络服务器的请求格式是根据服务器地址和请求资源内容的不同而不同，即使同一个网络服务器的请求格式也不是一直不变的，读者可以通过查询网络服务器的文档来获取最新的请求格式。客户端把请求发送给服务器之后，网络请求就开始了。

Flickr 服务器获取照片的 URL 格式如下：

```
https://api.flickr.com/services/rest/?method=
flickr.interestingness.getList&api_key=a6d819499131071f158fd740860a5a88&extras=
url_h,date_taken&format=json&nojsoncallback=1
```

根据需要完成任务的不同，网络服务器的 URL 格式各不相同。绝大部分 URL 都像有趣照片的网络服务一样，使用键-值对的形式传输数据。

URL 中的键-值对叫**查询字段**（query items）。获取有趣照片请求的每个查询字段都是由 Flickr 的 API 定义的。

- `method` 字段决定了调用 Flickr API 的哪个方法。对于获取有趣照片的请求，调用的是 `"flickr.interestingness.getList"`。
- `api_key` 字段是从 Flickr 获取的，用来对使用 API 的应用进行身份认证。
- `extras` 字段用来定制 Flickr API 的返回内容。前面请求中 `url_h`、`date_taken` 的作用是，让 Flickr 服务器返回照片数据时，需要包含照片的 URL 和拍摄时间。

- `format` 字段的作用是指定返回的数据格式为 JSON。
- `nojsoncallback` 字段的作用是指定返回的数据为 JSON 原始数据。

URLComponents

读者将要创建两个类来处理服务器信息。**FlickrAPI** 结构体用来处理与 Flickr API 相关的信息，包括如何生成 Flickr API 期望的 URL，接收返回的 JSON 数据并转化为对应的模型对象；**PhotoStore** 类用来处理网络服务调用。下面先创建 **FlickerAPI** 结构体。

新创建一个叫 `FlickrAPI` 的 Swift 文件。**FlickrAPI** 结构体中将包含所有与 Flickr API 相关的信息。

```
import Foundation

struct FlickrAPI {

}
```

在 **FlickrAPI** 中定义一个枚举来指定 Flicker API 的方法，在当前应用中，只需要定义获取有趣照片的方法。Flickr 也支持很多其他的 API，比如根据字符串搜索图片，使用枚举可以在未来支持其他 API 更方便。

在 `FlickerAPI.swift` 中创建一个叫 **Method** 的枚举。**Method** 中的每个 case 对应 Flickr API 的一个方法。

```
import Foundation

enum Method: String {
    case interestingPhotos = "flickr.interestingness.getList"
}

struct FlickrAPI {

}
```

在第 2 章中已经学习过，枚举的值可以是任何类型。虽然枚举的值通常是 **Int**，但是这里会使用 **String**。

下面定义一个类属性来保存 Flickr API 的 URL 地址，代码如下：

```
enum Method: String {
    case interestingPhotos = "flickr.interestingness.getList"
}

struct FlickrAPI {

    static let baseURLString = "https://api.flickr.com/services/rest"
}
```

类属性（或方法）是与类相关的，当前的类是 **FlickrAPI**。对于结构体，类属性和方法是使用 static 关键字定义的；对于类，则是使用 class 关键字定义的。在第 8 章中使用过 **UIView** 的一个类方法 **animated(withDuration:animations:)**；在第 15 章中使用过 **UIImagePickerController** 的 **isSourceTypeAvailable(_:)**。当前代码使用 static 关键字为 **FlickrAPI** 定义了一个类属性。

baseURLString 是 **FlickrAPI** 的一个属性，其他文件并不需要知道这个属性，它们只需要通过 **FlickrAPI** 获取完整的 URL 即可。为了防止其他文件访问 baseURLString 属性，可以把这个属性设置为 private（私有的）。

```
struct FlickrAPI {

    private static let baseURLString = "https://api.flickr.com/services/rest"
}
```

上述做法叫访问控制。读者可以为自定义类设置其他文件来访问它的一些属性和方法，有五种访问控制关键字可以应用到类、属性和方法中。

- open：只使用在类上，通常用在 framework（框架）或第三方库中，所有的文件都可以访问这个类、属性或方法。另外，被标记为 open 的类可以被继承，方法可以在模块外也可以被重载。
- public：与 open 类似，类也可以被继承，但是方法只能在模块内被重载（在模块外不能被重载）。
- internal：这是默认值。任何当前模块中的文件都可以访问这个类、属性和方法，对于 app 来说，只有项目中的文件可以访问。如果读者写了一个第三方的库，那么只有第三方库中的文件可以访问，使用第三方库的 app 不能访问。
- fileprivate：当前文件内可以访问这个类、属性和方法。
- private：当前作用域下可以访问这个类、属性和方法。

下面创建一个类方法，为 **FlickrAPI** 生成完整的 URL。这个方法接收两个参数：第一个表示调用哪个方法，参数是 **Method** 枚举类型；第二个表示请求参数，是可选的字典类型。

在 FlickrAPI.swift 文件的 **FlickrAPI** 结构体中实现这个方法，先让方法返回空 URL，代码如下：

```
private static func flickrURL(method method: Method,
        parameters: [String:String]?) -> URL {

    return URL(string: "")!
}
```

注意 **flickrURL(method:parameters:)** 方法是 private 类型的，它是在 **FlickrAPI** 结构体中实现的。internal 类型的方法可以被项目中的其他文件调用，可以使用这个类型的方法来获取完整的 URL（目前只需要获取有趣照片的完整 URL）。这些 internal 类型的方法最后会通过调用 **flickrURL(method:parameters:)** 方法来获取 URL。

在 FlickrAPI.swift 中定义并实现 **interestingPhotosURL** 属性，代码如下：

```
static func interestingPhotosURL: URL {
    return flickrURL(method: .interestingPhotos,
        parameters:["extras":"url_h,date_taken"])

}
```

下面来创建完整的 URL。基础 URL 是用类属性 baseURLString 定义的，请求字段是以参数的形式传入 **flickrURL(method:parameters:)** 方法的。读者将使用 **URLComponents** 类来创建 URL。

更新 **flickrURL(method:parameters)** 方法，使用基础 URL 创建一个 **URLComponents**。然后，根据传入的参数循环创建 **URLQueryItem**，代码如下：

```
private static func flickrURL(method method: Method,
        parameters: [String:String]?) -> URL? {

    return URL(string: "")!

    let components = URLComponents(string: baseURLString)!

    var queryItems = [URLQueryItem]()

    if let additionalParams = parameters {
        for (key, value) in additionalParams {
            let item = URLQueryItem(name: key, value: value)
            queryItems.append(item)
        }
    }
    components.queryItems = queryItems

    return components.url!
}
```

设置 URL 的最后一步是为所有的请求添加公共参数：method、api_key、format 和 nojsoncallback。

API key 是从 Flickr 获取的，用来对使用 API 的应用进行身份认证。本书已经为当前应用注册并生成了一个 API key，如果读者想生成自己的 API key，那么可以在网站上对应用进行注册：*https://www.flickr.com/services/apps/create/*。

在 FlickrAPI.swift 中创建一个常量来保存 API key。

```
struct FlickrAPI {
```

```
    private static let baseURLString = "https://api.flickr.com/services/rest"
    private static let APIKey = "a6d819499131071f158fd740860a5a88"
```

请读者确保 API key 与这里是一模一样的，如果不一样，请求的时候服务器就会拒绝请求。如果 API key 不能工作或者请求有任何问题，可以查看论坛 *http://forums.bignerdranch.com* 获取帮助。

下面把公共参数加入 **URLComponents** 来完成 **flickrURL(method:parameters:)** 方法。

```
private static func flickrURL(method: Method,
        parameters: [String:String]?) -> URL {

    var components = URLComponents(string: baseURLString)!

    var queryItems = [URLQueryItem]()

    let baseParams = [
        "method": method.rawValue,
        "format": "json",
        "nojsoncallback": "1",
        "api_key": apiKey
    ]

    for (key, value) in baseParams {
        let item = URLQueryItem(name: key, value: value)
        queryItems.append(item)
    }

    if let additionalParams = parameters {
        for (key, value) in additionalParams {
            let item = URLQueryItem(name: key, value: value)
            queryItems.append(item)
        }
    }
    components.queryItems = queryItems

    return components.url!
}
```

20.3 发送请求

Sending the Request

URL 请求包括应用和服务器之间的通信信息，其中最重要的是请求的 URL 地址，同时还有超时时间、缓存策略以及一些其他数据。请求是由 **URLRequest** 类表示的，查看本章末尾的深入学习可以了解更多信息。

URLSession 的 API 是由很多类组成的，提供了很多与服务器进行通信的方法。例如，**URLSessionTask** 类负责与服务器进行通信，**URLSession** 类负责根据指定的配置创建 **URLSessionTask** 对象。

读者创建的新类 **PhotoStore** 将会负责初始化网络请求，它将会使用 **URLSession** API 和 **FlickrAPI** 结构体来获取有趣的照片，并下载每张照片的数据。

创建一个新的 Swift 文件并命名为 PhotoStore.swift，在文件中定义 **PhotoStore** 类，代码如下：

```
import Foundation

class PhotoStore {

}
```

URLSession

下面看看 **URLRequest** 的几个属性。

- allHTTPHeaderFields：这是一个包含 HTTP 请求元数据的字典，包括数据编码格式和服务器的缓存策略等。
- allowsCellularAccess：这个布尔值表示请求是否可以使用蜂窝数据。
- cachePolicy：这个值决定是否可以使用本地缓存以及如何使用本地缓存。
- httpMethod：这是请求的方法，默认值是 GET。其他可用的值是 POST、PUT 和 DELETE。
- timeoutInterval：这是与服务器之间连接的最大等待时间。

与服务器之间进行通信的是 **URLSessionTask** 对象。任务分为三种：数据任务、下载任务和上传任务。**URLSessionDataTask** 负责从服务器获取数据，然后将数据以 **Data** 的形式保存在内存中；**URLSessionDownloadTask** 负责从服务器下载文件，然后将文件保存到本地磁盘中；**URLSessionUploadTask** 负责向服务器上传文件。

通常，一些请求在很多属性上是一样的，例如，有些下载请求不应该使用蜂窝数据，有些请求的缓存策略都是相同的。如果对每个请求都重复设置属性，则会比较枯燥。

这就到 **URLSession** 发挥作用的时候了。**URLSession** 扮演了 **URLSessionTask** 对象工厂的角色，它使用了相同的配置创建所有的 **URLSessionTask**。虽然大多数应用只需要一个 **URLSession** 对象，但是可以创建多个对象让应用更灵活。

在 PhotoStore.swift 中添加一个属性来保存 **URLSession** 对象。

```
class PhotoStore {

    let session: URLSession = {
        let config = URLSessionConfiguration.default
        return URLSession(configuration: config)
        }()

}
```

在 PhotoStore.swift 中实现 **fetchInterestingPhotos()** 方法，方法中会创建连接到 api.flickr.com 来获取有趣照片的 **URLRequest** 对象，然后使用 **URLSession** 来创建 **URLSessionDataTask** 并把请求发送给服务器，代码如下：

```
func fetchInterestingPhotos() {

    let url = FlickrAPI.interestingPhotosURL
    let request = URLRequest(url: url)
    let task = session.dataTask(with: request) {
        (data, response, error) -> Void in

        if let jsonData = data {
            if let jsonString = String(data: jsonData, encoding: .utf8) {
                print(jsonString)
            }
        }
        else if let requestError = error {
            print("Error fetching recent photos: \(requestError)")
        }
        else {
            print("Unexpected error with the request")
        }
    }
    task.resume()
}
```

创建 **URLRequest** 的方法很直接：使用 **FlickrAPI** 创建 **URL** 对象，然后使用这个对象来初始化 **URLRequest**。

可以给 **URLSession** 一个 **URLRequest** 和一个完成后的回调闭包，**URLSession** 就可以返回一个 **URLSessionTask** 对象。由于 Photorama 需要从服务器获取数据，因此创建的对象为 **URLSessionDataTask** 类型，**URLSessionDataTask** 对象创建之后，任务会处于挂起（suspended）状态，调用 **resume()** 方法之后就会开始网络请求。目前，完成后的回调闭包只是打印出请求返回的 JSON 数据。

要发送请求的话，**PhotosViewController** 需要调用 **PhotoStore** 对应的方法。要完成这个任务，**PhotosViewController** 需要引用 **PhotoStore** 对象。

在 PhotosViewController.swift 顶部添加一个属性来保存 **PhotoStore** 对象。

```
class PhotosViewController: UIViewController {

    @IBOutlet var imageView: UIImageView!
    var store: PhotoStore!
```

PhotosViewController 依赖于 **PhotoStore**。我们可以使用属性注入的方式为 **PhotosViewController** 设置 store 属性，与 Homepwner 中的用法一样。

打开 AppDelegate.swift，使用属性注入的方式为 **PhotosViewController** 设置 store 属性，代码如下：

```
func application(_ application: UIApplication,
      didFinishLaunchingWithOptions launchOptions:
      [UIApplicationLaunchOptionsKey: Any]?) ->
       Bool {
    //应用启动后可在此添加自定义的代码

    let rootViewController = window!.rootViewController as!
        UINavigationController
    let photosViewController =
        rootViewController.topViewController as! PhotosViewController
    photosViewController.store = PhotoStore()

    return true
}
```

现在 **PhotosViewController** 可以与 **PhotoStore** 交互了，**PhotosViewController** 会在界面第一次出现在屏幕上时发起网络请求。

在 PhotosViewController.swift 中重载 **viewDidLoad()** 并获取有趣照片，代码如下：

```
override func viewDidLoad() {
    super.viewDidLoad()

    store.fetchInterestingPhotos()
}
```

编译并运行应用。服务器返回的 JSON 字符串会打印到控制台中（读者如果没有看到打印的内容，就需要确认 URL 和 API key 是否正确）。

返回的内容看起来与图 20-4 中的类似。

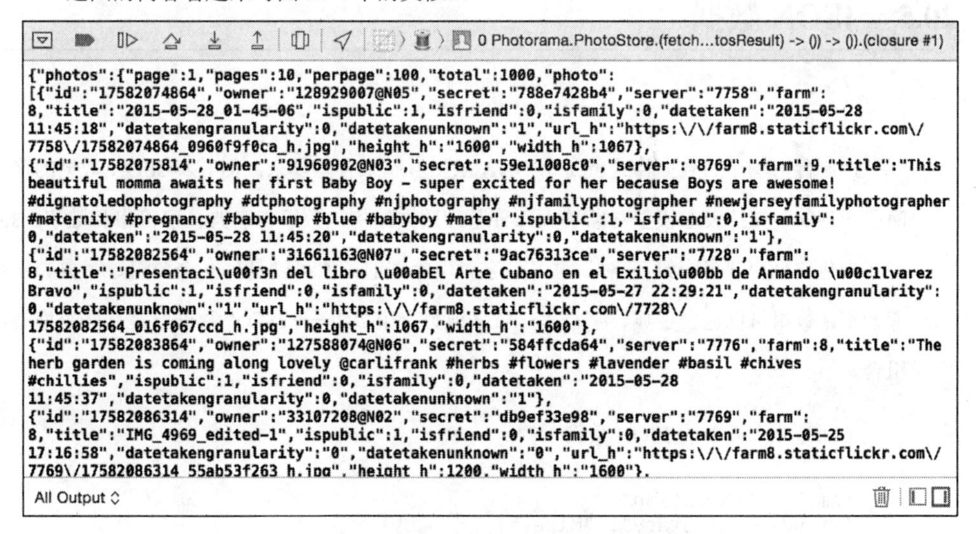

图 20-4　控制台输出网络服务的返回内容

20.4 创建 Photo 模型

Modeling the Photo

下面创建一个 **Photo** 类，用来表示请求返回的照片。应用中真正需要的照片数据是 id、title、url_h 和 datetaken。

创建一个叫 Photo 的 Swift 文件。打开这个文件并定义一个 **Photo** 类，然后定义 PhotoID、title、remoteURL 和 datetaken 属性，最后增加一个构造方法，代码如下：

```
import Foundation

class Photo {

    let title: String
    let remoteURL: URL
    let photoID: String
    let dateTaken: Date

    init(title: String, photoID: String, remoteURL: URL, dateTaken: Date){
        self.title = title
        self.photoID = photoID
        self.remoteURL = remoteURL
        self.dateTaken = dateTaken
    }
}
```

解析 JSON 数据的时候会用到这个类。

20.5 JSON 数据

JSON Data

控制台中输出的数据格式就是 JSON，虽然看起来有些复杂，但其实 JSON 数据的格式很简单。JSON 支持表示模型对象的大部分基础数据结构：数组、字典、字符串和数字。JSON 字典中包含一个或多个键-值对，键名是字符串类型的，值可以是另一个数组、字典、字符串或数字；数组可以包含字典、字符串、数字或另一个数组——JSON 数据就是这些类型的值的组合。

下面是一个简单的 JSON 数据示例：

```
{
    "name" : "Christian",
    "friends" : ["Stacy", "Mikey"],
    "job" : {
```

```
        "company" : "Big Nerd Ranch",
        "title" : "Senior Nerd"
    }
}
```

JSON 数据是由花括号开始和结束的（“ { ” 和 “ } ”），JSON 数据自身就是一个字典，花括号中是一些属于这个字典的键-值对。示例字典包含三个键-值对，分别是 name、friends 和 job。

字符串是由双引号包含的，可以作为字典的键名或键值。示例字典中的 name 对应的值是字符串 Christian。

数组是由方括号开始和结束的（“ [” 和 “] ”），数组中可以包含任何其他类型的 JSON 数据。示例字典中的 friends 数组包含一些字符串（Stacy 和 Mikey）。

字典中也可以包含其他字典，示例字典中的 job 就包含一个新字典，这个字典中包含两个键-值对（company 和 title）。

Photorama 会从 JSON 数据中解析出有用的信息，然后保存到 **Photo** 对象中。

JSONSerialization

iOS SDK 自带解析 JSON 数据的类 **JSONSerialization**，交给这个类一段 JSON 数据，这个类会为 JSON 数据中的每个字典创建一个 **Dictionary**，每个数组创建一个 **Array**，每个字符串创建一个 **String**，每个数字创建一个 **NSNumber**。下面看看如何使用这个类。

打开 PhotoStore.swift 并更新 **fetchInterestingPhotos()**方法，把转换之后的 JSON 对象打印到控制台中，代码如下：

```
func fetchRecentPhotos() {

    let url = FlickrAPI.interestingPhotosURL
    let request = URLRequest(url: url)
    let task = session.dataTask(with: request) {
        (data, response, error) -> Void in

        if let jsonData = data {
            if let jsonString = String(data: jsonData,
                    encoding: .utf8) {
                print(jsonString)
            }
            do {
                let jsonObject = try
                    JSONSerialization.JSONObject(with: jsonData, options:[])
```

```
                print(jsonObject)
            } catch let error {
                print("Error creating JSON object: \(error)")
            }
        } else if let requestError = error {
            print("Error fetching recent photos: \(requestError)")
        } else {
            print("Unexpected error with the request")
        }
    }
    task.resume()
}
```

编译并运行应用，查看控制台的输出。读者会再次看到 JSON 数据，但是这次的格式不同，因为 **print()** 方法会打印出 **JSONSerialization** 整理后的 JSON 字典和数组。

JSON 数据的格式是由 API 返回的，因此需要在 **FlickrAPI** 结构体中增加解析 JSON 数据的代码。

解析服务器返回的 JSON 出错时，可能有几种错误：返回的数据不是 JSON 格式；返回的数据损坏了；返回的数据虽然是 JSON 格式的，但不是期望的格式。可以使用枚举和相关值来表示解析成功或可能出现的错误。

枚举和相关值

第 2 章中读者已经学习过枚举的基础知识，本书中也用过很多次枚举值，包括本章前面用到的 **Method** 枚举。相关值是枚举的一个很有用的特性，在使用这个特性之前，我们先来看一个简单的例子。

枚举用来限制变量可能的值非常方便。例如，假设正在编写一个家庭自动化的应用，可以定义一个枚举，用来表示烤箱的状态，代码如下：

```
enum OvenState {
    case on
    case off
}
```

当烤箱处于打开状态时，如果还想知道烤箱当前的温度，相关值就是一个很好的解决方案。

```
enum OvenState {
    case on(Double)
    case off
}

var ovenState = OvenState.on(450)
```

枚举的每种情况都可以与任何类型的值相关，对于 **OvenState**，它的 .on 条件与 **Double** 相关，用来表示烤箱的温度。但也不是每个条件都需要一个相关值。

通常通过 switch 语句来获取枚举中的相关值，代码如下：

```
switch ovenState {
case let .on(temperature):
   print("The oven is on and set to \(temperature) degrees.")
case .off:
   print("The oven is off.")
}
```

.on 条件中使用 let 关键字把相关值存入了 temperature 常量中，这个常量可以在 case 范围内使用（如果读者需要变量的话，则可以使用 var 关键字）。结合前面给 ovenState 设置的值，上面的代码会向控制台中输出“The oven is on and set to 450 degrees.”。

下一节在处理 Flickr 获取有趣照片的网络请求时，会使用枚举和相关值关联请求成功的状态以及失败的状态和错误信息。

解析 JSON 数据

在 FlickrAPI.swift 中添加一个叫 **PhotosResult** 的枚举，在枚举中定义成功和失败的状态，代码如下：

```
import Foundation

enum PhotosResult {
   case success([Photo])
   case failure(Error)
}

class PhotoStore {
```

如果返回的 JSON 数据格式正确，并且包含照片数据，那么照片数据将与 success 条件关联；如果在解析过程中出现错误，则相关的 **Error** 将与 failure 条件关联。

Error 是所有错误都遵循的一个协议，**NSError** 是很多 iOS 框架都使用的错误类，并且它也遵循 **Error** 协议。很快，读者将会创建自己的 **Error**。

在 FlickrAPI.swift 中，实现一个以 JSON 数据为参数的方法，在该方法中使用 **JSONSerialization** 类把数据转换为 JSON 对象，代码如下：

```
static func photos(fromJSON data: Data) -> PhotosResult {
    do {
        let jsonObject
              = try JSONSerialization.jsonObject(with: data, options: [])

        var finalPhotos = [Photo]()
        return .Success(finalPhotos)
    }
```

```
    catch let error {
        return .failure(error)
    }
}
```

（这些代码会产生一些警告，我们稍后将修复这些警告。）

如果收到的数据是正确的 JSON 数据，`jsonObject` 实例将会指向解析后的 JSON 对象；如果不是，解析就会失败并且返回错误信息。接下来要从 JSON 数据中获取照片信息，并转换为 **Photo** 对象。

当 **URLSessionDataTask** 完成请求之后，就可以使用 **JSONSerialization** 把 JSON 数据转换为字典。图 20-5 展示了 JSON 数据的结构。

收到的 JSON 数据最顶层是一个字典，字典中 photos 键名下的值包含了重要的信息，它是由字典组成的数组。

通过观察数据接口可以看到，需要深入很多层才能获取到需要的信息。

如果 JSON 的格式与预期的不同，则应该返回自定义的错误信息。

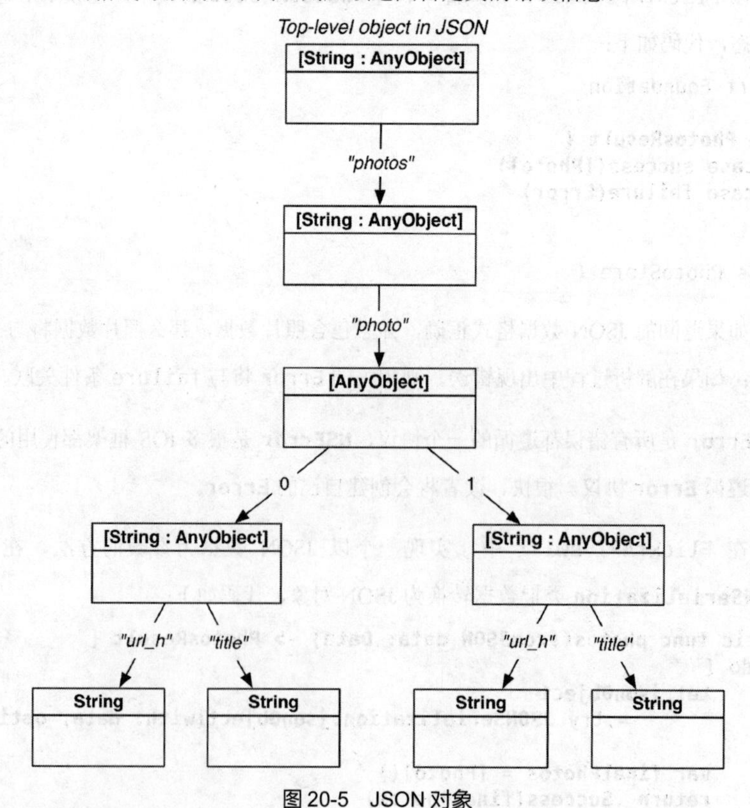

图 20-5　JSON 对象

在 FlickrAPI.swift 顶部，自定义一个枚举来表示 Flickr API 中可能出现的错误，代码如下：

```
enum FlickrError: Error {
    case invalidJSONData
}

enum Method: String {
    case interestingPhotos = "flickr.interestingness.getList"
}
```

在 **photos(fromJSON:)** 方法中逐级解析嵌套的 JSON 数据来获取每张照片的数据，代码如下：

```
static func photos(fromJSON data: Data) -> PhotosResult {
    do {
        let jsonObject: AnyObject
                = try JSONSerialization.jsonObject(with: data, options: [])

        guard
            let jsonDictionary = jsonObject as? [AnyHashable:Any],
            let photos = jsonDictionary["photos"] as? [String:Any],
            let photosArray = photos["photo"] as? [[String:Any]] else {

                //JSON 数据结构与预期不符
                return .failure(FlickrError.invalidJSONData)
        }

        var finalPhotos = [Photo]()
        return .Success(finalPhotos)
    } catch let error {
        return .failure(error)
    }
}
```

下一步需要从字典中获取照片的数据，然后转换为 **Photo** 对象。

其中，对于 datetaken 字符串，需要使用 **DateFormatter** 对象将其转换为 **Date** 对象。

在 FlickrAPI.swift 中添加一个 **DateFormatter** 对象常量，代码如下：

```
private static let baseURLString = "https://api.flickr.com/services/rest"
private static let APIKey = "a6d819499131071f158fd740860a5a88"

private static let dateFormatter: DateFormatter = {
    let formatter = DateFormatter()
    formatter.dateFormat = "yyyy-MM-dd HH:mm:ss"
    return formatter
}()
```

在 FlickrAPI.swift 中写一个新方法将 JSON 字典对象转换为 **Photo** 对象，代码如下：

```
private static func photo(fromJSON json: [String : Any]) -> Photo?{
    guard
        let photoID = json["id"] as? String,
        let title = json["title"] as? String,
        let dateString = json["datetaken"] as? String,
```

```
        let photoURLString = json["url_h"] as? String,
        let url = NSURL(string: photoURLString),
        let dateTaken = dateFormatter.date(from: dateString) else {

            //没有足够的信息来创建Photo对象
            return nil
        }

        return Photo(title: title, photoID: photoID, remoteURL: url,
            dateTaken: dateTaken)
}
```

下面更新 **photos(fromJSON:)**，将字典转换为 **Photo** 对象并且在成功的枚举中返回；同时也要处理 JSON 数据结构不符合预期的错误，以及没有照片的情况。

```
static func photos(fromJSON data: Data) -> PhotosResult {

    do {
        let jsonObject
              = try JSONSerialization.jsonObject(with: data, options: [])

        guard
            let jsonDictionary = jsonObject as? [AnyHashable:Any],
            let photos = jsonDictionary["photos"] as? [String:Any],
            let photosArray = photos["photo"] as? [[String:Any]] else {

                //JSON数据结构与预期不符
                return .failure(FlickrError.invalidJSONData)
        }

        var finalPhotos = [Photo]()
        for photoJSON in photosArray {
            if let photo = photo(fromJSON: photoJSON) {
                finalPhotos.append(photo)
            }
        }

        if finalPhotos.isEmpty && !photosArray.isEmpty {
            //无法解析出Photo对象，可能照片的JSON数据结构已经变了
            return .failure(FlickrError.invalidJSONData)
        }
        return .Success(finalPhotos)
    }
    catch let error {
        return .Failure(error)
    }
}
```

接下来在 PhotoStore.swift 中添加一个新方法，用来处理服务器返回的 JSON 数据。

```
private func processPhotosRequest(data data: Data?, error: Error?) ->
        PhotosResult {
    guard let jsonData = data else {
        return .failure(error!)
    }

    return FlickrAPI.photos(fromJSON: jsonData)
}
```

下面更新 **fetchInterestingPhotos()**方法，并在该方法中使用刚才创建的方法。

```
func fetchInterestingPhotos() {
    let url = FlickrAPI.interestingPhotosURL
    let request = URLRequest(url: url)
    let task = session.dataTask(with: request) {
        (data, response, error) -> Void in

        if let jsonData = data {
            do {
                let jsonObject = try JSONSerialization.JSONObject(with:
                        jsonData, options: [])
                print(jsonObject)
            } catch let error {
                print("Error creating JSON object: \(error)")
            }
        } else if let requestError = error {
            print("Error fetching recent photos: \(requestError)")
        } else {
            print("Unexpected error with the request")
        }

        let result = self.processPhotosRequest(data: data, error: error)
    }
    task.resume()
}
```

最后更新 **fetchInterestingPhotos()**方法的参数，增加一个请求完成之后的回调闭包参数，代码如下：

```
func fetchInterestingPhotos(completion: @escaping (PhotosResult) -> Void) {

    let url = FlickrAPI.interestingPhotosURL
    let request = URLRequest(URL: url)
    let task = session.dataTask(with: request) {
        (data, response, error) -> Void in

        let result = self.processRecentPhotosRequest(data: data, error: error)
        completion(result)
    }
    task.resume()
}
```

从网络服务器上请求数据是一个异步的过程。请求发出之后，接收到服务器返回数据的时间是不确定的，因此，**fetchInterestingPhotos(completion:)**方法不能直接返回 **PhotosResult** 对象；相反，方法的调用者需要提供一个完成后的闭包，在请求完成之后，这个闭包会被调用。

这个闭包的格式与 **URLSessionTask** 用到的类似：创建 **URLSessionTask** 时提供了一个闭包，网络请求完成后会调用这个闭包。图 20-6 描述了网络请求的数据流程图。

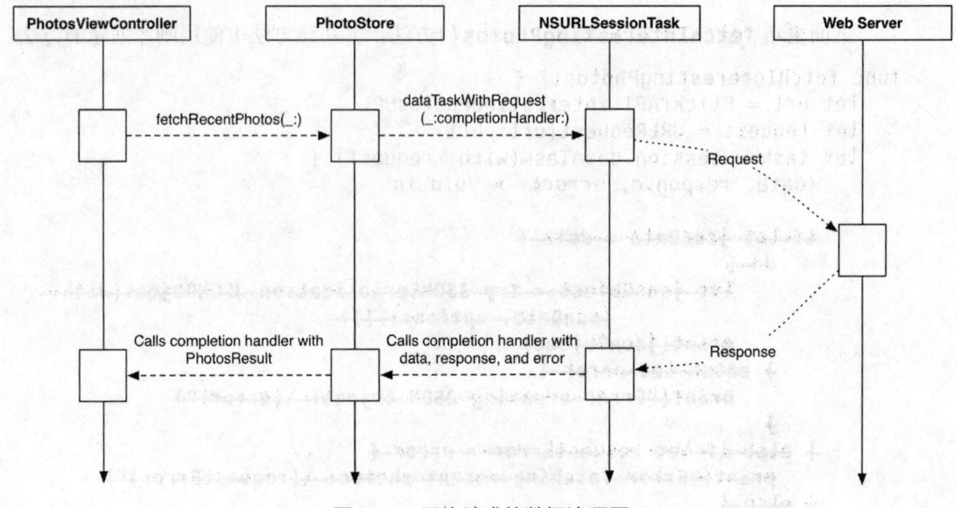

图 20-6　网络请求的数据流程图

这个闭包使用了@escaping 标识，编译器通过标识可以知道，这个闭包不会立刻被调用。当前情况下，闭包会被传递给 **URLSessionDataTask**，当网络请求完成后，闭包才会被调用。

在 PhotosViewController.swift 中更新 **viewDidLoad()** 方法，在该方法中打印出网络请求的结果，代码如下：

```
override func viewDidLoad()
    super.viewDidLoad()

    store.fetchInterestingPhotos() {
        (photosResult) -> Void in

        switch photosResult {
        case let .success(photos):
            print("Successfully found \(photos.count) recent photos.")
        case let .failure(error):
            print("Error fetching recent photos: \(error)")
        }

    }
}
```

编译并运行应用。网络请求完成之后，控制台中就会打印出服务器返回的照片数目。

20.6　下载并显示图片数据

Downloading and Displaying the Image Data

读者在本章中已经实现了很多功能：实现了 Flickr API 的网络请求，实现了把接收到的 JSON 数据转化为 **Photo** 对象。但是，目前除了控制台中输出的数据，还没有任何界面上可以显示的内容。

本节读者将使用服务器返回的图片 URL 来下载图片数据，然后使用下载的图片数据创建 **UIImage** 对象，最后把 **UIImage** 对象显示在 **UIImageView** 中（本章先显示返回的第一张图片，下一章将会使用 **UICollectionView** 显示所有的图片）。

第一步是下载图片数据，下载的过程与请求服务器的 JSON 数据很相似。

打开 PhotoStore.swift，引入 UIKit 框架，在顶部增加一个表示图片下载结果的枚举，这个枚举的格式与 **PhotosResult** 的一样，也会使用相关值；同时也会创建符合 **Error** 协议的 **PhotoError** 来表示图片错误，代码如下：

```
import Foundation
import UIKit

enum ImageResult {
   case Success(UIImage)
   case Failure(Error)
}

enum PhotoError: Error {
   case imageCreationError
}

enum PhotosResult{
   case success([Photo])
   case failure(Error)
}
```

如果下载成功，Success 条件中就会包含 **UIImage**；如果下载失败，failure 条件中就会包含相关的 **Error**。

下面实现下载图片数据的方法。与 **fetchInterestingPhotos(completion:)**方法类似，新的方法会使用一个闭包作为参数，闭包的返回值是 **ImageResult**。

```
func fetchImage(for photo: Photo, completion: @escaping (ImageResult) -> Void)
{

   let photoURL = photo.remoteURL
   let request = URLRequest(url: photoURL)

   let task = session.dataTask(with: request) {
      (data, response, error) -> Void in

   }
   task.resume()
}
```

下面实现一个方法，将服务器返回的数据转化为 **UIImage**。

```
Private func processImageRequest(data data: Data?, error: Error?) ->
      ImageResult{
   guard
      let imageData = data,
```

```
        let image = UIImage(data: imageData) else {

            //无法创建 UIImage 对象
            if data == nil {
                return .failure(error!)
            } else {
                return .failure(PhotoError.imageCreationError)
            }
    }

    return .success(image)
}
```

更新 PhotoStore.swift 中的 **fetchImage(for:completion:)** 方法，代码如下：

```
func fetchImage(for photo: Photo, completion: @escaping (ImageResult) -> Void)
{

    let photoURL = photo.remoteURL
    let request = NSURLRequest(URL: photoURL)

    let task = session.dataTask (with: request) {
        (data, response, error) -> Void in

        let result = self.processImageRequest(data: data, error: error)
        completion(result)
    }
    task.resume()
}
```

下面验证代码是否正确。下载获取有趣的照片请求中返回的第一张照片的数据，并显示到 **UIImageView** 中。

打开 PhotosViewController.swift，添加一个方法来获取并显示图片。

```
func updateImageView(for photo: Photo){
    store.fetchImage(for: photo){
        (imageResult) ->Void in

        switch imageResult{
        case let .success(image):
            self.imageView.image = image
        case let .failure(error):
            print("Error downloading image: \(error)")
        }
    }
}
```

更新 **viewDidLoad()**，代码如下：

```
override func viewDidLoad()
    super.viewDidLoad()

    store.fetchRecentPhotos() {
        (photosResult) -> Void in

        switch photosResult {
        case let .success(photos):
```

```
            print("Successfully found \(photos.count) recent photos.")

            if let firstPhoto = photos.first {
                self.updateImageView(for: firstPhoto)
            }
        case let .Failure(error):
            print("Error fetching recent photos: \(error)")
        }
    }
}
```

虽然现在也可以编译并运行应用了，但是，当网络请求完成后，图片可能不会显示在 **UIImageView** 上。为什么？因为更新 **UIImageView** 的代码不是在主线程上运行的。

20.7 主线程

The Main Thread

iOS 设备有多个处理器，可以同时运行多份代码，这些代码是同时运行的，因此叫并行操作，也叫并发。通常同时运行的每份代码都是由主线程（thread）来管理的。

到目前为止，所有的代码都是在主线程上运行的，主线程有时也叫 UI（用户界面）线程，因为任何修改 UI 的代码都必须在主线程上运行。

当网络请求完成后，需要更新 **UIImageView**。默认情况下，**URLSessionDataTask** 是在后台线程上运行的，因此，需要切换到主线程之后再更新 **UIImageView**。可以使用 **OperationQueue** 类来完成这个任务。

更新 **PhotoStore** 的方法，在主线程中调用完成后的闭包。

在 PhotoStore.swift 中，更新 **fetchInterestingPhoto(completion:)**，在主线程中调用完成后的闭包。

```
func fetchInterestingPhotos(completion: @escaping (PhotoResult) -> Void) {
    let url = FlickrAPI.interestingPhotosURL
    let request = URLRequest(url: url)
    let task = session.dataTask(with: request) {
        (data, response, error) -> Void in

        let result = self.processPhotosRequest(data: data, error: error)
        OperationQueue.main.addOperation{
            completion(result)
        }
    }
    task.resume()
}
```

对 **fetchImage(for:completion:)**执行同样的操作。

```
func fetchImage(for photo: Photo, completion: @escaping (ImageResult) -> Void)
{

    let photoURL = photo.remoteURL
    let request = NSURLRequest(URL: photoURL)

    let task = session.dataTaskWithRequest(request) {
        (data, response, error) -> Void in

        let result = self.processImageRequest(data: data, error: error)
        OperationQueue.main.addOperation{
            completion(result)
        }
    }
    task.resume()
}
```

编译并运行应用。现在代码是在主线程中更新 **UIImageView** 的，终于可以看到前面的劳动成果了：网络请求完成后，图片显示出来了（如果网速慢的话，图片显示会花一些时间）。

20.8 初级练习：打印返回信息

Bronze Challenge: Printing the Response Information

dataTask(with:completionHandler:)完成后的闭包中提供了一个 **URLResponse** 对象，当发送的请求符合 HTTP 协议时，返回的对象是 **HTTPURLResponse** 类型的（**URLResponse** 的子类）。在控制台中打印出 **HTTPURLResponse** 对象的 statusCode 和 allHeaderFields，这些信息在调试网络请求时非常有用。

20.9 中级练习：从 Flickr 获取最新照片

Silver Challenge: Fetch Recent Photos from Flickr

本章已经使用 flickr.interestingess.getList 接口从 Flickr 获取了有趣的照片。请读者给 **Method** 添加一个获取最新照片的 case，获取最新照片的接口是 flickr.photos.getRecent；同时，需要让应用在有趣的照片和最新照片之间切换。（提示：两个接口返回的 JSON 数据格式是一样的，解析 JSON 数据的代码可以复用。）

20.10 深入学习：HTTP

For the More Curious: HTTP

当 **URLSessionTask** 对象与服务器通信时，是遵循 HTTP 协议的，HTTP 协议清楚地定义了客户端和服务器之间的数据通信格式。图 20-7 是一个简单的 HTTP 请求示例。

图 20-7 HTTP 请求格式

HTTP 请求包含三个部分：请求行、请求头和一个可选的请求体（body）。请求行是请求的第一行，作用是告诉服务器客户端的目的。示例中，客户端想要获取`/index.html`的资源（同时也说明了遵循的 HTTP 协议版本）。

GET 表示的是 HTTP 方法，HTTP 支持好几种方法，比较常见的是 GET 和 POST。默认的 **URLRequest** 是 GET，表示客户端需要从服务器获取资源，资源可能是服务器文件系统中的文件，也可能是收到请求之后动态生成的内容。客户端并不需要知道细节，像本章前面请求的 JSON 数据就是由服务器动态生成的。

除了从服务器获取信息，客户端也可以发送信息。例如，很多网站都可以上传照片，客户端也是通过 HTTP 请求把照片发送给服务器的。上传照片功能会使用 HTTP 的 POST 方法，并且请求带有请求体，请求体是发送给服务器的数据，通常为 JSON、XML 或二进制数据。

当请求中有请求体时，请求头中会有 `Content-Length` 字段，**URLRequest** 会计算请求体的长度并自动在请求头中添加 `Content-Length` 字段。

下面是使用 **URLRequest** 向服务器发送图片数据的示例。

```
if let someURL = URL(string: "http://www.photos.example.com/upload") {
    let image = profileImage()
    let data = UIImagePNGRepresentation(image)

    let req = URLRequest(url: someURL)

    //添加 HTTP 请求体并自动在请求头中设置 content-length
    req.httpBody = data
```

```
    //修改请求的 HTTP 方法
    req.httpMethod = "POST"

    //添加请求头，比如"Accept"
    req.setValue("text/json", forHTTPHeaderField: "Accept")
}
```

图 20-8 展示了简单的 HTTP 响应格式。读者无法对 **HTTPURLResponse** 对象进行修改，但是仍然需要理解各个部分的用处。

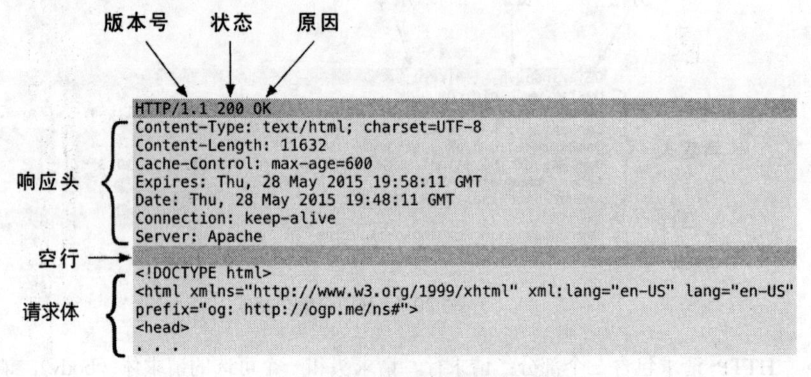

图 20-8　HTTP 响应格式

从图 20-8 中可以看出，HTTP 响应格式与请求格式的差别不大，包括响应行、响应头和响应体。“404 Not Found”就是从这里出来的。

第21章

UICollectionView

Collection Views

本章将继续在Photorama应用上进行讲解，在应用中使用**UICollectionView**类以一种网格的形式展示照片，同时会再次讲解前面学过的数据源设计模式。图21-1展示了本章完成之后应用的样子。

图21-1　使用UICollectionView的Photorama

第 10 章中介绍过 **UITableView**，**UITableView** 在显示一组分级列表信息的时候非常方便。**UICollectionView** 也可以用来显示一组信息，但不是以分级列表的形式显示的，**UICollectionView** 由一个布局对象来控制信息的显示。读者将使用 SDK 自带的布局对象 **UICollectionViewFlowLayout**，以可滑动的网格形式来显示网络上的最新照片。

21.1 显示网格

Displaying the Grid

首先来实现界面。下面将把 **PhotosViewController** 显示的视图从 **UIImageView** 改为 **UICollectionView**。

打开 Main.storyboard 并找到 Photorama 的 **UIImageView**，删除 **UIImageView** 并将 **UICollectionView** 拖到画布上。选中 **UICollectionView** 和它的父视图（使用文件大纲来选择会更容易），打开自动布局对齐菜单，按照图 21-2 所示配置约束，然后点击 Add 4 Constraints（添加 4 个约束）按钮。

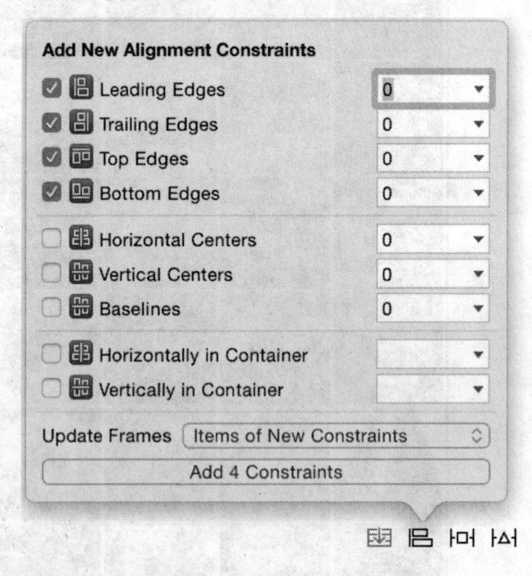

图 21-2 UICollectionView 的约束

由于使用了对齐菜单来对齐边距，所以 **UICollectionView** 的顶部会对齐整个视图的顶部。这对于 **UIScrollView**（以及 **UIScrollView** 的子类，如 **UITableView** 和 **UICollectionView**）

来说很有用，它们的内容会自动滑到 **UINavigationBar** 下面。**UIScrollView** 会自动更新它的内部边距，让内容不被挡住，与第 10 章中的一样。完成后的画布与图 21-3 一样。

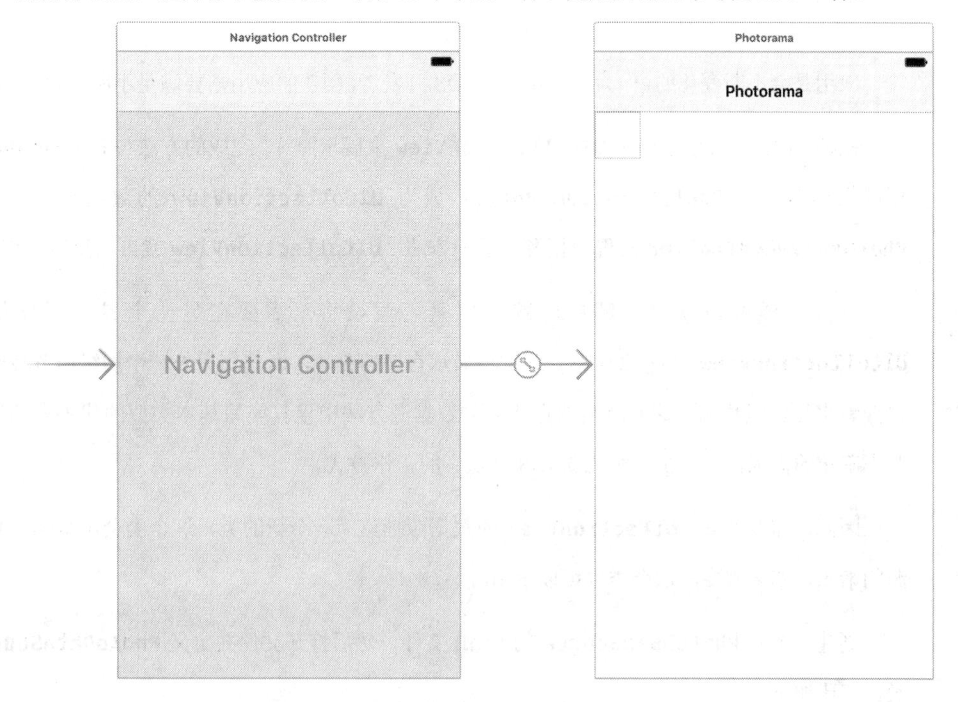

图 21-3 storyboard 画布

现在，**UICollectionViewCell** 的背景都是透明的。选中 **UICollectionViewCell**（**UICollectionView** 左上角的矩形），把背景颜色设置为黑色。

选中黑色的 **UICollectionViewCell** 并打开属性检视面板，将 Identifier（标识）设置为 UICollectionViewCell（见图 21-4）。

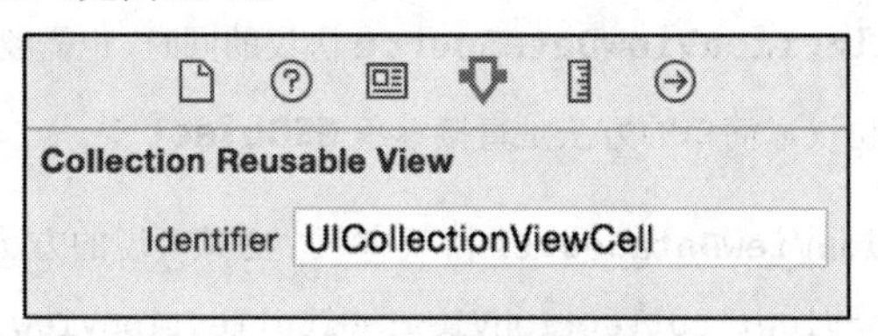

图 21-4 设置重用标识

现在 **UICollectionView** 已经显示在画布上了，但还需要向 **UICollectionViewCell** 中填充数据。下面将创建一个新的类，作为 **UICollectionView** 的数据源。

21.2 UICollectionView 数据源

Collection View Data Source

应用是会不断变化的，作为一个优秀的 iOS 开发者，创建的应用需要满足不断变化的需求。

Photorama 将会使用一个 **UICollectionView** 来展示照片，完成的方法与 Homepwner 应用的很相似：让 **PhotosViewController** 成为 **UICollectionView** 的数据源，然后让 **PhotosViewController** 实现数据源必需的方法，**UICollectionView** 就可以正常工作了。

虽然这样做可以暂时解决问题，但是，假设将来需要在另一个界面同样使用 **UICollectionView** 显示照片呢？或者不显示有趣的照片，而使用另外一个网络服务按照用户搜索来显示照片呢？这时就需要在相同的数据源方法中重复编写基本类似的代码来满足这些不确定的需求，这不是一个优秀 iOS 开发者的工作方式。

因此，需要把 **UICollectionView** 的数据源抽象为一个新的类，这个类会用来响应数据源的请求，如果需要，这个类也可以重用。

创建一个叫 PhotoDataSource 的 Swift 文件，然后打开文件并定义 **PhotoDataSource** 类，代码如下：

```
~~import Foundation~~
import UIKit
class PhotoDataSource: NSObject, UICollectionViewDataSource {

    var photos = [Photo]()
}
```

遵循 **UICollectionViewDataSource** 协议的同时，也需要遵循 **NSObjectProtocol** 协议，遵循这个协议最简单的方法是直接继承 **NSObject** 类。

UICollectionViewDataSource 协议有两个必须实现的方法：

```
func collectionView(_ collectionView: UICollectionView,
    numberOfItemsInSection section: Int) -> Int
func collectionView(_ collectionView: UICollectionView,
    cellForItemAt indexPath: NSIndexPath) -> UICollectionViewCell
```

这两个方法与第 10 章中 **UITableViewDataSource** 的方法很相似。第一个数据源方法用来查询需要显示多少条数据，第二个方法用来获取指定位置的 **UICollectionViewCell**。

在 PhotoDataSource.swift 中实现这两个方法，代码如下：

```
class PhotoDataSource: NSObject, UICollectionViewDataSource {

    var photos = [Photo]()

    func collectionView(_ collectionView: UICollectionView,
            numberOfItemsInSection section: Int) -> Int {
        return photos.count
    }

    func collectionView(_ collectionView: UICollectionView,
            cellForItemAt indexPath: NSIndexPath) ->
                UICollectionViewCell {

        let identifier = "UICollectionViewCell"
        let cell =
          collectionView.dequeueReusableCell(withReuseIdentifier:identifier,
              for: indexPath)

        return cell
    }
}
```

下面需要设置 **UICollectionView** 的数据源为 **PhotoDataSource** 对象。

在 PhotosViewController.swift 中添加一个 **PhotoDataSource** 属性，以及一个 **UICollectionView** 插座变量。现在不需要 imageView 属性了，因此把它删除，代码如下：

```
class PhotosViewController: UIViewController {

    @IBOutlet var imageView: UIImageView!
    @IBOutlet var collectionView: UICollectionView!

    var store: PhotoStore!
    let photoDataSource = PhotoDataSource()
```

删除 imageView 属性后，**updateImageView(for:)**方法也没用了，下面删掉这个方法。

```
func updateImageView(for photo: Photo){
    store.fetchImage(for: photo){
        (imageResult) ->Void in

        switch imageResult{
        case let .success(image):
            self.imageView.image = image
        case let .failure(error):
          print("Error downloading image: \(error)")
        }
    }
}
```

更新 **viewDidLoad()**方法，在该方法中设置 **UICollectionView** 的数据源。

```
override func viewDidLoad() {
    super.viewDidLoad()

    collectionView.dataSource = photoDataSource
    ...
```

下面更新 photoDataSource 对象，将 photos 数组和服务器返回的数据关联起来，并刷新 **UICollectionView**。

```
override func viewDidLoad()
    super.viewDidLoad()

    collectionView.dataSource = photoDataSource

    store.fetchRecentPhotos() {
        (photosResult) -> Void in

        switch photosResult {
        case let .success(photos):
            print("Successfully found \(photos.count) recent photos.")
            if let firstPhoto = photos.first {
                self.updateImageView(for: firstPhoto)
            }
            self.photoDataSource.photos = photos
        case let .failure(error):
            print("Error fetching recent photos: \(error)")
            self.photoDataSource.photo.removeAll()
        }
        self.collectionView.reladSestions(IndexSet(integer: 0))
    }
}
```

最后将 collectionView 插座变量连接起来。

打开Main.storyboard并找到**UICollectionView**，然后按住Control并将PhotosViewController拖到UICollectionView上，连接 collectionView 插座变量。

编译并运行应用。当网络请求完成后，在控制台中可以看到获取的照片数据。在iOS设备上会出现一些按照网格排列的黑色方块，数量与照片的数量相同（见图 21-5），这些黑色方块是流式布局（flow layout）的：流式布局会先把一行撑满，没有足够的位置之后再布局下一行，如果旋转设备，布局就会进行调整并撑满横排的行。

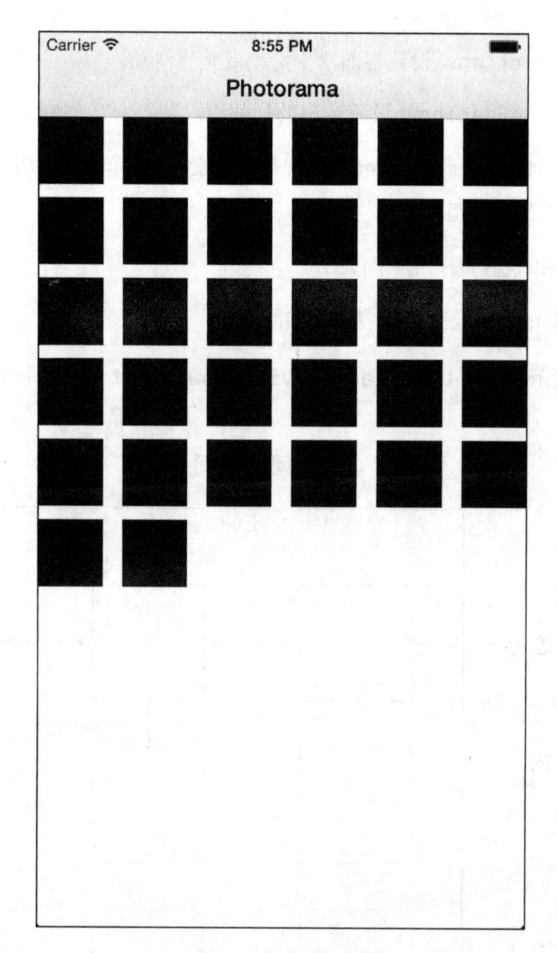

图 21-5 初始的布局

21.3 自定义布局

Customizing the Layout

UICollectionView 中 **UICollectionViewCell** 的布局并不是由 **UICollectionView** 自身决定的，而是由它的 layout 对象决定的。layout 对象负责布局屏幕上的 **UICollection-ViewCell**，它是 **UICollectionViewLayout** 子类的对象。

Photorama 当前使用的流式布局，也就是 **UICollectionViewFlowLayout** 对象，它也是 UIKit 框架中 **UICollectionViewLayout** 唯一的子类。

UICollectionViewFlowLayout 中有一些属性可以自定义。

- `scrollDirection`：设置界面水平滑动或垂直滑动。
- `minimunLineSpacing`：设置最小的行间距。
- `minimunInteritemSpacing`：设置每行元素的最小间距（如果是水平滑动，则设置的是每列元素的最小间距）。
- `itemSize`：设置每个元素的大小。
- `sectionInset`：设置组内容之间的间距。

图 21-6 展示了使用 **`UICollectionViewFlowLayout`** 时各个属性影响的位置。

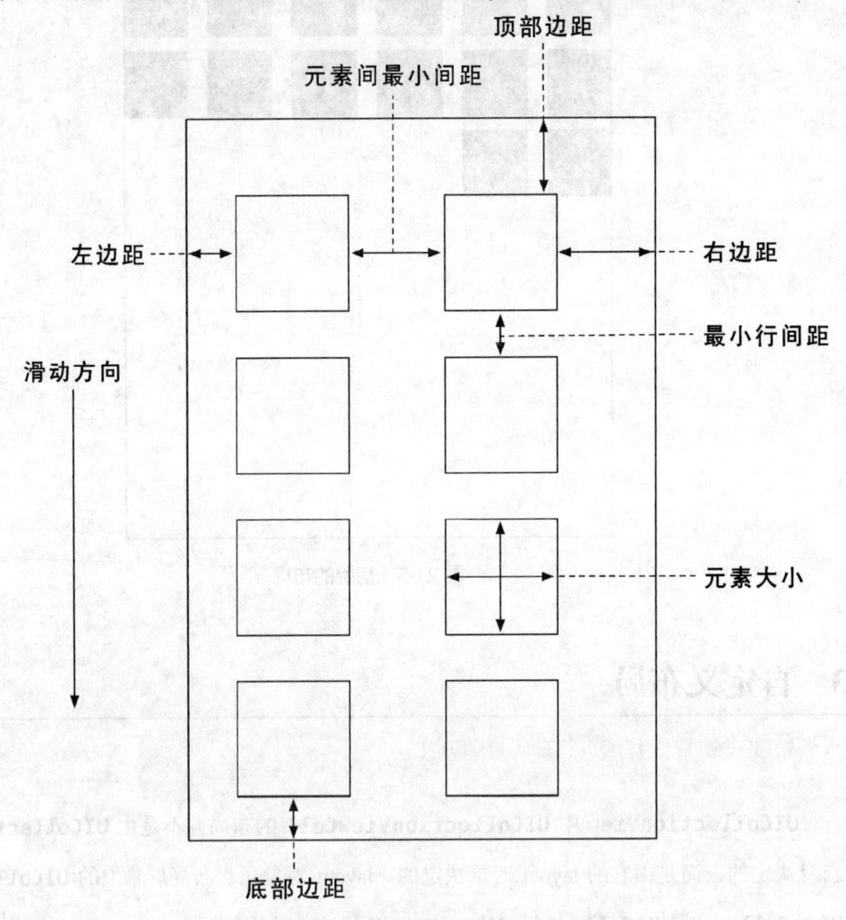

图 21-6　UICollectionViewFlowLayout 属性

打开 `Main.storyboard` 并选中 **`UICollectionView`**，然后打开尺寸检视面板（size inspector），按照图 21-7 所示配置 Cell Size（Cell 大小）、Min Spacing（最小间距）和 Section Insets（组边距）。

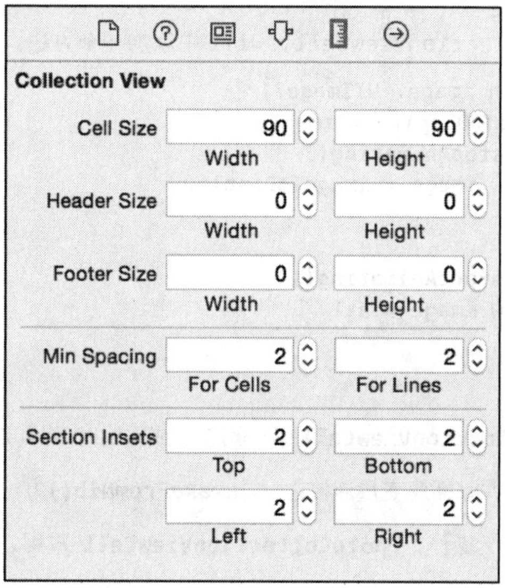

图 21-7 UICollectionView 的尺寸检视面板

编译并运行应用，观察布局有什么变化。

21.4 创建自定义的 UICollectionViewCell

Creating a Custom UICollectionViewCell

下面创建一个自定义的 **UICollectionViewCell** 来显示照片，当照片下载时，**UICollectionViewCell** 使用 **UIActivityIndicatorView** 类来显示一个旋转的转子。

创建一个叫 PhotoCollectionViewCell 的 Swift 文件。在 PhotoCollectionViewCell.swift 中定义一个 **UICollectionViewCell** 的子类 **PhotoCollectionViewCell**。然后在类中添加一个 **UIImageView** 和 **UIActivityIndicatorView** 的插座变量。

```
import Foundation
import UIKit

class PhotoCollectionViewCell: UICollectionViewCell {

    @IBOutlet var imageView: UIImageView!
    @IBOutlet var spinner: UIActivityIndicatorView!

}
```

只有在照片没有显示时，才会出现 **UIActivityIndicatorView**。为了防止照片显示时 **UIActivityIndicatorView** 一直显示，需要添加一个方法。

在 PhotoCollectionViewCell.swift 中添加一个方法。

```
func update(with image: UIImage?) {
    if let imageToDisplay = image {
        spinner.stopAnimating()
        imageView.image = imageToDisplay
    }
    else {
        spinner.startAnimating()
        imageView.image = nil
    }
}
```

当 **PhotoCollectionViewCell** 第一次创建或重用时，将其重置为初始状态是一个好习惯。在第一次加载完成并且插座变量连接之后，**awakeFromNib()**方法会被调用，可以在该方法中对界面执行一些自定义操作。**PhotoCollectionViewCell** 重用之前，**prepareForReuse()**方法会被调用。

在 PhotoCollectionViewCell.swift 中实现两个方法，用来重置状态。

```
override func awakeFromNib() {
    super.awakeFromNib()

    update(with: nil)
}

override func prepareForReuse() {
    super.prepareForReuse()

    update(with: nil)
}
```

下面在 storyboard 中使用原型视图来设置 **UICollectionViewCell** 的界面，与第 12 章中设置 **ItemCell** 的操作一样。回忆之前学过的内容，首先，每个原型视图都有一个唯一的重用标识；其次，大部分情况下，为了定制一些行为，都会将原型视图与一个 **UICollectionViewCell** 的子类关联起来。

在 **UICollectionView** 的属性检视面板中，可以设置显示的 **UICollectionViewCell** 种类，每个种类都会在画布中对应一个原型视图。对于 Photorama 应用来说，只需要一种 **UICollectionViewCell** 显示照片的 **PhotoCollectionViewCell**。

打开 Main.storyboard 并选中 **UICollectionViewCell**。在标识检视面板中将 Class（类）改为 PhotoCollectionViewCell（见图 21-8）。

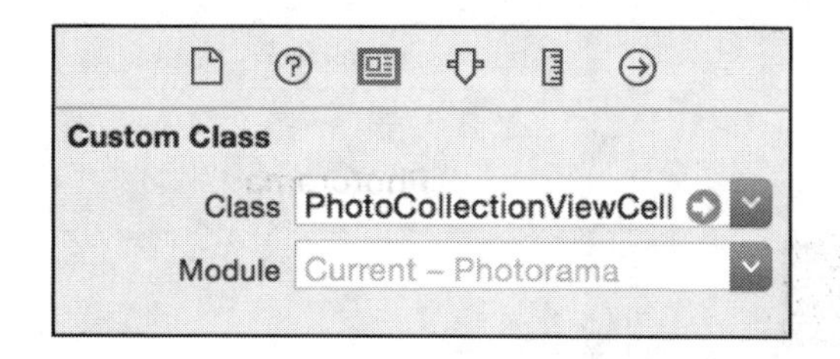

图 21-8　修改 UICollectionViewCell 的类

将一个 UIImageView 拖到 UICollectionViewCell 上，再添加 **UIImageView** 与父视图各个方向边距为 0 的约束，然后打开 **UIImageView** 的属性检视面板并将 Mode 设置为 Aspect Fill，这样会裁剪部分照片，但是可以让照片撑满 **UICollectionViewCell**。

接下来将 UIActivityIndicatorView 拖到 UIImageView 上面，然后为 **UIActivityIndicatorView** 添加相对 **UIImageView** 水平居中和垂直居中的约束，最后打开属性检视面板，选中 Hides When Stopped（停止的时候隐藏）旁边的复选框（见图 21-9）。

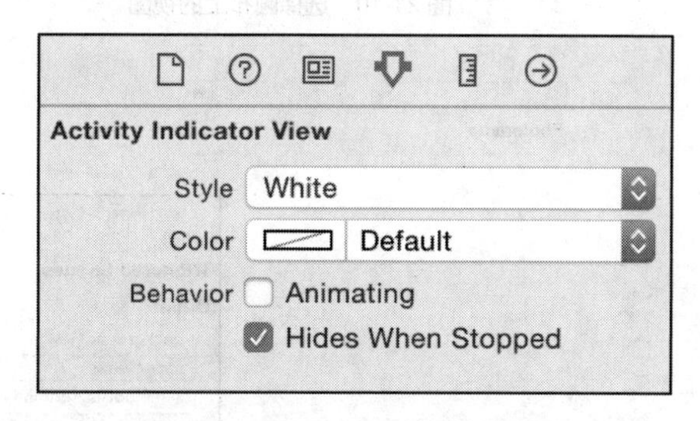

图 21-9　配置 UIActivityIndicatorView

再次选中 **UICollectionViewCell**。由于在界面上添加了很多新的视图，因此，选中 **UICollectionViewCell** 可能有些困难。在 Interface Builder 中选择视图有一个小技巧：同时按住 Control 和 Shift 后点击对应的视图，这时会弹出点击位置的所有视图和视图控制器的列表（见图 21-10）。

选中 **UICollectionViewCell** 之后，可以打开连接检视面板，将 **UIImageView** 和 **UIActivitiIndicatorView** 与插座变量连接起来（见图 21-11）。

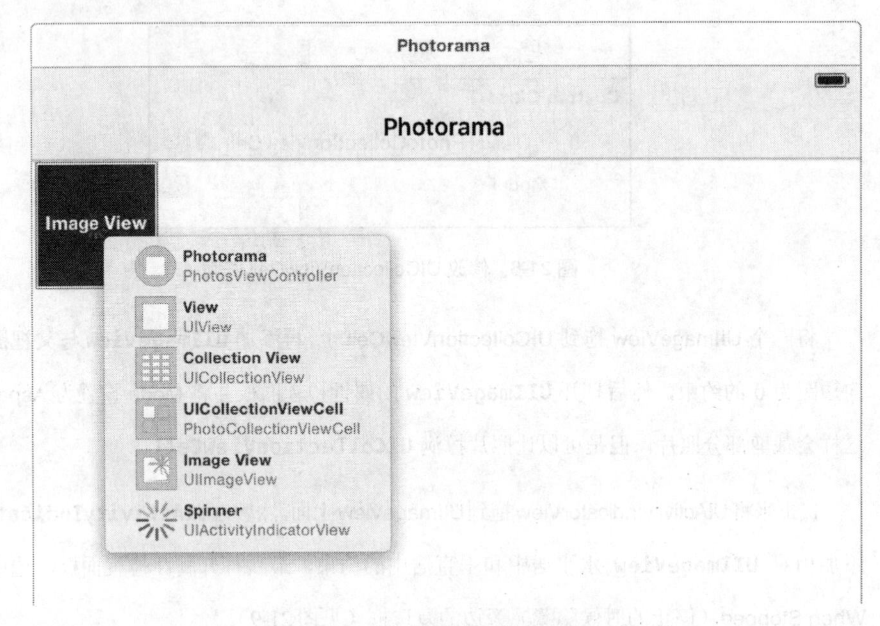

图 21-10　选择画布上的视图

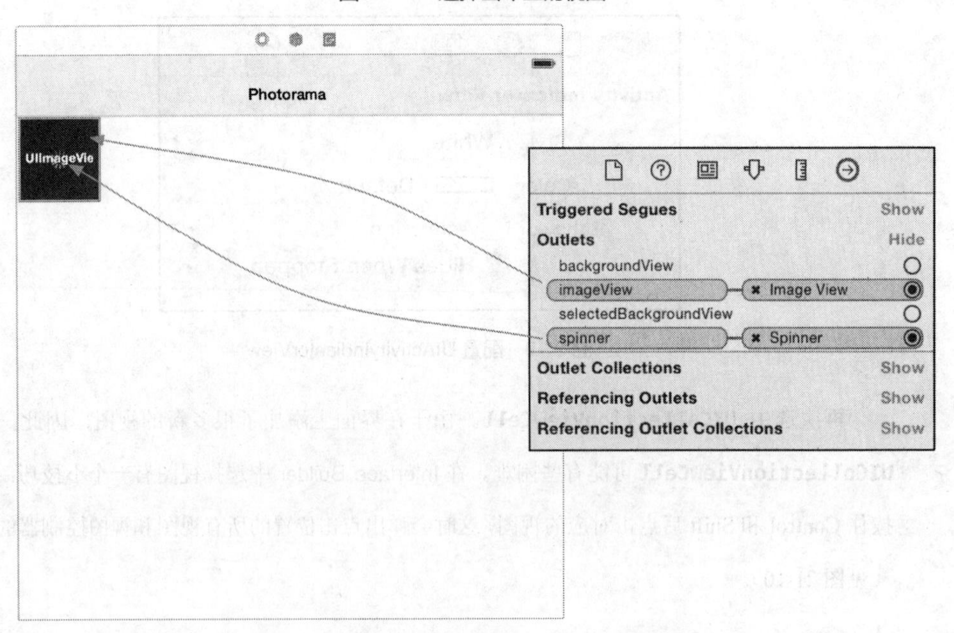

图 21-11　连接 PhotoCollectionViewCell 插座变量

打开 PhotoDataSource.swift 并使用 **PhotoCollectionViewCell** 更新数据源方法，代码如下：

```
func collectionView(_ collectionView: UICollectionView,
    cellForItemAt indexPath: NSIndexPath) -> UICollectionViewCell {
```

```
    let identifier = "UICollectionViewCell""PhotoCollectionViewCell"
    let cell =
      collectionView.dequeueReusableCell(withReuseIdentifier: identifier, for:
        indexPath) as! PhotoCollectionViewCell

    return cell
}
```

编译并运行应用。当最新照片的请求完成之后，会看到**UIActivityIndicatorView**在转动（见图 21-12）。

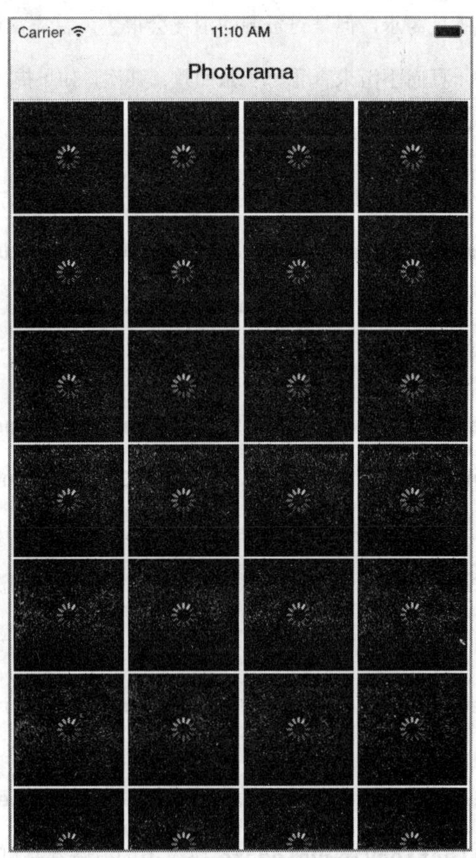

图 21-12 自定义的 UICollectionViewCell 子类

21.5 下载照片数据

Downloading the Image Data

现在剩下的任务就是下载请求中返回的照片数据了。任务本身不困难，但是读者需要有一些意识：照片文件相对比较大，下载照片文件可能会耗完用户的手机流量，作为一个严谨的iOS开发者，应该在确实需要的时候才获取相应的数据。

有一个方法是在**viewDidLoad()**中的**fetchRecentPhotos(_:)**方法获取数据完成之后开始下载照片数据。这时照片的URL已经保存到photos属性中了，可以枚举photos中所有的照片URL，然后下载照片数据。

虽然这样可以满足需求，但是对资源的消耗会很大。首先，请求中可能会收到很多照片，但是用户可能不会一直向下滑来查看每一张照片；其次，如果提出了太多的请求，有一些请求可能会超时。因此这可能不是最好的解决方案。

相反，当用户要查看照片时，再下载照片数据是一个更好的方案。**UICollectionView**的**UICollectionViewDelegate**方法**collectionView(_:willDisplayCell:forItemAt:)**提供了这样一个机制：当要显示**UICollectionViewCell**时，这个委托方法会被调用，这时下载照片数据是一个很好的时机。

前面**UICollectionView**的数据源使用的是**PhotoDataSource**对象，这个对象负责管理**UICollectionView**所有的照片数据。另外，**UICollectionView**还有一个委托，负责管理与用户的交互，这些交互包括**UICollectionViewCell**的选中视图、进入视图以及离开视图，这些行为与**UIViewController**的联系更紧密，因此把数据源设置为**PhotoDataSource**对象，委托设置为**PhotosViewController**对象。

在PhotosViewController.swift中让**PhotosViewController**遵守**UICollectionViewDelegate**协议。

```
class PhotosViewController: UIViewController, UICollectionViewDelegate{
```

（由于**UICollectionViewDelegate**协议中的方法都是可选的，因此Xcode不会提示任何错误或警告信息。）

更新**viewDidLoad()**方法，设置**PhotosViewController**为**UICollectionView**的委托对象。

```
override func viewDidLoad() {
    super.viewDidLoad()

    collectionView.dataSource = photoDataSource
    collectionView.delegate = self
```

```
...
```

最后，在 PhotosViewController.swift 中实现委托方法，代码如下：

```
func collectionView(_ collectionView: UICollectionView,
        willDisplay cell: UICollectionViewCell,
        forItemAt indexPath: NSIndexPath) {

    let photo = photoDataSource.photos[indexPath.row]

    //下载照片数据，下载的过程需要花一些时间
    store.fetchImage(for: photo) { (result) -> Void in

            //照片的 indexPath 在请求完成前后可能会变化，因此需要获取最新的 indexPath
            //(注意：下面的代码会报错，后面马上会修复这个问题)
            guard let photoIndex = self.photoDataSource.photos.index(of: photo),
                case let .success(image) = result else{
                    return
            }
            let photoIndexPath = IndexPath(item: photoIndex, section: 0)

            //请求完成后，只有当 cell 仍然可见时才更新 cell
            if let cell = self.collectionView.cellForItem(at: photoIndexPath) as?
                    PhotoCollectionViewCell {
                cell.update(with: image)
            }
        }
    }
}
```

上面的代码使用了一种新的实现方式。**fetchImage(for:completion:)**返回的 result 是一个枚举类型，枚举中包含了**.success** 和**.failure** 两种情况，由于只需要处理**.success** 的情况，因此使用 case 来查看 result 是不是**.success**。下面是分别使用 if 和 switch 实现的代码。

这些代码：

```
if case let .success(image) = result {
    photo.image = image
}
```

与这些代码效果是一样的：

```
switch result {
case let .success(image):
    photo.image = image
case .failure:
    break
}
```

下面修复从 photos 数组中查找照片索引的错误。**index(of:)**的工作原理是把对象和集合中的对象逐个进行比较，比较是通过==操作符来实现的，遵循 **Equatable** 协议的对象需要实现这个操作符，但是 **Photo** 还没有遵循 **Equatable** 协议。

在 Photo.swift 中，让 **Photo** 遵循 **Equatable** 协议并实现==操作符。

```
class Photo: Equatable {
    ...
    static func == (lhs: Photo, rhs: Photo) -> Bool {
    // Two Photos are the same if they have the same photoID
        return lhs.photoID == rhs.photoID
    }
}
```

在 Swift 中，有时候会把一类方法放到一个扩展中。下面先花点时间学习扩展，然后使用与扩展相关的知识在应用中实现 **Equatable** 协议。

扩展

扩展适合几种情况：将逻辑类似的功能抽出来放在一起；向自定义的类或者系统框架的类中添加方法。向一个无法获得源代码的类中添加方法，在开发中有一个很强大和灵活的工具，类、结构体和枚举都支持扩展。下面看一个例子。

假设要在 **Int** 中添加一个方法，用来返回两倍值的数，例如：

```
let fourteen = 7.doubled // The value of fourteen is '14'
```

可以使用扩展向 **Int** 中添加方法：

```
extension Int {
    var doubled: Int {
        return self * 2
    }
}
```

在扩展中，可以添加方法、支持的协议以及用于替代 setter 和 getter 的属性，但是不能添加需要存储的属性。

扩展是管理逻辑类似方法的很好的机制，可以让代码更易读，长期来说也更好维护。通常会使用扩展来遵循一个协议，然后把实现协议的所有方法放入扩展中。

更新 Photo.swift，使用扩展来遵循 **Equatable** 协议。

```
class Photo: Equatable {
    ...
    static func == (lhs: Photo, rhs: Photo) -> Bool {
    // Two Photos are the same if they have the same photoID
        return lhs.photoID == rhs.photoID
```

```
    }
}

extension Photo: Equatable {
    static func == (lhs: Photo, rhs: Photo) -> Bool {
    // Two Photos are the same if they have the same photoID
        return lhs.photoID == rhs.photoID
    }
}
```

这是一个简单的例子，但是扩展无论是类还是方法，都具有很强大的功能。实际上，Swift的标准库也广泛使用了扩展。

编译并运行应用，下载完成的照片会在界面上显示出来（见图21-13）。向下滑动来查看更多的照片，首先会看到旋转的转子，一会照片就显示出来了。

图21-13　下载中的照片

这时如果向上滑，前面显示过的照片还是会过一会儿才显示出来，这是因为当**UICollectionViewCell**显示到屏幕上时，照片数据会重新下载。实现照片缓存可以修复这个问题，缓存方法与Homepwner应用的类似。

照片缓存

对于照片数据，可以使用与Homepwner应用类似的方式缓存，实际上可以使用Homepwner项目中写的 **ImageStore**。

打开 Homepwner.xcodeproj，将 ImageStore.swift 从 Homepwner 应用中拖到 Photorama 应用中，在弹出框中选择 Copy items if needed。在 ImageStore.swift 添加到 Photorama 应用后，就可以关闭 Homepwner 项目了。

回到 Photorama，打开 PhotoStore.swift，添加一个 **ImageStore** 属性。

```
class PhotoStore {

    let imageStore = ImageStore()
```

然后更新 **fetchImage(for:completion:)**方法，在方法中使用 imageStore 来保存照片。

```
func fetchImage(for photo: Photo, completion: @escaping (ImageResult) -> Void){

    let photoKey = photo.photoID
    if let image = imageStore.image(forKey: photoKey){
        OperationQueue.main.addOperation{
            completion(.success(image))
        }
        return
    }

    let photoURL = photo.remoteURL
    let request = NSURLRequest(URL: photoURL)

    let task = session.dataTaskWithRequest(request) {
        (data, response, error) -> Void in

        let result = self.processImageRequest(data: data, error: error)

        if case let .success(image) = result{
            self.imageStore.setImage(image, forKey: photoKey)
        }

        OperationQueue.main.addOperation{
            completion(result)
        }
    }
    task.resume()
}
```

编译并运行应用。当照片数据下载完成后，就会被保存到文件了，下次请求照片数据时，如果内存中不存在，就会优先去文件中加载。

21.6 查看照片

Navigating to a Photo

本节将添加一个查看单张照片的功能。

新创建一个叫做 PhotoInfoViewController 的 Swift 文件，然后在该文件中添加一个 **PhotoInfoViewController** 类，并添加一个 imageView 插座变量：

```
import Foundation
import UIKit

class PhotoInfoViewController: UIViewController {

    @IBOutlet var imageView: UIImageView!
}
```

下面设置视图控制器。打开 Main.storyboard，从对象库中将 **UIViewController** 拖到画布上，然后选中这个 **UIViewController**，打开标识检视面板，把类改为 PhotoInfoViewController。

当用户点击 **UICollectionViewCell** 时，应用会切换到这个新视图控制器。按住 Control，将 UICollectionViewCell 拖到 PhotoInfoViewController 上，选择 Show segue，接下来选中新创建的 segue，在属性检视面板中把这个 segue 的标识设置为 showPhoto（见图 21-14）。

下面在 **PhotoInfoViewController** 的视图上添加一个 **UIImageView**，然后添加 **UIImageView** 四周边距与父视图边距为 0 的约束，再打开属性检视面板，把 **UIImageView** 的 Mode 改为 Aspect Fit。

最后，将 **UIImageView** 和 imageView 插座变量连接起来。

当用户点击 **UICollectionViewCell** 时，ShowPhoto 的 segue 会被触发，这时 **PhotosViewController** 需把 **Photo** 和 **PhotoStore** 都传递给 **PhotoInfoViewController**。

打开 PhotoInfoViewController.swift，添加两个属性，代码如下：

```
class PhotoInfoViewController: UIViewController {

    @IBOutlet var imageView: UIImageView!

    var photo: Photo! {
        didSet {
            navigationItem.title = photo.title
        }
    }
    var store: PhotoStore!
}
```

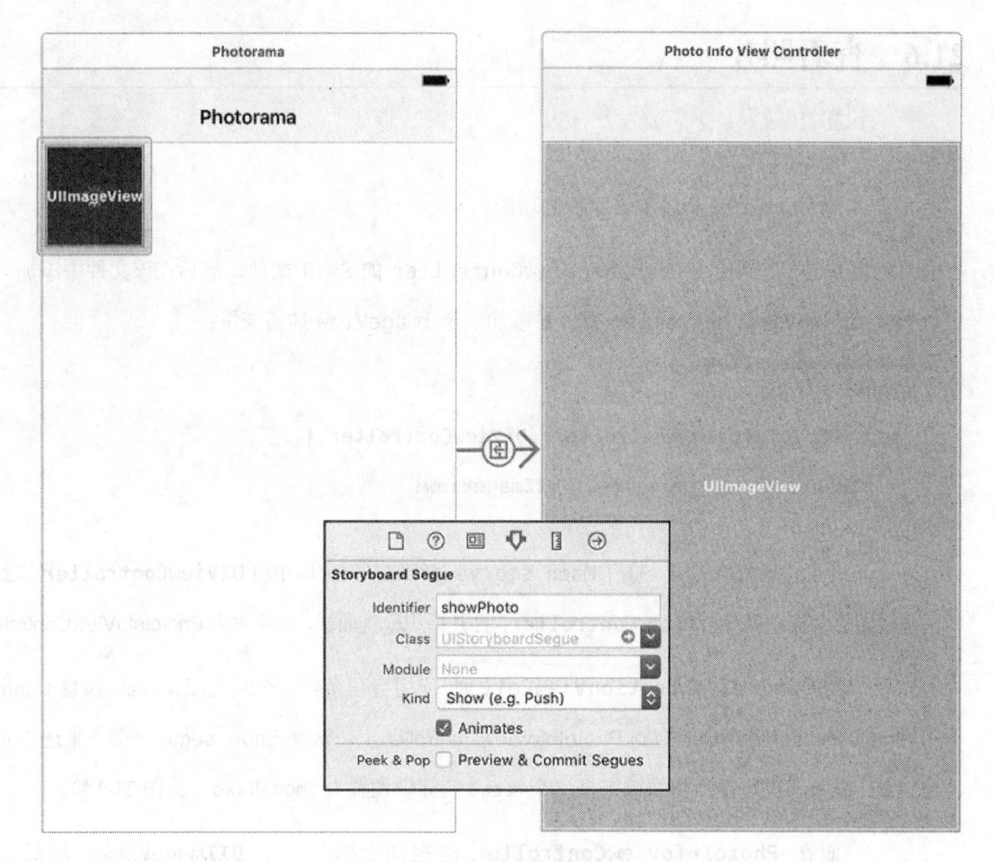

图 21-14　显示照片

这样，当设置 **PhotoInfoViewController** 的 photo 属性时，导航栏会显示照片的标题。

下面重载 **viewDidLoad()**方法，当视图加载完成之后，把照片设置给 imageView。

```
override func viewDidLoad() {
    super.viewDidLoad()

    store.fetchImage(for: photo) { (result) -> Void in
        switch result {
        case let .success(image):
            self.imageView.image = image
        case let .failure(error):
            print("Error fetching image for photo: \(error)")
        }
    }
}
```

在 PhotosViewController.swift 中，用 **prepare(for:sender:)**来传递 **Photo** 和 **PhotoStore**。

```
override func prepare(for segue: UIStoryboardSegue, sender: Any?) {
    switch segue.identifier {
    case "ShowPhoto"?:
```

```
        if let selectedIndexPath =
                collectionView.indexPathsForSelectedItems?.first {

            let photo = photoDataSource.photos[selectedIndexPath.row]

            let destinationVC =
                segue.destination as! PhotoInfoViewController
            destinationVC.photo = photo
            destinationVC.store = store
        }
    default:
        preconditionFailure("Unexpected segue identifier.")
    }
}
```

编译并运行应用。当网络请求完成之后，点一张照片，就可以在新视图控制器中查看照片了（见图21-15）。

图21-15 显示照片

UICollectionView 是一个很强大的控件，可以通过布局对象灵活地展示数据，读者在本章已经对 **UICollectionView** 有了一个初步的了解。

21.7 中级练习：改变 Item 的尺寸

Silver Challenge: Updated Item Sizes

让 **UICollectionView** 每行始终展示四张照片，尽量撑满屏幕，还要同时支持横屏和竖屏。

21.8 高级练习：自定义布局

Gold Challenge: Creating a Custom Layout

创建一个自定义布局，可以以翻书的形式展示照片，翻书的 3D 效果可以使用 **UICollectionViewCell** 的 layer 的 `transform` 属性来实现。自定义的布局对象可以直接从 **UICollectionViewLayout** 继承，也可以从 **UICollectionViewFlowLayout** 继承，查看 **UICollectionViewLayout** 的文档可以获得更多信息。

第22章 Core Data

Core Data

在决定 iOS 应用的数据存储方案时，第一个问题："是本地存储还是远程存储？"如果在远程服务器上存储，则可以使用网络服务。如果使用本地存储，就会出现另外一个问题："是固化还是 Core Data？"

Homepwner 应用使用固化在文件系统中保存数据。固化的缺点是其全有或全无的特性：要访问固化中的任何数据，都需要读取固化的整个文件；要保存任何修改的内容，需要重写固化的整个文件。相对来说，Core Data 可以只读取或保存一部分数据。如果修改了一些对象的数据，则只需要更新部分文件。当需要管理的模型对象越来越多时，数据的获取、更新、删除和插入也会越来越多，这时 Core Data 可以显著提升应用的性能。

22.1 对象图

Object Graphs

Core Data 是一个可以管理模型对象之间关系的框架。它会管理这些对象的生命周期，并且实时更新对象之间的关系。当保存或加载对象时，Core Data 会确保所有数据的一致性。所有对象的集合叫**对象图**，对象可以认为是图中的节点，对象之间的关系可以认为是图的边。

Core Data 会把对象保存到 SQLite 数据库中。使用过其他 SQL 技术的开发者可以把 Core Data 看成是一个对象关系映射系统（ORM），但是理解起来还是会有些疑惑。与 ORM 不同，Core Data 会处理整个存储过程，这些也是关系数据库中的功能。但是，并不需要定义数据库的 scheme 和外键，Core Data 会自动处理。只需要告诉 Core Data 需要存储的内容，Core Data 就会完成其他工作。

读者不需要对存储机制有深入的了解，就可以使用 Core Data 完成关系数据库中数据的读/写操作。本章会介绍 Core Data 相关的知识，并且为 Photorama 应用增强保存数据的功能。

22.2　实体

Entities

关系数据库中有一个叫表的功能。表是一个类型：可以用表来存储用户信息、信用卡消费记录或者房产信息。每个表都有很多列，可以用来保存不同属性的信息。保存用户信息的表中可能的列有：名字、生日和身高。表中的每一行是一条数据，也就是一个用户的信息。

这个结构可以转化到 Swift 中。用 Swift 类表示表的类型；用 Swift 类中的属性对应表的列；用 Swift 类的对象表示表的每一行。Core Data 的工作就是将数据在两种模式之间进行切换（见图 22-1）。

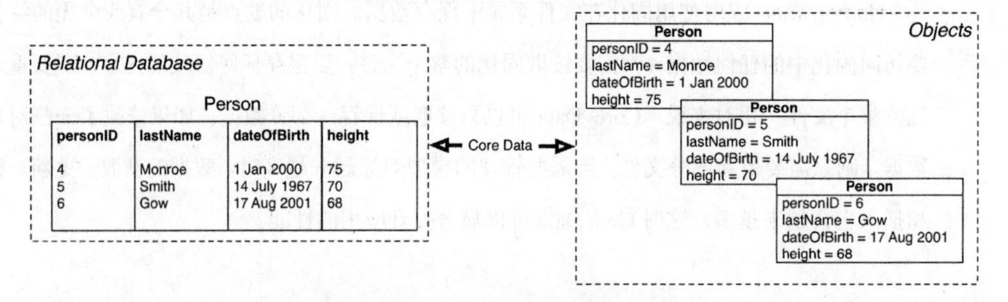

图 22-1　Core Data 的角色

Core Data 使用了一些不同的术语来描述这些概念：一个表/类叫**实体**。一个列/属性叫**属性**。在应用中，Core Data 的模型文件是由实体和属性组成的。在 Photorama 中，会在模型文件中创建一个 **`Photo`** 实体，然后定义 `title`、`remoteURL` 和 `dataTaken` 等属性。

模型实体

打开 `Photorama.xcodeproj`，创建一个新文件，但并不是之前创建的 Swift 文件，而是选择 iOS 部分的 Core Data，然后创建一个叫 `Photorama` 的数据模型（见图 22-2）。

这样将会创建一个 `Photorama.xcdatamodel` 文件并加入项目中。选择项目导航面板中的这个文件，编辑区域会出现管理 Core Data 数据模型的界面。

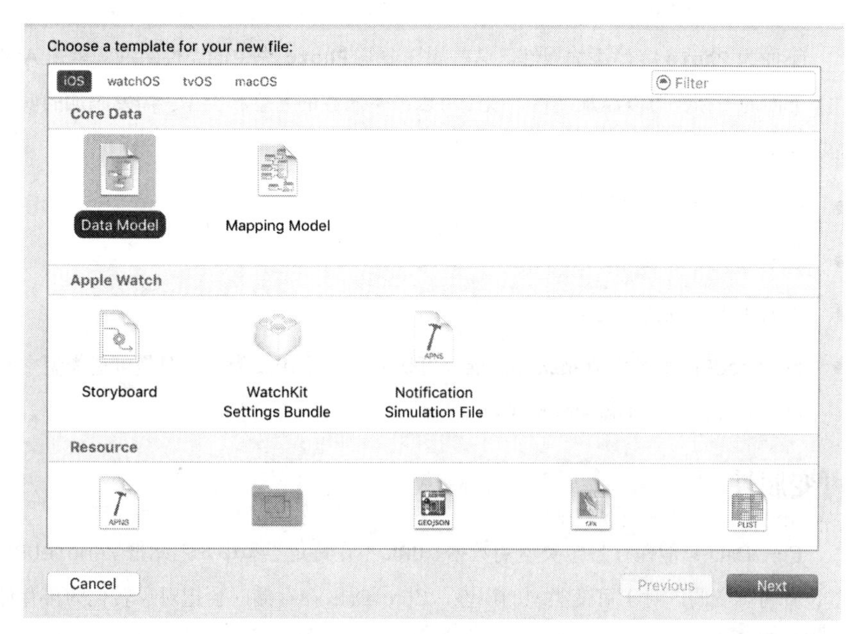

图 22-2　创建数据模型文件

找到窗口左下角的 Add Entity（添加实体）按钮并点击它。左侧实体列表中会出现一个新实体，双击实体把名字改为 **Photo**（见图 22-3）。

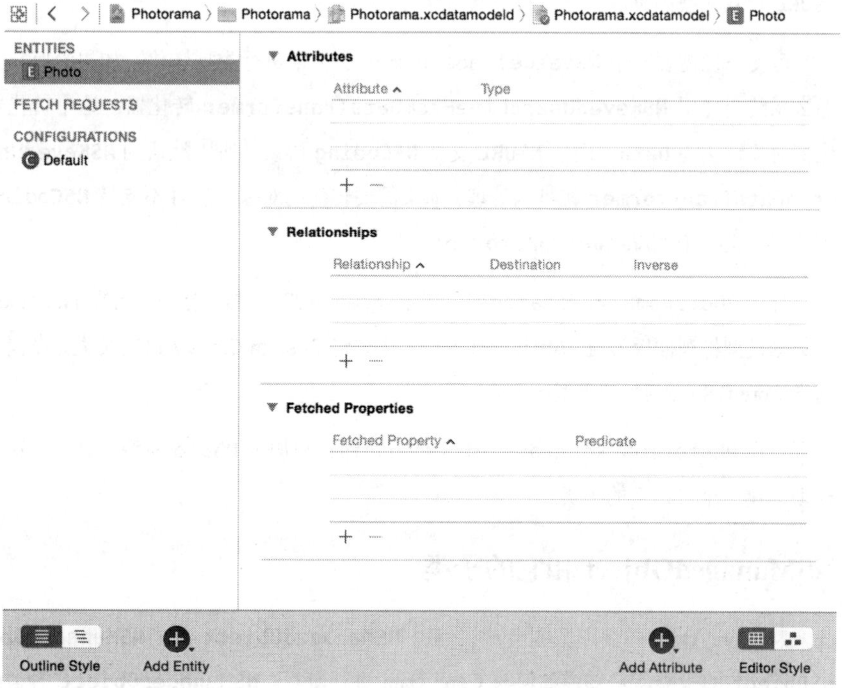

图 22-3　创建 Photo 实体

下面为 **Photo** 实体添加属性。这些属性要与 **Photo** 类中的属性对应。点击 Attributes（属性）下面的＋按钮可以添加属性，双击可以编辑属性的名字和类型。需要添加的属性及其对应的类型如下。

- photoID 类型是 String。
- title 类型是 String。
- dateTaken 类型是 Data。
- remoteURL 类型是 Transformable（可变的，它是 **URL** 类型，但是可选类型中没有这个类型，后面会介绍 Transformable）。

可变属性

Core Data 只能保存特定类型的数据。**URL** 不在特定类型中，因此把 remoteURL 属性的类型设置为可变的。对于可变类型的属性，Core Data 在存储时会把对象转化为可存储的内容，读取时再转化回来。

Core Data 是一个 Objective-C 的框架，底层是使用类实现的。因此在 Core Data 中不能直接使用 **URL**（**URL** 结构体）对象，只能使用 **NSURL**（**NSURL** 是类）对象。Swift 提供了 **URL** 和 **NSURL** 相互转换的机制，本章后面会介绍。

可变属性需要一个 **NSValueTransformer** 子类来进行类型转化。如果没有自定义子类，那么系统会使用 **NSKeyedUnarchiveFromDataTransformer** 转化器。这个转化器会使用固化把对象转化为 **Data**。由于 **NSURL** 支持 **NSCoding** 协议，所以默认的 **NSKeyedUnarchiveFromDataTransformer** 就可以处理。如果需要转化的对象或属性不支持 **NSCoding** 协议，就需要自定义一个 **NSValueTransformer** 子类。

打开 Photorama.xcdatamodel，选择 remoteURL，然后打开右侧的 data model inspector（数据模型检视面板）。在 Attribute（属性）中，将 Custom Class（自定义类）设置为 NSURL。这样 Core Data 就会处理类型转化了。

现在 Photorama.xcdatamodel 文件可以保存和加载 **Photo** 模型了。下一节将为 **Photo** 模型创建一个自定义的子类。

NSManagedObject 和它的子类

从 Core Data 中获取数据会默认使用 **NSManagedObject** 类。**NSManagedObject** 类是 **NSObject** 的子类，它知道如何与 Core Data 进行交互。**NSManagedObject** 的工作原理与字

典有点像：为实体中的每个属性（或关系）保存一个键-值对。

NSManagedObject 与数据容器不太一样，它只具备基础数据的管理功能，如果需要模型对象支持其他功能，就需要创建 **NSManagedObject** 子类。有了子类后，就可以把模型文件中默认的 **NSManagedObject** 改为自定义的类。

Xcode 可以根据模型文件中的定义创建 **NSManagedObject** 子类。

在项目导航面板中，选择 Photo.swift 并删除它。不仅要从项目中删除，文件夹中也要删除。

打开 Photorama.xcdatamodel，选中 Photo 实体并打开右侧的 data model inspector（数据模型检视面板），找到 Codegen 选项并选择 Manual/None。

选中 Photo 实体，打开 Editor 菜单并选择 Create NSManagedObject Subclass...（创建 **NSManagedObject** 子类），在弹出框中选中 Photorama 复选框并点击 Next（下一步）按钮，然后选中 Photo 实体并点击 Next（下一步）按钮，最后点击 Create（创建）按钮。工程中会出现一些错误，接下来会修复这些错误。

模板会创建两个文件：Photo+CoreDataClass.swift 和 Photo+CoreDataProperties.swift。模板把模型文件中所有的属性都添加到了 Photo+CoreDataProperties.swift 中。如果修改模型文件，则可以删掉 Photo+CoreDataProperties.swift，然后重复前面的步骤来重新生成 **NSManagedObject** 子类。Xcode 会识别出已经生成了 Photo+CoreDataClass.swift，然后只生成 Photo+CoreDataProperties.swift。

打开 Photo+CoreDataProperties.swift，看一下生成的文件。

所有的属性前都有@NSManaged 关键字。这是 Core Data 专用的关键字，为了让编译器知道这些属性的存取方法会在运行时实现。由于 Core Data 会负责创建 **NSManagedObject** 对象，因此不需要创建自定义的构造方法，并且这些属性都不是常量，而是变量。其他自定义的属性和代码，应该添加到 Photo+CoreDataClass.swift 文件中。

下面修复前面的错误。

打开 PhotoStore.swift 然后找到 **fetchImage(for:completion:)** 方法，这个方法期望的 photoID 和 remoteURL 是必选类型。但是 Core Data 创建的属性是可选类型。另外，**URLRequest** 的初始化方法需要一个 **URL** 对象，但是 Core Data 创建的属性是 **NSURL** 对象。更新方法来修复这些问题。

```
func fetchImage(for photo: Photo, completion: @escaping (ImageResult) -> Void){

    guard let photoKey = photo.photoID else{
        preconditionFailure("Photo expected to have a photoID")
    }
    if let image = imageStore.image(forKey: photoKey){
        OperationQueue.main.addOperation{
            completion(.success(image))
        }
        return
    }

    guard let photoURL = photo.remoteURL else{
        preconditionFailure("Photo expected to have a remote URL.")
    }
    let request = NSURLRequest(URL: photoURL as URL)
```

首先使用 guard 对 **NSURL** 属性进行解包，然后使用 as 把 **NSURL** 转化为 **URL**。编译器知道 **NSURL** 和 **URL** 是相关的，因此会自动处理这个转化。

现在已创建了数据模型，定义了 **Photo** 实体。下一步是设置 **NSPersistentContainer**，**NSPersistentContainer** 将会负责应用与 Core Data 之间的交互。项目中仍然有一些错误，我们会在添加 **NSPersistentContainer** 之后修复。

22.3　NSPersistentContainer

NSPersistentContainer

Core Data 由很多类一起组成，这些类被称为 Core Data stack。通过 **NSPersistentContainer** 可以访问这些类。本章末尾的深入学习会详细介绍 Core Data stack。

使用 Core Data 时，需要引入 Core Data 框架。

打开 PhotoStore.swift 文件，在顶部引入 Core Data。

```
import UIKit
import CoreData
```

在 PhotoStore.swift 中，添加一个属性来保存 **NSPersistentContainer** 对象。

```
class PhotoStore{
    let imageStore = ImageStore()

    let persistentContainer: NSPersistentContainer = {
        let container = NSPersistentContainer(name: "Photorama")
        container.loadPersistentStore {(description, error) in
            if let error = error{
                print("Error setting up Core Data (\(error)).")
            }
        }
    }()
```

这里使用一个名称来初始化 **NSPersistentContainer**。这个名称必须与模型文件的名称一致。创建容器之后，就可以加载保存在硬盘上的数据了。默认情况下，数据会使用 SQLite 数据库保存到硬盘上。由于这个操作会花费一些时间，因此加载数据是异步执行的，执行完成后会调用回调方法。

22.4 更新数据

Updating Items

设置好 **NSPersistentContainer** 之后，就可以与 Core Data 进行交互了。与 Core Data 进行交互时，主要通过 viewContext 来完成。创建和保存实体的操作都可以通过 viewContext 来完成。

viewContext 是 **NSManagedObjectContext** 类型的对象，通过这个对象可以访问实体数据。当通过 viewContext 获取实体时，viewContext 会把实体和对象图复制到内存中。在修改实体数据之前，实体的数据都不会变化。

插入数据

创建数据之后，需要把数据放入 **NSManagedObjectContext** 中。

打开 FlickrAPI.swift 并引入 Core Data 框架。

```
import Foundation
import CoreData
```

更新 **photo(fromJSON:)**方法，增加一个 **NSManagedObjectContext** 类型的参数。后面会使用这个参数来插入新数据，代码如下：

```
private static func photo(fromJSON json: [String : Any],
      into context: NSManagedObjectContext) -> Photo? {

    guard
       let photoID = json["id"] as? String,
       let title = json["title"] as? String,
       let dateString = json["datetaken"] as? String,
       let photoURLString = json["url_h"] as? String,
       let url = NSURL(string: photoURLString),
       let dateTaken = dateFormatter.dateFromString(dateString) else {
          return nil
    }

    return Photo(title: title, photoID: photoID, remoteURL: url,
          dateTaken: dateTaken)
```

```
    var photo: Photo!
    context.performAndWait {
        photo = Photo(context: context)
        photo.title = title
        photo.photoID = photoID
        photo.remoteURL = url as NSURL
        photo.dateTaken = dateTaken as NSDate
    }

    return photo
}
```

每个 **NSManagedObjectContext** 都与一个指定的并发队列关联。viewContext 是与主线程关联的，即与 UI 线程关联的。使用 **NSManagedObjectContext** 的时候，必须在对应的线程上使用。**NSManagedObjectContext** 有两个方法可以完成这个任务：**perform(_:)**和**performAndWait(_:)**。不同点是 **perform(_:)**是异步的，**performAndWait(_:)**是同步的。由于是使用 **photo(fromJSON:into:)**返回的数据来插入数据，因此需要使用同步方法。

由于 **photo(fromJSON:into:)**方法是由 **photos(fromJSON:)**方法调用的，因此下面为**photos(fromJSON:)**方法增加一个参数。

```
static func photos(fromJSON data: Data, into context:
    NSManagedObjectContext) -> PhotosResult {

    do {
      …
        var finalPhotos = [Photo]()
        for photoJSON in photosArray {
            if let photo = photo(fromJSON: photoJSON, into: context) {
                finalPhotos.append(photo)
            }
        }
```

最后，在 **FlickrAPI** 的网络请求完成后把 viewContext 传进去。

打开 PhotoStore.swift 并更新 **processPhotosRequest(data:error:)**方法，代码如下：

```
private func processPhotosRequest(data data: Data?, error: Error?) ->
    PhotosResult {

    guard let jsonData = data else {
        return .failure(error!)
    }

    return FlickrAPI.photos(fromJSON: jsonData, into:
        persistentContainer.viewContext)
}
```

编译并运行应用，现在所有的错误都解决了。虽然应用的行为看起来与以前一样，但是应用数据已经由 Core Data 保存了。下面会实现保存照片及其与照片相关数据的功能。

保存修改

回顾 **NSManagedObject** 的知识，**NSManagedObject** 只有明确调用保存方法时才会进行数据保存。

打开 PhotoStore.swift 并更新 **fetchInterestingPhotos(completion:)** 方法，在方法中保存 **Photo** 数据。

```
func fetchInterestingPhotos(completion: @escaping (PhotosResult) -> Void) {

    let url = FlickrAPI.interestingPhotosURL
    let request = URLRequest(URL: url)
    let task = session.dataTask(with: request) {
        (data, response, error) -> Void in

        let var result = self.processPhotosRequest(data: data, error: error)

        if case .success = result {
            do{
                try self.persistentContainer.viewContext.save()
            } catch let error {
                result = .failure(error)
            }
        }

        OperationQueue.main.addOperation {
            completion(result)
        }
    }
    task.resume()
}
```

22.5 更新数据源

Updating the Data Source

现在有一个问题是，**fetchInterestingPhotos(completion:)** 只返回了新加入的照片数据。既然应用支持保存数据，那么应该返回所有的数据（包括之前保存的数据和新加入的数据）。可以通过 Core Data 的 fetch request（获取请求）来获取保存的照片数据。

NSFetchRequest 和 NSPredicate

要从 **NSManagedObjectContext** 中获取保存的数据，需要创建一个 **NSFetchRequest** 对象。获取请求执行之后，会得到符合请求参数的对象数组。

获取请求中需设置一些参数来决定要获取的对象类型以及条件。要获取 **Photo** 对象，就

要指定 **Photo** 实体。还可以设置排序方法来控制返回数据中的顺序。设置排序方法时，需要一个键名来指定要排序的对象属性，以及一个布尔值表示是按升序排列还是按降序排列。

NSFetchRequest 中的 sortDescriptors 属性是一个包含 **NSSortDescriptor** 对象的数组。为什么这个属性是数组类型的呢？当排序顺序不明确时，这个数组就很有用。例如，按照姓来对人名进行排序，很可能有多个人有相同的姓，这时可以指定当姓相同时，再按照名进行排序。也可以使用一个包含两个 **NSSortDescriptor** 对象的数组来实现。第一个 **NSSortDescriptor** 对象的键值为人的姓，第二个 **NSSortDescriptor** 对象的键值为人的名。

NSPredicate 类中包含一个条件，条件的结果可以是 true 或 false。如果要获取特定的照片，那么可以创建一个 **NSPredicate** 并加入请求，代码如下：

```
let predicate = NSPredicate(format: #keyPath(Photo.photoID) ==
    \(someIdentifier)")
request.predicate = predicate
```

条件字符串可以很长、很复杂，苹果的“Predicate Programming Guide”文档中有详细介绍。

现在想要获取照片并按照片的 dateTaken 降序排列。要完成这个任务，首先需要创建一个 **NSFetchRequest** 对象，并指定要获取的对象为 **Photo** 类型。然后再设置一个 **NSSortDescriptor** 对象数组，对于 Photorama 来说，数组中只需要一个按照 dateToken 属性排序的 **NSSortDescriptor**。最后通过 **NSManagedObjectContext** 来执行请求。

在 PhotoStore.swift 中实现一个从 viewContext 中获取照片的方法。

```
func fetchAllPhotos(completion: @escaping (PhotosResult) -> Void) {
    let fetchRequest = NSFetchRequest<Photo> = Photo.fetchRequest()
    let sortByDateTaken = NSSortDescriptor(key: #keyPath(Photo.dateTaken),
        ascending: true)
    fetchRequest.sortDescriptors = [sortByDateTaken]

    let viewContext = persistentContainer.viewContext
    viewContext.perform{
        do {
            let allPhotos = try viewContext.fetch(fetchRequest)
            completion(.success(allPhotos))
        } catch {
            completion(.failure(error))
        }
    }
}
```

打开 PhotosViewController.swift，添加一个更新照片数据源的方法。

```
private func updateDataSource(){
    store.fetchAllPhotos {
        (photosResult ) in

        switch photosResult {
```

```
        case let .success(photos):
            self.photoDataSource.photos = photos
        case .failure:
            self.photoDataSource.photos.removeAll()
        }
        self.collectionView.reloadSections(IndexSet(integer: 0))
    }
}
```

更新 **viewDidLoad()** 方法，在方法中调用 **updateDataSource()** 方法来获取并显示保存在 Core Data 中的照片。

```
override func viewDidLoad()
    super.viewDidLoad()

    collectionView.dataSource = photoDataSource
    collectionView.delegate = self

    store.fetchRecentPhotos() {
        (photosResult) -> Void in

        switch photosResult {
            case let .success(photos):
                print("Successfully found \(photos.count) recent photos.")
                self.photoDataSource.photos = photos
            case let .failure(error):
                print("Error fetching recent photos: \(error)")
                self.photoDataSource.photos.removeAll()
            }
            self.collectionView.reloadSections(NSIndexSet(index: 0))
        }

        self.updateDataSource()
    }
}
```

当网络请求完成时，之前保存的照片数据也会返回。但是仍然有一个问题：如果多次启动应用，网络请求会返回相同的照片数据，照片数据会被多次添加到 Core Data 中，因此会出现大量重复的照片。非常幸运的是，每张照片都有一个唯一标识，当网络请求完成时，可以把照片数据的唯一标识和 Core Data 中存储的唯一标识进行对比，如果找到了相同唯一标识的照片，就不插入数据；如果没有找到，就插入新的照片数据。

要完成这个任务，需要有一个方式来告诉获取请求只返回符合条件的照片。目前的场景是，只返回有指定唯一标识的图片。返回的内容是 0 条或者 1 条照片数据。在 Core Data 中，可以使用 **NSPredicate** 来完成。

在 `FlickrAPI.swift` 中更新 **photo(fromJSON:into:)** 方法。在插入新数据之前，先检查带指定唯一标识的照片是否存在。

```
private static func photo(fromJSON json: [String : Any],
      into context: NSManagedObjectContext) -> Photo? {
```

```
    guard
        let photoID = json["id"] as? String,
        let title = json["title"] as? String,
        let dateString = json["datetaken"] as? String,
        let photoURLString = json["url_h"] as? String,
        let url = NSURL(string: photoURLString),
        let dateTaken = dateFormatter.dateFromString(dateString) else {
            //没有足够的信息来构建照片
            return nil
    }

    let fetchRequest: NSFetchRequest<Photo> = Photo.fetchRequest()
    let predicate = NSPredicate(format: "\(#keypath(Photo.photoID)) ==
        \(photoID)")
    fetchRequest.predicate = predicate

    var fetchedPhotos:[Photo]?
    context.performAndWait {
        fetchedPhotos = try? fetchRequest.execute()
    }
    if let existingPhoto = fetchedPhotos?.first {
        return existingPhoto
    }

    var photo: Photo!
    context.performAndWait {
        photo = Photo(context: context)
        photo.title = title
        photo.photoID = photoID
        photo.remoteURL = url as NSURL
        photo.dateTaken = dateTaken as NSDate
    }

    return photo
}
```

现在重复的照片不会添加到Core Data了。

编译并运行应用，显示的照片与添加Core Data之前一样。与在第16章中的一样，按一下主屏幕按钮关掉应用（在模拟器上使用Shift＋Command＋H组合键），再次打开应用，就会在**UICollectionView**中看到Core Data保存的照片了。

现在还有一个问题：网络请求完成之后用户才能看到照片，如果用户的网络很慢，那么可能会在60秒（网络请求默认的超时时间是60秒）之后还看不到照片。最好是启动后先显示之前保存的照片，从Flickr获取到数据后再刷新照片。

下面开始实现这个功能。打开PhotosViewController.swift，当视图加载完成之后先加载本地照片。

```
override func viewDidLoad()
    super.viewDidLoad()

    collectionView.dataSource = photoDataSource
```

```
    collectionView.delegate = self

    updateDataSource()

    store.fetchRecentPhotos() {
        (photosResult) -> Void in

        self.updateDataSource()
    }
}
```

现在 Photorama 每次运行时都会保存数据了。照片的模型数据是使用 Core Data 保存的，图片数据是使用文件保存的。数据的存储是不能用一种机制满足所有情况的，每种存储机制都有优势和不足。在本章中，读者学习到了 Core Data 的一些知识，但是这只是一部分。第 23 章会继续介绍 Core Data 框架，读者会学习到 Core Data 与性能相关的知识。

22.6 初级练习：照片查看次数

Bronze Challenge: Photo View Count

给 **Photo** 对象添加一个属性，用来记录照片被查看了多少次，并在 **PhotoInfoViewController** 界面上显示查看的次数。

22.7 深入学习：Core Data Stack

For the More Curious: The Core Data Stack

NSManagedObjectModel

本章前面接触过模型文件，模型文件是应用定义实体和属性的地方，可以使用 **NSManagedObjectModel** 对象表示。

NSPersistentStoreCoordinator

Core Data 可以以几种不同的格式保存数据。

SQLite	数据使用 SQLite 数据库保存到硬盘上。通常使用这种方式存储
Atomic	数据使用二进制格式存储到硬盘上
XML	数据使用 XML 格式存储到硬盘上。这种类型在 iOS 上不支持
In-Memory	数据不保存在硬盘上，而是保存在内存中

对象图和数据之间的关系是通过 **NSPersistentStoreCoordinator** 对象来管理的。这个类需要知道两件事："数据模型是什么？"和"从哪里保存和加载数据？"要回答这两个问题，需要使用 **NSManagedObjectModel** 来创建 **NSPersistentStoreCoordinator** 对象。

当 **NSPersistentStoreCoordinator** 对象创建之后，需要给它指定一个 store。运行时，store 需要知道存储类型和数据存储的位置。

NSManagedObjectContext

与 **NSManagedObject** 对象的交互是通过 **NSManagedObjectContext** 对象完成的。**NSManagedObjectContext** 是与一个指定的 **NSPersistantCoordinator** 对象相关的。可以把 **NSManagedObjectContext** 想象为一个快捷助手：当需要获取对象时，**NSManagedObjectContext** 会通过 **NSPersistentStoreCoordinator** 把数据拷贝到内存中；当需要保存对象时，可以通过调用 **NSManagedObjectContext** 的保存方法将数据保存到文件中，而调用保存方法之前，文件系统中的数据还是之前的数据。

第 23 章

Core Data 关系

Core Data Relationships

当只有一个实体类型时，使用 Core Data 的优势还不明显。当有多个实体并且它们之间有关系时，就更能体现出 Core Data 的优势，因为 Core Data 会管理实体之间的关系。

本章会为照片添加一些标签，比如“自然”“电子产品”或“自拍”。用户可以为照片添加多个标签，也可以添加自定义标签（见图 23-1）。

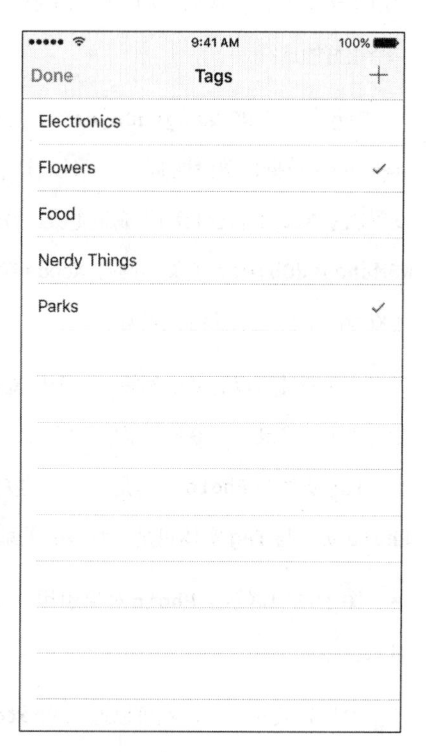

图 23-1　最终的 Photorama 应用

23.1 关系

Relationships

使用 Core Data 的一个好处是，实体之间可以有相互关系，这样可以创建复杂的模型。实体之间的关系，也就是对象之间的引用关系，一般有两种关系，即一对一和一对多。

在一对一关系中，一个实体对象会对另外一个对象有引用关系。

在一对多关系中，一个实体对象会对一个集合有引用关系。这个集合中包含与它有关系的对象。

为了讲解实体关系，下面先在模型文件中添加一个新实体。

重新打开 Photorama 应用。在 Photorama.xcdatamodeld 中添加一个叫 **Tag** 的实体。在该实体中，添加一个 **String** 类型的属性，叫 name。通过 **Tag** 实体可以给照片添加标签。

与第 22 章的 **Photo** 实体不同，这里不会为 **Tag** 实体创建 **NSManagedObject** 子类，而是使用 Xcode 代码生成器自动生成的子类。如果不需要自定义的功能，让 Xcode 自动生成子类是一个很好的选择。

Tag 实体的 **NSManagedObject** 子类其实已经生成了。选中 **Tag** 实体，打开右侧的 data model inspector（数据模型检视面板），可以看到 Class 中的 Codegen 设置的是 Class Definition，这个设置表示 Xcode 将会自动生成整个类。另外几个设置是 Category/Extension（表示需要自己创建 **NSManagedObject** 子类，同时 Xcode 会生成一个类扩展来存储属性和关系）和 Manual/None（Xcode 不会生成任何代码）。

一张照片可以有多个标签，一个标签也可以与多张照片相关。例如，一张 iPhone 的照片可能有“电子产品”标签和“苹果”标签，一台磁带录像机可能有“电子产品”标签和“稀有”标签。**Tag** 实体与 **Photo** 实体是一对多的关系，因为多个 **Photo** 对象可以与一个 **Tag** 对象相关；**Photo** 实体与 **Tag** 实体也是一对多的关系，因为多个 **Tag** 对象可以与一个 **Photo** 对象相关。

图 23-2 中展示了 **Photo** 对象引用一个集合的 **Tag** 对象，**Tag** 对象也引用一个集合的 **Photo** 对象。

设置好关系之后，就可以通过 **Photo** 对象获取相关的 **Tag** 对象，或者通过 **Tag** 对象获取相关的 **Photo** 对象。

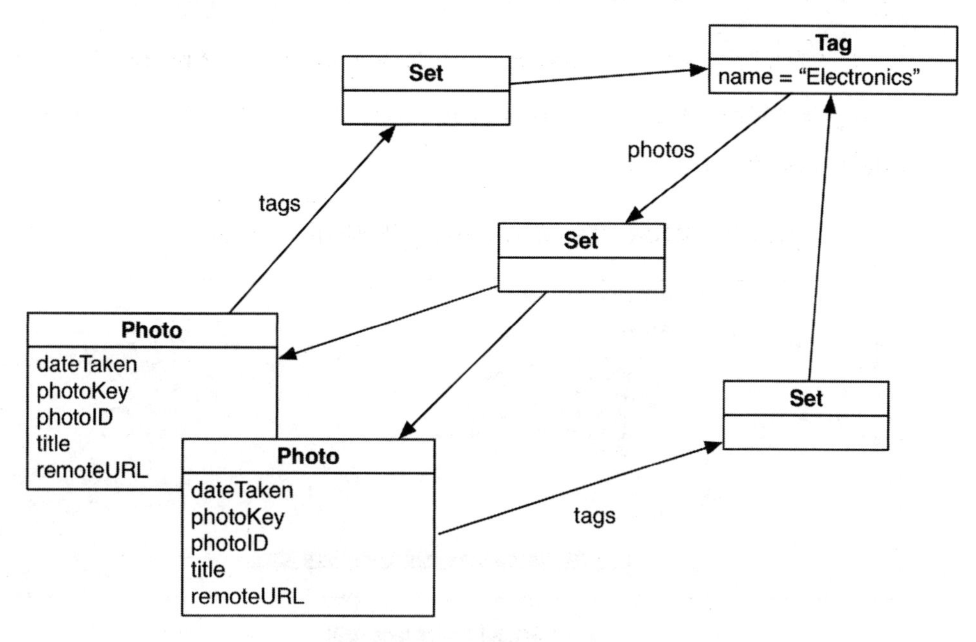

图 23-2 Photorama 的实体

下面在模型文件中添加这两个关系。首先选中 Tag 实体，然后点击 Relationships（关系）部分的+按钮，并把关系名改为 photos；接下来在 Destination（目标）列选择 Photo。在模型检视面板中，在 Type 下拉菜单中选择 To Many，不要勾选 Optional 旁边的复选框（见图 23-3）。

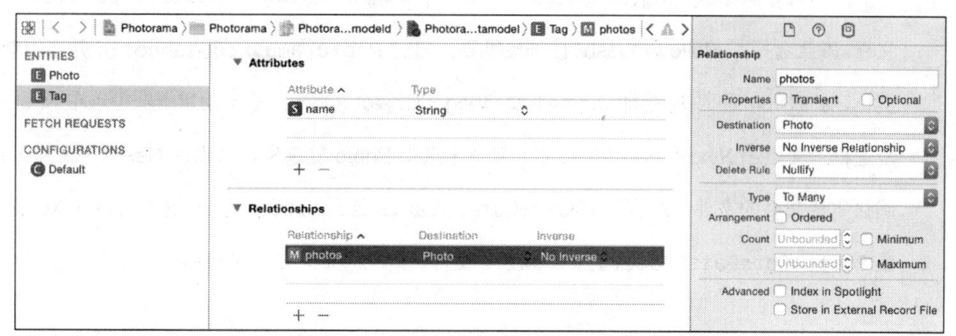

图 23-3 创建 photos 关系

下面选中 **Photo** 实体，添加一个叫 tags 的关系并将 Destination 设置为 Tag。在数据模型检视面板中，将 Type 设置为 To Many，不要勾选 Optional 旁边的复选框。

现在有两个单向关系了，也可以将它们设置为反向关系，反向关系是两个实体之间的双向关系。如果在 **Photo** 和 **Tag** 之间设置了双向关系，无论对数据做什么修改，Core Data 都可以保持对象图不变。

如果要创建反向关系，点击 Inverse 列中的 No Inverse，然后选择 `photos`（见图 23-4）。（也可以在编辑器区域的 Relationships（关系）部分中进行此更改，方法是单击 Inverse 列中的 No Inverse 并选择照片。）

回到 **`Tag`** 实体中会发现，**`Tag`** 实体的 Inverse 列中显示了 `photos`。

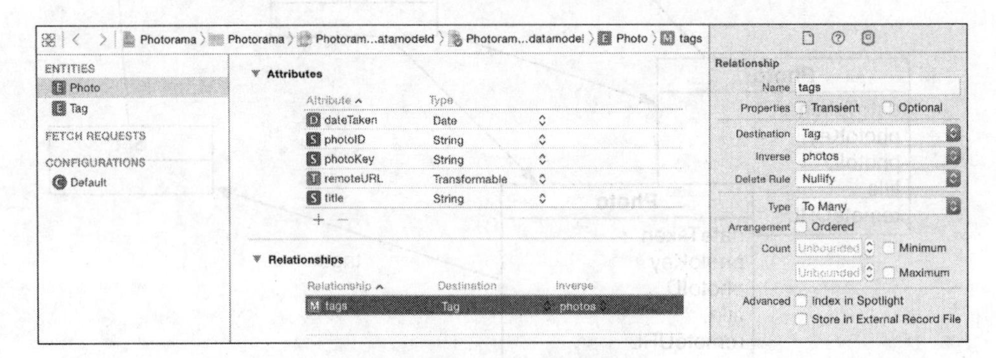

图 23-4　创建 tags 关系

现在 **`Photo`** 实体的模型已经改变了，因此需要重新生成 `Photo+CoreDataProperties.swift` 文件。

在项目导航面板（project navigator）中，选中并删除 `Photo+CoreDataProperties.swift` 文件，确认选择了 Move to Trash（移到废纸篓）。打开 `Photorama.xcdatamodeld` 并选中 **`Photo`** 实体，在 Editor 菜单中，选择 Create NSManagedObject Subclass...，在弹出框中选中 Photorama 复选框，并点击 Next（下一步）按钮。接下来选中 Photo 复选框，并点击 Next（下一步）按钮。确认生成文件的文件夹位置与 `Photo+CoreDataClass.swift` 的相同，这样可以让 Xcode 只生成 `Photo+CoreDataProperties.swift` 文件。确认之后，点击 Create（创建）按钮。

23.2　在界面中添加标签

Adding Tags to the Interface

当用户查看一张照片时，目前只能看到照片和标题。下面更新界面，展示照片相关的标签。

打开 `Main.storyboard` 并找到 Photo Info View Controller，在视图的底部添加一个 **`UIToolbar`**，然后设置约束让 **`UIToolbar`** 一直显示在底部——与 Homepwner 中的操作一样，

添加底部与顶部距离为 0 的约束。在 **UIToolbar** 上添加一个 **UIBarButtonItem**，并将标题设置为 Tags。界面看起来应该与图 23-5 一致。

图 23-5 Photo Info View Controller 的界面

新创建一个 TagsViewController.swift 文件，然后打开这个文件，并定义一个 **UITableViewController** 的子类 **TagsViewController**，最后在这个文件中引入 UIKit 和 CoreData，代码如下：

```
~~import Foundation~~
import UIKit
import CoreData

class TagsViewController: UITableViewController {

}
```

TagsViewController 将会显示所有的标签。同时，用户可以在这里选择标签来查看相关的照片，也可以在这里添加新标签。图 23-6 是完成后的界面。

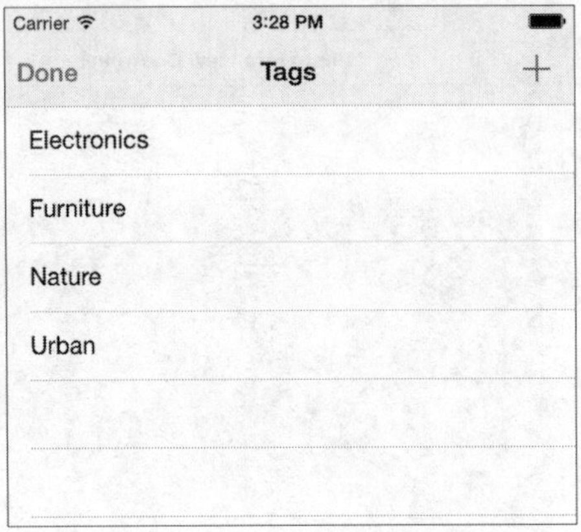

图 23-6 TagsViewController

为 **TagsViewController** 类添加一个 **PhotoStore** 类型的属性和一个 **Photo** 类型的属性。另外还需要一个保存当前选中标签的属性，这里使用 **NSIndexPath** 对象来保存。

```
class TagsViewController: UITableViewController {

    var store: PhotoStore!
    var photo: Photo!

    var selectedIndexPaths = [NSIndexPath]()
}
```

UITableView 的数据源将使用另外一个类，与第 21 章中的 **PhotoDataSource** 类似，应用的类的功能独立，在未来更容易扩展。下面这个类会负责管理 **UITableView** 中显示的标签。

新创建一个 TagDataSource.swift 文件，定义 **TagDataSource** 类并实现 **UITableView** 的数据源方法。这里也需要引入 UIKit 和 CoreData。

```
import Foundation
import UIKit
import CoreData

class TagDataSource: NSObject, UITableViewDataSource {

    var tags: [Tag] = []

    func tableView(_ tableView: UITableView,
            numberOfRowsInSection section: Int) -> Int {
        return tags.count
    }

    func tableView(_ tableView: UITableView,
            cellForRowAt indexPath: NSIndexPath) -> UITableViewCell {
```

```
        let cell = tableView.dequeueReusableCell(withIdentifier:
           "UITableViewCell",for: indexPath)

        let tag = tags[indexPath.row]
        cell.textLabel?.text = tag.name

        return cell
    }

}
```

打开 PhotoStore.swift 文件，为标签定义一个新的结果类型。

```
enum PhotosResult{
    case success([Photo])
    case failure(Error)
}

enum TagsResult{
    case success([Tag])
    case failure(Error)
}

class PhotoStore
```

下面定义一个新方法，从 viewContext 中获取所有标签。

```
func fetchAllTags(completion: @escaping (TagsResult) -> Void){
    let fetchRequest: NSFetchRequest<Tag> = Tag.fetchRequest()
    let sortByName = NSSortDescriptor(key: #keyPath(Tag.name), ascending: true)
    fetchRequest.sortDescriptors = [sortByName]

    let viewContext = persistentContainer.viewContext
    viewContext.perform {
        do {
            let allTags = try fetchRequest.execute()
            completion(.success(allTags))
        }
        catch {
            completion(.failure(error))
        }
    }
}
```

打开 TagsViewController.swift 文件，将 **UITableView** 的 dataSource 属性设置为 **TagDataSource** 对象，代码如下：

```
class TagsViewController: UITableViewController {

    var store: PhotoStore!
    var photo: Photo!

    var selectedIndexPaths = [NSIndexPath]()

    let tagDataSource = TagDataSource()

    override func viewDidLoad() {
        super.viewDidLoad()
```

```
        tableView.dataSource = tagDataSource
    }
}
```

下面获取标签并将它们设置给 **TagDataSource** 对象的 tags 属性。

```
override func viewDidLoad() {
    super.viewDidLoad()

    tableView.dataSource = tagDataSource

    updateTags()
}

func updateTags() {
    store.fetchAllTags {
        (tagsResult) in

        switch tagsResult {
        case let .success(tags):
            self.tagDataSource.tags = tags
        case let .failure(error):
            print("Error fetching tags: \(error).")
        }
    }
}
```

TagsViewController 需要管理选中的标签，并在用户选中和取消选中标签时更新 **Photo** 对象。

在 **TagsViewController** 中，更新对应的 selectedIndexPaths 数组，代码如下：

```
override func viewDidLoad() {
    super.viewDidLoad()

    tableView.dataSource = tagDataSource
    tableView.delegate = self
    updateTags()
}

func updateTags() {
    store.fetchAllTags {
        (tagsResult) in

        switch tagsResult {
        case let .success(tags):
            self.tagDataSource.tags = tags

            guard let photoTags = self.photo.tags as Set<Tag> else{
                return
            }

            for tag in photoTags {
                if let index = self.tagDataSource.tags.index(of: tag){
                    let indexPath = IndexPath(row: index, section: 0)
```

```
                self.selectedIndexPaths.append(indexPath)
            }
        }
    case let .failure(error):
        print("Error fetching tags: \(error).")
    }
  }
}
```

下面添加对应的 **UITableViewDelegate** 方法，在代理方法中处理选择和显示的逻辑。

```
override func tableView(_ tableView: UITableView,
        didSelectRowAt indexPath: IndexPath) {

    let tag = tagDataSource.tags[indexPath.row]

    if let index = selectedIndexPaths.index(Of: indexPath) {
        selectedIndexPaths.remove(at: index)
        photo.removeFromTags(tag)
    }
    else {
        selectedIndexPaths.append(indexPath)
        photo.addToTags(tag)
    }

    do {
        try store.persistentContainer.viewContext.save()
    } catch {
        print("Core Data save failed: \(error).")
    }

    tableView.reloadRows(at: [indexPath], with: .automatic)
}

override func tableView(_ tableView: UITableView,
        willDisplayCell cell: UITableViewCell,
        forRowAt indexPath: IndexPath) {

    if selectedIndexPaths.index(of: indexPath) != nil {
        cell.accessoryType = .checkmark
    }
    else {
        cell.accessoryType = .none
    }
}
```

下面实现当用户点击 **PhotoInfoViewController** 中的 Tags 按钮时，可以模态的形式展示 **TagsViewController**。

打开 Main.storyboard 并拖一个 **UINavigationController** 到画布上，画布上应该会显示一个以 **UITableViewController** 为根视图控制器的 **UINavigationController**。如果根视图控制器不是 **UITableViewController**，那么删掉根视图控制器，然后拖一个 **UITableViewController** 到画布上，并设置为 **UINavigationController** 的根视图控制器。

按住 Control，并将 **PhotoInfoViewController** 的 Tags 按钮拖到新创建的 **UINavigationController** 上，然后在弹出框中选择 Present Modally（见图 23-7）。打开 segue 的属性检视面板，把 Identifier 设置为 ShowTags。

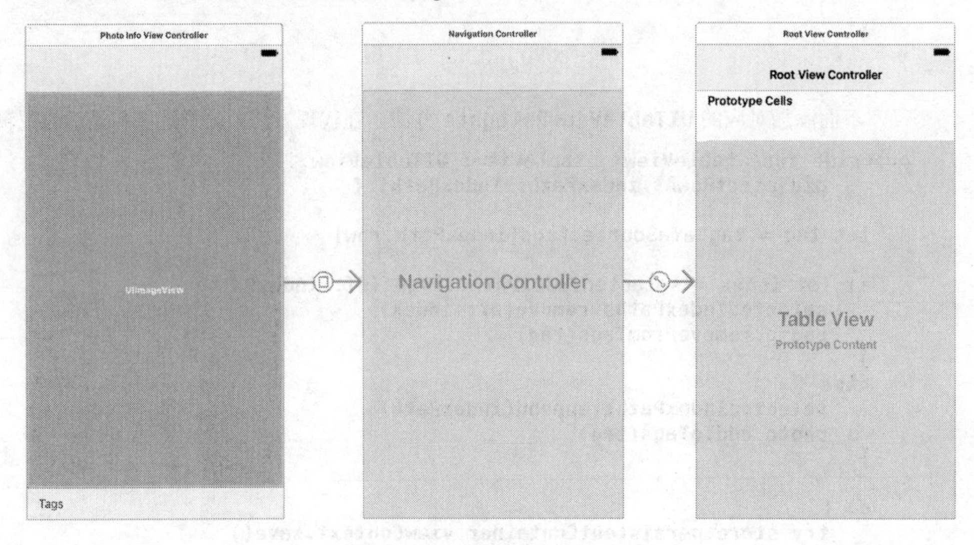

图 23-7　添加 TagsViewController

选中刚才在画布上添加的根视图控制器，打开标识检视面板，并把类名改为 TagsViewController。新添加的视图控制器上没有 UINavigationItem，因此从对象库中拖一个 UINavigationItem 到视图控制器上，然后双击 UINavigationItem 的标题并把标题改为 Tags。

接下来修改 **TagsViewController** 界面上的 **UITableViewCell**，需要设置正确的样式和重用标识。

选中 **UITableViewCell**（使用文件大纲选择会更容易），并打开属性检视面板，将 Style（样式）改为 Basic、Identifier 设置为 UITableViewCell（见图 23-8）。

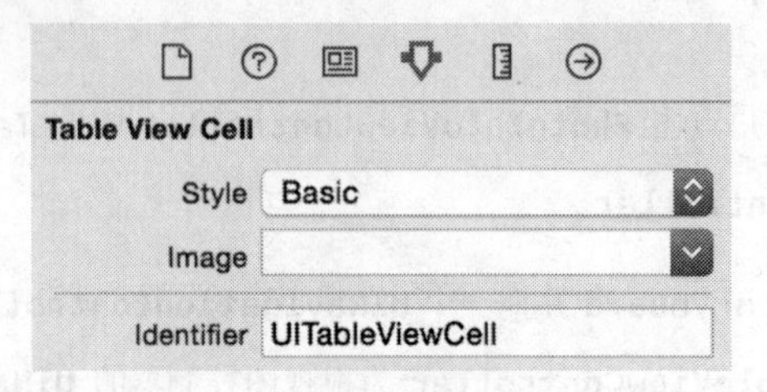

图 23-8　配置 UITableViewCell

下面需要在 **TagsViewController** 的 **UINavigationBar** 上添加两个按钮：一个完成按钮用来关闭视图控制器，一个添加按钮用来添加新标签。

拖两个 **UIBarButtonItem** 到 **TagsViewController** 的 **UINavigationBar** 两边。对于左边的 **UIBarButtonItem**，将其 Style 和 System Item 都设置为 Done；对于右边，将其 Style 设置为 Bordered、System Item 设置为 Add（见图 23-9）。

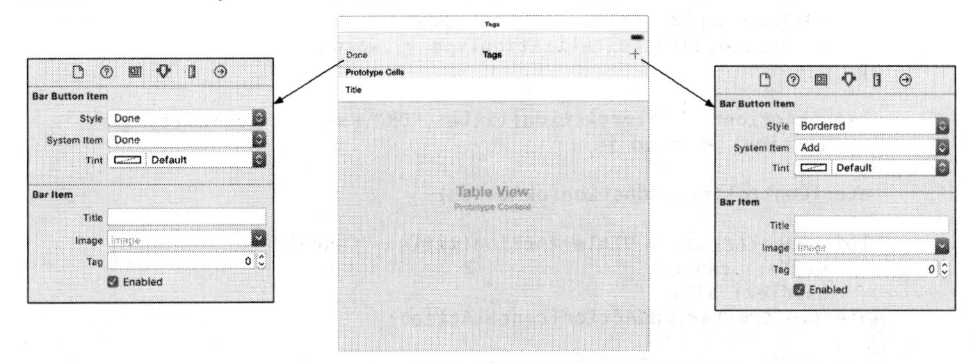

图 23-9 UIBarButtonItem 的属性

接下来在 **TagsViewController** 中创建并连接 **UIBarButtonItem** 的动作方法，其中，完成按钮与 **done(_:)** 方法连接起来，添加按钮与 **addNewTag(_:)** 方法连接起来。**TagsViewController** 中的两个方法如下：

```
@IBAction func done(_ sender: UIBarButtonItem) {

}

@IBAction func addNewTag(_ sender: UIBarButtonItem) {

}
```

done(_:)方法的实现很简单，只需要关闭视图控制器即可。下面实现 **done(_:)**方法。

```
@IBAction func done(sender: UIBarButtonItem) {
    presentingViewController?.dismiss(animated: true,
        completion: nil)
}
```

当用户点击添加按钮时，会弹出一个弹出框让用户输入新标签的名字，如图 23-10 所示。

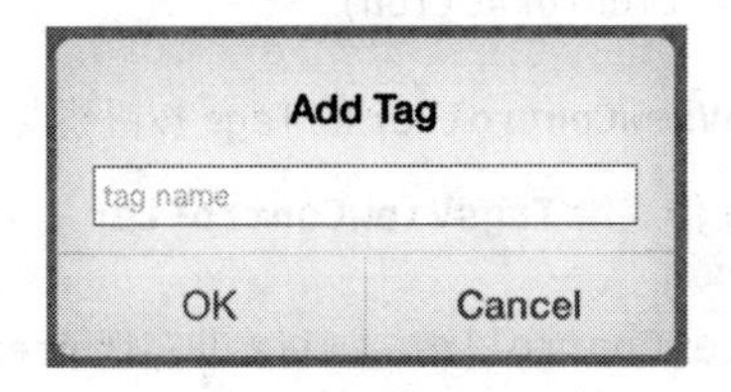

图 23-10 添加一个新标签

在 **addNewTag(_:)**方法中初始化并展示 **UIAlertController**，代码如下：

```
@IBAction func addNewTag(_ sender: UIBarbuttonItem) {
```

```
    let alertController = UIAlertController(title: "Add Tag",
        message: nil,
        preferredStyle: .alert)

    alertController.addTextField {
          (textField) -> Void in
        textField.placeholder = "tag name"
        textField.autocapitalizationType = .words
    }

    let okAction = UIAlertAction(title: "OK", style: .default) {
        (action) -> Void in
    }
    alertController.addAction(okAction)

    let cancelAction = UIAlertAction(title: "Cancel",
        style: .cancel,
        handler: nil)
    alertController.addAction(cancelAction)

    presentViewController(alertController,
        animated: true,
    completion: nil)
}
```

更新 okAction 的方法，在该方法中插入一个新标签，然后保存修改并更新标签列表，最后刷新 **UITableView** 的界面。代码如下：

```
let okAction = UIAlertAction(title: "OK", style: .Default) {
  (action) -> Void in
    if let tagName = alertController.textFields?.first?.text {
        let context = self.store.persistentContainer.viewContext
        let newTag = NSEntityDescription.insertNewObject(forEntityName:"Tag",
                                                         into: context)
        newTag.setValue(tagName, forKey: "name")

        do {
            try self.store.persistentContainer.viewContext.save()
        }
        catch let error {
            print("Core Data save failed: \(error)")
        }
        self.updateTags()
    }
}
alertController.addAction(okAction)
```

最后，当 **PhotoInfoViewController** 的 Tags 按钮被点击时，**PhotoInfoViewController** 需要把 store 和 photo 传递给 **TagsViewController**。

打开 PhotoInfoViewController.swift 并实现 **prepare(for:)** 方法，代码如下：

```
override func prepare(for segue: UIStoryboardSegue, sender: Any?) {
    switch segue.identifier{
    case "ShowTags"?
        let navController = segue.destination as!
```

```
        UINavigationController
    let tagController = navController.topViewController as!
        TagsViewController

    tagController.store = store
    tagController.photo = photo
default:
    preconditionFailure("Unexpected segue identifier.")
}
}
```

编译并运行应用。查看照片并点击 **UIToolbar** 上的 Tags 按钮，这时会显示 **TagsViewController**。点击添加按钮可以添加新标签，然后把新标签与照片关联起来。

23.3 后台任务

Background Tasks

NSPersistentContainer 的 viewContext 是与主线程相关的，如果在主线程中做计算量大的工作，会导致主线程阻塞，进而导致应用响应缓慢。为了解决这个问题，通常把计算量大的工作放到后台任务中，从网络获取照片和存储照片的任务就很适合放到后台任务中。

下面在 **processPhotosRequest(data:error:)**方法中使用后台任务。后台任务是一个异步的过程，在任务完成后需要调用回调方法。

打开 PhotoStore.swift 并更新 **processPhotosRequest(data:error:)**方法，在方法中增加一个完成的回调参数。现在代码中会有一些错误，后面也会马上修复。

```
private func processPhotosRequest(data: Data?, error: Error?) -> PhotoResult{
private func processPhotosRequest(data: Data?, error: Error?, completion:
@escaping (PhotosResult) -> Void){
    guard let jsonData = data else{
        return .failure(error!)
    }

    return FlickrAPI.photos(fromJSON: jsonData, into:
        persistentContainer.viewContext)
}
```

如果没有获取到数据，也应该调用回调方法，并且传递一个表示失败的参数。下面更新一下代码。

```
private func processPhotosRequest(data: Data?, error: Error?,
completion: @escaping (PhotosResult) -> Void){
    guard let jsonData = data else{
        return .failure(error!)
        completion(.failure(error!))
        return
    }
```

```
    return FlickrAPI.photos(fromJSON: jsonData, into:
        persistentContainer.viewContext)
}
```

上面的代码中，在 guard 条件下使用了 return。读者可以回忆一下 guard 的使用方法，guard 中的代码执行后，必须退出当前方法，这样可以保证 guard 后面的代码不会被执行。

下面添加后台任务的相关代码。**NSPersistentContainer** 有一个在后台执行任务的方法，这个方法有一个闭包作为参数，闭包中有一个 **NSManagedObjectContext** 类型的参数。

```
private func processPhotosRequest(data: Data?, error: Error?, completion:
@escaping (PhotosResult) -> Void){
    guard let jsonData = data else{
        completion(.failure(error!))
        return
    }

    return FlickrAPI.photos(fromJSON: jsonData, into:
        persistentContainer.viewContext)

    persistentContainer.performBackgroundTask{
        (context) in

    }
}
```

在后台任务中执行的代码与之前的一样，**FlickrAPI** 会获取 JSON 数据并转化为 **Photo** 对象，然后保存数据。

下面更新 **processPhotosRequest(data:error:completion:)** 中的代码。

```
persistentContainer.performBackgroundTask{
    (context) in
    let result = FlickrAPI.photos(fromJSON: jsonData, into: context)

    do {
        try context.save()
    } catch {
        print("Error saving to Core Data: \(error).")
        completion(.failure(error))
        return
    }
}
```

这里有一些不同，**NSManagedObject** 只能在与它相关的线程上使用，在保存完 **Photo** 数据后，需要通过 viewContext 获取到相同的 **Photo** 数据。

在不同的 viewContext 中，同一个 **NSManagedObject** 的 objectID 是相同的，可以通过 objectID 来获取相同的 **NSManagedObject**。

更新 **processPhotosRequest(data:error:completion:)** 方法，在该方法中通过 viewContext 来获取 **Photo** 对象，然后调用回调方法。

```
persistentContainer.performBackgroundTask{
    (context) in

    let result = FlickrAPI.photos(fromJSON: jsonData, into: context)

    do {
        try context.save()
    } catch {
        print("Error saving to Core Data: \(error).")
        completion(.failure(error))
        return
    }

    switch result {
    case let .success(photos):
        let photoIDs = photos.map { return $0.objectID}
        let viewContext = self.persistentContainer.viewContext
        let viewContextPhotos =
            photoIDs.map { return viewContext.object(with: $0)} as! [Photo]
        completion(.success(viewContextPhotos))
    case .failure:
        completion(result)
    }
}
```

这里使用了 **Array** 的 **map** 方法生成一个新的数组，以下代码

```
let photoIDs = photos.map { return $0.objectID}
```

与下面的代码效果是一样的。即

```
var photoIDs = [String]()
for photo in photos {
    photoIDs.append(photo.objectID)
}
```

闭包中的$0 是访问参数的快捷写法。如果有两个参数，那么可以通过$0 和$1 来访问。因此，以下代码

```
let photoIDs = photos.map { return $0.objectID}
```

与下面的代码效果是一样的。即

```
let photoIDs = photos.map {
    (photo: Photo) in
        return photo.objectID
}
```

下面再看一下后台任务中使用的代码。

```
let photoIDs = photos.map { return $0.objectID}
let viewContext = self.persistentContainer.viewContext
let viewContextPhotos =
    photoIDs.map { return viewContext.object(with: $0)} as! [Photo]
```

首先获得了所有 **Photo** 对象的 objectID 数组，数组中的元素都是字符串。另外，闭包中$0 参数是 **Photo** 类型的。

然后创建了一个 viewContext 局部变量，最后调用了 photoIDs 的 **map** 方法，在闭包中$0 是字符串类型的，通过这个字符串从 viewContext 中获取特定 ID 的对象。**object(with:)** 方法会返回一个 **NSManagedObject** 对象，因此该方法会返回一个 **NSManagedObject** 对象的数组。由于可以确定返回的对象是 **Photo** 类型的，因此可以把 **NSManagedObject** 类型的数组转换为 **Photo** 类型的数组。

把一个数组转化成另一个数组时，使用 **map** 非常方便。

最后更新 **fetchInterestingPhotos(completion:)**方法。

```
func fetchInterestingPhotos(completion: @escaping (PhotosResult) -> Void) {
   let url = FlickrAPI.interestingPhotosURL
   let request = URLRequest(URL: url)
   let task = session.dataTask(with: request) {
      (data, response, error) -> Void in

      var result = self.processPhotosRequest(data: data, error: error)

      if case .success = result {
         do{
            try self.persistentContainer.viewContext.save()
         } catch let error {
            result = .failure(error)
         }
      }

      OperationQueue.main.addOperation {
         completion(result)
      }

      self.processPhotosRequest(data: data, error: error){
         (result) in

         OperationQueue.main.addOperation {
            completion(result)
         }
      }
   }
   task.resume()
}
```

编译并运行应用。虽然应用的功能没有变化，但是现在应用不会因为保存照片导致应用无法响应了。随着应用功能的不断增多，将处理 Core Data 数据的任务放入后台可以提升应用的性能。

恭喜读者经过 4 章的学习，又完成了一个复杂的应用！Photorama 可以调用多个网络服务、在 **UICollectionView** 中展示照片、在文件系统中缓存照片数据以及使用 Core Data 来持久化数据。读者运用本书的知识完成了这个任务，创建的应用很容易维护和扩展。读者应该为自己的成果感到骄傲。

23.4 中级练习：收藏

Silver Challenge: Favorites

让用户可以收藏照片。想象一下如何向用户展示收藏的照片。通常有两种方法，使用 **UITabbarController** 或添加一个 **UISegmentedControl** 来切换 **PhotosViewController** 和收藏的照片（提示：需要给 **Photo** 实体添加一个属性来保存收藏状态）。

第 24 章 辅助功能

Accessibility

iOS 是世界上用户体验最好的手机系统。无论用户需要视觉、听觉或触觉上的支持，iOS 都能提供。大部分辅助功能都是系统自带的，作为开发者，不需要做什么额外的工作。但是有时候，开发者可以为用户提供更丰富的用户体验。下面介绍 iOS 的辅助功能。

24.1 旁白

VoiceOver

旁白是一个辅助功能，可以帮助有视觉障碍的用户查看应用的界面。Apple 在系统层面内置了介绍界面的功能。大部分 `UIKit` 的视图和控件都自动为用户提供了很多提示信息，开发者也可以补充一些系统无法自动检测到的信息。对于自定义的视图和控件，开发者需要自己提供提示信息。

这些提示信息是通过 **`UIAccessibility`** 协议提供给用户的。下面介绍这个协议。

`UIAccessibility` 是一个非正式协议，所有的视图和控件都支持这个协议。相对于之前使用过的协议，非正式协议在使用上宽松一些。标准协议使用 `protocol` 关键字定义，声明了一系列的方法或属性，并且遵守协议的对象需要实现这些方法。非正式协议在一个 **`NSObject`** 的扩展中实现，因此所有 **`NSObject`** 的子类都遵守了这个协议。

读者可能会疑惑，为什么 **`UIAccessibility`** 不像其他协议一样实现呢？在 Objective-C 还没有可选方法时，为了解决这个问题而产生了非正式协议。实际上，需要每个 **`NSObject`** 对象都声明一个方法，但是不需要实现这个方法。当子类需要的时候，再各自去实现。应用运行时，再去检测对象是否实现了这个方法。

下面列出了 **`UIAccessibility`** 协议提供的一些属性。

accessibilityLabel	元素的简单描述。对于有文字的视图，值通常是视图显示的文字
accessibilityHint	元素功能的简单描述。例如，对于停止录制视频按钮，值通常是“停止录制”
accessibilityFrame	元素的 frame。对于视图 frame，通常和视图的 frame 相等
accessibilityTraits	元素的特征。特征很多，一个元素可以有好几个特征。通过 UIAccessibilityTraits 文档可以查看所有特征
accessibilityValue	元素值的描述。例如，对于 UITextField，值是 UITextField 中的文字；对于 UISlider，值是 UISlider 中的百分比

下面看看怎样在 Photorama 应用中添加辅助功能。

打开 Photorama.xcodeproj。后面将会为应用添加旁白辅助功能。

现在 Photorama 还不支持辅助功能。下面先想象一下有视力障碍的人怎样使用应用。

测试旁白

使用真实的设备测试旁白是最方便的，建议在真实设备上测试。

如果没有真实设备，也可以使用模拟器。点击 Xcode 菜单，然后选择 Open Developer Tool（打开开发者工具）→Accessibility Inspector（辅助功能检查器）。编译并运行应用，当模拟器运行以后，回到 Accessibility Inspector（辅助功能检查器）并选择下拉菜单中的 Simulator（模拟器）（见图 24-1）。

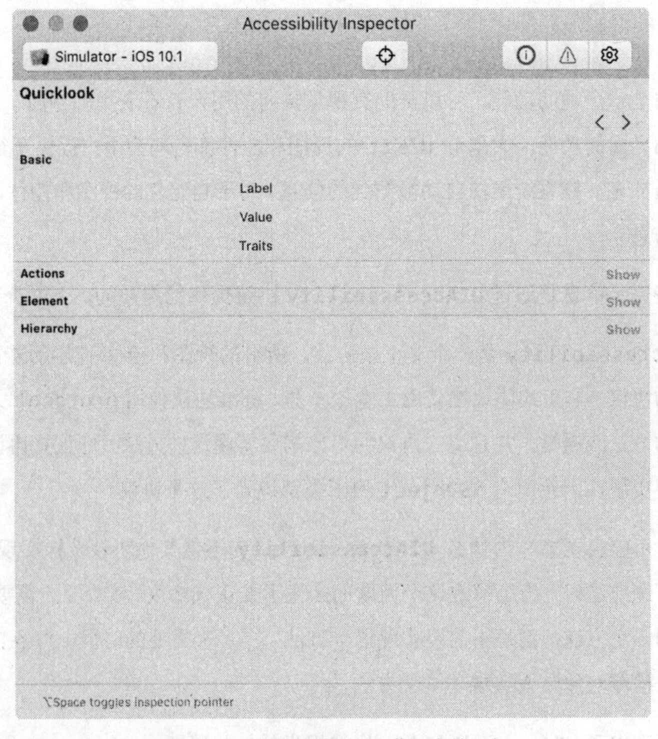

图 24-1 修改辅助功能检查器中的目标

目标设置为模拟器后，点击工具条上的 Start inspection follows point（按点开始检测）按钮。当鼠标在模拟器上移动时，辅助功能检查器中会显示对应元素的相关信息。模拟器上并不支持旁白功能，但是辅助功能检查器中可以显示出相关信息。

如果读者有真实设备，打开 Settings（设置）应用，然后选择 General（通用）→Accessibility（辅助功能）→VoiceOver（旁白），然后打开 VoiceOver（旁白）功能（见图 24-2）。

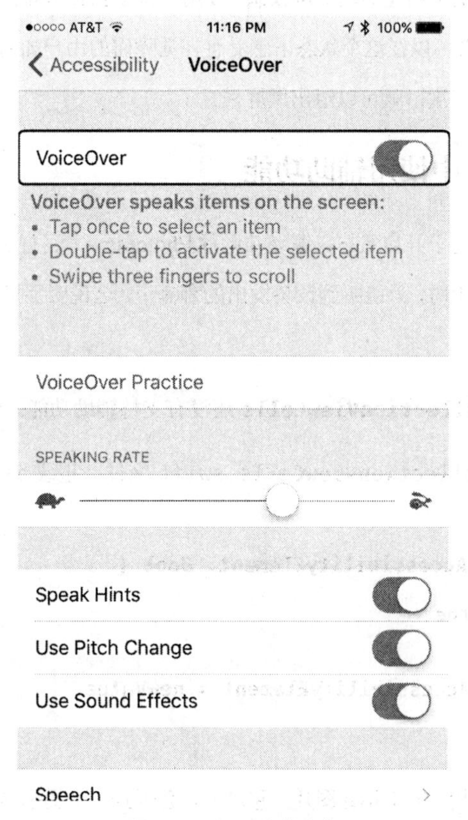

图 24-2 打开旁白功能

旁白打开后，有几种方法可以切换元素。首先在屏幕上滑动手指，当手指移动到元素上时，系统就会读出元素的描述信息。下面点击屏幕右上角的 Accessibility（辅助功能）返回按钮。系统会提示这个元素是“Accessibility-Back Button（辅助功能-返回按钮）”，系统不仅读出了 `accessibilityLabel`，同时也读出了 `accessibilityTraits`。

点击 Accessibility 返回按钮并不会回到前一个界面，双击屏幕才会激活选中的元素。效果和旁白关闭时的单击效果相同。点击后就可以回到 Accessibility（辅助功能）界面了。

另一种切换的方式是在屏幕上左滑或右滑。这样可以选中前一个或下一个元素。读者可以在屏幕上尝试一下。

使用三根手指可以滑动。只有当 **UIScrollView** 或它的任何子类视图被选中时才能滑动。在屏幕上试试单击、双击、激活元素以及滑动。这些就是旁白打开后的切换方式。

最后一个有用的手势是启动黑屏模式。使用三根手指在屏幕的任何地方连续点击三次，整个屏幕就变黑了，读者可以在这个状态下感受有视觉障碍的用户如何使用应用。使用三根手指在屏幕上再次连续点击三次，就可以退出黑屏模式了。

在 Photorama 中使用辅助功能

保持旁白功能处于开启状态，编译并运行 Photorama，运行后在应用中测试一下辅助功能。当手指移动到图片上时，只能听到设备发出的嘟嘟声，这说明手指下面的元素还没有支持辅助功能。

现在 **PhotoCollectionViewCells** 还没有支持辅助功能。修复这个问题非常容易。

打开 PhotoCollectionViewCells.swift 文件，重载 isAccessibilityElement 属性。

```
override var isAccessibilityElement: Bool {
    get {
        return true
    }
    set {
        super.isAccessibilityElement = newValue
    }
}
```

编译并运行应用。当手指在图片上移动时，会听到一个提示音，同时照片上会显示一个焦点框（见图 24-3）。虽然还是没有语音提示，但是已经有进展了。

回到 PhotoCollectionViewCells.swift。下面将要添加一个 accessibilityLabel 属性，当图片被选中时，旁白会读出对应的文字。目前 **PhotoCollectionViewCell** 并不知道显示的 **Photo** 信息，因此添加一个属性来保存信息。

```
class PhotoCollectionViewCell: UICollectionViewCell {

    @IBOutlet var imageView: UIImageView!
    @IBOutlet var spinner: UIActivityIndicatorView!

    var photoDescription: String?
```

在这个文件中，重载 accessibilityLabel 属性，并返回一个字符串。

```
override var accessibilityLabel: String? {
    get {
        return photoDescription
    }
    set {
        //忽略设置操作
    }
}
```

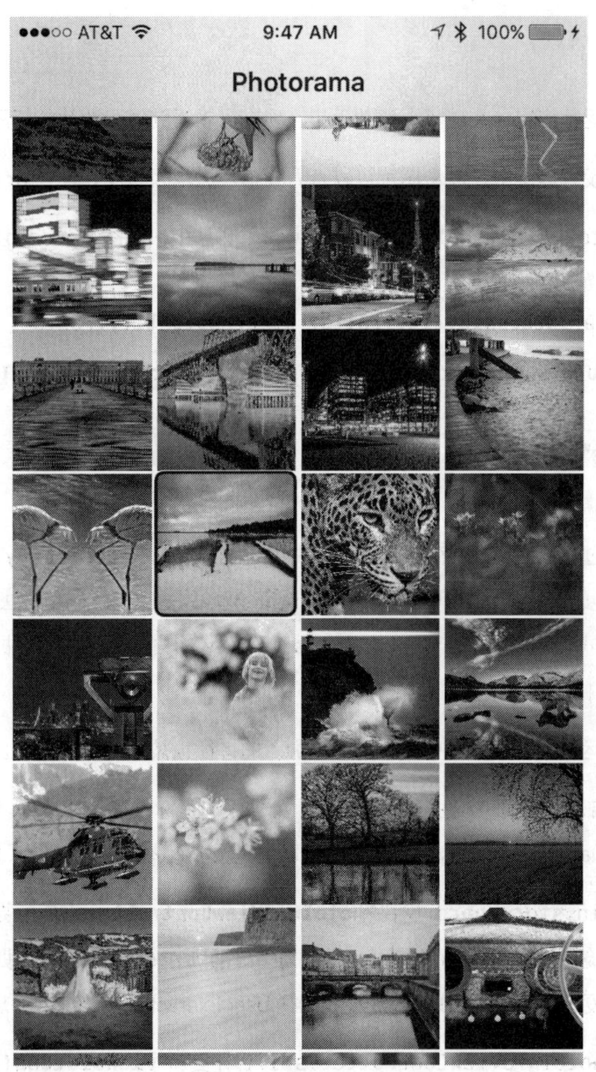

图 24-3 辅助功能焦点框

打开 PhotoDataSource.swift 文件，更新 **collectionView(_:cellForItemAt:)** 方法，在方法中设置 photoDescription 的值。

```
func collectionView(_ collectionView: UICollectionView,
    cellForItemAt indexPath: NSIndexPath) -> UICollectionViewCell {

    let identifier = "PhotoCollectionViewCell"
    let cell =
      collectionView.dequeueReusableCell(withReuseIdentifier: identifier, for:
        indexPath) as! PhotoCollectionViewCell

    let photo = photos[indexPath.row]
    cell.photoDescription = photo.title

    return cell
}
```

编译并运行应用。在屏幕上移动手指，现在可以听到每张图片的标题了。

目前并没有提示用户双击图片可以查看详情，这是因为没有设置 accessibilityTraits。

在 PhotoCollectionViewCells.swift 文件中，重载 accessibilityTraits 属性，让系统知道当前的元素是图片。

```
override var accessibilityTraits: UIAccessibilityTraits {
    get {
        return super.accessibilityTraits | UIAccessibilityTraitImage
    }
    set {
        //忽略设置操作
    }
}
```

这里通过|（按位或）操作符，把父类中的值和 **UIAccessibilityTraitImage** 合在一起了。这和其他辅助功能的代码一样，是历史遗留的写法。在新的 Swift 语法中，会使用 **OptionSet** 以数组的形式传递参数。但是 **UIAccessibility** 并不支持这种语法，因此只能使用 C 和 Objective-C 中的语法（|操作符）来实现。

编译并运行应用。当选中图片时，新加入的特征也被旁白读出来了。

剩下的部分基本都能支持辅助功能，因为使用的是标准视图或控件。唯一需要处理的是放置照片的 **UIImageView**。在 storyboard 中可以定义很多视图的辅助功能，也包括 **UIImageView**。

打开Main.storyboard，找到**PhotoInfoViewController**对应的界面，选中**UIImageView**并打开标识检视面板（identity inspector）。向下滑动到 Accessibility（辅助功能）部分。选中顶部 Enable 旁的复选框来打开辅助功能，不要选择 User Interaction Enabled 旁边的复选框（见图 24-4）。

打开 PhotoInfoViewController.swift 并更新 **viewDidLoad()**方法，给 imageView 设置一个 accessibilityLabel。

```
override func viewDidLoad() {
    super.viewDidLoad()

    imageView.accessibilityLabel = photo.title
```

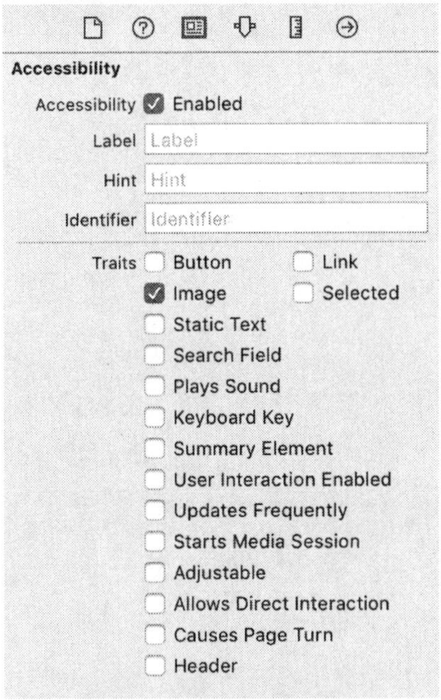

图 24-4 更新辅助功能选项

编译并运行应用，进入查看图片的界面，现在整个界面都支持辅助功能了。下面开始处理 **TagsViewController**。

进入 **TagsViewController**，如果表格中还没有标签，那么可以添加一个。选中表格中的一行，旁白会读出标签的标题，但是并没有提示可以选中或取消标签。

打开 `TagDataSource.swift`，在方法 **`tableView(_:cellForRowAt:)`** 中更新 `accessibilityHint` 的值。

```
func tableview(_ tableView: UITableView,
               cellForRowAt indexPath: IndexPath) -> UITableViewCell {

    let cell = tableView.dequeueReusableCell(withIdentifier:
        "UITableViewCell", for: indexPath)

    let tag = tags[indexPath.row]
    cell.textLabel?.text = tag.name

    cell.accessibilityHint = "Double tap to toggle selected"

    return cell
}
```

编译并运行应用，现在应用完全支持辅助功能了。

第25章 后记

Afterword

本书至此已近尾声。感谢读者，也恭喜读者阅读完了全书。下面有两则消息，一好一坏。

- **好消息**：读者已经入门 iOS 开发。
- **坏消息**：读者才刚入门 iOS 开发。

25.1 接下来做什么

What to Do Next

读者可以尝试编写代码并从错误中获取经验，以及参阅一些繁杂庞大的开发文档，或者有机会的话向精通 iOS 开发的程序员请教。下面提供若干建议。

尽快开始编写应用。刚学到的知识如果不用，就会慢慢忘记。建议读者多做练习并扩充现有的知识。

深入。本书倾向广度而非深度。如果深入讲解，那么之前的每一章都可以独立成书。如果读者对某些章节特别感兴趣，想有更深入的了解，则可以自己尝试阅读 Apple 的相关文档并阅读一些博客文章（或 StackOverflow 问答）。

交流。很多城市都有 iOS 开发者聚会，其中的演讲都很出色。此外，网上也有一些讨论组可以参与。如果读者正在开发项目，不妨找些人来帮忙，例如设计师、测试员和其他程序员。

犯错然后修正。如果读者不满意自己的代码，则可以推倒重来，从“失败”中汲取经验教训，并改用更好的设计架构。有人将这种修改过程称为**重构**（refactoring），读者会在重构过程中学到很多知识。

分享。分享知识，礼貌地回答初学者的问题，并公开一些源代码。

25.2 关注我们

Shameless Plugs

关注我们的 Twitter 账号@cbkeur 和@aaronhillegass，我们会提供编程和一些生活娱乐方面的信息。

Big Nerd Ranch 还会陆续推出其他开发类书籍，敬请读者留意。此外，Big Nerd Ranch 还提供为期一周的程序开发课程。最后，如果读者有编写应用的需求，Big Nerd Ranch 也提供外包服务。更多信息可以查看我们的网站 *www.bignerdranch.com*。

最后，感谢您，我们的读者，因为有你们，我们才能以写作、编程和教学为生。感谢您购买本书。

索引

Index

Symbols

#column expression, 164
#file expression, 164
#function expression, 164, 301
#line expression, 164
$0, $1... (shorthand argument names), 434
.xcassets (Asset Catalog), 26
.xcdatamodeld (data model file), 404
// MARK:, 281
@discardableResult, 184
@escaping annotation, 369
@IBAction, 19
@IBInspectable, 328
@IBOutlet, 17, 233-235
@NSManaged keyword, 407

A

access control, 354
accessibility
  accessibility elements, 441
  adding accessibility hints, 444
  adding accessibility labels, 442
  setting accessibility information in storyboards, 443
  setting accessibility traits, 442
  UIAccessibility protocol, 437
  VoiceOver, 437, 439
Accessibility Inspector, 439
accessory view (**UITableViewCell**), 187
action methods
  about, 19
  implementing, 23
  UIControl class and, 332
active state, 293
addSubview(_:) method, 50
alerts, displaying, 205-208
alignment rectangle, 60, 61
anchors, 109
animate(withDuration:animations:) method, 144-146
animations
  basic, 144-146
  for constraints, 149-154
  marking completion of, 149
  spring, 156
  timing functions, 154, 155
anti-aliasing, 102
append(_:) method, 37
application bundle
  about, 304, 305
  internationalization and, 125, 140
application sandbox, 287, 288, 304
application states, 293-295, 301
applicationDidBecomeActive(_:) method, 295, 301
applicationDidEnterBackground(_:) method, 290, 295
applications
  (see also application bundle, debugging, projects)
  building, 13, 135
  cleaning, 135
  data storage, 287, 288
  directories in, 287, 288
  icons for, 25-27
  launch images for, 28
  multiple threads in, 374
  running on simulator, 13
applicationWillEnterForeground(_:) method, 295, 301
applicationWillResignActive(_:) method, 295, 301
archiveRootObject(_:toFile:) method, 289
archiving
  about, 284
  Core Data vs, 403
  implementing, 284-286
  with **NSKeyedArchiver**, 289-292
  unarchiving, 292
arrays
  about, 34, 35
  count property, 37
  literal, 35
  subscripting, 35
Asset Catalog (Xcode), 26
assistant editor, 231
attributes (Core Data), 404
Auto Layout
  (see also constraints (Auto Layout), views)
  about, 14-16
  alignment rectangle, 60, 61
  autoresizing masks and, 117, 118

constraints, 14
dynamic cell heights, 216
horizontal ambiguity, 64
layout attributes, 60
nearest neighbor and, 62
purpose of, 60
autoresizing masks, 108, 117, 118
awakeFromNib() method, 220

B

background state, 293-295, 301
base internationalization, 125
baselines, 60
becomeFirstResponder() method, 78
Bool type, 33
breakpoints
adding actions to, 170
advancing through code, 168
deleting, 169
exception, 173
setting, 165
symbolic, 174
using to log to the console, 171
Bundle class, 140
bundles
(see also application bundle)
application, 304
Bundle class, 140
buttons
adding to navigation bars, 254
camera, 264

C

callbacks, 82
(see also delegation, target-action pairs)
camera
(see also images)
taking pictures, 262-271
canBecomeFirstResponder property, 340
cancelsTouchesInView property, 342
canPerformAction(_:withSender:) method, 348
cells
(see also **UITableViewCell** class)
adding padding to, 193
changing cell class, 213
customizing layout, 385
dynamic cell heights, 216
prototype, 191
CGPoint type, 49
CGRect type, 49-51
CGSize type, 49
class methods, 30
classes
Bundle, 140
Data, 295
DateFormatter, 236
IndexPath, 189, 202
JSONSerialization, 362
Locale, 121
NSCoder, 284, 286
NSFetchRequest, 412
NSKeyedArchiver, 289-292
NSKeyedUnarchiver, 292
NSManagedObject, 406, 407
NSUserDefaults, 287
NSUUID, 274, 275
NSValueTransformer, 406
NumberFormatter, 236
OperationQueue, 374
UIActivityIndicatorView, 388
UIAlertController, 205-208
UIApplication (see **UIApplication** class)
UIBarButtonItem (see **UIBarButtonItem** class)
UICollectionViewCell, 388-391
UICollectionViewFlowLayout, 379-387
UICollectionViewLayout, 385
UIColor, 50
UIControl, 332
UIGestureRecognizer (see **UIGestureRecognizer** class)
UIImagePickerController (see **UIImagePickerController** class)
UIImageView, 260, 261
UILongPressGestureRecognizer, 341, 342
UIMenuController, 339, 340, 348
UINavigationBar, 242, 245-256
UINavigationController (see **UINavigationController** class)
UINavigationItem, 252-255
UIPanGestureRecognizer, 342-345
UIResponder (see **UIResponder** class)
UIStackView, 223-229
UIStoryboardSegue, 230-237

UITabBarController (see UITabBarController class)
UITabBarItem, 98, 99
UITableView (see UITableView class)
UITableViewCell, 211 (see UITableViewCell class)
UITableViewController (see UITableViewController class)
UITapGestureRecognizer, 78, 334-340
UITextField (see UITextField class)
UIToolbar, 253, 263
(see also toolbars)
UITouch, 316, 317, 322-327
UIView (see UIView class)
UIViewController (see UIViewController class)
UIWindow (see UIWindow class)
URLComponents, 355
URLRequest, 357, 358, 376, 377
URLSession, 357-359
URLSessionDataTask, 358, 359, 374
URLSessionTask, 357, 376
closures, 145, 146, 288
collection views
customizing layout, 385
displaying, 380
downloading image data, 392-394
layout object, 379
setting data source, 382-385
colors
background, 50
customizing, 57
#column expression, 164
common ancestor, 110
concurrency, 374
conditionals
if-let, 39
switch, 42
connections (in Interface Builder), 17-21
connections inspector (Xcode), 21
console
interpreting messages, 159
literal expressions for debugging, 164
printing to, 84
viewing in playground, 39
constants, 32
constraint(equalTo:) method, 109
constraints (Auto Layout)
about, 61
activating programmatically, 110, 111
active property for programmatic constraints, 110
adding new constraints, 63, 64
align, 64
animating, 149-154
clearing, 16, 67
collection views, 380
creating explicit constraints, 113, 114
creating in Interface Builder, 63-65, 128
creating programmatically, 108-114
implicit, 224
resolving unsatisfiable, 117
specifying, 14
content compression, 226
contentMode property (UIImageView), 260, 261
contentView (UITableViewCell), 187, 188
control events, 332
controllers, in Model-View-Controller, 5
controls, 162
controls, programmatic, 114
Core Data
@NSManaged keyword, 407
archiving vs, 403
attributes, 404
creating a persistent container, 408
entities (see entities (Core Data))
fetch requests, 412
persistent store formats, 416
relationship management with, 417-436
role of, 404
subclassing NSManagedObject, 406, 407
transforming values, 406
Core Graphics, 102
count property (arrays), 37
currentLocale method, 121

D

Data class, 295
data source methods, 186, 382, 412
data sources, 209
data storage
(see also archiving, Core Data)
for application data, 287, 288
binary, 302
with Data, 295

dataSource (UITableView), 179, 183-187
DateFormatter class, 236
debugging
(see also debugging tools, exceptions)
breakpoints (see breakpoints)
caveman debugging, 162
literal expressions for, 164
LLDB console commands, 175
stack traces, 161
using the console, 159
debugging tools
issue navigator, 24
in playgrounds, 39
default: (switch statement), 42
delegation
about, 82-84
as a design pattern, 209
for UIImagePickerController, 267
for UITableView, 179
protocols for, 82
for UICollectionView, 392
deleteRows(at:with:) method, 202
dependency injection, 185
dependency inversion principle, 185
dequeueReusableCell(withIdentifier:for:) method, 192
design patterns, 209
devices
checking for camera, 266-270
display resolution, 51, 102
enabling VoiceOver, 439
Retina display, 102, 103
screen sizes, 307
dictionaries
(see also JSON data)
about, 34, 35
accessing, 40
literal, 35
subscripting, 40
using, 274, 275
directories
application, 287, 288
Documents, 287
Library/Caches, 287
Library/Preferences, 287
lproj, 125, 140
tmp, 287
@discardableResult, 184
display resolution, 51
do-catch statements, 298
document outline (Interface Builder), 7
documentation
opening, 143
for Swift, 44
Documents directory, 287
Double type, 33
drawing (see views)
drill-down interface, 239
Dynamic Type, 217-220

E

editButtonItem, 255
editing property (UITableView, UITableViewController), 195, 199
empty initializers, 319
encode(with:) method, 284, 285, 289
endEditing(_:) method, 250
entities (Core Data)
about, 404
modeling, 404, 405
relationships between, 418-421
saving changes to, 411
enumerated() function, 40
enums (enumerations)
about, 42
associated values and, 363
raw values and, 43
switch statements and, 42
error handling, 298, 299
Error protocol, 364
errors
in playgrounds, 32
traps, 35
@escaping annotation, 369
events
control, 114, 332
event handling, 248
touch, 248, 316
(see also touch events)
exception breakpoints, 173
exceptions
error handling vs, 302
internal inconsistency, 200
Swift vs other languages, 302
expressions, string interpolation and, 41

extensions, 395

F

fallthrough (switch statement), 42
fetch requests, 412
#file expression, 164
file inspector, 133
file URLs, constructing, 288
filesystem, writing to, 295-297, 302
first responders
  about, 248-251
  becoming, 78
  canBecomeFirstResponder property, 340
  nil-targeted actions and, 332
  resigning, 78, 249, 250
  responder chain and, 331
  UIMenuController and, 339
Float type, 33
Float80 type, 33
for-in loops, 40
forced unwrapping (of optionals), 38
frame property (**UIView**), 49-51
frameworks
  about, 50
  Core Data (see Core Data)
  linking manually, 93
  UIKit, 50
#function expression, 164, 301
functions
  callback, 82
  enumerated(), 40
  NSLocalizedString(_:comment:), 136
  swap(_:_:), 149
  UIImageJPEGRepresentation, 296

G

genstrings, 137
gesture recognizers (see **UIGestureRecognizer** class)
gestures
  (see also **UIGestureRecognizer** class)
  discrete vs continuous, 341
  long press, 341, 342
  pan, 342-345
  tap, 334-340
globally unique identifiers (GUIDs), 274

H

header view (**UITableView**), 195-198
HTTP
  methods, 376
  request specifications, 376, 377

I

@IBAction, 19
@IBInspectable, 328
@IBOutlet, 17, 233-235
icons
  (see also images)
  application, 25-27
  in Asset Catalog, 26
if-let statements, 39
image picker (see **UIImagePickerController** class)
imagePickerController(_:didFinishPicking...
...**MediaWithInfo:)** method, 267, 271
imagePickerControllerDidCancel(_:) method, 267
images
  (see also camera, icons)
  accessing from the cache, 275
  caching, 295-299
  displaying in **UIImageView**, 260, 261
  downloading image data, 371, 392-394
  fetching, 273
  model objects to represent, 360
  for Retina display, 102
  saving, 271
  storing, 272-274
implementation files, navigating, 279
implicit constraints, 224
inactive state, 293
IndexPath class, 189, 202
inequality constraints, 130
init(coder:) method, 101, 284, 286
init(contentsOf:encoding:) method, 302
init(contentsOfFile:) method, 296
init(frame:) initializer, 49
init(nibName:bundle:) method, 101
initial view controller, 91
initializers
  about, 36
  for classes vs structs, 181
  convenience, 181

custom, 181, 182
designated, 181
empty, 319
free, 182
member-wise, 319
returning empty literals, 36
instance variables (see outlets, properties)
instances, 36
Int type, 33
Interface Builder
(see also Xcode)
adding constraints, 63
Auto Layout (see Auto Layout)
canvas, 7
connecting objects, 17-21
connecting with source files, 214
document outline, 7
modifying view attributes, 328
properties and, 214
scene, 8
setting outlets in, 18, 233
setting target-action in, 20
size inspector, 56
interface files
bad connections in, 235
base internationalization and, 125
internal inconsistency exception, 200
internationalization, 119-124, 140
(see also localization)
intrinsic vs explicit content size, 64
inverse relationships, 420
iOS simulator
running applications on, 13
sandbox location, 291
saving images to, 270
viewing application bundle in, 304
iPad
(see also devices)
application icons for, 25
isEmpty property (strings), 37
isSourceTypeAvailable(_:) method, 266
issue navigator (Xcode), 24

J

JSON data, 361, 362
JSONSerialization class, 362

K

key-value pairs
in dictionaries, 34
in JSON data, 361
in web services, 352
keyboards
attributes, 74-77
dismissing, 78, 247-251
keys, creating/using, 274

L

labels
adding, 56
adding to tab bar, 98
customizing, 57
updating preferred text size, 220
language settings, 119, 133
(see also localization)
launch images, 28
layout attributes, 60
layout guides, 111, 156
layoutIfNeeded() method, 152
lazy loading, 90, 100
let keyword, 32
libraries (see frameworks)
Library/Caches directory, 287
Library/Preferences directory, 287
#line expression, 164
literal values, 35
loadView() method, 90, 101, 107
Locale class, 121
localization
base internationalization and, 125
Bundle class, 140
internationalization, 119-124, 140
lproj directories, 125, 140
strings tables, 136-139
user settings for, 119
XLIFF data type, 141
location(in:) method, 338
loops
examining in Value History, 41
for-in, 40
in Swift, 40
low-memory warnings, 271
lproj directories, 125, 140

M

main bundle, 125, 140
  (see also application bundle)
main interface, 94
main thread, 374
margins, 112, 113
// MARK:, 281
member-wise initializers, 319
memory management
  memory warnings, 271
  UITableViewCell class, 190
menus (**UIMenuController**), 339, 340, 348
messages
  (see also methods)
  action, 334, 340
  log, 327
methods
  about, 37
  action, 19, 332
  addSubview(_:), 50
  animate(withDuration:animations:), 144-146
  append(_:), 37
  applicationDidBecomeActive(_:), 295, 301
  applicationDidEnterBackground(_:), 290, 295
  applicationWillEnterForeground(_:), 295, 301
  applicationWillResignActive(_:), 295, 301
  archiveRootObject(_:toFile:), 289
  awakeFromNib(), 220
  becomeFirstResponder(), 78
  canPerformAction(_:withSender:), 348
  class, 30
  constraint(equalTo:), 109
  currentLocale, 121
  data source, 186, 382, 412
  deleteRows(at:with:), 202
  dequeueReusableCell(withIdentifier:for...
  ...:), 192
  encode(with:), 284, 285, 289
  endEditing(_:), 250
  HTTP, 376
  imagePickerController(_:didFinishPicki...
  ...ngMediaWithInfo:), 267, 271
  imagePickerControllerDidCancel(_:), 267
  init(coder:), 101, 284, 286
  init(contentsOf:encoding:), 302
  init(contentsOfFile:), 296
  init(nibName:bundle:), 101
  instance, 30, 37
  isSourceTypeAvailable(_:), 266
  layoutIfNeeded(), 152
  loadView(), 90, 101, 107
  location(in:), 338
  overriding, 23
  prepare(for:sender:), 236
  prepareForReuse(), 388
  present(_:animated:completion:), 207
  protocol, 85
  require(toFail:), 346
  resignFirstResponder(), 78, 249
  reverse(), 37
  selectors, 160
  sendActions(for:), 332
  setEditing(_:animated:), 199
  setNeedsDisplay(), 322
  static, 30
  tableView(_:cellForRowAt:), 186, 189-192
  tableView(_:commit:forRow:), 202
  tableView(_:moveRowAtIndexPath:toIndex...
  ...Path:), 203, 204
  tableView(_:numberOfRowsInSection:), 186
  textFieldShouldReturn(_:), 249
  touchesBegan(_:with:), 316
  touchesCancelled(_:with:), 316
  touchesEnded(_:with:), 316
  touchesMoved(_:with:), 316
  translationInView(_:), 345
  unarchiveObject(withFile:), 292
  url(forResource:withExtension:), 140
  urls(for:in:), 288
  viewDidLoad(), 50, 101
  viewWillAppear(_:), 101, 246
  viewWillDisappear(_:), 246
  write(to:atomically:encoding:), 302
  write(to:options:), 296
minimumPressDuration property, 341
modal view controllers, 207, 267
Model-View-Controller (MVC), 5, 6, 179, 209
models, in Model-View-Controller, 5
multipleTouchEnabled property (**UIView**), 323
multithreading, 374
multitouch, enabling, 323

MVC (Model-View-Controller), 5, 6, 179, 209

N

naming conventions
  cell reuse identifiers, 190
  delegate protocols, 82
  encoding keys for archiving, 285
navigation controllers (see **UINavigationController** class)
navigationItem (**UIViewController**), 252
nearest neighbor, 62
next property, 331
nil-targeted actions, 332
NSCoder class, 284, 286
NSCoding protocol, 284-286
NSFetchRequest class, 412
NSKeyedArchiver class, 289-292
NSKeyedUnarchiver class, 292
NSLocalizedString(_:comment:) function, 136
@NSManaged keyword, 407
NSManagedObject class, 406, 407
NSUserDefaults class, 287
NSUUID class, 274, 275
NSValueTransformer class, 406
number formatters, 81, 121-124
NumberFormatter class, 236

O

object graphs, 403
object library (Xcode), 9
objects (see memory management)
OperationQueue class, 374
optional keyword, 85
optional methods (protocols), 85
optionals
  about, 38
  dictionary subscripting and, 40
  forced unwrapping, 38
  if-let statements, 39
  optional binding, 39
  unwrapping, 38
outlets
  about, 17
  autogenerating/connecting, 233
  connecting constraints to, 150
  connecting with source files, 214
  setting, 17-19
  setting in Interface Builder, 231
override keyword, 23

P

padding, 193
parallel computing, 374
photos (see camera, images)
pixels (vs points), 51
playgrounds (Xcode)
  about, 31, 32
  errors in, 32
  Value History, 41
  viewing console in, 39
pointers, in Interface Builder (see outlets)
points (vs pixels), 51
predicates, 412
preferences, 287
  (see also Dynamic Type, localization)
prepare(for:sender:) method, 236
prepareForReuse() method, 388
present(_:animated:completion:) method, 207
preview assistant, 126
programmatic views
  activating constraints, 110
  active property on constraints, 110
  anchors, 109
  constraint(equalTo:) method, 109
  controls, 114
  creating constraints, 108
  creating explicit constraints, 113
  creating margins, 112
  layout guides, 111
  loadView method, 107
project navigator (Xcode), 4
projects
  cleaning and building, 135
  creating, 2-4
  target settings in, 304
properties
  about, 37
  creating in Interface Builder, 214
property list serializable types, 302
property observers, 80
protocol keyword, 82
protocols
  conforming to, 82

declaring, 82
delegate, 82-84
Error, 364
NSCoding, 284-286
optional methods in, 85
required methods in, 85
structure of, 82
UIAccessibility, 437
UIApplicationDelegate, 295
UICollectionViewDataSource, 382
UICollectionViewDelegate, 392
UIGestureRecognizerDelegate, 343
UIImagePickerControllerDelegate, 267, 271
UINavigationControllerDelegate, 271
UIResponderStandardEditActions, 348
UITableViewDataSource, 179, 186, 187, 189, 202, 203
UITableViewDelegate, 179
UITextFieldDelegate, 82
pseudolanguage, 127

Q

Quartz, 102 (see Core Graphics)
query items, 352
Quick Help (Xcode), 33

R

Range type, 40
rawValue (enums), 43
reference types, vs value types, 319
region settings, 119
reordering controls, 204
require(toFail:) method, 346
required methods (protocols), 85
resignFirstResponder() method, 78, 249
resources
about, 25, 304
Asset Catalog, 26
responder chain, 331
responders (see first responders, **UIResponder** class)
Retina display, 102, 103
reuseIdentifier (**UITableViewCell**), 190
reverse() method, 37
root view controller (**UINavigationController**), 241-243
rows (**UITableView**)
adding, 200, 201
deleting, 202
moving, 203, 204

S

sandbox, application, 287, 288, 304
sections (**UITableView**), 187
segues, 230
selectors
about, 160
unrecognized, 160
sendActions(for:) method, 332
sender argument, 162
Set type, 34
setEditing(_:animated:) method, 199
setNeedsDisplay() method, 322
settings (see preferences)
simulator
Accessibility Inspector, 439
running applications on, 13
sandbox location, 291
saving images to, 270
viewing application bundle in, 304
size classes, 307-312
sort descriptors (**NSFetchRequest**), 412
sourceType property (**UIImagePickerController**), 265, 266
stack traces, 161
stack views
about, 221-229
distributing contents, 224-227
nested, 228
states, application, 293-295, 301
static methods, 30
strings
internationalizing, 136
interpolation, 41
isEmpty property, 37
literal, 35
strings tables, 136-139
structs, vs classes, 319
subscripting
arrays, 35
dictionaries, 40
subviews, 46, 101
superview property, 52

suspended state, 293, 295
swap(_:_:) function, 149
Swift
  about, 29
  documentation for, 44
  enumerations, 42
  extensions in, 395
  loops, 40
  optional types in, 38, 298, 299
  reference types vs value types, 319
  string interpolation, 40
  `switch` statements, 42
  types, 30-37
`switch` statements, 42
symbolic breakpoints, 174

T

tab bar controllers (see **UITabBarController** class)
tab bar items, 98, 99
table view cells (see **UITableViewCell** class)
table view controllers (see **UITableViewController** class)
table views (see **UITableView** class)
tables (database), 403
tableView(_:cellForRowAt:) method, 186, 189-192
tableView(_:commit:forRow:) method, 202
tableView(_:moveRowAtIndexPath:toIndexPa...
...th:) method, 203, 204
tableView(_:numberOfRowsInSection:) method, 186
target-action pairs
  about, 19, 20, 209
  UIControl class and, 332
  UIGestureRecognizer and, 334
targets, build settings for, 304
text
  (see also Auto Layout)
  changing preferred size, 219
  customizing appearance, 58, 72
  customizing size, 58
  dynamic styling of, 218
  input, 69-78
textFieldShouldReturn(_:) method, 249
threads, 374
timing functions, 154, 155
`tmp` directory, 287
to-many relationships, 418
to-one relationships, 418
toolbars
  adding, 262
  adding buttons to, 263
`topViewController` property (**UINavigationController**), 241
touch events
  about, 248, 316, 317
  enabling multitouch, 323-327
  responder chain and, 331
  target-action pairs and, 332
  UIControl class and, 332
touchesBegan(_:with:) method, 316
touchesCancelled(_:with:) method, 316
touchesEnded(_:with:) method, 316
touchesMoved(_:with:) method, 316
transformable attributes (Core Data), 406
translationInView(_:) method, 345
traps, 35
tuples, 40
types
  Bool, 33
  CGPoint, 49
  CGRect, 49
  CGSize, 49
  Double, 33
  extending, 395
  Float, 33
  Float80, 33
  hashable, 34
  initializers, 36, 37
  instances of, 36
  Int, 33
  property list serializable, 302
  Range, 40
  reference types vs value types, 319
  Set, 34
  specifying, 33
  type inference, 33
  UIControlEvents, 114
  UITableViewAutomaticDimension, 216
  UITableViewCellStyle, 188

U

UI thread, 374

UIAccessibility protocol, 437
UIActivityIndicatorView class, 388
UIAlertController class, 205-208
UIApplication class
events and, 317
responder chain and, 331, 332
UIApplicationDelegate protocol, 295
UIBarButtonItem class, 253-255, 262-265
UICollectionViewCell class, 388-391
UICollectionViewDataSource protocol, 382
UICollectionViewDelegate protocol, 392
UICollectionViewFlowLayout class, 379-387
UICollectionViewLayout class, 385
UIColor class, 50
UIControl class, 332
UIControlEvent.touchUpInside, 332
UIControlEvent.touchUpOutside, 332
UIControlEvents type, 114
UIGestureRecognizer class
about, 333
action messages, 334, 341
cancelsTouchesInView property, 342
chaining recognizers, 346
delaying touches, 346
detecting taps, 334-340
enabling simultaneous recognizers, 343
implementing multiple, 336-338, 343-345
intercepting touches from view, 334, 342, 343
location(in:), 338
long press, 341, 342
pan, 342-345
state property, 341, 344, 346
subclasses, 334, 346
subclassing, 347
translationInView(_:), 345
types of, 78
UIResponder methods and, 342
UIGestureRecognizerDelegate protocol, 343
UIImage class (see images, **UIImageView** class)
UIImageJPEGRepresentation function, 296
UIImagePickerController class
instantiating, 265-267
presenting, 267-271
UIImagePickerControllerDelegate protocol, 267, 271
UIImageView class, 260, 261
UIKit framework, 50
UILongPressGestureRecognizer class, 341, 342
UIMenuController class, 339, 340, 348
UINavigationBar class, 242, 245-256
UINavigationController class
(see also view controllers)
about, 241-244
adding view controllers to, 246
instantiating, 243
managing view controller stack, 241
root view controller, 241, 242
in storyboards, 230
topViewController property, 241, 242
UINavigationBar class and, 252-255
UITabBarController vs, 240
view, 242
viewControllers property, 241
viewWillAppear(_:) method, 246
viewWillDisappear(_:) method, 246
UINavigationControllerDelegate protocol, 271
UINavigationItem class, 252-255
UIPanGestureRecognizer class, 342-345
UIResponder class
menu actions, 348
responder chain and, 331
touch events and, 316
UIResponderStandardEditActions protocol, 348
UIStackView class, 223-229
UIStoryboardSegue class, 230-237
UITabBarController class
implementing, 95-99
UINavigationController vs, 239
view, 97
UITabBarItem class, 98, 99
UITableView class
(see also **UITableViewCell** class, **UITableViewController** class)
about, 177-179
adding rows, 200, 201
contentInset property, 193
dataSource property, 179
delegation, 179
deleting rows, 202
editing mode, 195, 199, 212, 255
editing property, 195, 199
footer view, 196
header view, 195-198
moving rows, 203, 204
populating, 183-190
sections, 187

view, 180
UITableViewAutomaticDimension type, 216
UITableViewCell class
(see also cells)
about, 187, 211
accessory view, 187
cell styles, 188
contentView, 187, 188
detailTextLabel property, 188
imageView, 188
retrieving instances of, 189, 190
reuseIdentifier property, 190
reusing instances of, 190-192
subclassing, 211-220
textLabel property, 188
UITableViewCellStyle type, 188
UITableViewCellEditingStyle.delete, 202
UITableViewController class
(see also **UITableView** class)
about, 179
adding rows, 200, 201
data source methods, 186
dataSource property, 183-187
deleting rows, 202
editing property, 199
moving rows, 203, 204
returning cells, 189, 190
subclassing, 180
tableView property, 193
UITableViewDataSource protocol, 179, 186, 187, 189, 202, 203
UITableViewDelegate protocol, 179
UITapGestureRecognizer class, 78, 334-340
UITextField class
configuring, 70
as first responder, 248
keyboard and, 247
UITextFieldDelegate protocol, 82
UIToolbar class, 253, 263
(see also toolbars)
UITouch class, 316, 317, 322-327
UIView class
(see also **UIViewController** class, views)
about, 46
animation documentation, 143
frame property, 49-51
superview, 52
UIViewController class
(see also **UIView** class, view controllers)
loadView method, 107
loadView() method, 90
navigationItem property, 252
tabBarItem property, 98
view, 90, 331
viewDidLoad() method, 101
viewWillAppear(_:) method, 101
UIWindow class
about, 46
responder chain and, 331
unarchiveObject(withFile:) method, 292
universally unique identifiers (UUIDs), 274
unrecognized selector error, 160
url(forResource:withExtension:) method, 140
URLComponents class, 355
URLRequest class, 357, 358, 376, 377
URLs, 352
urls(for:in:) method, 288
URLSession class, 357-359
URLSessionDataTask class, 358, 359, 374
URLSessionTask class, 357, 376
user alerts, displaying, 205-208
user interface
(see also Auto Layout, views)
drill-down, 239
keyboard, 247
user settings (see preferences)

V

value types, vs reference types, 319
var keyword, 32
variables, 32
(see also instance variables, properties)
view controllers
(see also **UIViewController** class, views)
allowing access to image store, 273
initial, 91
interacting with, 101
lazy loading of views, 90, 100
modal, 207, 267
navigating between, 230
presenting, 95
root, 241
view hierarchy and, 90
view hierarchy, 46-55

view property (**UIViewController**), 90
viewControllers (**UINavigationController**), 241
viewDidLoad() method, 50, 101
views
  (see also Auto Layout, touch events, **UIView** class, view controllers)
  about, 46
  animating, 143-154
  appearing/disappearing, 246
  content compression resistance priorities, 226
  content hugging priorities, 225
  creating programmatically (see programmatic views)
  drawing to screen, 47
  hierarchy, 46, 47
  layers and, 47
  lazy loading, 90, 100
  misplaced, 66
  in Model-View-Controller, 5
  presenting modally, 267
  removing from storyboard, 105
  rendering, 47
  resizing, 260, 261
  scroll, 380
  size and position of, 49-51
  stack views (see stack views)
  subviews, 46-55
viewWillAppear(_:) method, 101, 246
viewWillDisappear(_:) method, 246
VoiceOver, 437, 439

W

web services
  about, 349, 350
  HTTP request specifications and, 376, 377
  with JSON data, 361, 362
  requesting data from, 352-359
  URLSession class and, 357-359
write(to:atomically:encoding:) method, 302
write(to:options:) method, 296

X

.xcassets (Asset Catalog), 26
.xcdatamodeld (data model file), 404
Xcode
  (see also debugging tools, Interface Builder, projects, iOS simulator)
  Asset Catalog, 26
  assistant editor, 231
  Auto Layout (see Auto Layout)
  breakpoint navigator, 166
  connections inspector, 21
  creating projects, 2-4
  debug area, 167
  debug bar, 168
  documentation, 143
  editor area, 4, 7
  file inspector, 133
  issue navigator, 24
  navigator area, 4
  navigators, 4
  object library, 9
  organizing files with // MARK:, 281
  playgrounds, 31, 32
  project navigator, 4
  Quick Help, 33
  schemes, 13
  source editor jump bar, 279
  utility area, 9
  versions, 2
  workspace, 4
XLIFF data type, 141
XML property lists, 302